▲ 保留毛孔细节的人物照片磨皮

▲ 调出照片的忧伤怀旧色

▲ 调出风景照片灰暗的艺术色彩

▲ 调出可爱女孩淡粉的甜美色

▲ 去除人物面部的油光

▲ 快速调整人物照片个性淡灰色

▲ 青色浪漫婚纱照

▲ 打造浪漫海景婚纱照片

▲ 给偏黄的人物美白及润色

▲ 提亮照片的局部

▲ 调整模糊的照片

▲ 调整灰暗的照片

▲ 调出风景照片暗沉的艺术色

▲ 调出风景照片艳丽梦幻的色彩

▲ 调出雪景照片的金色效果

▲ 利用通道磨皮去斑

▲ 调出古装美女红润的肤色

▲ 把古建筑照片处理成淡水墨画效果

▲ 调出人物照片流行的粉青色

▲ 美女烟熏妆

▲ 调整灯光下的照片

▲ 天空之城

▲ 空中楼阁

▲ 飞出画布

▲ 为人物美白牙齿

▲ 调出美女暗调质感肤色

▲ 调整偏色照片

▲ 快速给生活照润色

▲ 把风景照片转插画效果

▲ 把风景照片转成水彩画效果

影像巅峰

Photoshop CS5 数码照片处理专业技法

数码创意 编著

飞思数字创意出版中心 监制

電子工業出版社

Publishing House of Electronics Industry

北京·BEIJING

内 容 简 介

Adobe Photoshop CS5是平面设计方面的主流软件，也是目前最为流行的图像处理软件，随着数码相机的普及，人们对数码照片处理的需求也日益增大。本书通过大量的实例介绍一些数码照片后期处理的专业技巧。

本书讲解清晰，案例精美，可操作性强，具有很强的应用性。在介绍案例的同时还配有技巧提示，方便读者理解和操作。

本书适合数码摄影师和数码玩家、专业与非专业的图片摄影爱好者使用，同时，也可以作为初级平面设计人员的参考用书。

图书在版编目（CIP）数据

影像巅峰:Photoshop CS5数码照片处理专业技法/数码创意编著.--北京:电子工业出版社,2011.1

ISBN 978-7-121-11865-4

Ⅰ.①影 Ⅱ.①数 Ⅲ.①图形软件，Photoshop CS5 Ⅳ.①TP391.41

中国版本图书馆CIP数据核字(2010)第184415号

责任编辑：姜 伟

文字编辑：田 蕾

印 刷：北京天宇星印刷厂

装 订：三河市皇庄路通装订厂

出版发行：电子工业出版社

北京市海淀区万寿路173信箱 邮编：100036

开 本：850×1168 1/16 印张：25 字数：1236千字 彩插：6

印 次：2011年1月第1次印刷

定 价：98.00元（含光盘1张）

凡所购买电子工业出版社图书有缺损问题，请向购买书店调换。若书店售缺，请与本社发行部联系，联系及邮购电话：（010） 88254888。

质量投诉请发邮件至 zlts@phei.com.cn，盗版侵权举报请发邮件至 dbqq@phei.com.cn。

服务热线：（010） 88258888。

前言

不论是传统摄影师，还是数码玩家，只要想提高拍片的质量，就没有办法不关注Photoshop在数码照片后期处理的神奇效果。在数码摄影作品完成过程中对数码照片的后期调整与修饰是非常重要的。本书从数码照片专业处理技法入手，给读者以专业的指导，让数码照片的专业处理技法能被更多人了解。

本书迎合当下的流行趋势，针对数码照片专业处理这个领域，列举了众多案例，详细地对各案例进行剖析。本书通过多个经典案例，全面揭开数码照片处理的神秘面纱，希望本书的讲解能够为使用本书的朋友带来一定的思维飞跃。

本书共分为10个章节，第1章为Photoshop CS5快速入门，第2章为Photoshop CS5数码照片处理核心技术，第3章为修复照片常见问题，第4章为完美无暇的美丽面容，第5章为多姿多彩的高级调色，第6章为诗情画意的风景照艺术化，第7章为柔情浪漫的婚纱照片设计，第8章为打造另类时尚非主流照片，第9章为神奇的照片特效，第10章为炫酷插画艺术。

本书结构清晰，特色鲜明。众多实例的精讲将数码照片处理的实用技法一网打尽。书中实例讲解过程中带有技巧提示，能够帮助读者少走弯路。希望读者通过阅读本书成为数码照片处理的高手。

本书由新知互动策划并参与编写，我们真心希望本书能够成为您进步的加速器。由于作者水平有限，书中难免存在疏漏不足的地方，敬请广大读者、专家指正和建议。

Contents

目录

01 Photoshop CS5快速入门

02 Photoshop CS5数码照片处理核心技术

03 修复照片常见问题

04 完美无瑕的美丽面容

05 多姿多彩的高级调色

06 诗情画意的风景照艺术化

07 柔情浪漫的婚纱照片设计

08 打造另类时尚非主流照片

09 神奇的照片特效

10 炫酷插画艺术

PART 1

Photoshop CS5快速入门

本章将具体讲解使用Photoshop CS5软件的基础知识，我们从Photoshop CS5软件的新功能入手，继而添加一些小实例的讲解，以快速地了解Photoshop CS5软件的基础知识，同时也讲解数码照片的一些处理技巧。通过本章的学习，我们将掌握如何运用Photoshop CS5软件的基本方法。

1.1 PART 1 Photoshop CS5快速入门

难易度

Photoshop CS5的新增功能

1.1.1 Photoshop CS5的工作界面

Photoshop CS5版本的工作界面包括：选项卡式文档窗口、应用程序栏、工具选项栏、菜单栏、工作区切换栏、工具箱、控制面板组等几部分，如图1-1所示。此工作界面基本沿袭了CS4版本，没有太大的变化，只是在个别区域做了一些简单的调整。最明显的是工具箱中的工具按钮更换了新的显示效果，此外，上方的工作区切换栏也和CS4版本中的不一样了，CS5工作区切换栏可以更加轻松快捷地进行界面管理，它不但可以自动存储反映您的工作流程、针对特定任务的工作区，并且在工作区之间能快速切换。

图1-1

工具箱　包含用于创建和编辑图像、图稿、页面元素等的工具。相关工具将进行分组。

控制面板组　显示当前所选工具的选项。

文档窗口　显示正在处理的文件。可以将文档窗口设置为选项卡式窗口，并且在某些情况下可以进行分组和停放。

菜单栏　包含"文件"、"编辑"、"图像"、"图层"、"选择"、"滤镜"、"分析"、"3D"、"视图"、"窗口"、"帮助"等11个命令菜单，单击其中一个菜单，随即会显示一个下拉式菜单。菜单中的命令可分为两类：一类显示为黑色，表示此命令在目前的状态下能执行；另一类显示为灰色，表示此命令在目前的状态下不能执行。

工具选项栏　位于菜单栏的下方，当用户选中工具箱中某个工具时，工具选项栏就会改变为相应工具的属性设置选项，用户可以很方便地利用它设定工具的各种属性，因此，其外观会随着选中工具的不同而改变。

状态栏　在窗口的下方，用来显示图像文件信息，其左侧为画面比例显示栏，100%即为图像窗口的显示比例，在此处输入数值，按【Enter】键即可以不同的比例来预览文件。单击状态栏右侧的三角按钮，在弹出菜单中选择其中的命令可查看图像文件信息。

1.1.2 智能选区技术

Photoshop CS5中新增了智能选区技术，“调整边缘”选项可以提高选区边缘的品质，从而允许您以不同的背景查看选区以便于编辑。我们可以利用这种技术，更加快速地提取到人物照片中发丝部分的选区。

使用任一熟悉的选择工具为人物照片创建选区，单击选项栏中的“调整边缘”，或选取“选择”→“调整边缘”，即可弹出如图1-2所示的对话框。对话框中的参数介绍如下。

视图模式：从弹出式菜单中，选择一个模式以更改选区的显示方式。有关每种模式的信息，请将指针悬停在该模式上，直至出现工具提示，如图1-3所示。“显示原稿”则显示原始选区以进行比较。“显示半径”在发生边缘调整的位置显示选区边框。

调整半径工具和抹除调整工具：使用这两种工具可以精确调整发生边缘调整的边界区域。要快速从一种工具切换为另一种，请按【Alt】键。要更改画笔大小，请按括号键，刷过柔化区域（例如头发或毛皮）以向选区中加入精妙的细节。图1-4为使用调整半径工具和抹除调整工具对人物头发进行柔化和细节调整的前后对比效果。

智能半径：自动调整边界区域中发现的硬边缘和柔化边缘的半径。如果边框一律是硬边缘或柔化边缘，或者您要控制半径设置并且更精确地调整画笔，则取消选择此选项。图1-5为勾选智能半径选项的先后对比效果。

半径：确定发生边缘调整的选区边界的大小。对锐边使用较小的半径，对较柔和的边缘使用较大的半径，图1-6为设置不同半径数值的选区效果。

平滑：减少选区边界中的不规则区域（“山峰和低谷”）以创建较平滑的轮廓，如图1-7所示。

羽化：模糊选区与周围的像素之间的过渡效果，如图1-8所示。

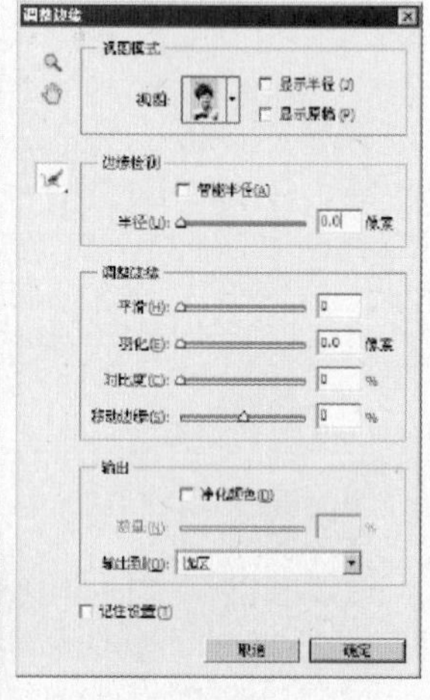

图1-2

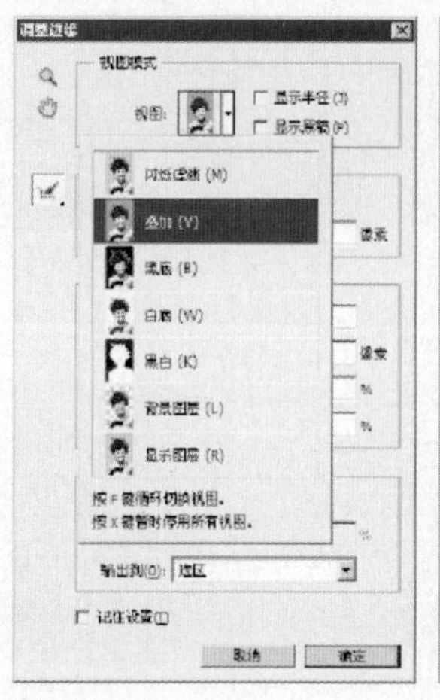

图1-3

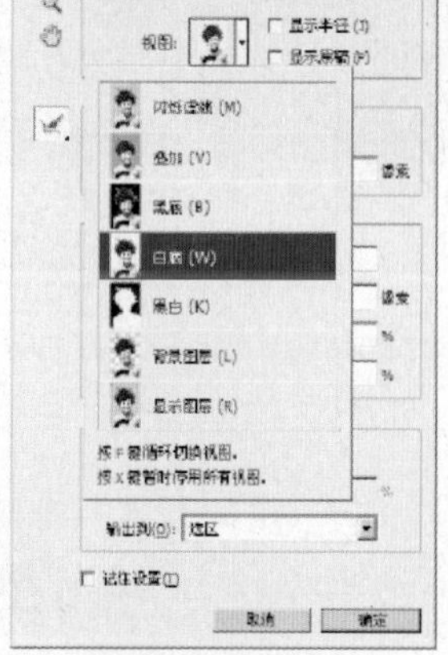

图1-4

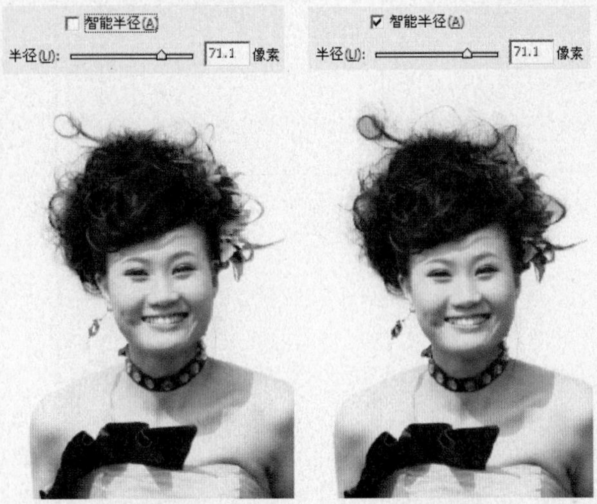

智能半径(A) 半径(U): 71.1 像素

☑智能半径(A) 半径(U): 71.1 像素

图1-5

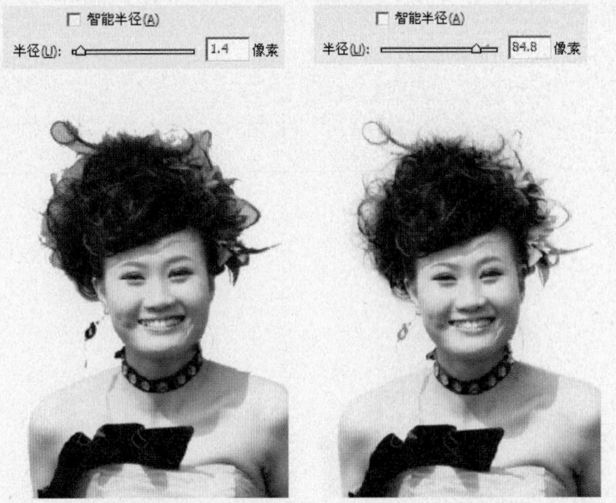

智能半径(A) 半径(U): 1.4 像素

智能半径(A) 半径(U): 84.8 像素

图1-6

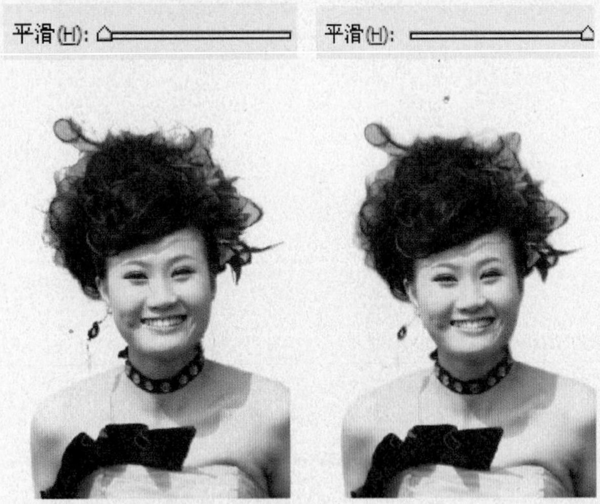

平滑(H):

平滑(H):

图1-7

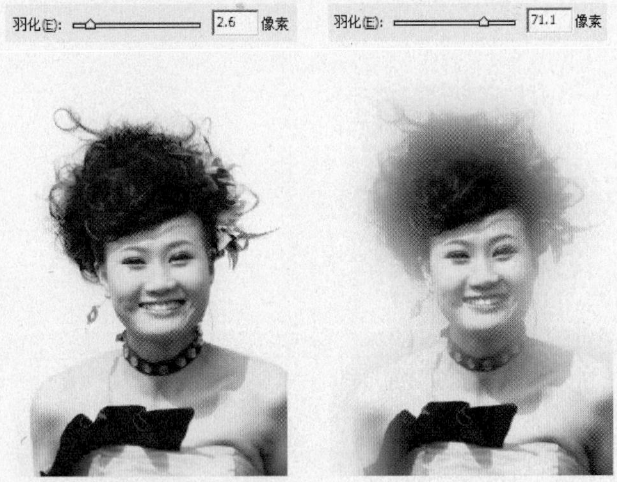

羽化(E): 2.6 像素

羽化(E): 71.1 像素

图1-8

对比度：增大时，沿选区边框的柔和边缘的过渡会变得不连贯。通常情况下，使用“智能半径”选项和调整工具效果会更好，如图1–9所示。

移动边缘：使用负值向内移动柔化边缘的边框，或使用正值向外移动这些边框。向内移动这些边框有助于从选区边缘移去不想要的背景颜色，如图1–10所示。

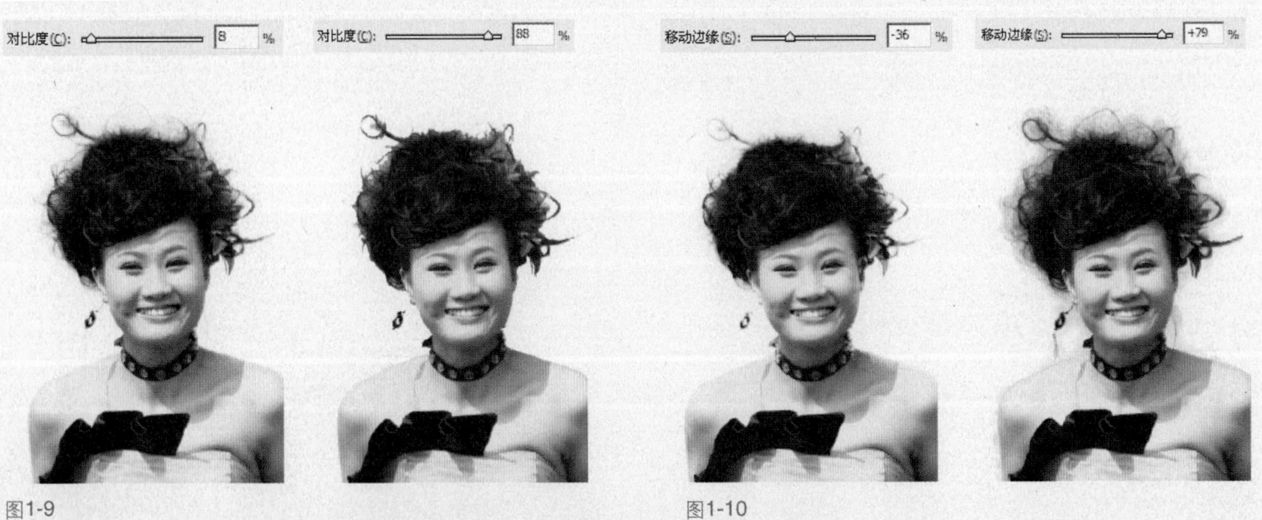

图1-9

图1-10

净化颜色：将彩色边替换为附近完全选中的像素的颜色。颜色替换的强度与选区边缘的软化度是成比例的。

数量：更改净化和彩色边替换的程度，如图1–11所示。

输出到：决定调整后的选区是变为当前图层上的选区或蒙版，还是生成一个新图层或文档。

提 示

由于此选项更改了像素颜色，因此，它需要输出到新图层或文档。保留原始图层，这样您就可以在需要时恢复到原始状态（为了方便查看像素颜色中发生的变化，请选择“显示图层”视图模式）。

图1-11

1.1.3 内容识别填充和修复

使用内容识别填充和修复可以轻松删除图像元素并用其他内容替换，与其周边环境天衣无缝地融合在一起，我们可以利用这个功能，轻松快速地修出数码照片中的某些物体。此功能可以通过以下两种途径实现。

1. 用填充命令对话框进行内容识别填充：“填充”命令对话框中的内容识别是使用附近的相似图像内容不留痕迹地填充选区。为了获得最佳结果，请让创建的选区略微扩展到要复制的区域之中（通常使用快速套索或选框选区就可以了）。图1–12为选择要填充的图像部分，选取“编辑”→“填充”，在弹出的“填充”命令对话框 “使用”菜单中，选择“内容识别”命令，单击【确定】按钮得到效果。

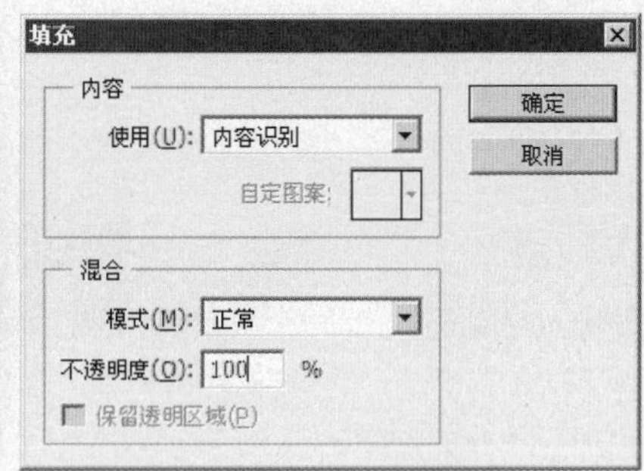

图1-12

2. 用污点修复画笔工具进行内容识别修复：选择工具箱中的污点修复画笔工具  ，在选项栏中选取“内容识别”类型选项。“内容识别”选项是比较附近的图像内容，不留痕迹地填充被污点修复画笔工具涂抹的区域。图1–13为使用污点修复画笔工具中的“内容识别”选项涂抹修复图像所得到的效果。

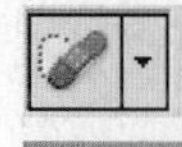

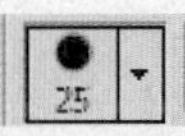

模式: 正常 类型: 近似匹配 创建纹理 内容识别 对所有图层取样

图1-13

提 示

内容识别填充会随机合成相似的图像内容。如果您不喜欢原来的结果，则选择“编辑”→“还原”，然后应用其他的内容识别填充。

1.1.4 HDR色调

HDR 色调命令可让您将全范围的 HDR 对比度和曝光度设置应用于图像。需要注意的是，HDR色调需要拼合图层。图1–14为使用HDR色调进行图像调整的前后对比效果。

打开一张数码照片，选择“图像”→“调整”→“HDR 色调”，此时会弹出“HDR 色调”对话框，如图1–15所示，对话框中的参数介绍如下。

图1-14

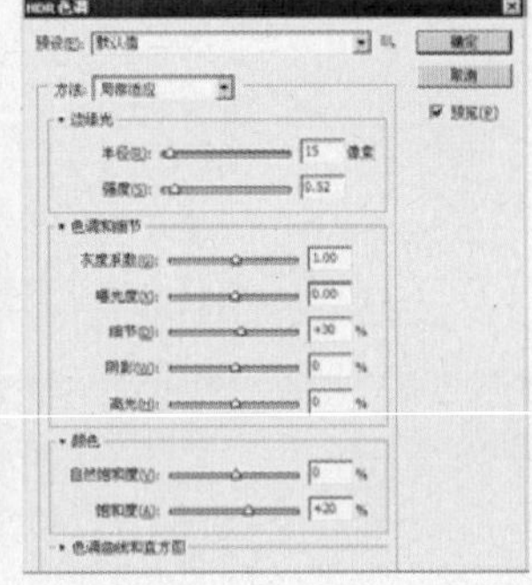

图1-15

1.局部适应：通过调整图像中的局部亮度区域来调整 HDR 色调。

2.边缘光：半径指定局部亮度区域的大小，如图1–16所示。强度指定两个像素的色调值相差多大时，它们属于不同的亮度区域，如图1–17所示。

图1-16

图1-17

3.色调和细节：“灰度系数”设置为 1.0 时动态范围最大，较低的设置会加重中间调，而较高的设置会加重高光和阴影，如图1–18所示。曝光度值反映光圈大小，如图1–19所示。拖动“细节”滑块可以调整锐化程度，如图1–20所示。拖动“阴影”和“高光”滑块可以使这些区域变亮或变暗，图1–21为拖动“阴影”滑块所产生的效果，图1–22为拖动“高光”滑块所产生的效果。

图1-18

图1-19

图1-20

图1-21

图1-22

4.颜色："自然饱和度"可调整细微颜色强度，同时尽量不剪切高度饱和的颜色，如图1-23所示。"饱和度"调整从－100（单色）到＋100（双饱和度）的所有颜色的强度，如图1-24所示。

图1-23

图1-24

5.色调曲线和直方图：在直方图上显示一条可调整的曲线，从而显示原始的 32 位 HDR 图像中的明亮度值。横轴的红色刻度线以一个EV （约为一级光圈）为增量，图1-25为设置不同的色调曲线调整图像的效果对比。

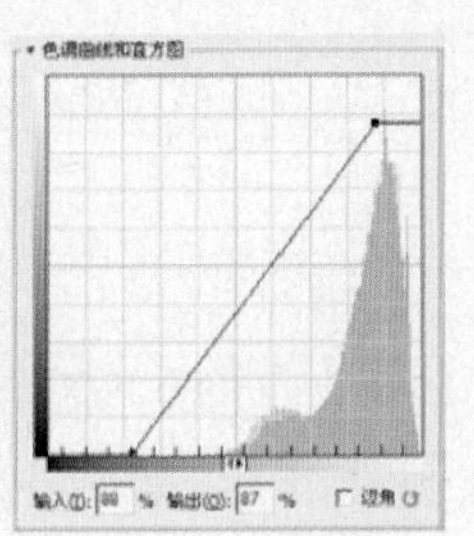

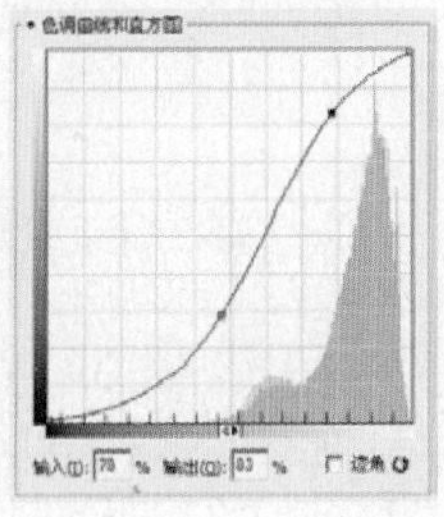

图1-25

6.曝光度和灰度系数：允许手动调整 HDR 图像的亮度和对比度。移动"曝光度"滑块可以调整亮度，如图1-26所示。移动"灰度系数"滑块可以调整对比度，如图1-27所示。

图1-26

图1-27

提 示

在默认情况下，"色调曲线和直方图"可以从点到点限制您所做的更改并进行色调均化。要移去该限制并应用更大的调整，请在曲线上插入点之后选择"边角"选项。在插入并移动第二个点时，曲线会变为尖角，如下图所示。

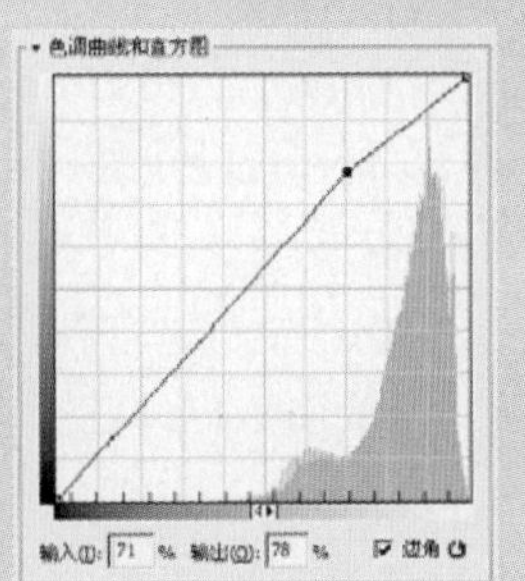

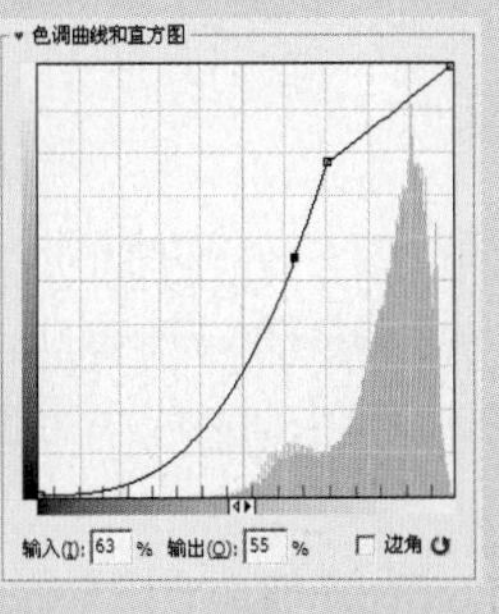

7. 高光压缩：压缩 HDR 图像中的高光值，使其位于 8 位/通道或 16 位/通道的图像文件的亮度值范围内。无须进一步调整；此方法会自动进行调整，如图1-28所示。

8. 色调均化直方图：在压缩 HDR 图像动态范围的同时，尝试保留一部分对比度。无须进一步调整；此方法会自动进行调整，如图1-29所示。

图1-28

方法：高光压缩

图1-29

方法：色调均化直方图

1.1.5 非凡的绘画效果

在Photoshop CS5中新增了混合器画笔工具，使用它可以模拟真实的绘画技术，使拍摄的风景照片经过混合画笔大的处理，变为艺术画效果。如混合画布上的颜色、组合画笔上的颜色及在描边过程中使用不同的绘画湿度。

混合器画笔有两个绘画色管（一个储槽和一个拾取器）。储槽存储最终应用于画布的颜色，并且具有较多的油彩容量。拾取色管接收来自画布的油彩；其内容与画布颜色是连续混合的。

打开如图1-30所示的图像文件，选择“混合器画笔”工具，选取前景色或者按住【Alt】键的同时单击画布将油彩载入储槽，如图1-31所示。从“画笔预设”面板中选取画笔，然后在图像中拖移即可进行绘画，如图1-32所示。图1-33为绘制完成的画面效果。

图1-30

图1-31

图1-32

图1-33

当使用“混合器画笔”工具在图像中进行绘画时，可以通过其选项栏对绘画的效果进行调节。“混合器画笔”工具选项栏如图1-34所示，工具选项栏中的参数介绍如下。

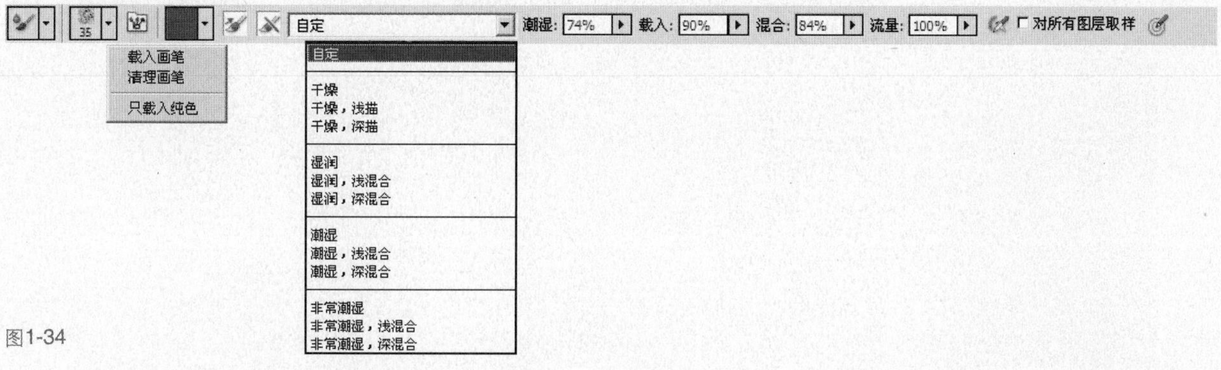

图1-34

当前画笔载入色板：从弹出式面板中，单击“载入画笔”使用储槽颜色填充画笔，或单击“清理画笔”移去画笔中的油彩。要在每次描边后执行这些任务，请选择“自动载入”或“清理”按钮。

提 示

从画布载入油彩时，画笔笔尖可以反映出取样区域中的任何颜色变化。如果您希望画笔笔尖的颜色均匀，请从选项栏的“当前画笔载入”弹出式菜单中选择“只载入纯色”。

“预设”弹出式菜单：应用流行的“潮湿”、“载入”和“混合”设置组合。

潮湿：控制画笔从画布拾取的油彩量。较高的设置会产生较长的绘画条痕，如图1-35所示。

图1-35

载入：指定储槽中载入的油彩量。载入速率较低时，绘画描边干燥的速度会更快，如图1-36所示。

图1-36

混合：控制画布油彩量同储槽油彩量的比例。比例为 100% 时，所有油彩将从画布中拾取；比例为 0% 时，所有油彩都来自储槽，如图1-37所示。

对所有图层取样：拾取所有可见图层中的画布颜色。

提 示

“潮湿”设置仍然会决定油彩在画布上的混合方式。

图1-37

1.1.6 操控变形

操控变形可以变换特定的图像区域，同时固定其他图像区域。操控变形功能提供了一种可视的网格，借助该网格，您可以随意地扭曲特定图像区域的同时保持其他区域不变。除了图像图层、形状图层和文本图层之外，还可以向图层蒙版和矢量蒙版应用操控变形。

在“图层”面板中，选择要变换的图层，如图1–38所示，选取“编辑”→ “操控变形”，此时的图像效果如图1–39所示。在图像窗口中，单击以向要变换的区域和要固定的区域添加图钉，如图1–40所示。拖动图钉对网格进行变形，如图1–41所示。变换完成后，按【Enter】键即可完成变换操作，如图1–42所示。

图1-38

图1-39

图1-40

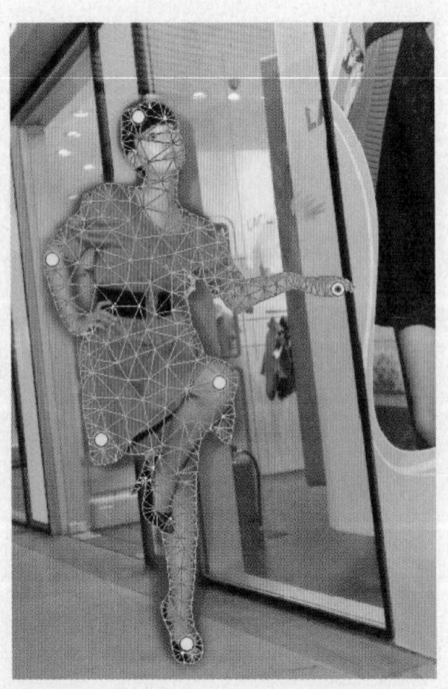

图1-41

图1-42

提 示

选择图钉按【Delete】键即可移去选定图钉。如果要移去其他图钉，请将光标直接放在这些图钉上，然后按【Alt】键，当剪刀图标出现时，单击该图钉即可。如果要选择多个图钉，按住【Shift】键的同时单击这些图钉即可。在图钉上单击鼠标右键，在弹出的菜单中选择“选择所有图钉”命令，即可将图像中的所有图钉选中。要临时隐藏调整图钉，请按【H】键。

当“操控变形”命令变换图像时，可以通过其选项栏对变形进行调节。“操控变形”选项栏如图1—43所示，工具选项栏中的参数介绍如下。

图1-43

模式：确定网格的整体弹性，包括刚性、正常、扭曲3个选项。图1—44为设置不同模式所产生的效果。

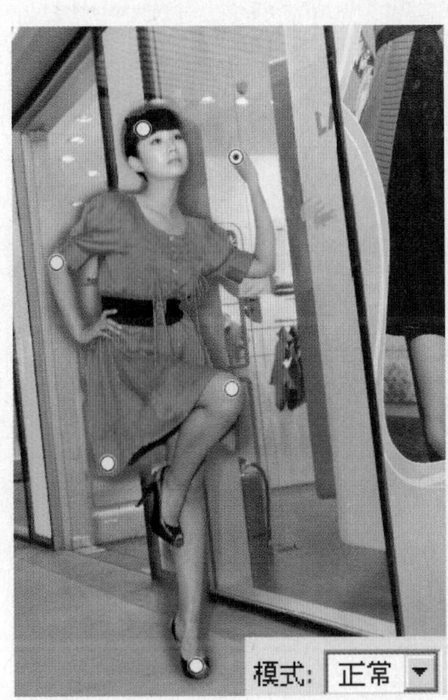

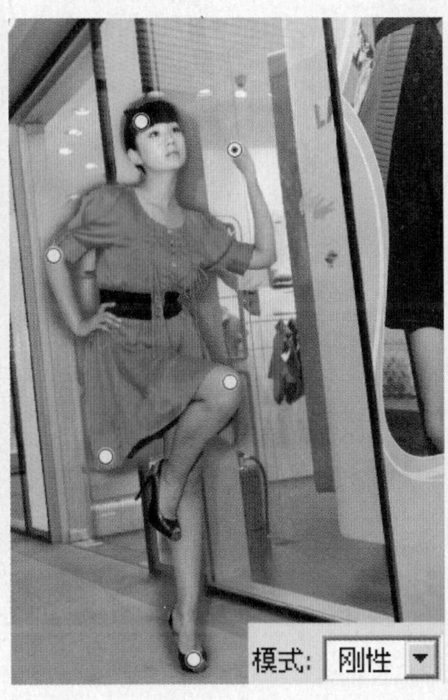

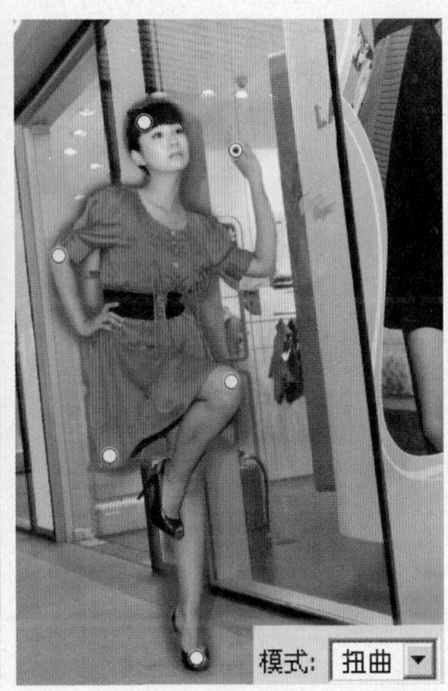

图1-44

提 示

按【Alt】键，然后将光标放置在图钉附近，但不要放在图钉上方。当出现圆圈时，拖动以直观地旋转网格，旋转的角度会在选项栏中显示出来。

浓度：设置浓度可以确定网格点的间距，如图1—45所示。较多的网格点可以提高精度，但需要较多的处理时间，较少的网格点则反之。

扩展：扩展或收缩网格的外边缘，图1—46为设置不同扩展值所产生的效果。

显示网格：取消选中可以只显示调整图钉，从而显示更清晰的变换预览。

“图钉深度”按钮：单击按钮可以显示或隐藏与其他网格区域重叠的网格区域，图1—47为将人物的手臂和人物的脸变换到一起的效果。如果要想将手调整到头部的后面，单击按钮即可，如图1—48所示。

浓度: 较多点

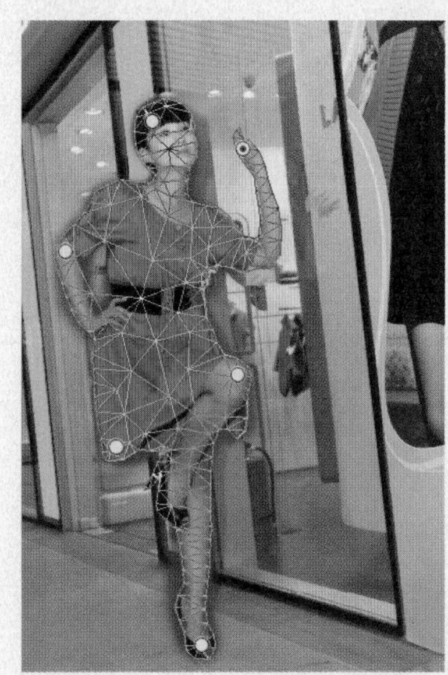

浓度: 较少点

图1-45

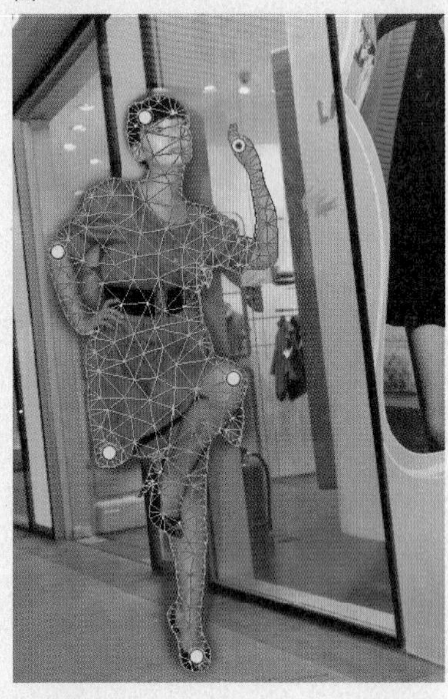

扩展: 2 px

扩展: 43 px

图1-46

图1-47

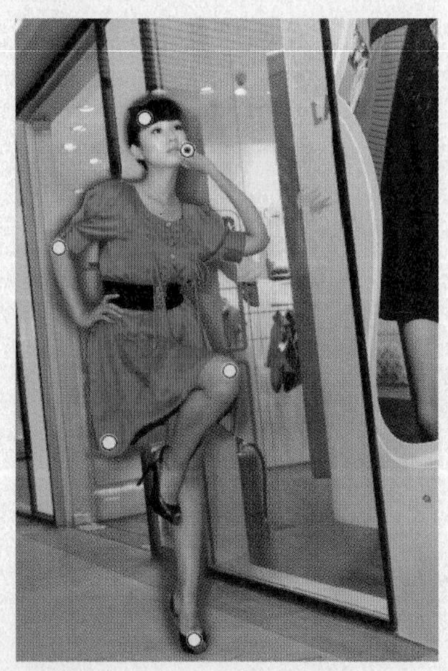

图1-48

旋转：可以围绕图钉旋转网格。如果选择“自动”选项，可以根据所选的“模式”选项自动旋转网格，如图1—49所示。如果选择“固定”选项则是按固定角度旋转网格，可以在其后的数值框中输入旋转的角度，如图1—50所示。

“移去所有图钉”按钮：单击该按钮可以删除图像中的所有图钉。

“取消操控变形”按钮：单击该按钮可以取消对图像所进行的变形操作。

“确认操控变形”按钮：单击该按钮可以完成对图像所进行的变形操作。

图1-49

图1-50

1.1.7 自动进行镜头校正

在 Photoshop CS5中，可以使用已安装的常见镜头的配置文件或自定其他型号的配置文件自动修复校正图像透视和镜头缺陷问题。为了正确地进行自动校正， Photoshop 需要 Exif元数据，此数据可确定在您的系统上创建图像和匹配的镜头配置文件的相机和镜头。

选取“滤镜”→“镜头校正”命令，在弹出的对话框中选择“自动校正”选项，如图1—51所示。“自动校正”选项的参数介绍如下。

图1-51

校正：选择要解决的问题，如果校正没有按预期的方式扩展或收缩图像，从而使图像超出了原始尺寸，选择“自动缩放图像”选项。在“边缘”菜单中可以选择由于枕形失真、旋转或透视校正而产生的空白区域处理方法。可以使用透明或某种颜色填充空白区域，也可以扩展图像的边缘像素。

搜索条件：对“镜头配置文件”列表进行过滤。在默认情况下，基于图像传感器大小的配置文件首先出现。如果要先列出 RAW 配置文件，单击▾☰按钮，在弹出的菜单中选择“优先使用 RAW 配置文件”即可。

镜头配置文件：选择匹配的配置文件。在默认情况下， Photoshop 只显示与用来创建图像的相机和镜头匹配的配置文件（相机型号不必完全匹配）。Photoshop 还会根据焦距、光圈大小和对焦距离自动为所选镜头选择匹配的子配置文件。用鼠标右键单击当前的镜头配置文件，然后可以选择其他子配置文件。

如果您没有找到匹配的镜头配置文件，则单击“联机搜索”可以获取 Photoshop 社区所创建的其他配置文件。要存储联机配置文件以供将来使用，单击▾☰按钮，在弹出菜单中选取“在本地存储联机配置文件”命令即可。

1.2 PART 1 Photoshop CS5快速入门 难易度

常用图像文件格式介绍

Photoshop CS5支持20多种格式的图像文件，用户可以对各种格式的图像进行编辑和保存，也可以对图像进行格式转换另存。Photoshop CS5可以导入多种格式的图像文件，还可以导出各种图像格式，因此应用十分广泛。下面介绍几种Photoshop中常用图像文件的格式及其特点，供读者参考。

PSD格式：PSD格式是Photoshop软件自带的格式，也是图像保存最常用的格式。它可以存储图像所有的图层、通道等信息，对参考线、注释等也会完好地保留。在存储图像文件时，如果图像中包含有以上内容，一般会默认保存为PSD格式，以便于用户以后修改。同多数其他格式相比，PSD格式所包含的图像数据信息较多，因此占用空间较大，而且不能为其他软件所用，所以只能在Photoshop软件中（包括ImageReady）编辑，如果要在其他相关软件中使用，还要转换文件的存储格式。

BMP格式：BMP格式是Windows和OS2支持的一种标准位图图像格式。它支持RGB、索引颜色、灰度及位图颜色模式，支持1～24bit的格式，非常稳定，但不支持Photoshop中的通道信息，也不支持CMYK颜色模式。

TIFF格式：TIFF格式是一种无损压缩格式，便于在应用程序之间或者计算机平台之间进行图像数据交换，是应用很广泛的图像格式。它支持RGB、CMYK、Lab、索引颜色、位图和灰度颜色模式，并且在RGB、CMYK和灰度模式中支持图层、通道和路径等信息，因此在排版印刷行业中很受欢迎。

JPEG格式：也称为JPG格式，是一种有损压缩格式，它可以进行高倍率压缩，因此图像较小，适用于图像预览和在显示器上显示图像，在网络中普遍应用。由于压缩使图像质量下降，因此不适用于高品质要求的印刷排版。它支持RGB、CMYK和灰度颜色模式，但不支持图层和通道，当图像以此格式存储时，会将所有图层合并。

Photoshop EPS格式：EPS格式是压缩的PostScript格式，可以在排版软件中以低分辨率显示，而在打印时以高分辨率输出。它不支持图像的通道，但可以裁切路径，支持Photoshop所有的颜色模式，可以存储点阵图和矢量图。

GIF格式：GIF格式的文件只能保存256色的RGB色阶阶数，它使用LZW压缩方式压缩文件，占用的磁盘空间较小，因此被广泛应用于互联网的网页文档或者图片传输，与JPG图像相似。

PDF格式：PDF格式是Adobe公司开发的用于Windows、Mac OS、UNIX和DOS系统的一种电子出版软件的文件格式，可以覆盖矢量图和点阵图，支持超链接。它可以存储多页信息，可以进行图文混排，是网络下载经常使用的文件格式。

1.3 显示器的颜色校正

PART 1
Photoshop CS5快速入门

难易度

要对我们使用的显示器的颜色进行校正，可以通过Adobe Photoshop的色彩校准进行屏幕色彩的校准。Adobe Photoshop的色彩校准是通过Adobe Gamma来实现的。它是Adobe Systems公司在Photoshop中的一个标准配置软件，能够让使用者简单、准确地校正显示器的色彩，包括显示屏的对比度、亮度、灰度系数、色彩平衡、白色点的测量及调整等。Adobe Gamma一般包含在Photoshop 5.0以上的版本中。

进行色彩校准时，首先确认显示器开启时间在30分钟以上（这是因为显示器从接通电源到稳定工作需要一定的时间），然后确认室内灯光的情况，太暗或太亮都不合适，最好的光线是稍稍偏暗，再注意观看显示器的角度，不要使光线直接照射到屏幕上。

1.在Windows操作系统下的控制面板中找到Adobe Gamma应用程序，如图1–52所示。

2.双击启动Adobe Gamma应用程序，弹出对话框，如图1–53所示。首先说明这个程序的目的就是校准显示器屏幕，并生成一个ICC描述文件。

3.定义描述名称，用于以后弹出的类型标识，默认是“sRGB IEC61966–2.1”，如图1–54所示。

4.使用显示器上的对比按钮，将对比度调整到最高，然后使用亮度按钮将右边四方块内部的灰色调整到尽可能的暗，但并不是全黑，同时又要保证四方块最外边的白色框的亮白度，如图1–55所示。

5.选择显像管的类型，并显示在Photoshop后面，但有时也会有误，如果知道自己的显像管类型的话，可以进行人工选择，如图1–56所示。

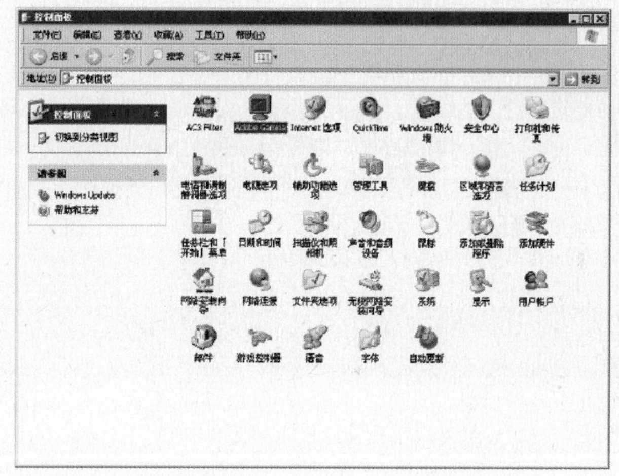

图1-52

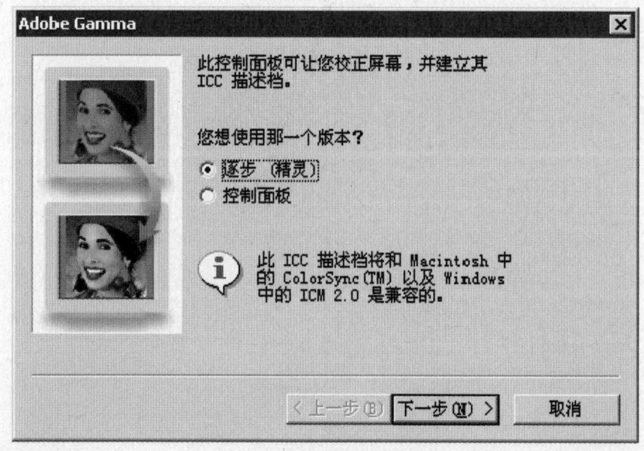

图1-53

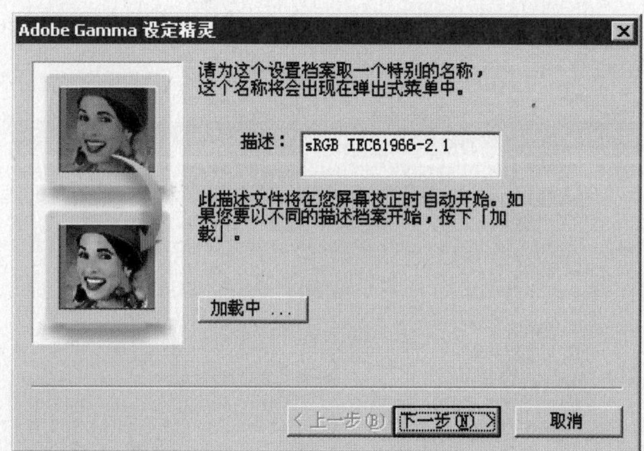

图1-54

6.Gamma值的调整在默认状态下是单一灰度的指示。如果需要R、G、B三色各自校准的话，将“仅检视单一伽玛”选项取消，就可以看到三色指示。利用滑块使各色的中央四方块“淹没”在周围的图案中，然后选择“伽玛”系数，在其下拉列表框中选择“Windows 默认值”，并设置用户为“2.20”（MAC机用户为“1.8”），如图1–57所示。

7.色温调整，通常会选择“6500° K（日光）”，如图1-58所示。

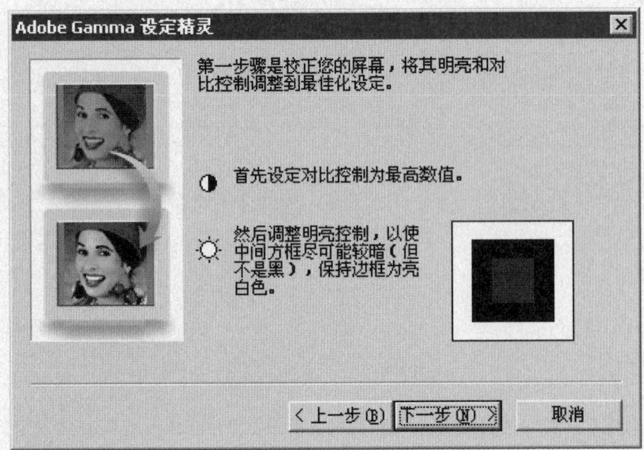

图1-55

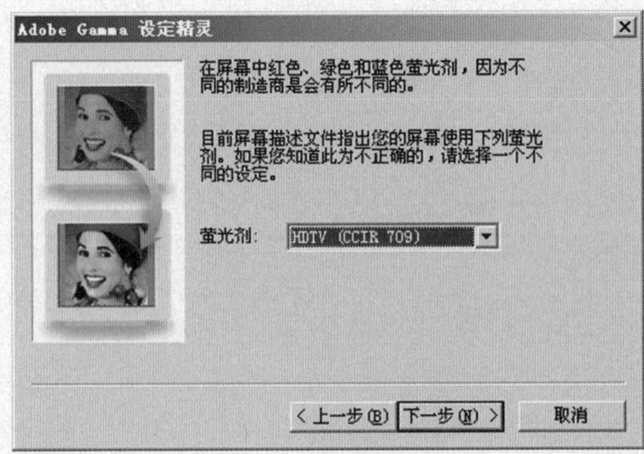

图1-56

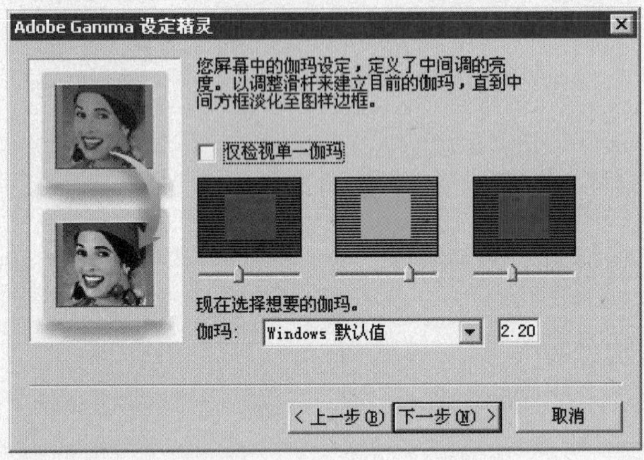

图1-57

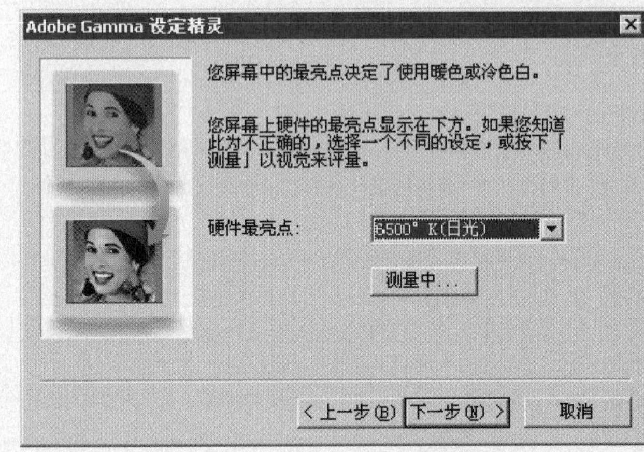

图1-58

8.整个校准步骤完成，单击“之后”单选按钮，比较校准之后的显示器，如图1-59所示。

9.单击【完成】按钮，弹出“另存为”对话框，为这次校准所得到的ICC文件定义文件名，然后即可保存，如图1-60所示。

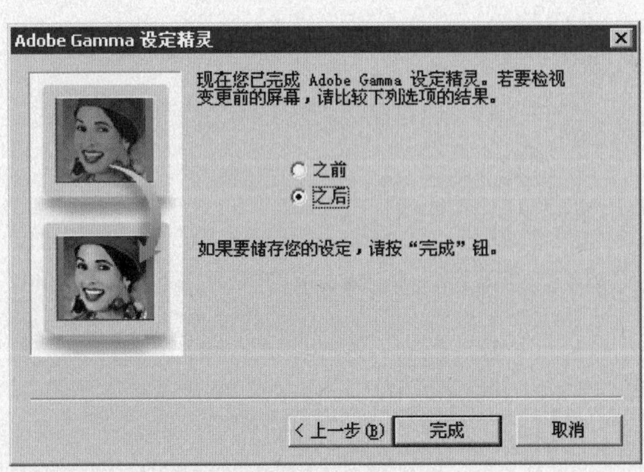

图1-59

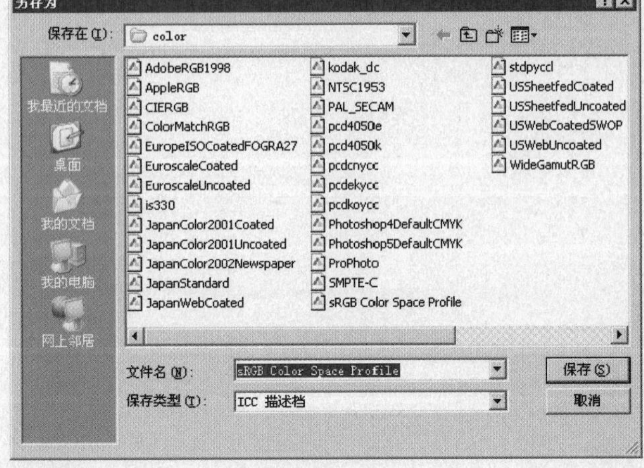

图1-60

1.4 打开和存储照片

PART 1
Photoshop CS5快速入门

难易度

1.4.1 打开照片

图像文件一般包括位图和矢量图，在Photoshop中都可以打开、编辑和存储，下面将详细讲解图像文件的一些基本知识与操作。

Photoshop可以打开多种格式的图像文件，下面介绍从界面中打开文件的方法，这一点和其他软件大致相同。

1.运行Photoshop CS5，执行"文件"→"打开"命令，如图1-61所示。

2.在弹出的"打开"对话框中选择文件所在的目录，在打开的文件夹中找到需要的文件，单击【打开】按钮，如图1-62所示。

3.系统则将用户选择的文件打开并显示在界面中，可以在窗口中进行各种操作，如图1-63所示。

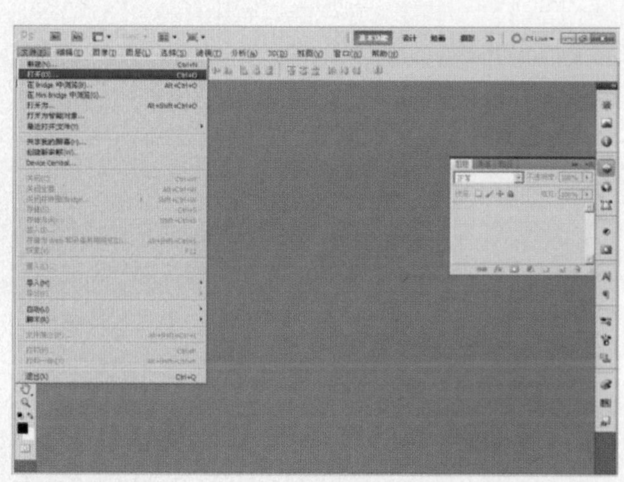

图1-61

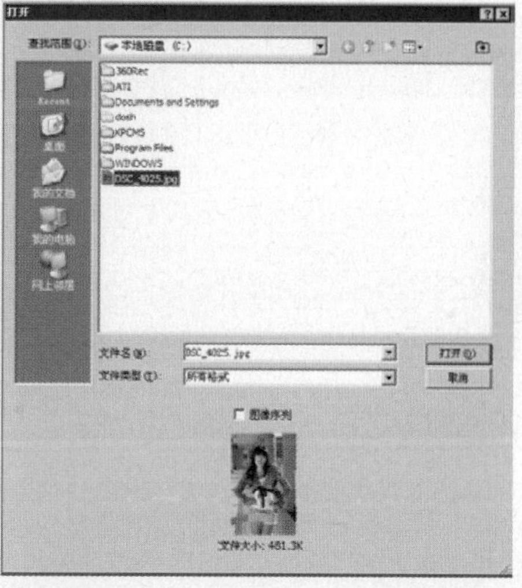

图1-62

图1-63

提 示

打开文件的快捷键是【Ctrl+O】，用户只要按快捷键就可以弹出"打开"对话框，从中选择所需文件。另外，在操作界面中央空白处双击，也可以弹出"打开"对话框。在对话框中用户可以选择一个以上的图像文件，然后单击"打开"按钮，同时打开多个文件。

用户也可以在Photoshop界面外选择文件夹中的图像文件并用鼠标右键单击，在弹出的快捷菜单中选择"打开方式"下的Photoshop CS5命令，同样可以启动Photoshop，并在界面中打开选择的文件。

利用快捷方式图标快速打开图像文件。在Photoshop软件没有打开的情况下，将选择的文件直接拖动到桌面上的Photoshop快捷方式图标上，当图标变暗后放开鼠标，系统就会自动运行Photoshop，并在界面中打开拖动的文件。

1.4.2 存储照片

保存文件是Photoshop中最基本的操作，养成良好的保存习惯，可以避免出现不明原因的死机、不正常关闭软件等情况，从而避免对已编辑且尚未保存的图像文件造成损失。

1.对处于打开状态的文件执行“文件”→“存储”命令，如图1-64所示。

2.弹出“存储为”对话框，单击“保存在”下拉按钮，在弹出的下拉列表中选择保存文件的文件夹，如图1-65所示。

3.单击“格式”下拉按钮，在弹出的下拉列表中选择需要的保存格式，单击【保存】按钮，即可完成对该文件的保存，如图1-66所示。

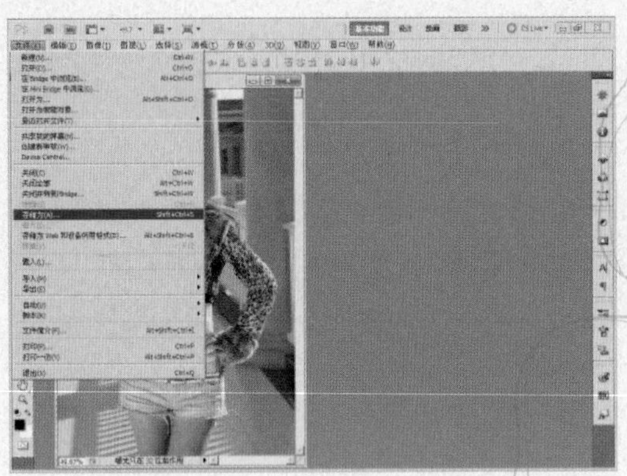

图1-64

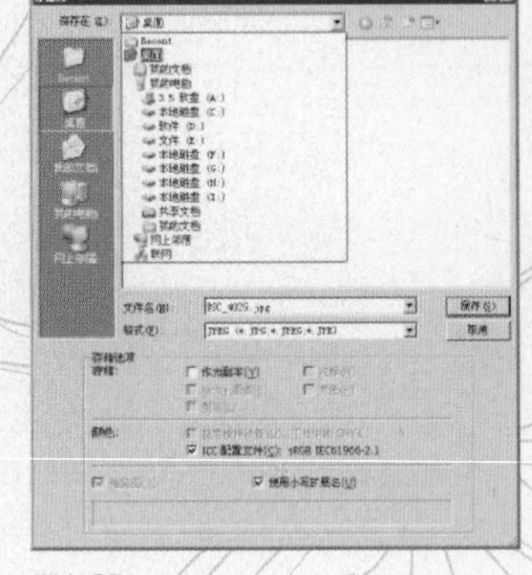

图1-65

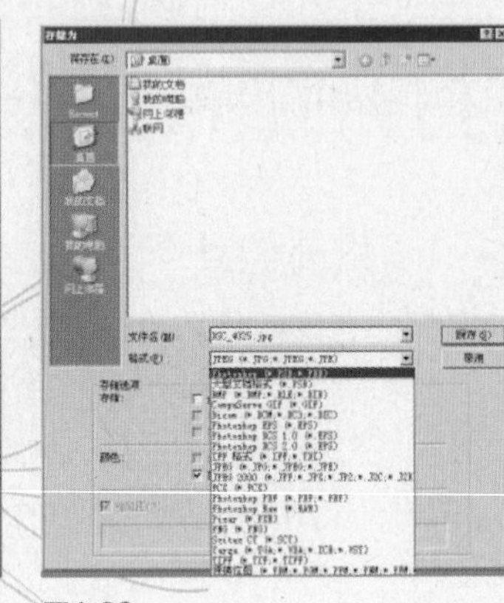

图1-66

1.5 PART 1 Photoshop CS5快速入门

难易度

撤销和恢复操作

在用Photoshop处理照片时，当对自己的操作不满意时，这就需要重新操作，这时就需要撤销和恢复图像的操作，这是操作Photoshop时常用的命令。下面我们对撤销和恢复图像的操作方法做简单介绍。

1.执行“文件”→“打开”命令，打开一张人物照片，如图1-67所示。

2.使用工具箱中的“裁剪工具”，裁剪画布，图像就残缺不全了，如图1-68所示。

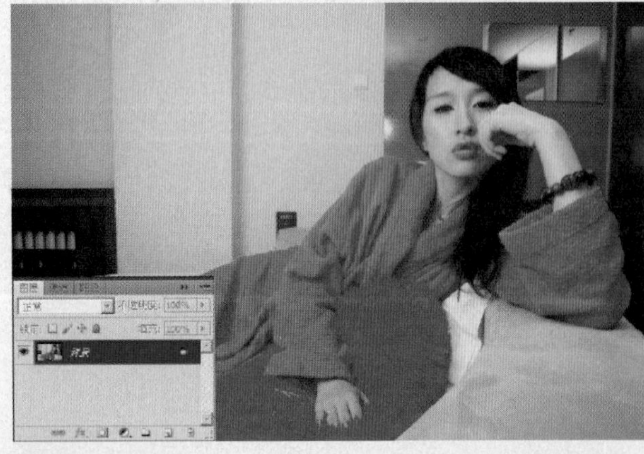

图1-67

图1-68

3.想要回到上一步，请执行“编辑”→“还原画布大小”命令，回到上一步操作，图像就又回到完整的状态了，如图1-69所示。也可以按快捷键【Ctrl+Z】撤销上步的操作。

4.单击工具箱中的画笔按钮，在图像中乱画几笔，图像被画花，如图1-70所示。

5.这时候还原一步是回不到原来的图像状态的，就需要还原更多的步骤，重复执行“编辑”→“退后一步”命令即可。也可以重复按快捷键【Ctrl+Alt+Z】，效果如图1-71所示。

图1-69

图1-70

图1-71

1.6 PART 1 Photoshop CS5快速入门

难易度

工具箱的基本使用方法

工具箱中的工具如图1-72所示。

矩形选框工具：使用“矩形选框工具”，可以在图像中创建矩形或正方形选区。

移动工具：使用“移动工具”，可以移动图像窗口中的选区、图层和参考线。

套索工具：使用“套索工具”，可以在图像中建立不规则形状的选区。

魔棒工具：使用“魔棒工具”，可以选取图像中颜色相同或相近的范围。

裁剪工具：使用“裁剪工具”，可以自定义裁剪图像边缘。

吸管工具：使用“吸管工具”，可以吸取图像中的颜色。

修补工具：使用“修补工具”，可以快速修补图像中的污点和其他不理想的部分。

画笔工具：使用“画笔工具”，可以绘制任意的线条和图案。

仿制图章工具：使用“仿制图章工具”，可以修复图像和仿制图像。

历史记录画笔工具：使用“历史记录画笔工具”，可以恢复图像至某一保存的状态。

橡皮擦工具：使用“橡皮擦工具”，可以对图像进行擦除。

渐变工具：使用“渐变工具”，可以对选区进行渐变颜色的填充。

模糊工具：使用“模糊工具”，可以对图像局部进行模糊处理。

减淡工具：使用“减淡工具”，可以增大图像的曝光度，对图像进行增亮处理。

钢笔工具：使用“钢笔工具”，可以在图像中绘制复杂的路径。

横排文字工具：使用“横排文字工具”，可以在图像中创建横排文字。

路径选择工具：使用“路径选择工具”，可以选择整条路径。

椭圆工具：使用“椭圆工具”，可以在图像中绘制椭圆形状路径。

3D旋转工具：使用“3D旋转工具”，可以对图像进行立体化旋转。

3D环绕工具：使用“3D环绕工具”，可以拖动模型，使其沿*X*或*Y*方向环绕移动。

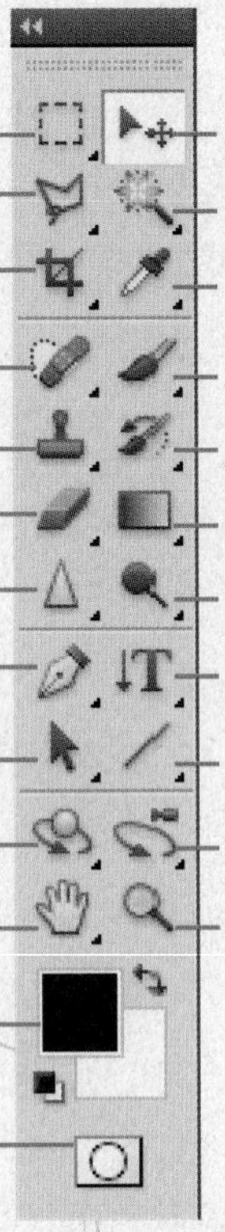

图1-72

抓手工具：使用“抓手工具”，可以移动图像的显示位置。

缩放工具：使用“缩放工具”，可以对图像进行放大和缩小。

前景色与背景色图标：单击前景色或背景色图标，打开“拾色器”对话框，在其中可以对前景色和背景色进行设置。

“以快速蒙版模式编辑”按钮：单击该按钮，可以为选区或图像添加快速蒙版。

提 示

长按工具箱按钮右下角的三角图标，即可弹出隐藏工具按钮图标，选择需要的工具即可。工具箱同控制面板一样可以移动到界面中任意位置——使用鼠标拖曳工具箱顶部的标题栏即可。

1.7 PART 1 Photoshop CS5快速入门 难易度

选项栏的基本使用方法

选项栏将在工作区顶部的菜单栏下出现。选项栏是上下文相关的——它会随所选工具的不同而改变。选项栏中的某些设置（如绘画模式和不透明度）是几种工具共有的，而有些设置则是某一种工具特有的。

例如渐变工具的选项栏，如图1–73所示。

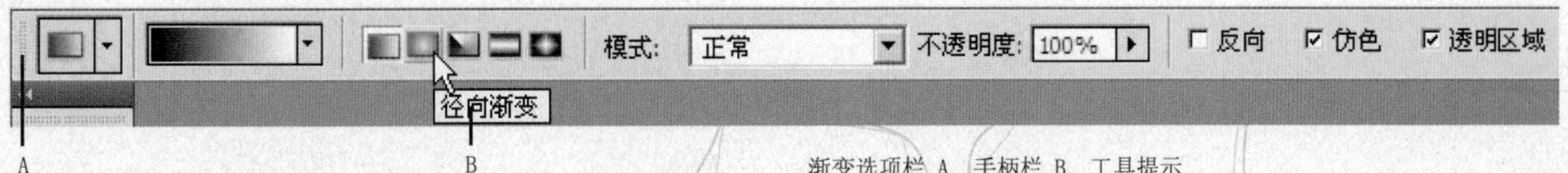

渐变选项栏 A. 手柄栏 B. 工具提示

图1-73

您可以通过使用手柄栏在工作区中移动选项栏，也可以将它停放在屏幕的顶部或底部。当您将指针悬停在工具上时，将会出现工具提示。要显示或隐藏选项栏，请选择“窗口”→“选项”。

要将工具返回到其默认设置，请用鼠标右键单击选项栏中的工具图标，然后从上下文菜单中选择“复位工具”或“复位所有工具”。

提 示

选项面板也跟控制面板一样，按住鼠标左键向下拖动面板前方部分，就可以显示出脱离后的独立选项面板，再拖动前方部分到原来位置，当出现蓝色横条时松开鼠标，选项面板又会回到原来的位置。

1.8 调板的基本使用方法

PART 1 Photoshop CS5快速入门

难易度

在Photoshop CS5中控制面板分为浮动面板和面板按钮，单击面板按钮就会弹出相应的浮动面板。面板中含有图形编辑操作中经常用的选项和功能，所以面板是Photoshop软件非常重要的组成部分。Photoshop CS5提供了23个不同性能的面板，罗列在“窗口”菜单下。为了操作方便，将常用功能分类设置在独立的窗口中，在“窗口”菜单栏中选择面板名称，即可打开该命令的组合浮动面板。单击组合面板中的选项卡标签可以调换到其他面板进行编辑。使用鼠标拖曳标签可以分离或者合并面板。

下面介绍经常使用的浮动面板，具体使用方法会在后面的章节中讲到。

“调整”面板：该面板将色彩和色调调整的主要命令以按钮的形式集成到一个面板中，如图1-74所示。

当单击某个调整按钮后，会在“图层”面板中自动添加对应的调整图层，并可以利用实时和动态的“调整”面板进行参数的调整。

调整按钮和图像调整预设可用于快速调整出需要的图像效果，简化图像调整的过程。在面板中单击需要的调整按钮，即可进入对应的选项设置状态，在其中进行设置和调整后，图像的效果会随之改变。

“蒙版”面板：该面板单独列出更方便对图像的调整，通过对所选像素蒙版中蒙版边缘与色彩范围的调整，更加有助于不规则图形或范围的蒙版调整，如图1-75所示。

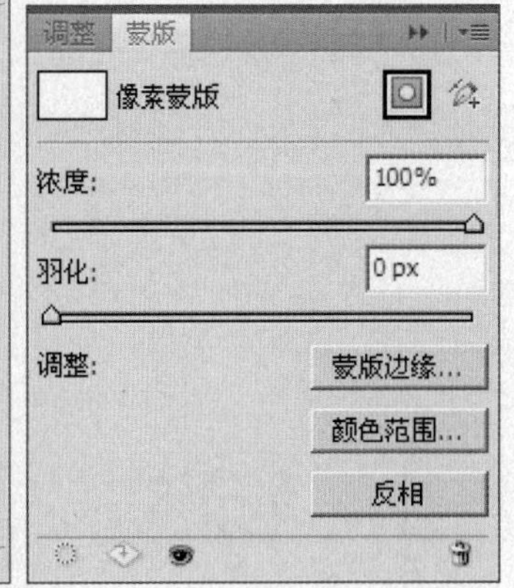

图1-74　图1-75

“颜色”面板：该面板可以根据颜色模式标准地设置前景色与背景色，如图1-76所示。颜色可以通过文本框来设置，也可以通过拖动滑块来设置。

“色板”面板：该面板用于保存常用的默认颜色，如图1-77所示。单击相应的色块，该颜色会被设置为前景色。

"样式"面板：该面板提供了预设的图层样式，用户不仅可以选择默认的图层样式，还可以保存自定义的图层样式，如图1－78所示。

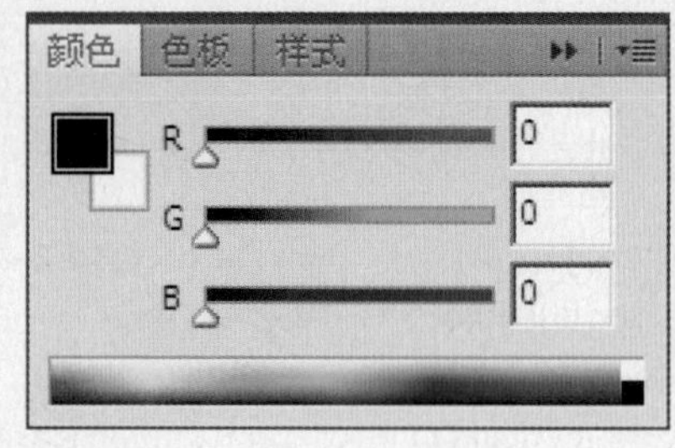
图1-76

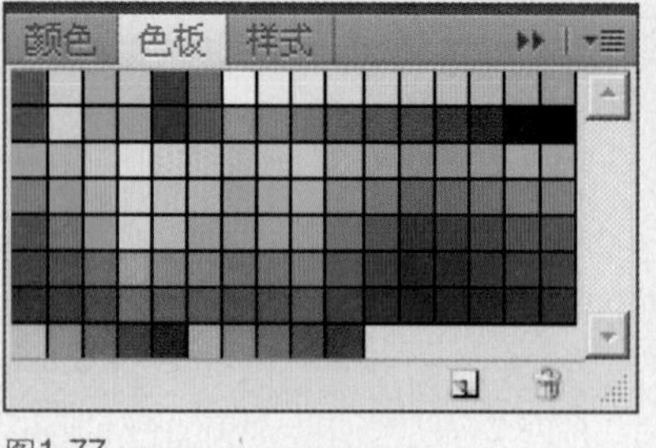
图1-77

图1-78

"图层"面板：该面板可以显示所有的信息和控制功能，如图1－79所示。

"通道"面板：该面板用于管理颜色信息和保存选择区域的信息。主要用于创建Alpha通道及有效地管理颜色通道，如图1－80所示。

"路径"面板：该面板可以将路径转化为选区、描边路径、填充路径，也可以进行删除路径、保存路径、复制路径等操作，如图1－81所示。

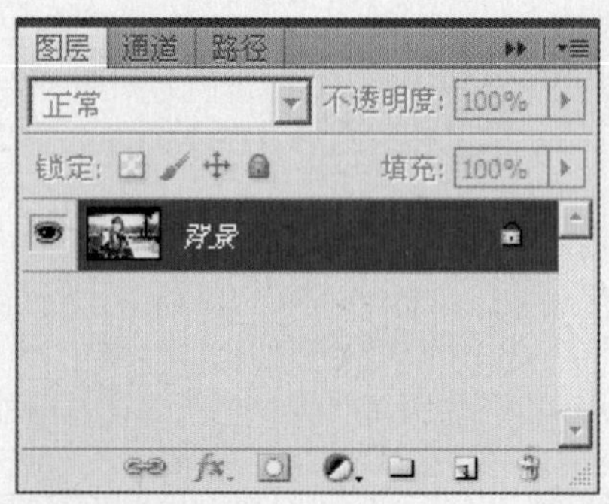
图1-79

图1-80

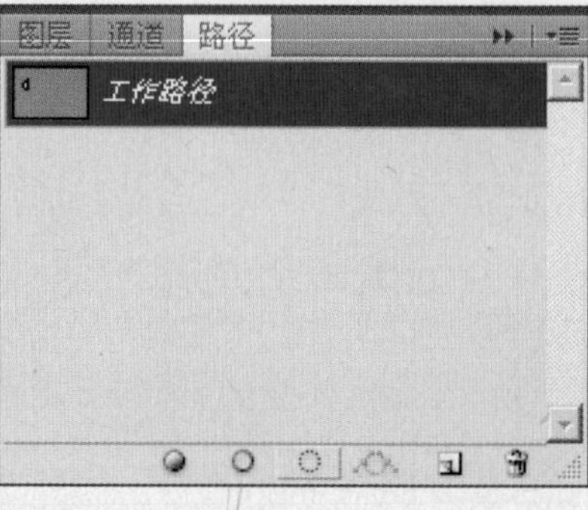
图1-81

提 示

单击面板右上角的"折叠为图标"按钮，可以将面板内容隐藏起来，只显示面板的标签部分，如图所示，以节省界面空间，再次单击"面板按钮"即可恢复面板，如图所示。关闭不用的面板同样可以节省空间。面板的长度和宽度可以自由控制。拖曳面板的右或左下角可以分别加长和加宽面板，显示更多内容。

1.9 PART 1 Photoshop CS5快速入门

难易度

使用Bridge浏览照片

Photoshop自带的文件浏览器——Adobe Bridge是与Photoshop结合使用的浏览软件，作为创造性组件的控制中心，它可以显示图片的高度、宽度、分辨率、颜色模式及创建、修改日期等附加信息，供用户方便地查找和访问包括PSD、AI、INDD、Adobe PDF等Adobe应用文件和非应用文件，并可以向这些资源中添加数据。用户可以在安装Photoshop时，很方便地一起安装这款浏览软件。

下面就介绍文件浏览器——Adobe Bridge的具体使用方法与步骤。

在Photoshop软件界面中，执行菜单栏中“文件”→“在Bridge中浏览”命令，如图1-82所示。

“浏览器”界面类似一个打开的浏览窗口，左侧的收藏夹可以快速访问文件，用户可以选择计算机中的任何文件夹，访问图像资源，如图1-83所示。

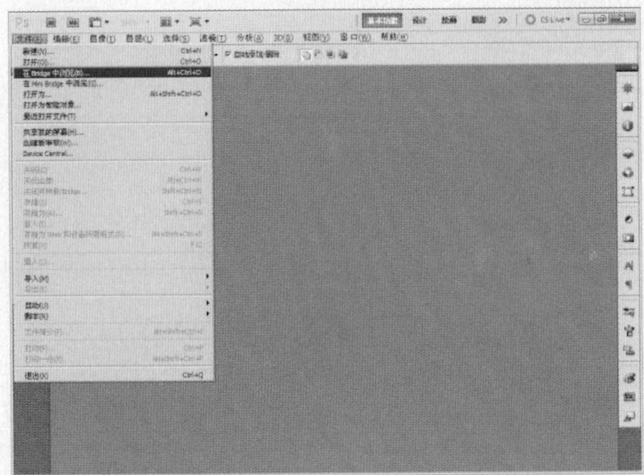

图1-82

图1-83

选择文件夹中的某个图像文件，在右侧的“预览”面板中就会显示该图像的预览效果，并可以查看文件相关信息。双击图片，或者在图片上用鼠标右键单击，在弹出的快捷菜单中选择“打开”命令，就可以打开文件，如图1-84所示。

在文件中选择一个图像文件，拖曳界面底部的“调整视图大小”滑块向右，可以放大图像缩览图，向左则缩小，如图1-85所示。

单击界面上部的显示模式按钮，可切换显示模式，如图1-86所示。

下面简单地介绍图片浏览器的使用方法，如图1-87所示。

图1-84

图1-85

图1-86

图1-87

菜单栏：与其他Windows软件一样，菜单栏存放按项目功能分类的菜单，单击某一菜单，就会弹出下拉菜单，选择相关项目命令。

“文件夹”/“收藏夹”/“检查器”面板：可以快速访问一些文件夹，单击可以选择文件夹并打开。

“预览”面板：预览选中的图像文件，可以缩小或放大预览，在未选择图像时为灰色。

“元数据”/“关键字”面板：“元数据”面板含有选择文件变化数据的信息，如果选定多个文件，共有的信息将被显示出来。“关键字”面板可以为图像附上关键字信息，便于用户组织管理图像文件。

“查询”菜单栏：记录了最近访问过的文件夹，使用户可以快捷地再次访问。还配有“前进”、“后退”按钮，使用方式同一般的浏览器。

最小化、最大化和关闭按钮：在没有退出Photoshop的情况下，对文件浏览器进行最小化，最大化和关闭操作。

快捷键：可以帮助用户更加有效地管理文件，包括“新建文件夹”、“旋转视图”、“删除文件”、“切换视图”等。

内容区域：显示了当前文件夹中的相关预览图像，同时也显示了这些文件的相关信息。

调整视图大小：用来设置预览界面中图像显示尺寸的大小，从左到右放大，两边的按钮分别是“最大视图”和“最小视图”按钮。

显示模式：用户可以单击按钮设置需要的显示模式，从左到右依次是“必要项”、“胶片”、“元数据”、“输出”、“关键字”、“预览”等。

1.10 PART 1 Photoshop CS5快速入门

难易度

使用Camera Raw处理照片

在Photoshop CS5版本中，集成了行业领先的Adobe Photoshop Camera Raw 6插件，在处理原始图像时，具有更加出色的转换质量。该插件提供了本地化的校正、裁剪和晕影等图像处理功能，同时增加了对TIFF格式和JPEG格式的处理功能，以及对190多种相机型号的支持。

在 Camera Raw 中补偿镜头晕影

所谓晕影，是一种镜头问题，可导致图像的边缘（尤其是角落）比图像中心暗。可以使用“镜头校正”选项卡的“镜头晕影”部分中的控件来补偿晕影。

例如，在Photoshop中单击应用程序栏中的按钮，启动Adobe Bridge CS5软件，打开素材文件夹，选中其中的一个素材文件，如图1-88所示。执行“文件”→“在 Camera Raw中打开”命令，打开“Camera Raw 6.0”对话框，如图1-89所示。

“镜头晕影”选项组中选项功能如下。

“数量”：增加“数量”以使角落变亮，或者减少“数量”以使角落变暗。

“中点”：减少“中点”以将调整应用于远离角落的较大区域；或者增加“中点”以将调整限制为离角落较近的区域。

对“数量”和“中点”选项的数值进行设置，图像调整后的效果及选项设置如图1-90所示。

图1-88

图1-89

图1-90

在 Camera Raw 中应用裁切后晕影

如果要对裁剪后的图像应用晕影，以获得艺术效果，可以使用“镜头校正”选项卡中的“裁剪后晕影”功能来实现。“裁剪后晕影”选项组中选项功能如下。

“数量”：正值使角落变亮，负值使角落变暗。

“中点”：值越高会将调整范围限制在离角落越近的区域，而值越低会将调整应用于角落周围越大的区域。

“圆度”：正值增强圆形效果，而负值增强椭圆效果。

“羽化”：值增大将增加效果与其周围像素之间的柔化，值降低会减小效果与其周围像素之间的柔化。

“高光”：值增大将增加图像中高光的亮度，当“数量”值为负值时才可使用。

例如，在上例的文件中，重新在Camera Raw中打开素材，选择“裁剪工具”，在图像中拖动画框，将不需要的边缘部分进行裁剪，如图1-91所示。

打开“镜头校正”选项卡，首先在“裁剪后晕影”选项组中拖动“数量”滑块，设置晕影的大小，然后其他选项变为可用状态，再分别对这些选项进行设置，可以看到图像的晕影效果及选项设置，如图1-92所示。

在 Camera Raw 中裁剪所选的图像

如果照片中边缘部分裁剪掉，可以使用“裁剪工具”进行操作。在对话框中单击该按钮，可以打开工具选项菜单，在其中可以选择一种比例设置，也可以进行自定义设置。如果选择”正常“选项，可以进行任意的手动拖动绘制裁剪区域的形状；如果想要删除裁剪区域，可以选择菜单中的“清除裁剪”命令，如图1-93所示。

裁剪区域绘制好后，可以在其上单击鼠标右键，弹出与工具按钮相同的选项菜单，用户可以在其中选择需要更改的比例或方式，如图1—94所示。

如果对裁剪区域的位置、大小不满意，可以直接在预览图像中拖动绘制的裁剪区域框，或者拖动裁剪框上的控制点来调整裁剪区域的大小，如图1—95所示。

创建裁剪区域后，图像的裁剪区域仍然可见，但在图像预览中会变暗。

图1-91

图1-92

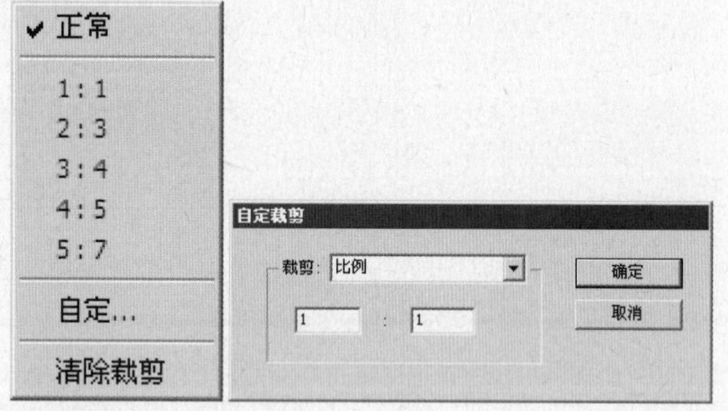

图1-93　图1-94

图1-95

如果要取消裁剪操作，可以在使用“裁剪工具”状态下，按【 Esc】键，或者单击并按住裁剪工具按钮，然后从菜单中选取“清除裁剪”。

在 Camera Raw 中补偿色差

色差是一种常见问题，它是由于镜头无法将不同频率（颜色）的光线聚焦到同一点而造成的。有一种色差导致每种光线颜色的图像均在焦点上，但各图像的大小略有不同。可以将这种色差看做是在远离图像中心的区域中出现的互补色边缘。例如，边缘可能表现为：某个对象朝向图像中心的一侧显示红边，而远离图像中心的一侧显示青边。

另一种色彩不自然感影响镜面高光的边缘，如光在波纹水面或光洁的金属边缘反射时产生的镜面高光。这种情况通常会在每个镜面高光的周围产生紫边。类似色彩的散射现象可能出现在暗色对象和高亮对象之间的边缘处。

在“镜头校正”选项卡中，调整“色差”选项组的功能就可以为照片补偿色差，选项功能如下。

“修复红/青色边缘”：调整红色通道相对于绿色通道的大小。它补偿红/青色边缘。

“修复蓝/黄色边缘”：相对于绿色通道调整蓝色通道的大小。这样就可以补偿蓝/黄色边缘。

“去边”：该选项用来去除镜面高光周围的色彩散射现象的颜色。选择“所有边缘”可校正所有边缘的色彩散射现象，包括用颜色值表示的所有锐化更改。如果选择“所有边缘”导致边缘附近出现细灰线或者其他不想要的效果，请选择“高光边缘”来仅校正高光边缘（在这种边缘中极有可能出现颜色加边）中的颜色加边现象。选择“关闭”可关闭去边效果。

在向左或向右移动每个滑块的同时，观察预览图像。如果要调整红/青色加边，按住【Alt】或以隐藏蓝/黄色加边。同样，在调整蓝/黄色加边时，按住【Alt】键以隐藏红/青色加边。目的是尽量减少颜色加边。

PART 2

Photoshop CS5

数码照片处理核心技术

本章将具体讲解如何使用Photoshop CS5软件处理数码照片的核心技术，我们从基本的调色命令入手，配合一些小实例的讲解，以深入了解选区和路径工具的用法和特点，同时也讲解了使用调色命令调整照片颜色的一些技巧方法。通过本章节的学习，我们将掌握处理数码照片的核心技术。

2.1 PART 2 Photoshop CS5 数码照片处理核心技术 难易度

简述常用调色命令

2.1.1 色阶命令

图像色彩的控制是色彩校正中非常重要的内容。Photoshop CS5提供了各种色彩调整命令来对图像进行调整。在"图像"→"调整"的下拉菜单中，列举了所有色彩调整命令。在这些色彩调整命令中，您可以直接调整整个图层的图像，也可以对选取范围的图像进行调整。如何灵活运用每个色彩命令的功能是非常重要的。

色阶调整命令可以调整图像的明暗，调整图像的色调范围和色彩平衡。执行"图像"→"调整"→"色阶"命令，在"色阶"对话框中，可以拖动滑杆或输入数字来调整输出及输入的色阶值，如图2-1所示。

通道：不仅可以选择合成的通道进行调整，而且还可以对不同的颜色通道进行单一调整。如果同时调整两个通道，首先按住【Shift】键在通道调板中选择两个通道，然后再选择色阶命令进行调整。

输入色阶：在输入色阶选项中，可以通过分别设置暗部、中间色调和亮部色调值来调整图像的色阶。具体操作时，拖动图下部的3个三角滑标即可。

输出色阶：通过设置输出色阶，可以减少图像的对比度。向右拖动暗调滑块，第一个栏内的值会增大，此时图像变亮了；向左拖动高光滑块，第二个栏内的值会减小，此时却变暗了。

吸管工具：设置图像的最暗处、最亮处的色调。暗调吸管，选择暗部吸管，在图像中单击一下，图像中所有像素的亮度值减去吸管单击处的亮度值，使图像变暗，此时，所有比它更暗的像素都将成为黑色；中间色吸管，选择中间色吸管，在图像中单击，与图像相反，图像中所有像素的亮度值加上吸管所点中的亮度值，提高图像的亮度；亮部吸管，选择亮部吸管，在图像中单击，则会将图像中最亮处的色调值设定为单击处的色调值，所有色调值比它大的像素都将成为白色。也可以双击各吸管，则弹出"拾色器"对话框，在这里可以选择您认为典型的最暗色调和最亮色调。

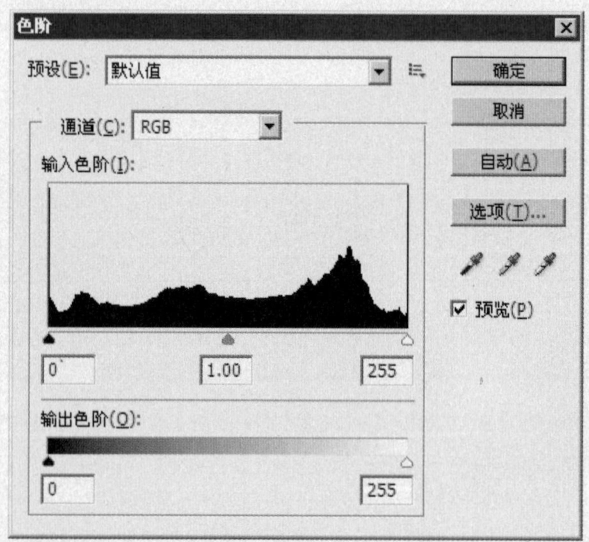

图2-1

下面我们使用"色阶"命令对照片进行简单的调整，来看看"色阶"命令的调整效果。

1.执行"文件"→"打开"命令，在弹出的"打开"对话框中选择配套光盘中本章节的"素材2.1.1"文件，单击【打开】按钮，如图2-2所示。

2.执行"图像"→"调整"→"色阶"命令，或按快捷键【Ctrl+L】，调出"色阶"对话框，在弹出的对话框中进行如图2-3所示的设置。

3.设置完后单击【确定】按钮，可以看到图像调整后的效果如图2-4所示。

图2-2

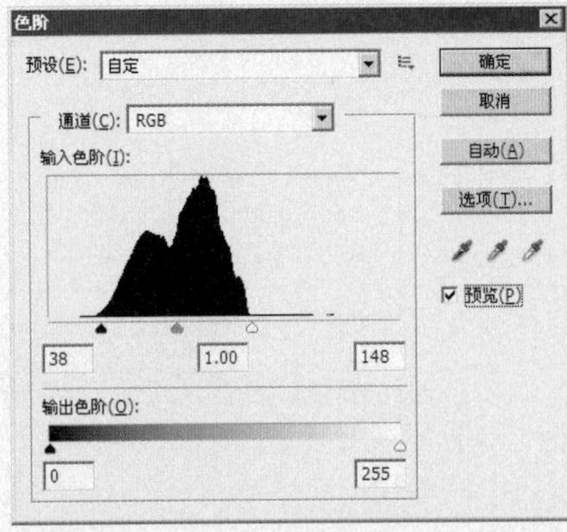

图2-3

图2-4

2.1.2 曲线命令

曲线调整命令和色阶调整命令类似，都是用来调整图像的色调范围，不同的是“色阶”只能调整亮部、暗部和中间灰度，而“曲线”命令可调整灰阶曲线中的任何一点。“曲线”调整命令是Photoshop中最好的色调调整工具，其对话框如图2–5所示。

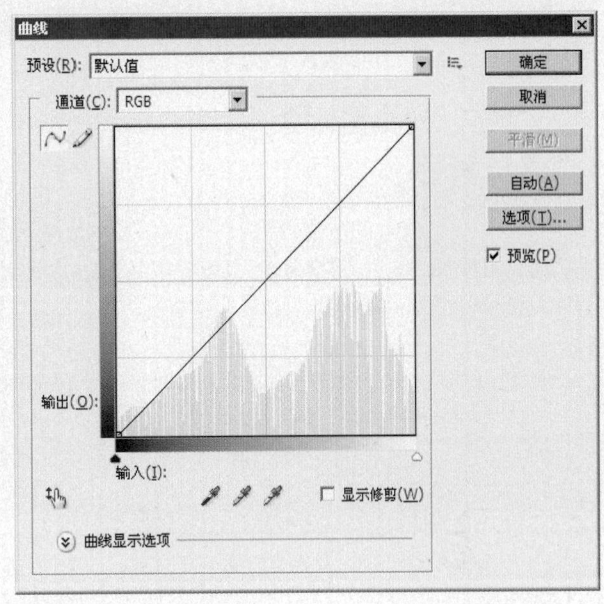

图2-5

通道：选择需要调整色调的通道。例如，有时图像中的某一通道颜色偏差较大，这时可调整此通道，而不影响其他的通道。

曲线图：横坐标代表水平色调带，表示图像调整前的亮度的分布，即输入色阶；纵坐标代表竖直色调带，表示图像调整后亮度的分布，即输出色阶，它们变化范围在0～255之间。调整前的曲线是一条成45度角的直线，表示所有像素的输入与输出亮度相同。我们通过调整曲线的形状来改变像素输入输出的亮度，从而改变整个图像的色阶。

曲线工具是最基本的调节工具，如用鼠标单击曲线，此时曲线上会出现节点，然后移动它，就可以改变图像的亮度、对比度、色彩等。如果多次单击，曲线上会出现多个节点。要删除节点，只要选中节点，拖到坐标区域外面即可。要选中多个节点，只要按住【Shift】键，同时选中多个节点即可。

变更网格线的密度：调整色阶时，按下【Alt】键，然后单击曲线图上的网格，可以改变网格的显示方式，使您更细致地进行调整，再按一下即可恢复原状。

铅笔工具：用户可以选择铅笔工具来调整曲线的形状，选中（铅笔）工具后，移动指针在表格中绘制即可画出想要的曲线图，然后再单击对话框中的“平滑”按钮来改变曲线的平滑度。

明亮度控制杆：在曲线表格下半部分有一个控制杆，控制杆表示了曲线图中明暗度的分布方向。而明暗度的表示方式又分为明暗度的数值（0～255）和墨水浓度，在调整的过程中，可以依自己的习惯在两种使用方式中切换，切换时只要在控制杆上按一下就可以了。

下面我们使用“曲线”命令对照片进行简单的调整，来看看“曲线”命令的调整效果。

1.执行“文件”→“打开”命令，在弹出的“打开”对话框中选择配套光盘中本章节的“素材2.1.2”文件，单击【打开】按钮，拖动“背景”图层到图层面板底部的“创建新图层”按钮，对图层进行复制操作，得到“背景 副本”图层，如图2–6所示。

2.执行“图像”→“调整”→“曲线”命令，或按快捷键【Ctrl+M】，调出“曲线”对话框，在弹出的对话框中进行如图2–7所示的设置。

3.设置完成后，单击【确定】按钮，可以看到图像调整后的效果如图2–8所示。

图2-6

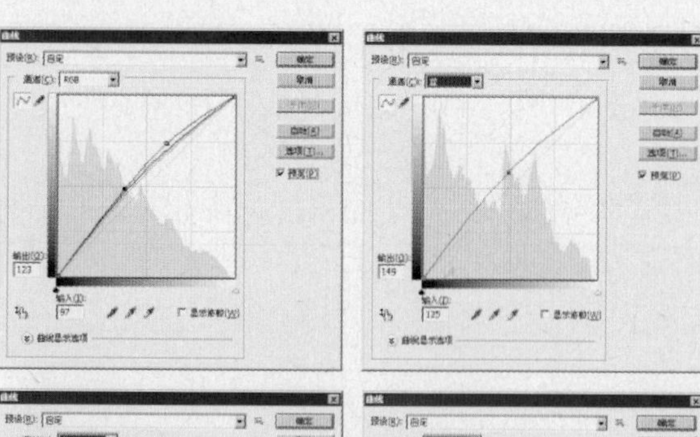

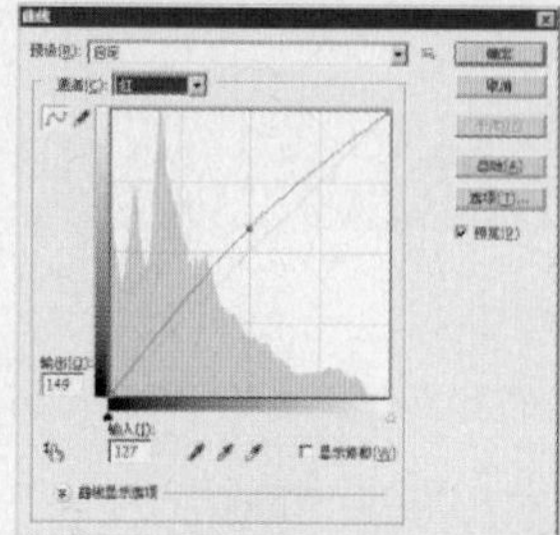

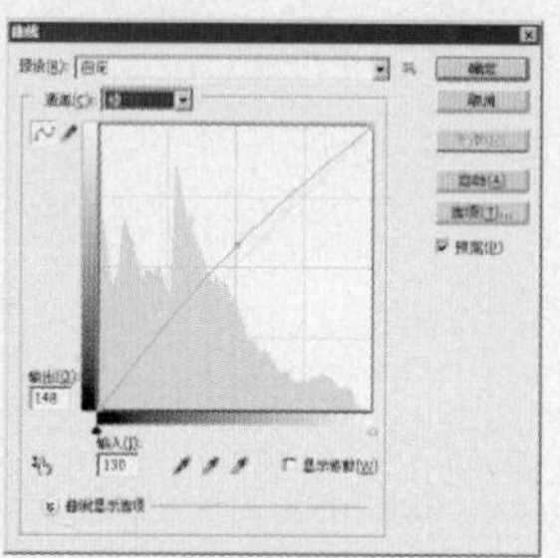

图2-7

图2-8

2.1.3 亮度/对比度命令

亮度/对比度调整命令可以直接调整图像的对比度和亮度。亮度/对比度命令不能对单独的通道进行调整，只能整体上做粗略的调整。执行“图像”→“调整” →“亮度/对比度”命令，可以弹出“亮度/对比度”对话框，如图2-9所示。

亮度：调整图像的亮度，其范围为-100～+100。将亮度滑块向右滑动，使图像变亮；将滑块向左滑动，图像变暗。

对比度：调整图像的对比度，其范围为-100～+100。可将对比度滑块向右滑动，提高图像的对比度；将滑块向左滑动，降低图像的对比度。

下面我们使用“亮度/对比度”命令对照片进行简单的调整，来看看“亮度/对比度”命令的调整效果。

1.执行“文件”→“打开”命令，在弹出的“打开”对话框中选择配套光盘中本章节的“素材2.1.3”文件，单击【打开】按钮，如图2-10所示。

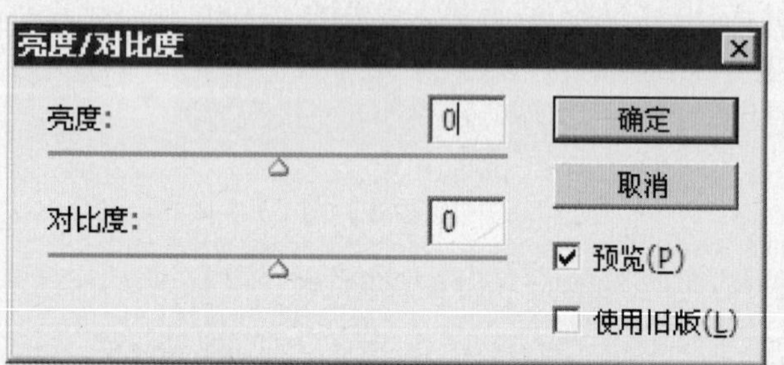

图2-9

图2-10

2.执行“图像” → “调整” → “亮度/对比度”命令，调出“亮度/对比度”对话框，在弹出的对话框中进行如图2-11所示的设置。

3.设置完后，单击【确定】按钮，可以看到图像调整后的效果如图2-12所示。

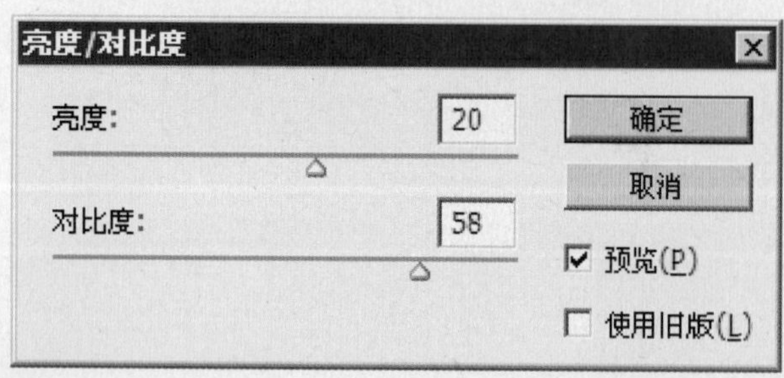

图2-11

图2-12

2.1.4 色相/饱和度命令

"色相/饱和度"命令主要用于改变像素色相及饱和度，而且它可以通过给像素指定新的色相和饱和度，实现为灰度图像上色的功能，可制作出漂亮的双色调效果。执行"图像"→"调整" →"色相/饱和度"命令，可以弹出"色相/饱和度"对话框，如图2–13所示。

色相：可拖动滑块或在文本框中输入数值来调整图像的色相。

饱和度：可拖动滑块或在文本框中输入数值来调整图像的饱和度。

亮度：可拖动滑块或在文本框中输入数值来调整图像的亮度。

颜色条：对话框底部的两个颜色条中，上面一条显示调整前的颜色，下面一条显示调整后的颜色，拖动滑块可以增减色彩变化的范围。

吸管：当选择编辑中"全图"选项其他的选项时，可以使用吸管工具。选择（普通的吸管）可以选择调色的范围；选择（带加号的吸管）可以增加调色的范围，选择（带减号的吸管）可以减少调色的范围。

着色：选中此复选框，可以使彩色图像变成单色图像，也可以使黑白图像变成单色调图像，处理后图像的色彩会有些损失。

下面我们使用"色相/饱和度"命令对照片进行简单的调整，来看看"色相/饱和度"命令的调整效果。

1.执行"文件"→"打开"命令，在弹出的"打开"对话框中选择配套光盘中本章节的"素材2.1.4"文件，单击【打开】按钮，如图2–14所示。

2.执行"图像" → "调整" → "色相/饱和度"命令，调出"色相/饱和度"对话框，在弹出的对话框中进行如图2–15所示的设置。

3.设置完后，单击【确定】按钮，可以看到图像调整后的效果如图2–16所示。

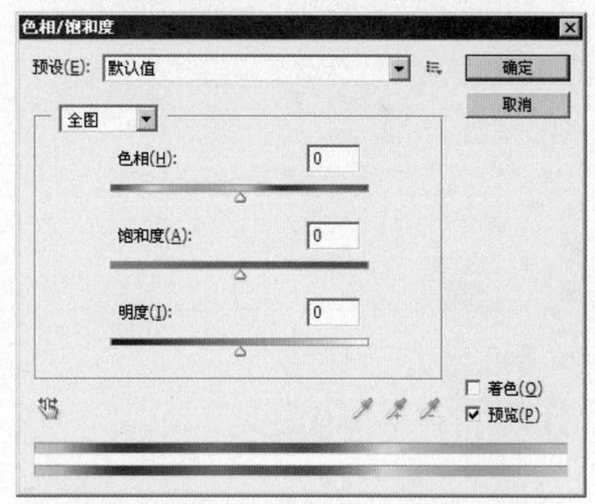

图2-13

图2-14

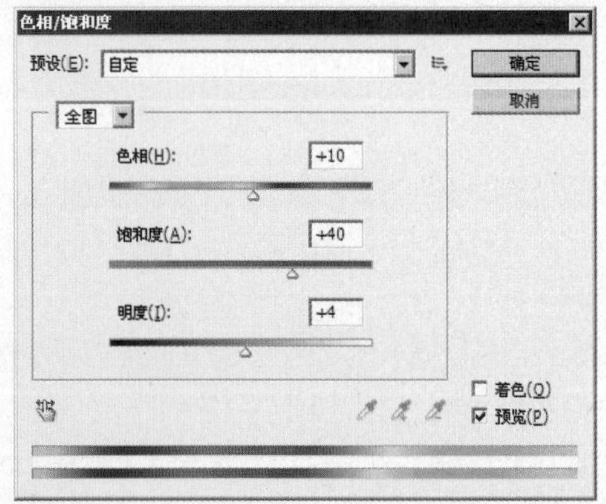

图2-15

图2-16

2.1.5 色彩平衡命令

色彩平衡调整命令可以对图像的高光，暗调和中间调的颜色分别进行调整，从而改变图像的整体色调。此命令只能对图像进行粗略的调整，不能像色阶和曲线命令一样来进行较准确的调整。"色彩平衡"对话框如图2–17所示。

在对话框中，可以先选择要调整的部位，如果想要调整高亮部的色调，应选中高光前面的复选框。

拖动滑块条上的滑块，可以改变图像的颜色的组成。例如，如果想将图像的亮部色调改为蓝色，即可将滑块向蓝色方向拖动，选中"预览"前的复选框，可以对图像进行预览，观察图像的效果。

保持亮度：如果要在改变颜色的同时，保持原来的亮度值，则可选中此项。

下面我们使用“色彩平衡”命令对照片进行简单的调整，来看看“色彩平衡”命令的调整效果。

1.执行“文件”→“打开”命令，在弹出的“打开”对话框中选择配套光盘中本章节的“素材2.1.5”文件，单击【打开】按钮，如图2-18所示。

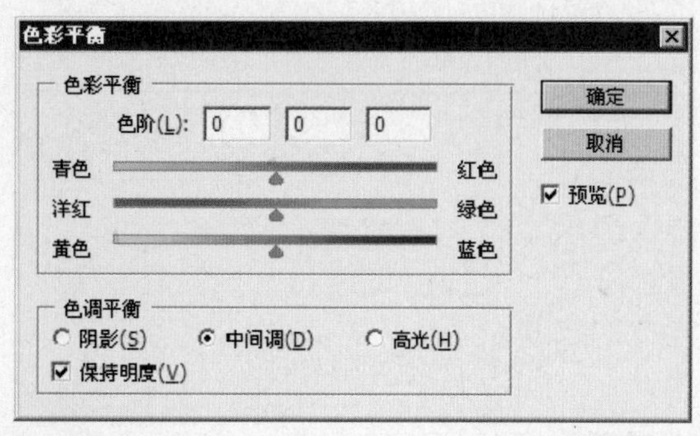

图2-17

图2-18

2.执行“图像”→“调整”→“色彩平衡”命令，调出“色彩平衡”对话框，在弹出的对话框中进行如图2-19所示的设置。

3.设置完后，单击【确定】按钮，可以看到图像调整后的效果如图2-20所示。

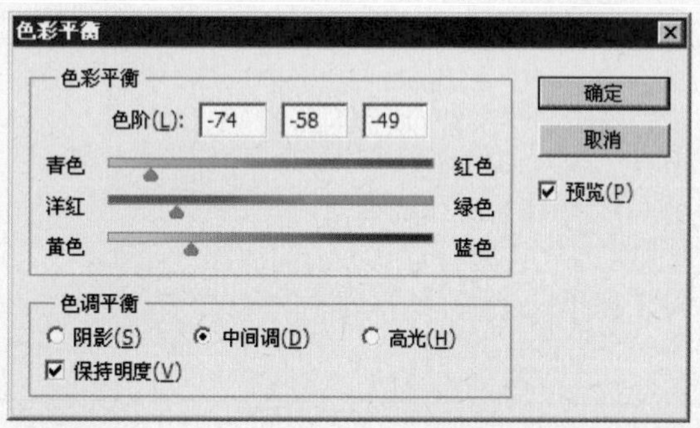

图2-19

图2-20

2.1.6 通道混合器命令

“通道混合器”命令可以通过从每个颜色通道中选取它所占的百分比来创建高品质的灰度图像，还可以创建高品质的棕褐色调或其他彩色图像。使用图像中现有颜色通道的混合来修改目标颜色通道。 颜色通道是代表图像（RGB 或 CMYK）中颜色分量的色调值的灰度图像，如图2-21所示。

颜色：在其下拉菜单中选择所要进行调整的主色，如红色、绿色、蓝色、青色、洋红色、黄色、黑色、白色和中性色。

青色、洋红、黄色、黑色滑杆：通过这4根滑标可以针对选取的颜色调整C、M、Y、K的比重来修正各原色的网点增加和色偏。各滑杆的变化范围都为-100%～100%。

方法：主要是用来决定色彩值的调整方式。勾选“相对”复选框时，是依据原来的CMYK值总数量的百分比来计算。如一个像素占有洋红色的百分比为40%，在勾选“相对”选项下增加10%，则该像素的洋红色含量变为44%，即为40%+10%×40%＝44%；勾选“绝对”复选框时，是以绝对值来调整颜色，即一个起始含有60%洋红色的像素增加10%，则该像素的洋红色含量变为70%。

下面我们使用“通道混合器”命令对照片进行简单的调整，来看看“通道混合器”命令的调整效果。

1.执行“文件”→“打开”命令，在弹出的“打开”对话框中选择配套光盘中本章节的“素材2.1.6”文件，单击【打开】按钮，如图2-22所示。

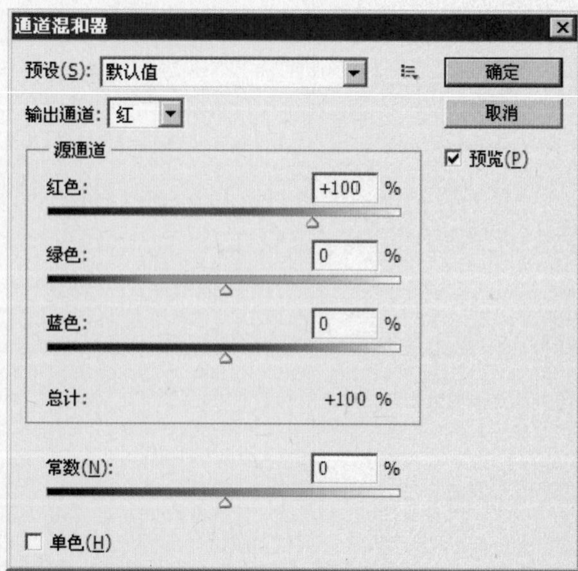

图2-21

2.执行“图像”→“调整”→“通道混合器”命令，调出“通道混合器”对话框，在弹出的对话框中进行如图2-23所示的设置。

3.设置完后，单击【确定】按钮，可以看到图像调整后的效果如图2-24所示。

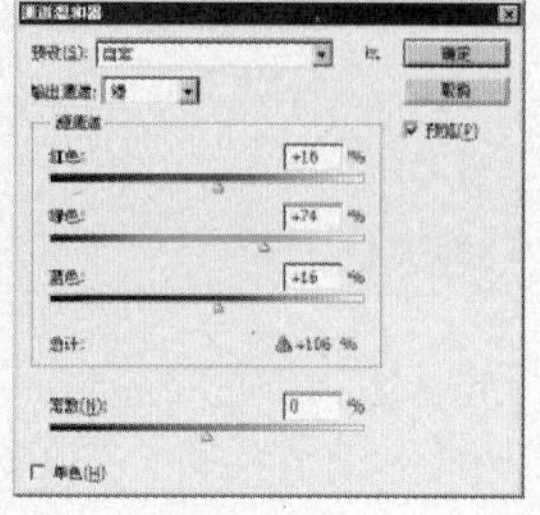

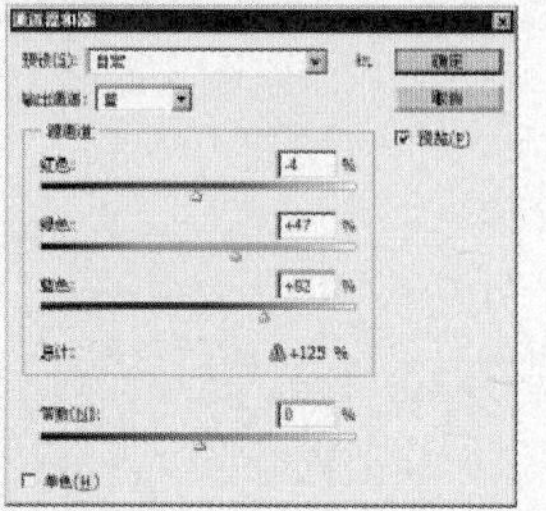

图2-23

图2-22

图2-24

2.1.7 照片滤镜命令

照片滤镜命令执行的是把带颜色的滤镜放在照相机镜头前方来调整穿过镜头、使胶卷曝光的光线的色彩平衡和色彩温度的技术。使用该命令，我们还能选择色彩预置，对图像应用色相调整。执行菜单“图像”→“调整”→“照片滤镜”命令，弹出“照片滤镜”对话框，如图2-25所示。

滤镜：在该下拉列表中选择预置中的一种，可以调整图像中白色平衡的色彩转换滤镜或以较小幅度调整图像色彩质量的光线平衡滤镜。

颜色：单击色块，在弹出的“拾色器”中选择一种颜色来定义颜色滤镜。

密度：拖动滑块，或直接在文本框中输入一个百分比，以调整应用到图像中的色彩量。值越高，色彩感觉就越浓。

保持明度：勾选该复选框，可以使图像不会因为添加了色彩滤镜而改变明度。

下面我们使用“照片滤镜”命令对照片进行简单的调整，来看看“照片滤镜”命令的调整效果。

1.执行“文件”→“打开”命令，在弹出的“打开”对话框中选择配套光盘中本章节的“素材2.1.7”文件，单击【打开】按钮，如图2-26所示。

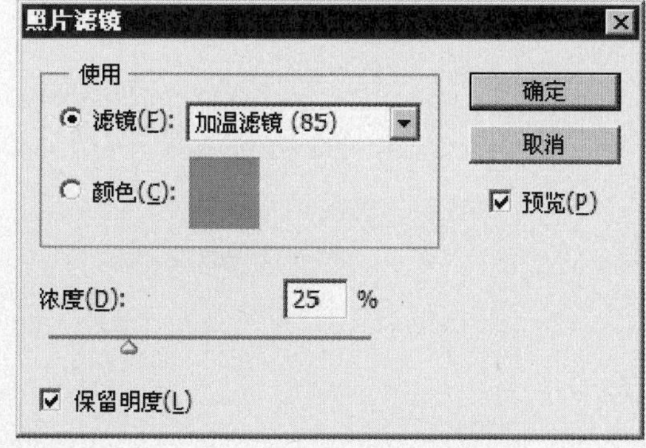

图2-25

图2-26

2.执行“图像”→“调整”→“照片滤镜”命令，调出“照片滤镜”对话框，在弹出的对话框中进行如图2–27所示的设置。

3.设置完后，单击【确定】按钮，可以看到图像调整后的效果如图2–28所示。

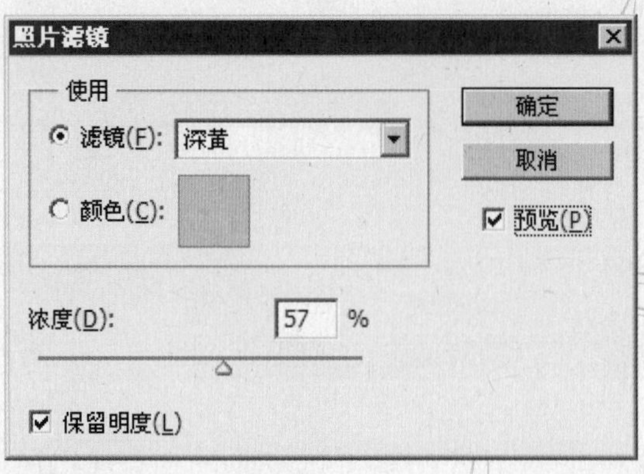

照片滤镜
使用
滤镜(F): 深黄
颜色(C):
确定
取消
预览(P)
浓度(D): 57 %
保留明度(L)

图2-27

图2-28

2.2 PART 2 Photoshop CS5 数码照片处理核心技术

难易度

解析图层的功能

图层的分类是根据不同功能和特性来区分的，图层分为8种，分别是：背景图层、普通图层、文本图层、形状图层、效果图层、蒙板图层、调节图层和填充图层。因为每种图层的功能和特性不同，所以创建图层的方式方法也会不同。

2.2.1 “图层”的类型

普通图层

在图层的使用过程中普通图层是使用率最高的，是存放图像信息最基本的图层。在普通图层中可以对图像的颜色、形状等进行自由调整，也可以运用蒙版效果。单击“创建新图层”按钮，就可以在图层面板里创建新的普通图层，如图2–29所示。

想创建图层还可以单击“图层”面板上的扩展按钮，在弹出的下拉菜单中选择“新建图层”命令，这样会弹出“新建图层”对话框，在对话框中可对新建图层的信息进行设置，设置完毕后单击【确定】按钮，如图2–30所示。

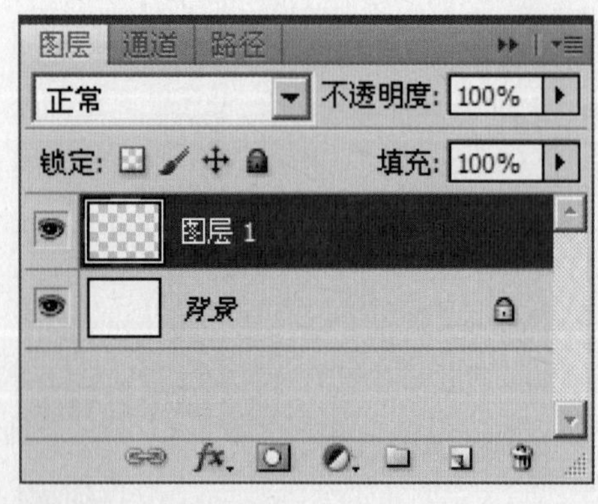

图2-29

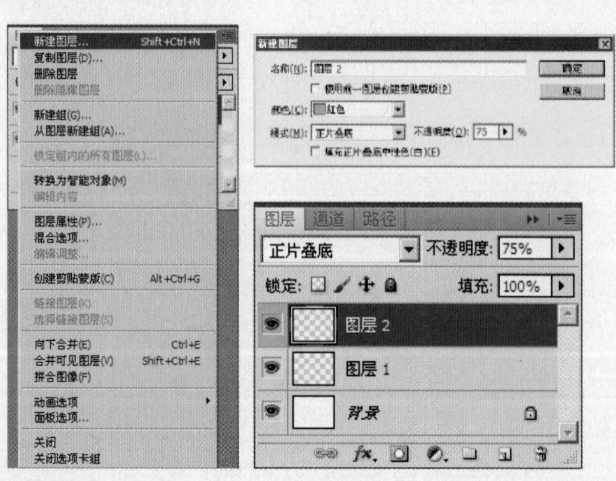

图2-30

背景图层

在一个新建文档里只有一个图层，这个图层就是背景图层，背景图层用于放置图像背景，背景图层位于最底层。背景图层在没有转换成普通图层之前，是不可以改变图层混合模式和透明度的，如图2–31所示。

文本图层

文本图层是一个只能放置图像文字信息的图层，当在图像中输入文字时，文本图层就会自动创建，而所输入的文字就会自动成为文本图层的名称。文本图层只能对文字进行编辑，不能进行特效编辑，如有需要，必须将其栅格化，变成普通图层，如图2–32所示。

调节图层

调节图层是一个不会破坏原始图像的数据信息，并且能够把图像的颜色和色调进行调节的一个图层，其本身并不能装载任何图像像素，但是它包含一个图像的调整命令。在图层面板上可以“单击创建新的填充或调整图层”按钮创建调节图层，如图2–33所示。

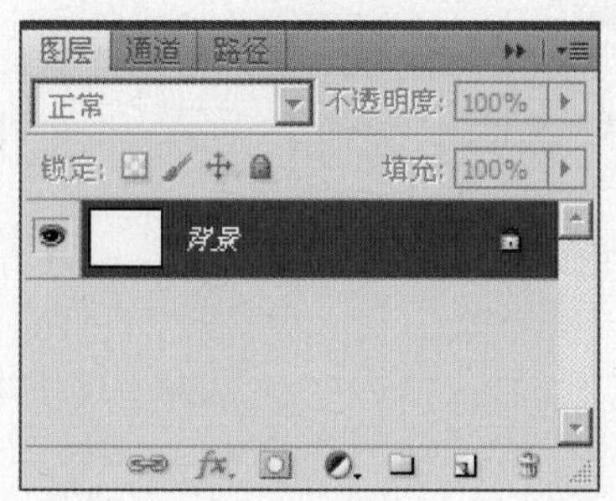

图2-31

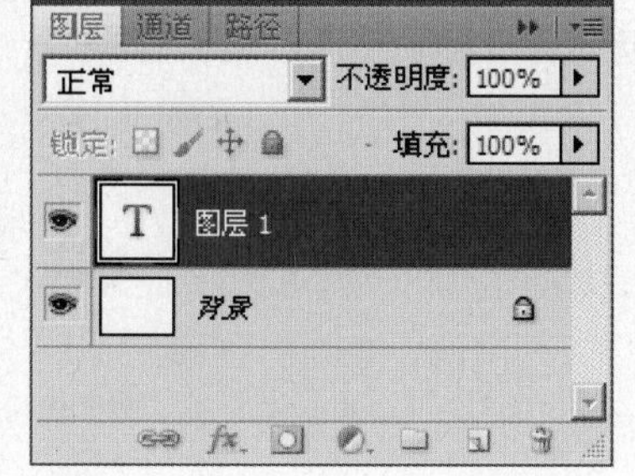

图2-32

图2-33

效果图层

如果想对图像做一些效果，如阴影效果、立体效果等，只要单击按钮生成一个效果图层，进行一些数据的设置，就可以得到想要的效果。如果想还原图像效果，可以把效果图层删除，如图2–34所示。

填充图层

填充图层和调节图层有异曲同工之效，它们有一个共同的特点，就是不会破坏原始的图像数据，而填充图形是在这基础上进行填充的。它们的按键也是一样的，都是“创建新的填充或调整图层”按钮创建图层的，只是里边的命令不一样。要还原图像，删除填充图层就可以了，如图2–35所示。

形状图层

形状图层是通过运用路径绘图工具自动创建的，不用刻意去按什么按钮，这一图层主要是用来放置矢量图形，如图2–36所示。

蒙版图层

蒙版图层也不会损坏图像原始数据，它能把图像不想显示的部分进行遮盖，删除蒙版图层就能还原图像原来的效果。单击“添加蒙版图层”按钮就能生成蒙版图层，如图2–37所示。

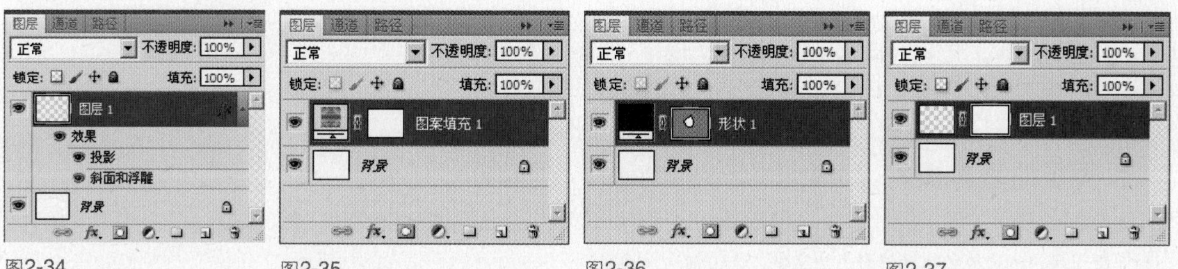

图2-34　图2-35　图2-36　图2-37

2.2.2 “图层”调板

“图层”面板是进行图像编辑时必不可少的工具，用于显示当前图像的所有图层信息。通过“图层”面板，可以调节图层的叠放顺序、图层的“不透明度”及图层的“混合模式”等参数。“图层”菜单与“图层”面板作用相同，下面将具体介绍。

执行菜单“窗口”→“图层”命令或按【F7】键，都会弹出“图层”面板。打开一幅图片，如图2–38所示。该图片对应的“图层”面板如图2–38所示，下面将详细介绍“图层”面板。

A→混合模式，在该下拉列表框中，可以选择不同的色彩混合模式，从而达到不同的图层混合效果。

B→锁定，单击该选项后面的任意一个按钮，都会将图层按照不同的设置进行锁定。

C→眼睛图标，用于显示或隐藏图层。若小图标是显示的，则该图层处于显示状态；若小图标是隐藏的，则该图层处于隐藏状态。只要单击图标所在的小方块，就可以在显示和隐藏之间进行切换。

D→不透明度，用于设置图层的不透明度。

E→填充，在填充图层时，用于设置填充的百分比。

F→链接图层，单击图层时在其右侧显示，则表示所有显示的图层都是链接的，如果鼠标不单击图层则该图标不会显示。链接的图层可以同时进行移动、旋转和变换等。

G→添加图层样式，单击该按钮，可以添加图层样式特效。

H→添加图层蒙版，单击该按钮，可以给图层添加蒙版。

I→创建新的填充或调整图层，单击该按钮可以打开下拉菜单，从而创建一个填充图层或调整图层。

J→创建新组，单击该按钮可以创建图层组，将分散的图层归类后分组放在一起。

K→创建新图层，单击该按钮可以建立一个新图层。

L→删除图层，单击该按钮，可以删除当前图层。

M→文字图层，在该图层中可以输入文字和编辑文字。

N→图层缩览图，用于预览图层。

O→当前图层，表示处于被操作状态的图层。

P→背景图层，处于“图层”面板的最底部。

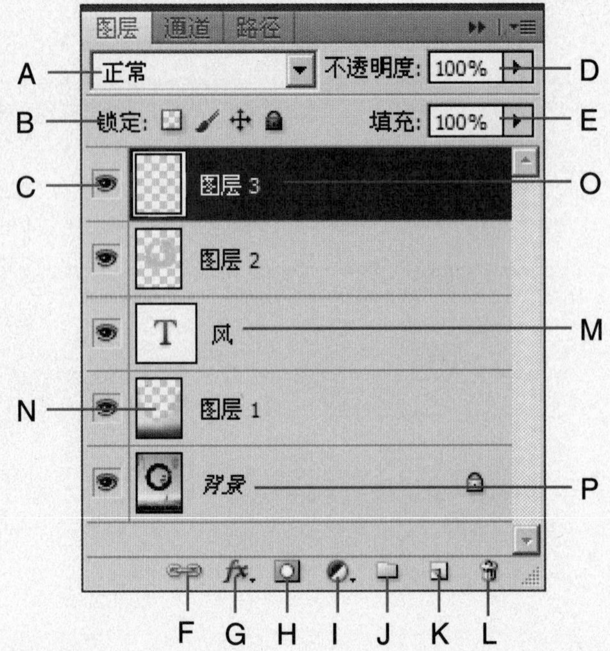

图2-38

2.2.3 图层混合模式

简单来说，图层混合模式就是当前图层与下面图层的颜色进行混合的方式。图层的混合模式确定了其像素如何与图像中的下层像素进行混合，使用混合模式可以创建各种特殊效果。

由于合成模式用于控制上下两个图层在叠加时所显示的总体效果，通常在上方图层选择合适的合成模式，合成模式得到的结果与图层的明暗色彩有直接关系。因此进行模式的选择，必须根据图层的自身的特点灵活应用。在Photoshop中提供了多种混合模式。当两个图层重叠时，默认状态下为“正常”。在“图层”面板中单击“模式”下拉按钮，在弹出的下拉列表中选择需要的模式，如图2-39所示。

Photoshop提供了包含“正常”在内的共27种图层混合模式，这些模式根据不同的颜色混合方式，制作出不同的图层叠加效果。这些效果对于图像的处理有起着很重要的作用，我们可以尝试用不同的混合模式对图片进行处理，制作出独特的合成效果。

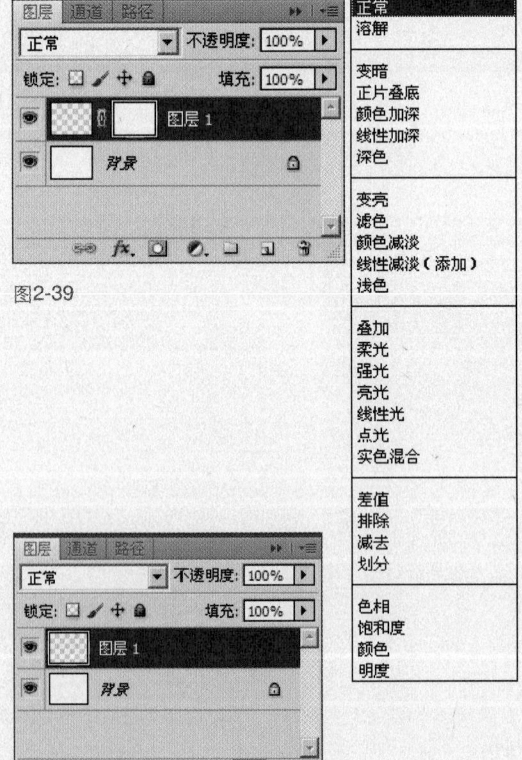

图2-39

图2-40

2.2.4 图层的基本操作

新建图层

为了便于用户的修改和编辑管理图像文件，通常情况下都要新建图层。用户可以新建空白图层，向其中添加内容，也可以利用现有的内容来创建新图层。通常新建的图层都会在当前图层的上方或当前图层组内。新创建的图层会默认为当前所选的图层。

在创建图层时，最基本的创建方法是，单击图层面板上的创建新图层按钮或直接按快捷键【Ctrl+Shift+N】，直接创建新的图层，如图2-40所示。

还可以利用选区创建新图层。首先在当前图层上建立选区，然后执行“图层”→“新建”→“通过复制的图层”命令，或是按快捷键【Ctrl+J】，新建一个具有该选区的图层；在当前图层上建立选区后，还可以执行“图层”→“新建”→“通过剪切的图层”

命令，或按快捷键【Ctrl+Shift+J】，新建一个具有该选区并将原图层中的选区删除的图层。

选择图层

在图层面板中，如果想选择其中的一个图层，可以单击这个图层，那么被选择的这个图层就会显示与其他图层不一样的颜色，如图2–41所示。如果想选择多个图层，可以按住【Ctrl】键，然后单击想要选择的图层，如图2–42所示。

图2-41 图2-42

提 示

当选择多个连续的图层时，还可以按住【Shift】键分别单击最上面的将选图层和最下边的将选图层，这样在这两个图层之间所有连续的图层都被选中了，更加方便快捷。

复制图层

复制图层是在原有的图层上复制出来一个或多个图层。在一个图像中复制图层时，选择需要复制的图层，拖动到图层面板中的创建新图层按钮，即可复制出一个图层，复制出来的图层名称，采用系统默认的图层名称，一般为复制图层的副本图层，如图2–43所示。

在复制图层的时候，也可以这样操作，单击图层面板中的扩展按钮，在弹出的下拉菜单中选择“复制图层”命令，在弹出的“复制图层”对话框中，设置复制出的图层信息。

图层在一个图像里可以复制，在不同图像之间也可以复制图层。在不同图像之间复制图层，需要在复制之前选择好复制目标，这样复制后的图层才会按照设置排列在目标文件的“图层”面板里。

删除图层

在作图过程中，会遇到一些不需要的、多余的图层，那么这些不需要的图层就要删除，以减少文件的大小。

删除图层一般的方法就是，将要删除的图层直接拖曳到“图层“面板下边的删除图层按钮，要删除的这一图层就直接被删除掉，如图2–44所示；删除图层还可以这样操作，选中将要删除的图层，直接单击“图层“面板下的删除图层按钮，这时会弹出确认是否删除的对话框，单击“是”按钮删除图层，单击“否”按钮取消删除图层。

还有一种删除图层的方法，那就是选中将要删除的图层，并且该图层不能存在选区，直接按【Delete】键或【Backspace】键，就可以直接删除图层。

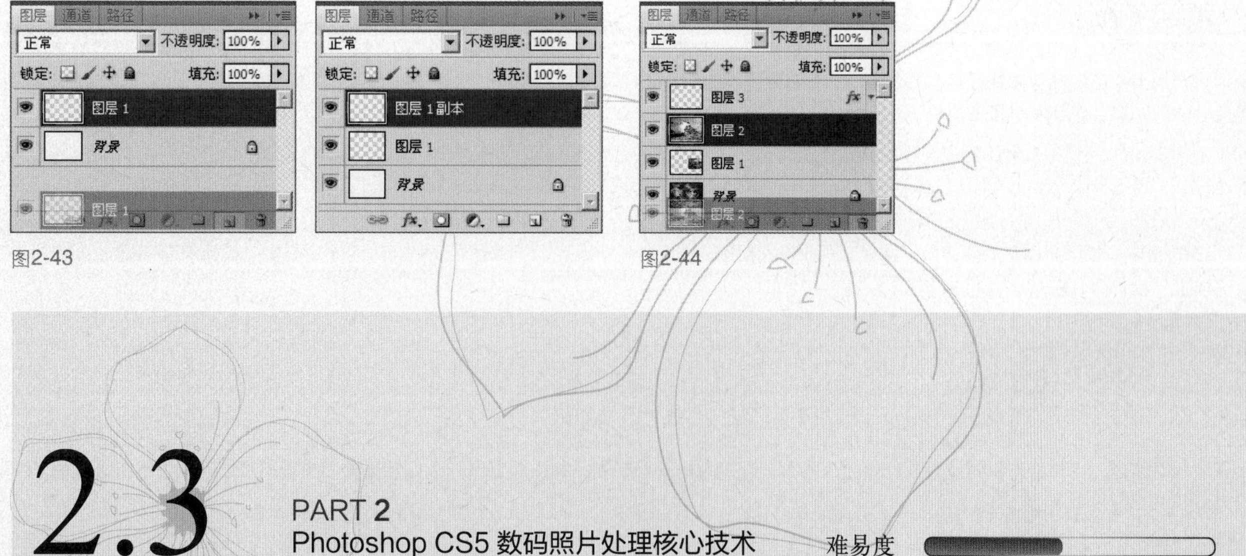

图2-43 图2-44

2.3

PART 2
Photoshop CS5 数码照片处理核心技术 难易度

揭开通道与蒙版的秘密

2.3.1 “通道”调板

在“通道”面板中可以完成所有通道操作，包括通道的新建、复制、删除、拆分、合并等。执行菜单“窗口”→“通道”命令，打开“通道”面板，如图2-45所示。各选项功能如下。

A→通道缩览图，用于显示通道中的内容，可以方便地辨别每一个通道。对通道进行编辑或对图层中的内容进行编辑、修改时，缩览图中的内容也会随之变化。

B→眼睛图标，单击该图标，可以显示或隐藏当前通道。当隐藏某一原色通道时，RGB或CMYK主通道也会随之隐藏；显示主通道时，各原色通道会一起显示。

C→面板控制菜单按钮，单击该按钮可以打开面板菜单。

D→作用通道：单击某一通道或在键盘上按通道名称后面相应的快捷键时，该通道会呈高亮显示状态，即作用通道.

E→将通道作为选区载入：单击该按钮，可以将当前通道中的内容转换为选取范围，将某一通道拖动到该按钮上也可以载入该通道的选取范围。该按钮的功能和菜单“选择”→“载入选区”命令相同。

F→将选区存储为通道，只有图像中存在选取范围时，该按钮才被激活。单击可以将选区作为蒙版保存到新增的Alpha通道中，该按钮的功能和菜单“选择”→“存储选区”命令相同。

G→删除当前通道，单击该按钮，在弹出的对话框中单击“是”按钮，或将通道拖动到该按钮上，可以将当前作用通道删除，但不能删除主通道。

H→创建新通道，单击该按钮可以新建一个Alpha通道，Photoshop中包括主通道和原色通道在内最多允许有24个通道。

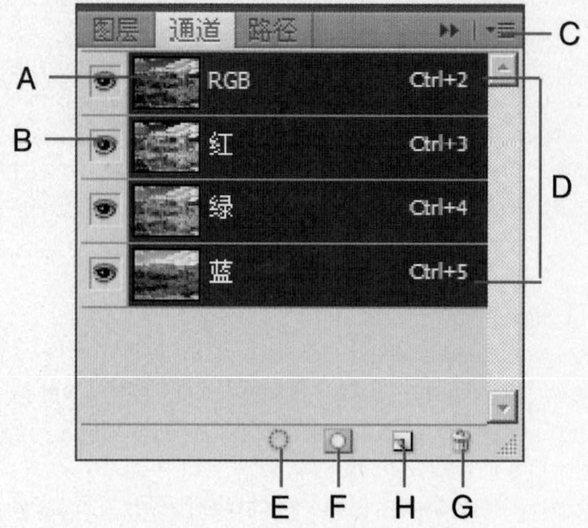

图2-45

2.3.2 通道的分类

通道分为3种类型，颜色通道、专色通道和Alpha通道。颜色通道是Photoshop自动建立的通道，一般在打开新图像时就会自动创建的通道，主要用来保存颜色信息，此种类型下的通道数量是由颜色模式决定的。专色通道和Alpha通道是用户根据需要自己创建的，这两种通道主要用于控制图像选区和添加专色的操作。

颜色通道

颜色通道是图像颜色信息的载体，它是Photoshop默认的通道，每一幅图像都有颜色通道。此通道是用来表示每个颜色分量的灰度图像，每个通道中都存储着图像颜色的相关信息，所以在编辑图像的时对图像应用的滤镜，实际上是在改变颜色通道中的信息， 改变一个颜色通道的信息，会使整个图像的效果发生变化。

在Photoshop通道的几个类型中，颜色通道存放的是图像固有的颜色信息，每个通道都有它固有的颜色通道，在相同的图像里，不同的颜色模式，通道的显示也是不同的。当图像颜色在RGB模式下时，通道包括3个颜色通道，即“红”通道、“绿”通道、“蓝”通道，还有一个复合通道，即RGB通道，如图2-46所示。

当图像颜色模式是CMYK模式时，通道就包含4个通道，即“青色”通道、“洋红”通道、“黄色”通道、“黑色”通道，还有一个复合通道，即CMYK通道，如图2-47所示。

专色通道

专色通道是用来存储专色的专用通道。专色通道存储的专色方便于印刷的时候印刷专色，因为有些专色用印刷色油墨是印刷不出来的，如金属色和荧光色等。一般专色通道的名称都用油墨名称来命名。

专色通道在CMYK模式的图像中，如果应用四色以外颜色的油墨打印图像时，就会出现“色域警告标志”⚠，这时就需要使用一个或多个专色通道越过色域警告创建被警告的颜色，同时创建打印机能够精确复制的颜色信息。专色通道不支持图层，对专色通道添加的任何信息都不会出现在图层上。

Alpha通道

此通道在编辑图像时会经常遇见，它是应用率最高的功能之一，主要用来保存和编辑选区。一些比较复杂的选区，都可以通过Alpha通道来完成创建。在Alpha通道可以非常细致地把选区存储下来，如选区的位置、大小及羽化效果等信息都可以完整地保存在Alpha通道中。对于编辑选区来说，此通道都可以随时转换成选区，方便选区的编辑。如图2-48所示的为Alpha通道面板。

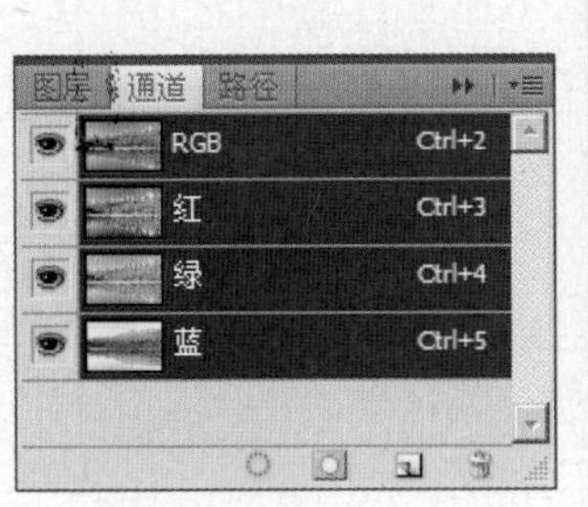

图2-46

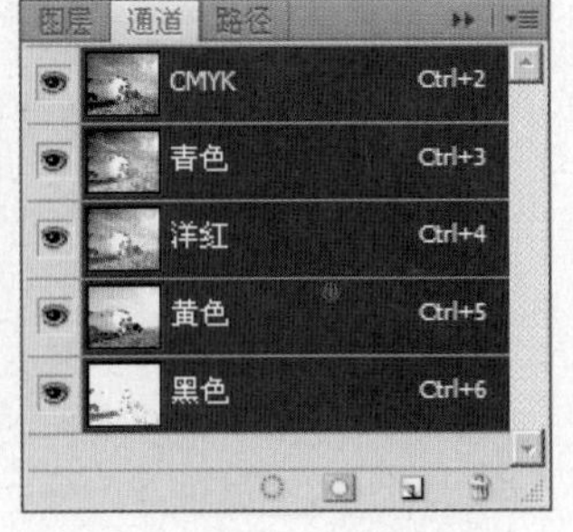

图2-47

图2-48

2.3.3 通道的操作

新建通道

通道的某些操作方法和图层的操作方法非常相似，例如新建通道和创建图层的方法就相同，新建通道也是单击“通道”面板下方的“创建新通道”按钮，就可以新建一个Alpha通道。在单击“创建新通道”按钮的同时按住【Alt】键，这时就会弹出“新建通道”对话框，如图2—49所示。可以在该对话框中设置新建通道的名称、颜色、不透明度等。或者单击“通道”面板上的“扩展”按钮，在弹出的下拉菜单中选择“新建通道”命令，也会弹出“新建通道”对话框。

复制通道

在利用通道编辑图像时，如果遇见不合适的图像效果，为了能够返回编辑前的图像效果，可以首先复制要编辑的通道，再进行图像编辑，这样想还原图像效果时，就会很方便了。

复制通道既可以在一幅图像中进行图像复制，也可以在两幅图像间进行复制。如果要在图像之间复制 Alpha 通道，则通道必须具有相同的像素尺寸。不能将通道复制到位图模式的图像中。

在图像中复制通道还可以选择要复制的通道，按住鼠标不放进行拖动，拖动到“通道”面板下边的“创建新通道”按钮，松开鼠标即可复制通道，如图2—50所示。在复制通道时，要反转复制的通道中选中并添加了蒙版的区域，请选择“反相”命令。执行“新建”命令将通道复制到新图像中，键入新图像的名称，这样将创建一个包含单个通道的多通道图像。

删除通道

一些比较复杂的Alpha通道将极大地增加图像所占用的磁盘空间，为了减少对磁盘空间的占有，可以删除一些不必要的专色通道和Alpha通道。删除通道，首先在“通道”面板中选择要删除的通道，将其拖动到“删除当前通道”按钮上，松开鼠标即可，如图2—51所示。或者选中要删除的通道，单击“删除当前通道”按钮，会弹出是否删除的对话框，单击“是”按钮删除通道。

删除通道还有很多其他的方式，例如可以按住【Alt】键，同时单击“删除当前通道”按钮，直接删除。

在从带有图层的文件中删除颜色通道时，将拼合可见图层并丢弃隐藏图层。这样做是因为删除颜色通道会将图像转换为多通道模式，而该模式不支持图层。当删除 Alpha 通道、专色通道或快速蒙版时，不会对图层进行合并，而删除颜色通道时就应该慎重考虑，是否对图像进行拼合。

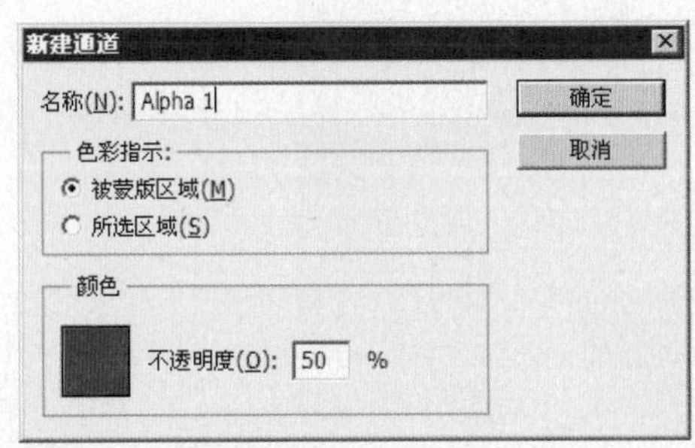

图2-49

图2-50

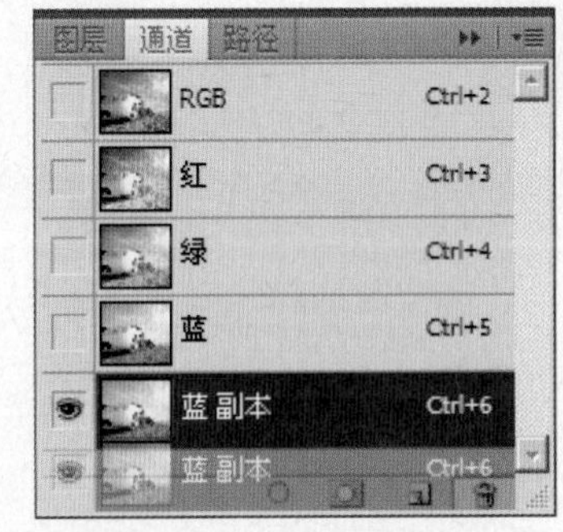

图2-51

2.3.4 通道计算

“计算”是另一种图像混合运算，它和“应用图像”命令很相似。“计算”命令可以将图像中的两个“通道”进行合成，并将合成后的结果保存到一个新图像中或新“通道”中，或者直接将合成后的结果转换成选区。

打开3个图像文件，设置图像具有相同的尺寸、色彩模式与分辨率，并分别作为源文件、目标文件和蒙版。

执行菜单栏中的“图像”→“计算”命令，打开“计算”对话框，如图2—52所示。

“源1”：可单击该栏目右侧的下拉菜单按钮，在弹出的下拉菜单中选择用于计算的第1个图像源文件。

“源2”：可单击该栏目右侧的下拉菜单按钮，在弹出的下拉菜单中选择用于计算的第2个图像源文件。

图层：用于选择需要进行计算的图像所在的图层位置。

通道：选择用于计算的通道名称。

混合：选择两个通道进行计算时应用的混合模式。

不透明度：修改数值可以控制进行计算时所采用的不透明度。

蒙版：勾选该复选框后，在其下面会增加3个下拉列表框和“反相”复选框，从中可以再选择一个文件作为“蒙版”来混合图像。

结果：设置图像混合后的效果是以“新建文档”、“新建通道”还是“选区”的方式产生。

反相：勾选此复选框可以将当前通道反相。

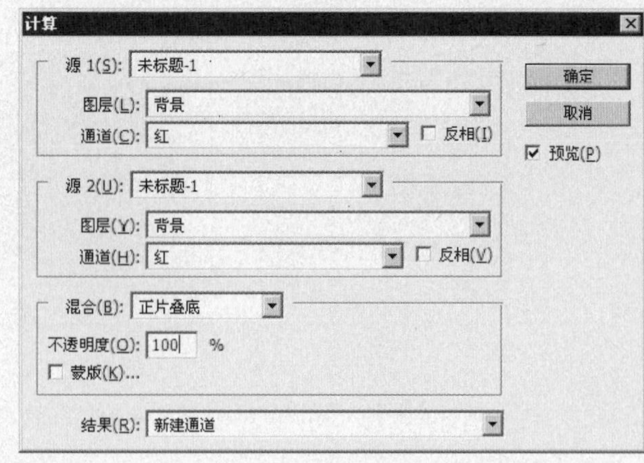

图2-52

对照片进行“计算”命令的调整，可以快速地提取一些我们需要的选区。如图2—53所示，打开一张人物照片，然后打开“通道”面板，选择“绿”通道，执行菜单栏中的“图像”→“计算”命令，对弹出的“计算”对话框中的参数进行设置，如图2—54所示。设置好后单击【确定】按钮，这时我们便可以得到人物亮部的选区，如图2—55所示。

图2-53

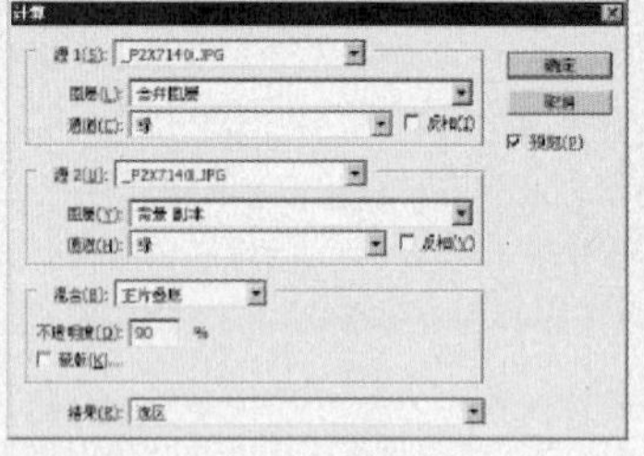
图2-54

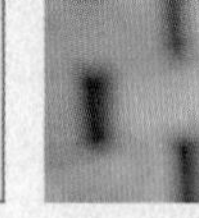
图2-55

2.3.5 快速蒙版

利用“快速蒙版”功能可以快速地将选取范围转换为蒙版，对该蒙版进行处理后，可以将其转换为一个精确的选取范围。创建快速蒙版的具体操作步骤如下。

打开一张人物照片，使用选取范围工具创建一个选区，如图2—56所示。

在工具箱中单击“以快速蒙版模式编辑”按钮，如图2—57所示。

这时选区以外的部分会被50%的红色遮蔽，创建快速蒙版后，“通道”面板中会自动添加一个“快速蒙版”通道，如图2—58所示。

设置前景色为白色、背景色为黑色，在快速蒙版区域可以进行编辑，例如使用画笔工具在绘图窗口中进行绘制，如图2—59所示。

在工具箱中单击按钮切换到标准编辑模式，如图2—60所示。此时的蒙版即转换为选区，如图2—61所示。

图2-56

图2-57

在转换为快速蒙版模式之前，可以双击“以快速蒙版模式编辑”按钮，弹出“快速蒙版选项”对话框，在此对话框中进行设置，如图2—62所示。该对话框中各选项功能如下。

图2-58

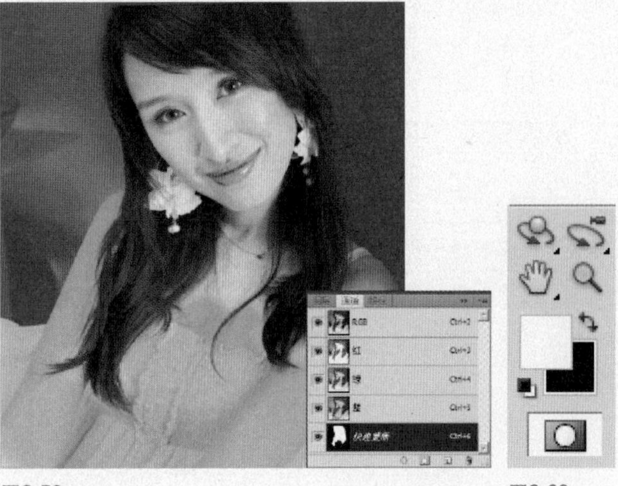

图2-59

图2-60

图2-61

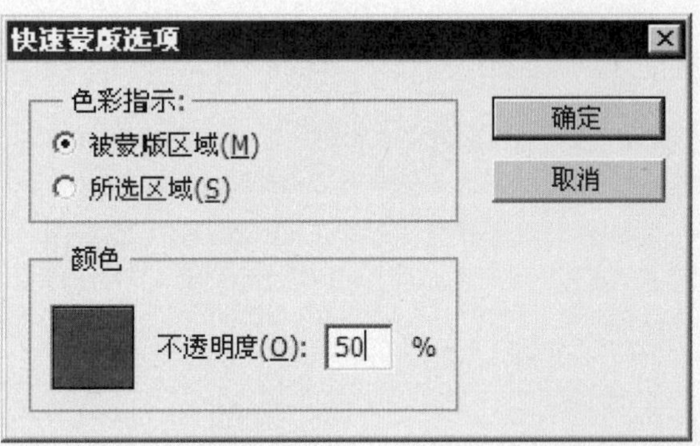

图2-62

被蒙版区域　该单选按钮为默认选项，选择后，被遮盖的区域为选取范围以外的区域。

所选区域　选中该单选按钮，选取范围内的区域为被遮盖的区域。按住【Alt】键并单击“以快速蒙版模式编辑”按钮，可以在“被蒙版区域”和“所选区域”之间进行转换。

颜色　单击颜色块，弹出“拾色器”对话框，可以对蒙版颜色进行设置，选择不同蒙版颜色的效果。

不透明度　用于设置蒙版颜色的不透明度。

在快速蒙版模式转换为标准编辑模式时，“通道”面板中的快速蒙版会自动消失，若要永久地保存快速蒙版为普通的蒙版，可以复制一个快速蒙版。

2.3.6　添加图层蒙版

蒙版实际上是利用黑白灰之间不同的色阶，对应用蒙版的图层进行不同程度的遮盖。黑白灰在蒙版中不同于一般的颜色，黑白灰是表现对图层遮盖的程度。利用蒙版进行图像的效果处理，不会破坏图像的原有数据。利用蒙版会制作出具有梦幻效果的合成图像来。

图层蒙版是在制作合成图像时应用广泛的一个重要功能，它对图层中的图像进行不同程度的遮盖，并且还对其图像不构成任何破坏，这是它最大的一个好处。图层蒙版还起到了隔离的作用，对图像其余的部分进行了保护。图层蒙版本身是位图图像，那么所有的绘图工具和很多的命令都可以应用在图层蒙版上，这就使得图层蒙版具有很强的编辑功能，图层蒙版控制图层的显示内容和不透明度非常方便。

在制作图像混合效果的时候经常会用到图层蒙版，使用图层蒙版会在不改变图像的基础上实现混合图像的操作，并且可以对图像进行反复的修改，最终达到理想效果。

添加图层蒙版能够使图层中的图像完全透明或完全隐藏，因为新添加的图层蒙版会有两种颜色，黑色和白色，黑色区域的图像会产生完全透明的效果，白色区域的图像将产生不透明的效果。

添加图层蒙版要先选择将要添加蒙版的图层，然后单击“图层”面板上的“添加图层蒙版”按钮，如图2–63所示，或执行“图层"→"图层蒙版"→"显示全部"命令，这两种都能给图层添加一个默认填充为白色的蒙版，如图2-64所示。还可以执行"图层"→"图层蒙版"→"隐藏全部"命令，这一方法会给图层添加一个默认填充为黑色的蒙版，如图2-65所示。在创建调整图层时，会自动生成默认填充为白色的图层蒙版。

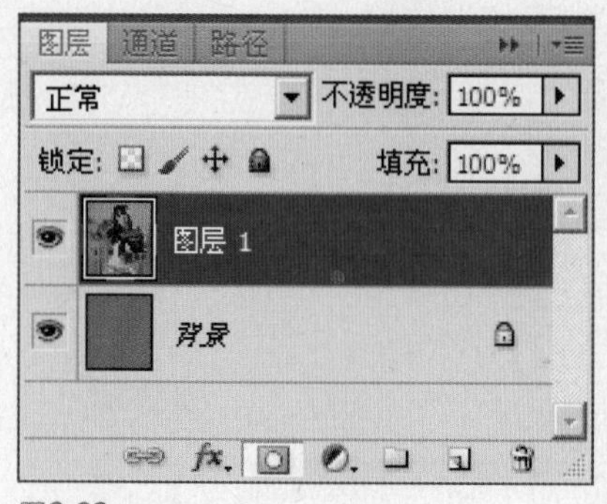

图2-63

图2-64

图2-65

打开一个婚纱照片文件，如图2-66所示。

为需要添加蒙版的人物图层添加"图层蒙版"，如图2-67所示。

使用"画笔工具"设置前景色为黑色，在画面中涂抹，使除人物外的部分隐藏，如图2-68所示。这样我们就可以制作出许多漂亮的合成照片了。

图2-67

图2-66

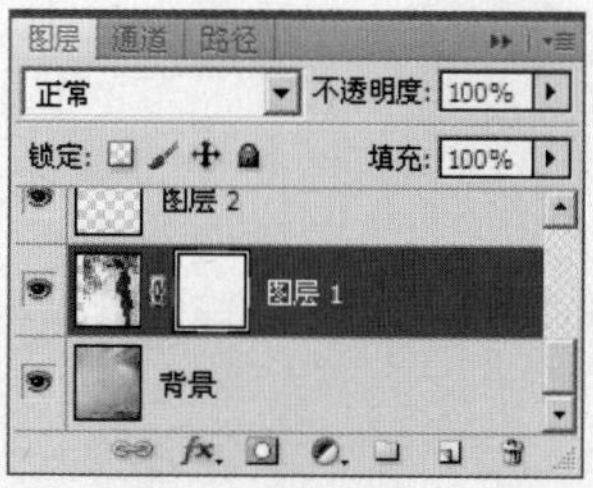

图2-68

PART 3

修复照片常见问题

本章将具体讲解修复照片常见问题的知识，我们使用数码相机拍摄照片时，可能由于光线或环境的影响，而使拍出的照片存在一些问题。我们可以使用Photoshop进行后期的加工调整，来修复照片，使照片呈现更美的一面，通过本章的学习，我们将掌握如何修复照片常见的问题。

3.1 PART 3 修复照片常见问题

难易度

调整灯光下的照片

在灯光下，拍摄的人物照片颜色会有偏差，我们可以使用Photoshop来对照片进行色彩调整，使它显示为正常的颜色。主要用到的命令有“曲线”、“可选颜色”和“色相/饱和度”等。

1 执行“文件”→“打开”命令，在弹出的“打开”对话框中选择随书光盘中的“素材1”文件，此时的图像效果和图层调板如图所示。

2 单击“创建新的填充或调整图层”按钮，在弹出的菜单中选择“曲线”命令，设置弹出的对话框如图所示。

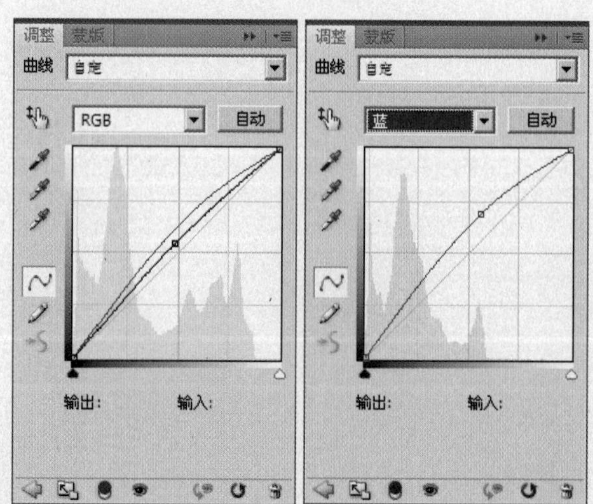

3 设置完“曲线”命令后，得到“曲线1”图层，可以看到图像调整完后的效果如图所示。

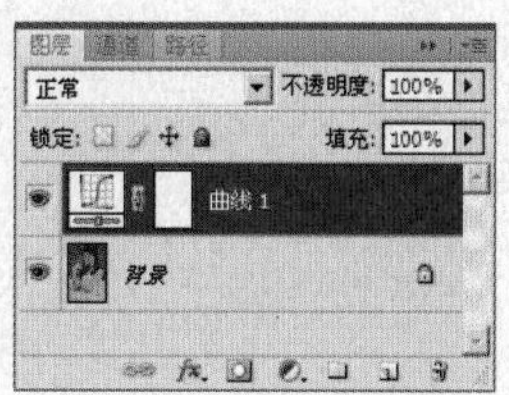

4 单击“创建新的填充或调整图层”按钮，在弹出的菜单中选择“可选颜色”命令，设置弹出的对话框如图所示。

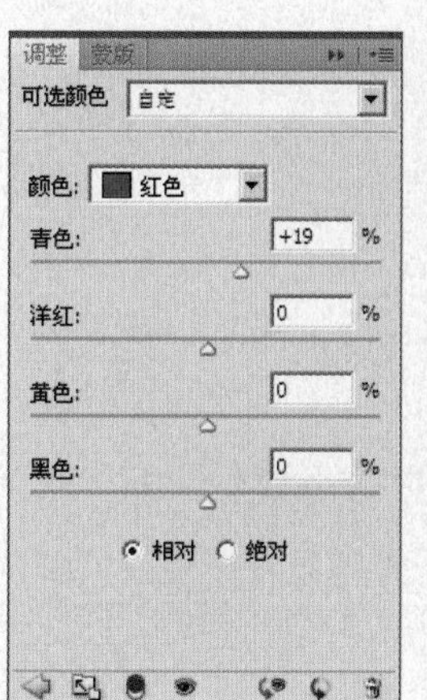

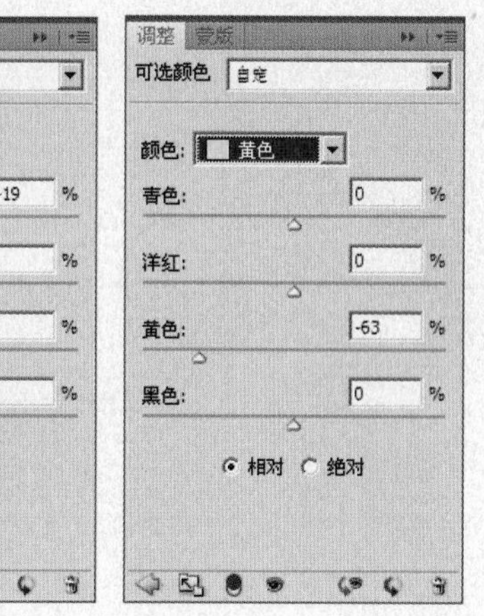

5 设置完“可选颜色”命令后，得到“选取颜色1”图层，可以看到图像完成后的效果如图所示。

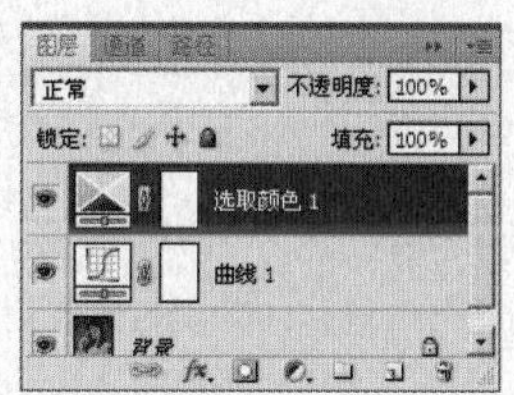

6 单击“创建新的填充或调整图层”按钮，在弹出的菜单中选择“色相/饱和度”命令，设置弹出的对话框如图所示。

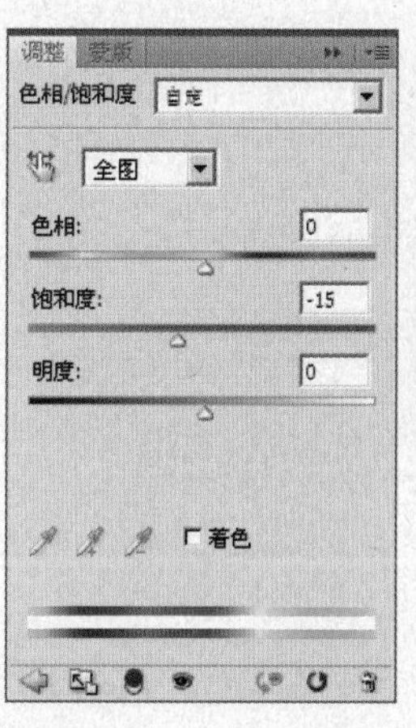

7 设置完“色相/饱和度”命令后，得到“色相/饱和度1”图层，可以看到图像调整后的效果如图所示。

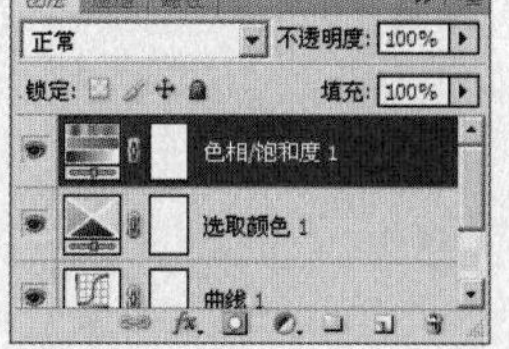

8 单击“创建新的填充或调整图层”按钮，在弹出的菜单中选择“色阶”命令，设置弹出的对话框如图所示。

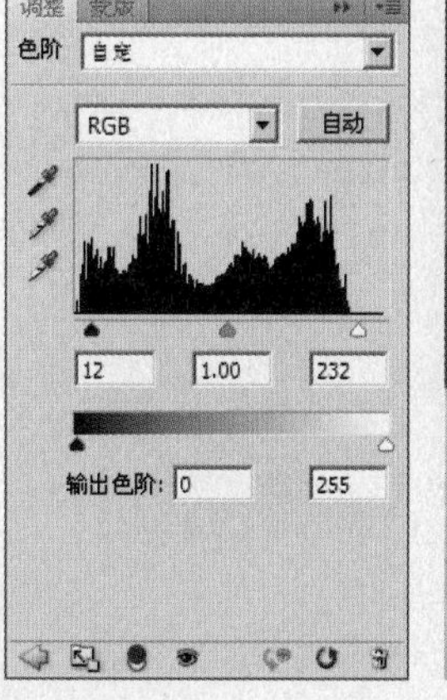

9 设置完“色阶”命令后，得到“色阶1”图层，可以看到图像调整完后的效果如图所示。

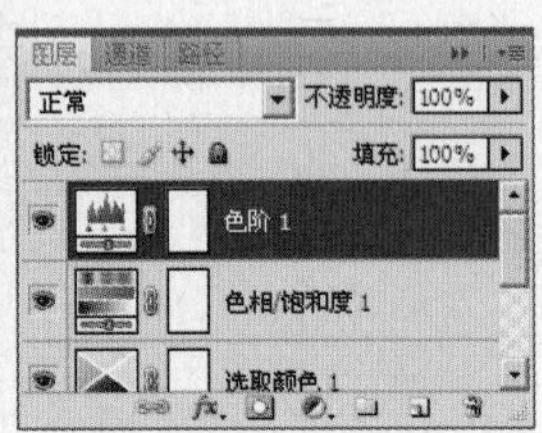

10 单击“色阶1”图层的图层蒙版缩览图，设置前景色为黑色，使用“画笔工具”设置适当的画笔大小和透明度后，在人物的头发部位涂抹，其蒙版状态和图层面板如图所示。

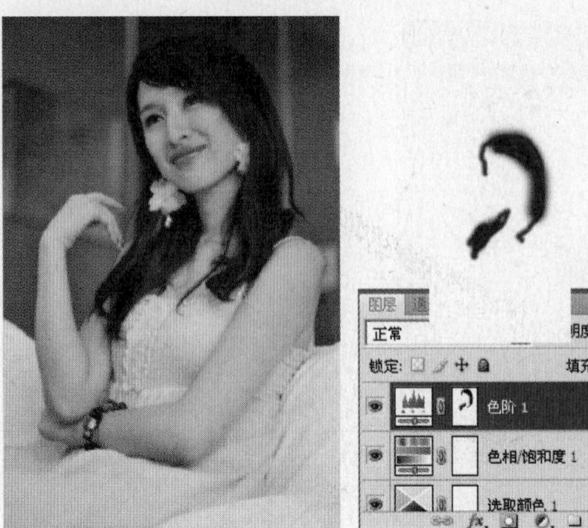

11 按快捷键【Ctrl+Alt+Shift+E】，执行“盖印图层”命令，得到“图层1”图层，如图所示。

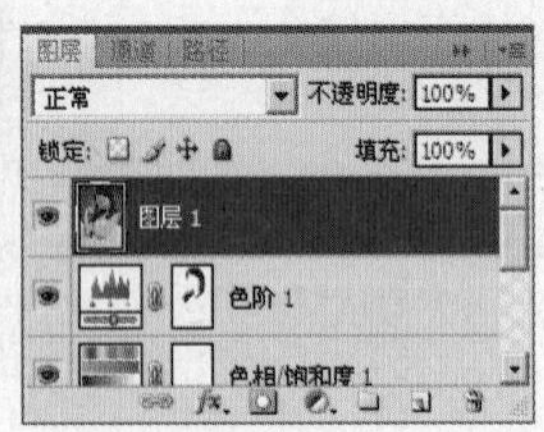

12 运用本书通道磨皮的方法对人物进行磨皮处理，得到如图所示的效果。

13 执行菜单栏中的“滤镜”→“锐化”→“USM锐化”命令，设置弹出的对话框中的参数如图所示后，单击【确定】按钮。设置后的效果如图所示。

14 使用工具条中的“仿制图章工具”，按住【Alt】键在人物脸部有瑕疵的皮肤周围单击一下进行取样，然后在瑕疵上进行涂抹，将瑕疵修除，如图所示。

15 单击“创建新的填充或调整图层”按钮，在弹出的菜单中选择“亮度/对比度”命令，设置弹出的对话框如图所示。

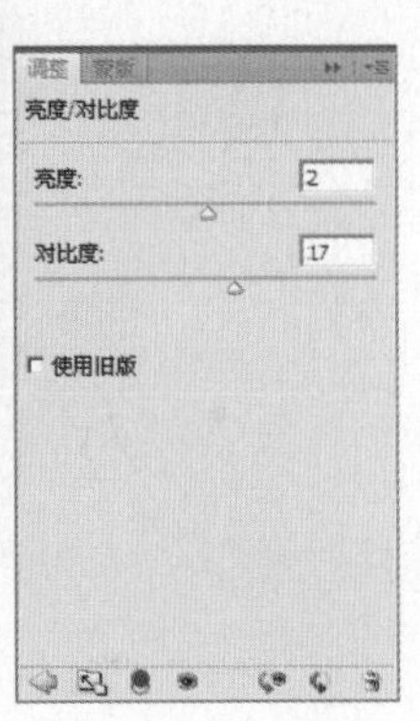

16 设置完“亮度/对比度”命令后，得到“亮度/对比度1”图层，可以看到图像调整后的效果如图所示。

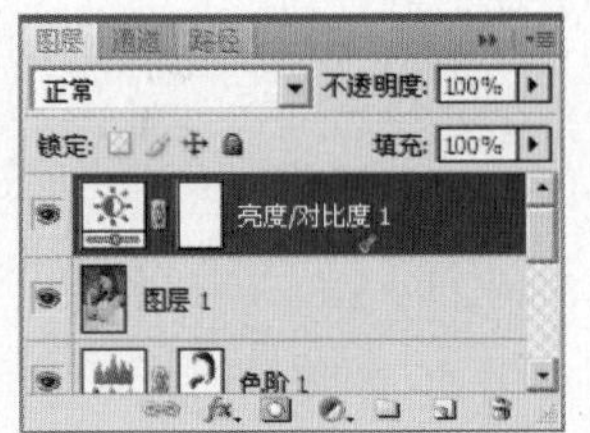

17 单击“创建新的填充或调整图层”按钮，在弹出的菜单中选择“曲线”命令，设置弹出的对话框如图所示。

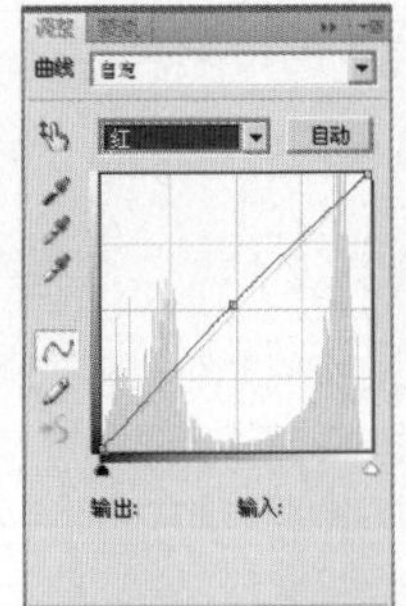

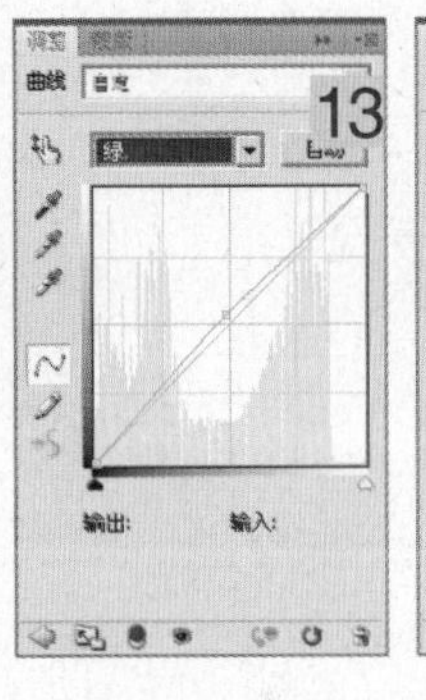

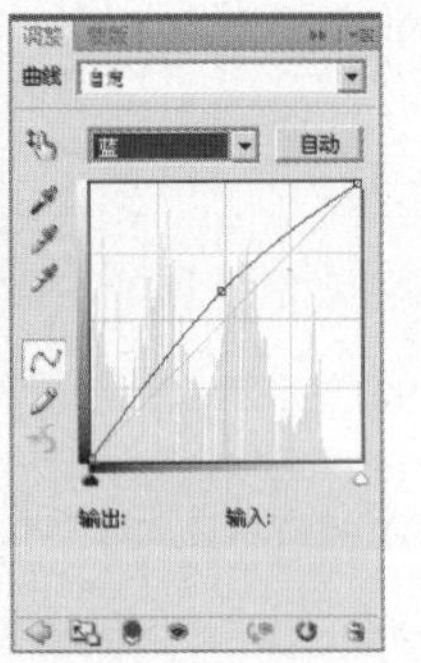

18 设置完“曲线”命令后，得到“曲线2”图层，可以看到图像调整完后的效果如图所示。

19 单击“创建新的填充或调整图层”按钮，在弹出的菜单中选择“色阶”命令，设置弹出的对话框如图所示。

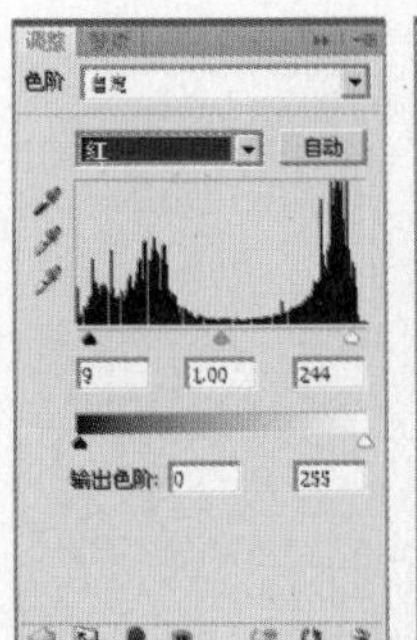

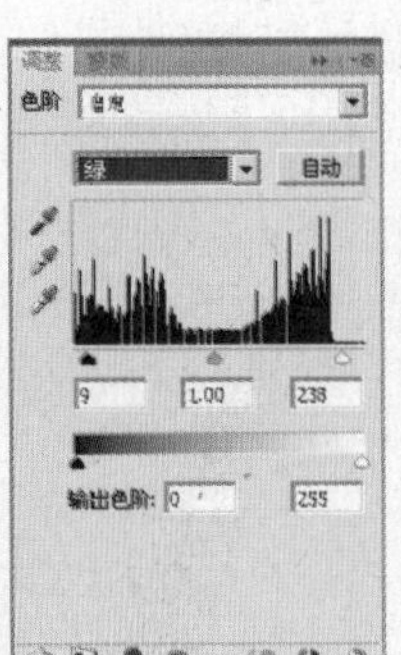

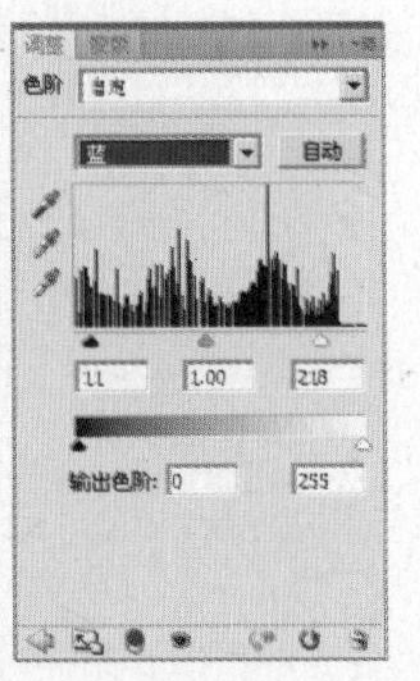

20 设置完“色阶”命令后，得到“色阶2”图层，可以看到图像调整完后的效果如图所示。

21 单击“创建新的填充或调整图层”按钮，在弹出的菜单中选择“可选颜色”命令，设置弹出的对话框如图所示。

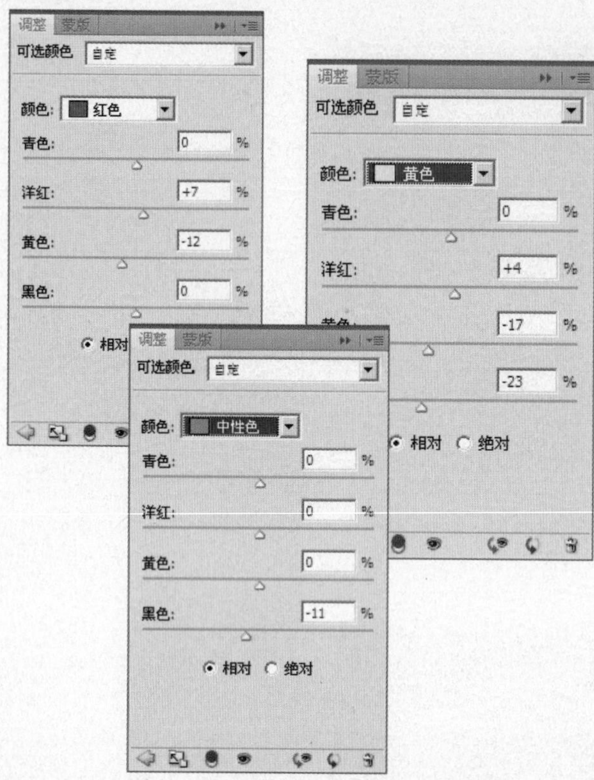

22 设置完“可选颜色”命令后，得到“选取颜色2”图层，可以看到图像调整完后的效果如图所示。

23 单击“选区颜色2”图层的图层蒙版缩览图，设置前景色为黑色，使用“画笔工具”设置适当的画笔大小和透明度后，在画面中涂抹，其蒙版状态和图层面板如图所示。

24 按快捷键【Ctrl+0】将图像等比例缩小，得到图像的最终效果如图所示。

3.2 PART 3 修复照片常见问题

难易度

调整灰暗的照片

在拍摄外景照片时，有时会因为光线的影响，使拍出来的照片灰暗，我们可以使用Photoshop来对照片进行色彩调整，使它显示为较亮的颜色。主要用到的命令有“曲线”、“色阶”和“亮度/对比度”等。

1 执行“文件”→“打开”命令，在弹出的“打开”对话框中选择随书光盘中的“素材 1”文件，此时的图像效果和图层调板如图所示。

2 单击“创建新的填充或调整图层”按钮，在弹出的菜单中选择“色阶”命令，设置完“色阶”命令后，得到“色阶1”图层，可以看到图像调整完后的效果如图所示。

3 按快捷键【Ctrl+Alt+Shift+E】，执行“盖印图层”命令，得到“图层1”图层，如图所示。

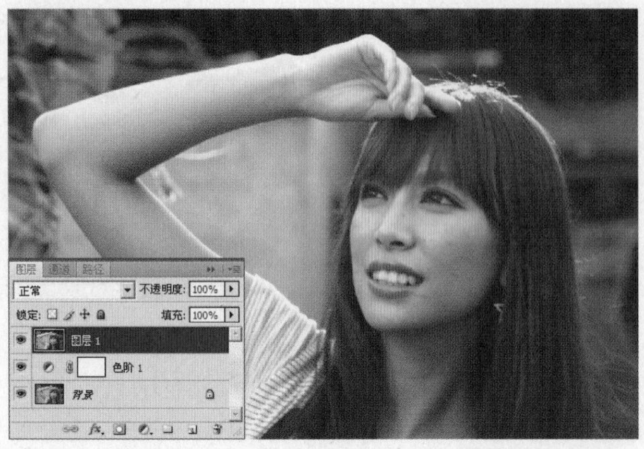

4 运用本书通道磨皮的方法对人物进行磨皮处理，得到如图所示的效果。

5 使用工具条中的“仿制图章工具”，按住【Alt】键在人物脸部有瑕疵的皮肤周围单击一下进行取样，然后在瑕疵上进行涂抹，将瑕疵修除，如图所示。

6 执行菜单栏中的“滤镜”→“锐化”→“USM锐化”命令，设置弹出的对话框中的参数如图所示后，单击【确定】按钮，设置后的效果如图所示。

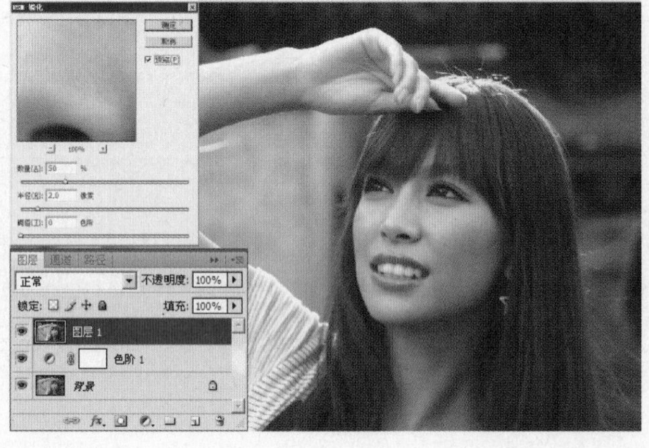

7 单击“创建新的填充或调整图层”按钮，在弹出的菜单中选择“曲线”命令，设置弹出的对话框如图所示。

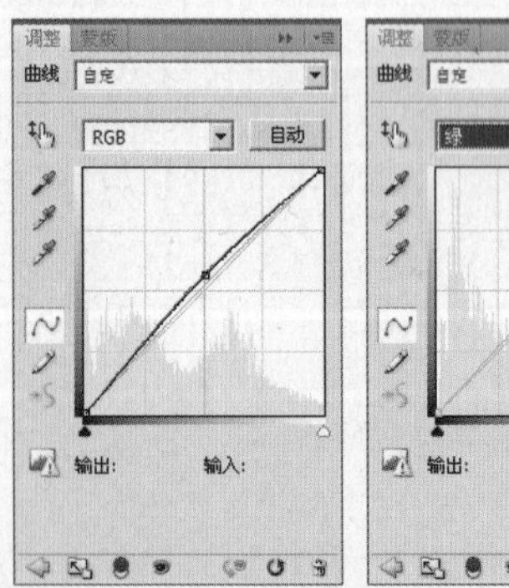

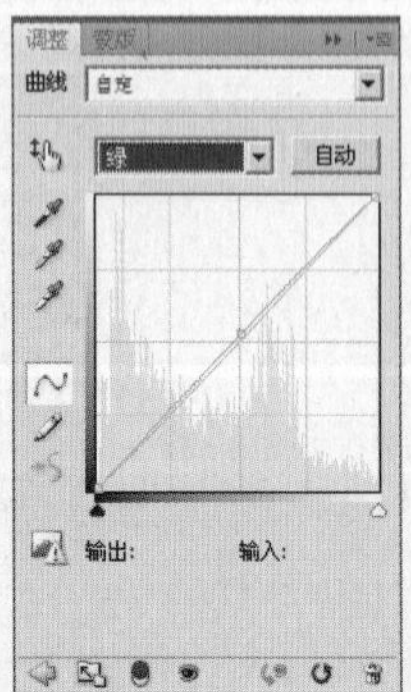

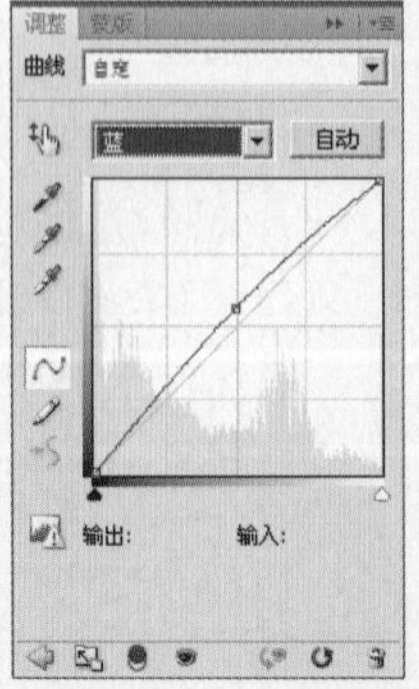

8 设置完“曲线”命令后，得到“曲线1”图层，可以看到图像调整完后的效果如图所示。

9 单击“创建新的填充或调整图层”按钮，在弹出的菜单中选择“亮度/对比度”命令，设置弹出的对话框如图所示。

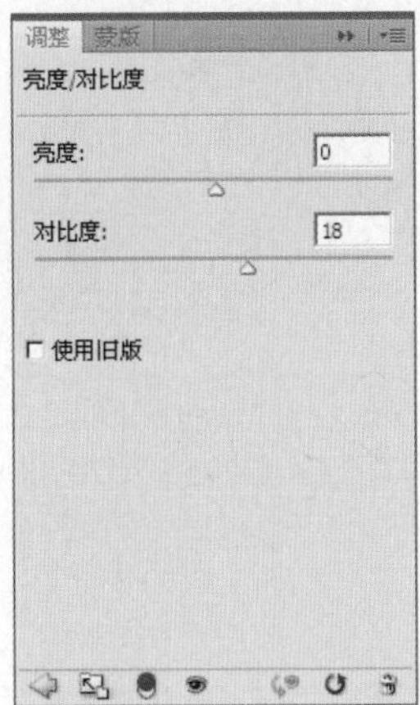

10 设置完“亮度/对比度”命令后，得到“亮度/对比度1”图层，可以看到图像调整后的效果如图所示。

11 单击“创建新的填充或调整图层”按钮，在弹出的菜单中选择“可选颜色”命令，设置弹出的对话框如图所示。

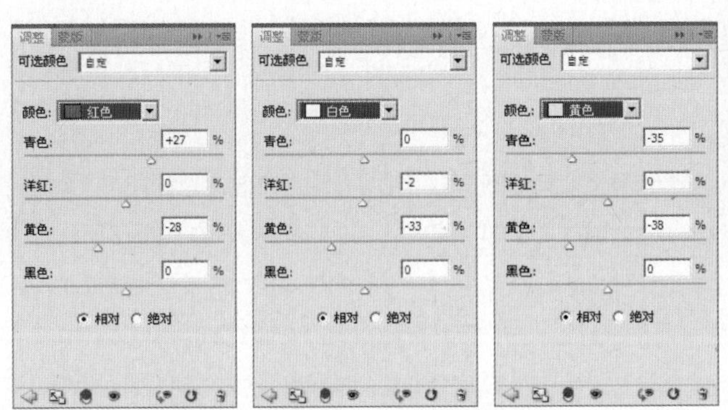

12 设置完“可选颜色”命令后，得到“选取颜色1”图层，可以看到图像调整完成后的效果如图所示。

13 单击“创建新的填充或调整图层”按钮，在弹出的菜单中选择“色阶”命令，设置弹出的对话框如图所示。

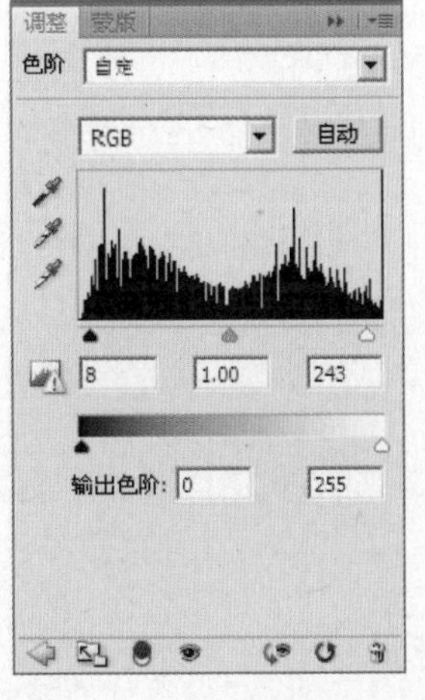

14 设置完“色阶”命令后，得到“色阶2”图层，可以看到图像调整完后的最终效果如图所示。

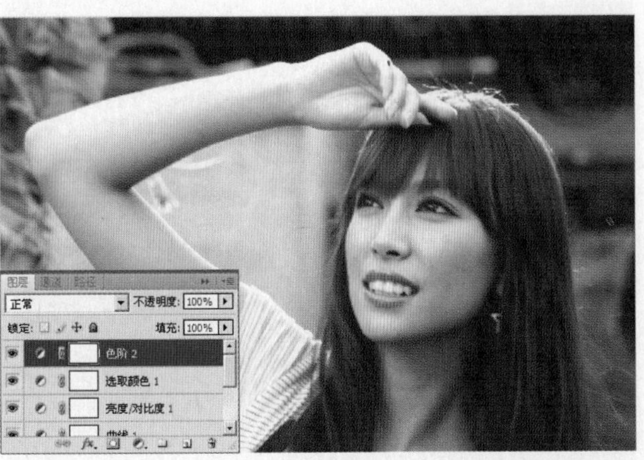

3.3

PART 3
修复照片常见问题

难易度

调整模糊的照片

在拍摄的人物照片时，有时会拍出比较模糊的照片，我们可以使用Photoshop来对照片进行调整，使照片变清晰。主要用到的命令有"曲线"、"亮度/对比度"和"色相/饱和度"等。

1 执行"文件"→"打开"命令，在弹出的"打开"对话框中选择随书光盘中的"素材 1"文件，此时的图像效果和图层调板如图所示。

2 单击"创建新的填充或调整图层"按钮，在弹出的菜单中选择"亮度/对比度"命令，设置完"亮度/对比度"命令后，得到"亮度/对比度1"图层，可以看到图像调整后的效果如图所示。

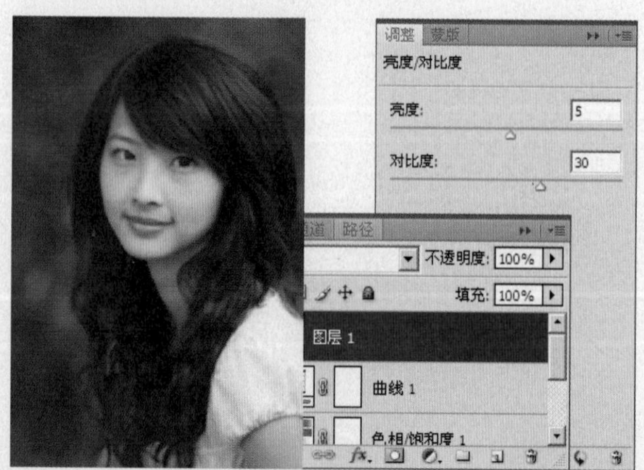

3 单击“创建新的填充或调整图层”按钮，在弹出的菜单中选择“色相/饱和度”命令，设置弹出的对话框如图所示。

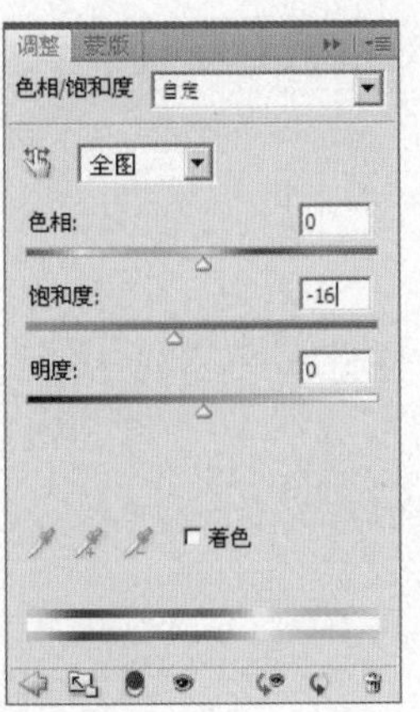

4 设置完“色相/饱和度”命令后，得到“色相/饱和度1”图层，可以看到图像调整后的效果如图所示。

5 单击“创建新的填充或调整图层”按钮，在弹出的菜单中选择“曲线”命令，设置弹出的对话框如图所示。

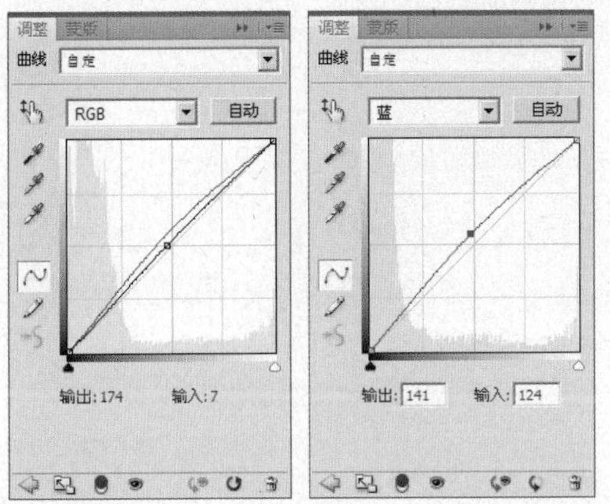

6 设置完“曲线”命令后，得到“曲线1”图层，可以看到图像调整完后的效果如图所示。

7 按快捷键【Ctrl+Alt+Shift+E】，执行“盖印图层”命令，得到“图层1”图层，如图所示。

8 执行菜单栏中的“滤镜”→“锐化”→“USM锐化”命令，设置弹出的对话框中的参数如图所示后，单击【确定】按钮，设置后的效果如图所示。

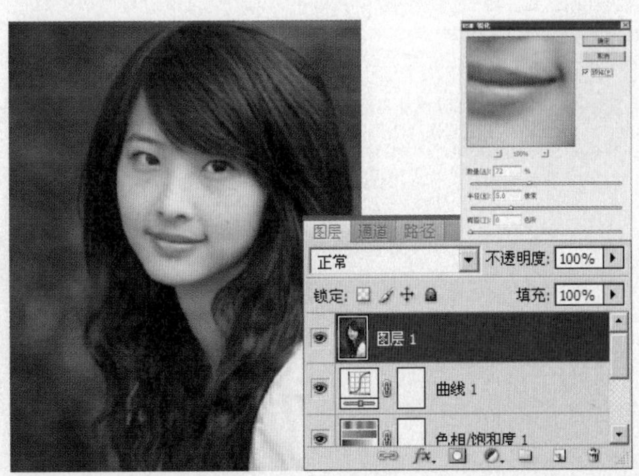

9 复制“图层1”图层，得到“图层1 副本”图层。执行菜单栏中的“滤镜”→“其他”→“高反差保留”命令，设置弹出的对话框中的参数后，单击【确定】按钮，设置后的效果如图所示。

10 在图层面板的顶部，设置图层的混合模式为“叠加”，得到如图所示的效果。

11 按快捷键【Ctrl+Alt+Shift+E】，执行“盖印图层”命令，得到“图层2”图层，如图所示。

12 运用本书通道磨皮的方法对人物进行磨皮处理，得到如图所示的效果。

13 使用工具条中的“仿制图章工具”，按住【Alt】键在人物脸部有瑕疵的皮肤周围单击一下进行取样，然后在瑕疵上进行涂抹，将瑕疵修除，如图所示。

14 执行菜单栏中的“滤镜”→“锐化”→“USM锐化”命令，设置弹出的对话框中的参数如图所示后，单击【确定】按钮，设置后的效果如图所示。

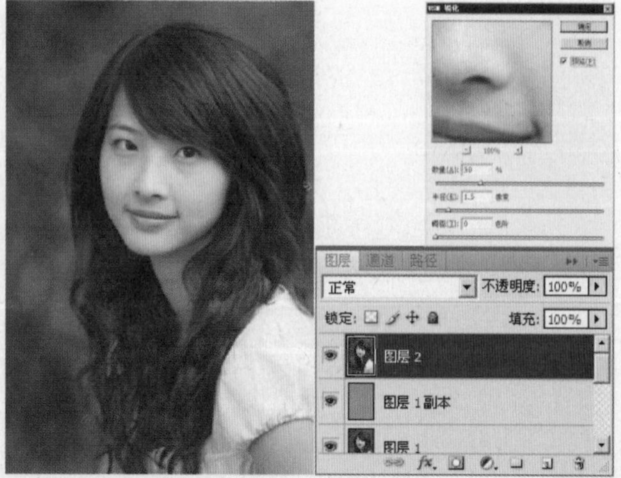

3.4 PART 3 修复照片常见问题

难易度

调整逆光的照片

在拍摄人物照片时，有时会拍出逆光的照片，使主体人物黑暗，我们可以使用Photoshop来对照片进行调整，提亮主体人物。主要用到的命令有“曲线”、“色阶”等。

1 执行“文件”→“打开”命令，在弹出的“打开”对话框中选择随书光盘中的“素材 1”文件，此时的图像效果和图层调板如图所示。

2 单击“创建新的填充或调整图层”按钮，在弹出的菜单中选择“曲线”命令，设置弹出的对话框如图所示。

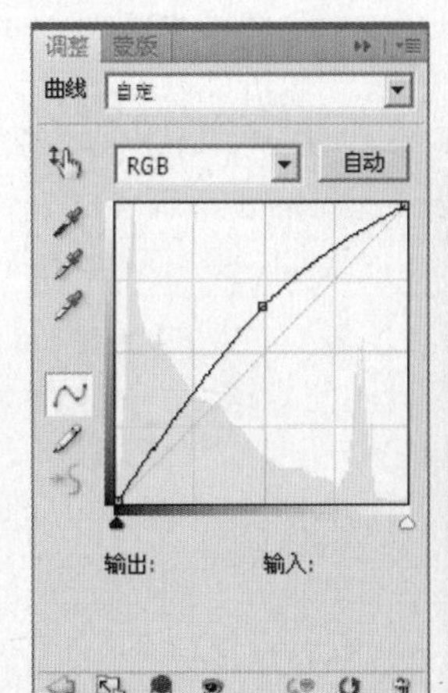

3 设置完“曲线”命令后，得到“曲线1”图层，可以看到图像调整完后的效果如图所示。

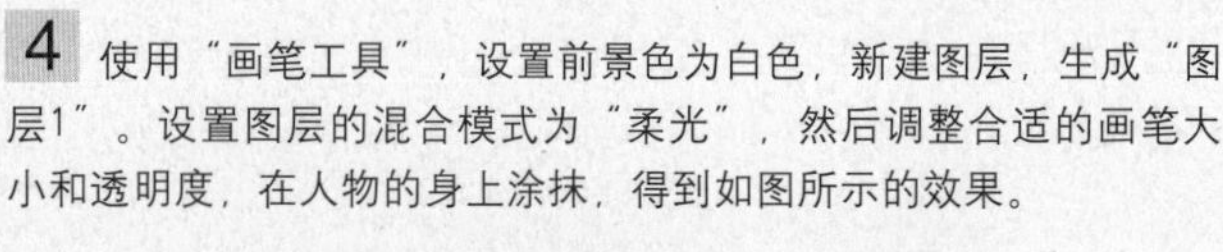

4 使用“画笔工具”，设置前景色为白色，新建图层，生成“图层1”。设置图层的混合模式为“柔光”，然后调整合适的画笔大小和透明度，在人物的身上涂抹，得到如图所示的效果。

5 单击“创建新的填充或调整图层”按钮，在弹出的菜单中选择“色阶”命令，设置弹出的对话框如图所示。

6 设置完“色阶”命令后，得到“色阶1”图层，可以看到图像调整完后的效果如图所示。

3.5 PART 3 修复照片常见问题

难易度

调整偏色照片

在拍摄的人物照片时，有时会拍出偏色的照片，我们可以使用Photoshop来对照片进行调整，使照片还原原有的颜色。主要用到的命令有“曲线”、“色阶”等。

1 执行“文件”→“打开”命令，在弹出的“打开”对话框中选择随书光盘中的“素材 1”文件，此时的图像效果和图层调板如图所示。

2 单击“创建新的填充或调整图层”按钮，在弹出的菜单中选择“曲线”命令，设置弹出的对话框如图所示。

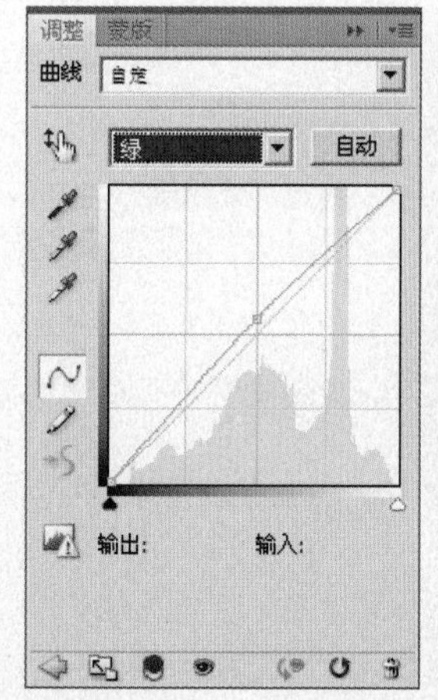

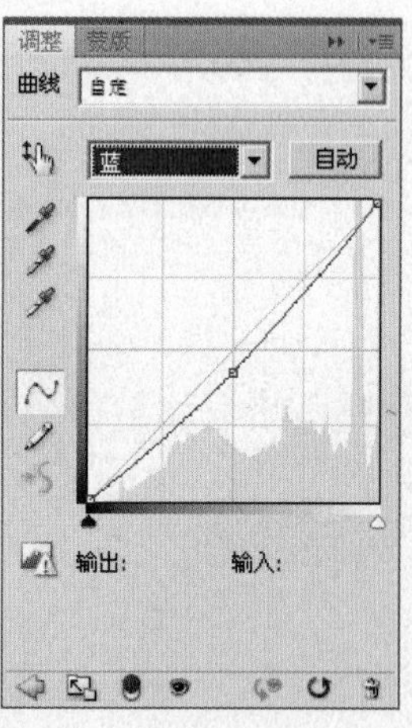

3 设置完“曲线”命令后，得到“曲线1”图层，可以看到图像调整完后的效果如图所示。

4 单击“创建新的填充或调整图层”按钮，在弹出的菜单中选择“可选颜色”命令，设置弹出的对话框如图所示。

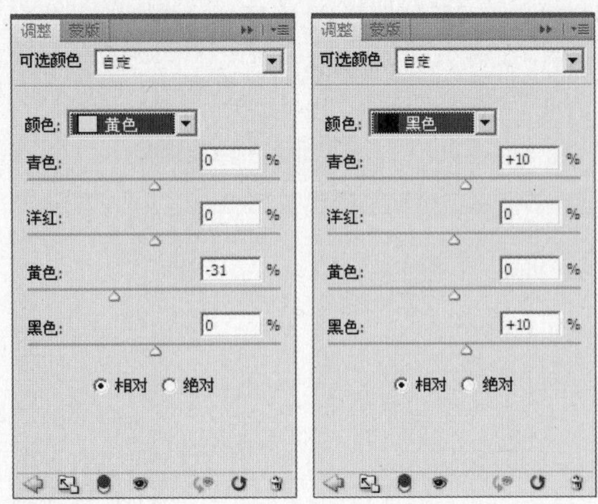

5 设置完“可选颜色”命令后，得到“选取颜色1”图层，可以看到图像完成后的效果如图所示。

6 单击“创建新的填充或调整图层”按钮，在弹出的菜单中选择“色阶”命令，设置完“色阶”命令后，得到“色阶 1”图层，可以看到图像调整完后的效果如图所示。

7 按快捷键【Ctrl+Alt+Shift+E】，执行“盖印图层”命令，得到“图层1”图层，如图所示。

8 执行菜单栏中的“滤镜”→“锐化”→“USM锐化”命令，设置弹出的对话框中的参数如图所示后，单击【确定】按钮，设置后的效果如图所示。

3.6 PART 3 修复照片常见问题

难易度

调整曝光不足的照片

在拍摄夜景照片时，由于光线比较暗，有时会拍出曝光不足的照片，我们可以使用Photoshop来对照片进行调整，使照片颜色变亮。主要用到的命令有“曲线”、“色阶”和“可选颜色”等。

1 执行“文件”→“打开”命令，在弹出的“打开”对话框中选择随书光盘中的“素材 1”文件，此时的图像效果和图层调板如图所示。

2 复制“背景”图层，得到“背景 副本”图层。在图层面板的顶部，设置图层的混合模式为“滤色”，图层的不透明度为“91%”，得到如图所示的效果。

3 单击"添加图层蒙版"按钮，为"背景 副本"添加图层蒙版，设置前景色为黑色，使用"画笔工具"设置适当的画笔大小和透明度后，在人物的周围涂抹，其蒙版状态和图层面板如图所示。

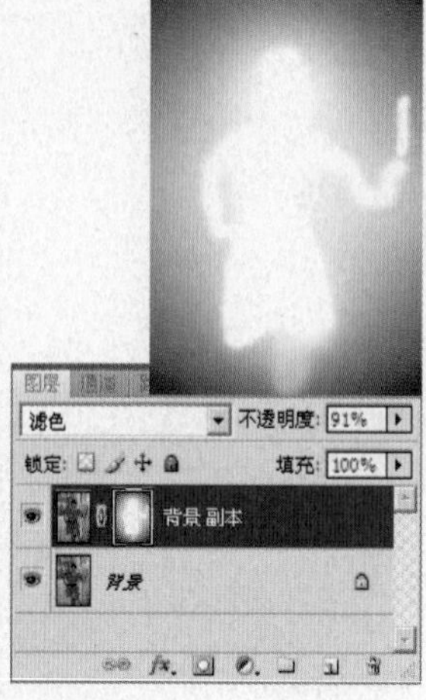

4 单击"创建新的填充或调整图层"按钮，在弹出的菜单中选择"曲线"命令，设置弹出的对话框如图所示。

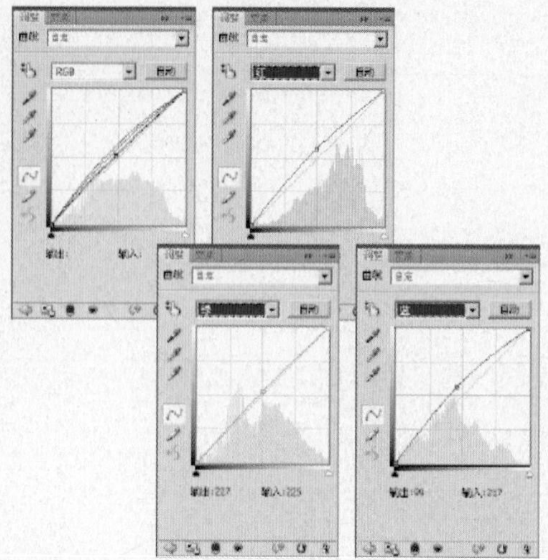

5 设置完"曲线"命令后，得到"曲线1"图层，可以看到图像调整完后的效果如图所示。

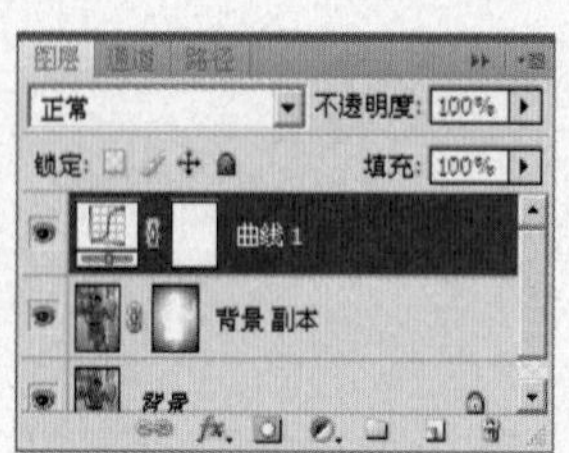

6 按住【Alt】键不放，单击"背景 副本"图层的蒙版缩览图，然后拖动到"曲线1"的图层蒙版缩览图上方，对图层蒙版进行复制操作，如图所示。

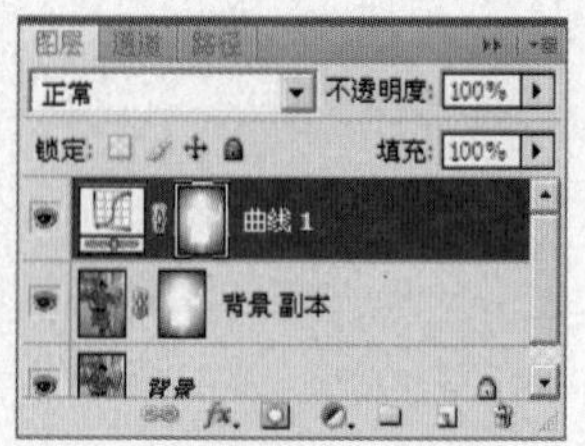

7 按快捷键【Ctrl+Alt+Shift+E】，执行"盖印图层"命令，得到"图层1"图层，运用本书通道磨皮的方法对人物进行磨皮处理，得到如图所示的效果。

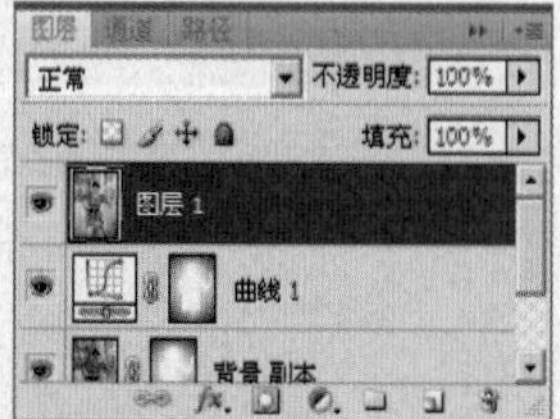

8 执行菜单栏中的"滤镜"→"锐化"→"USM锐化"命令，设置弹出的对话框中的参数如图所示后，单击【确定】按钮，设置后的效果如图所示。

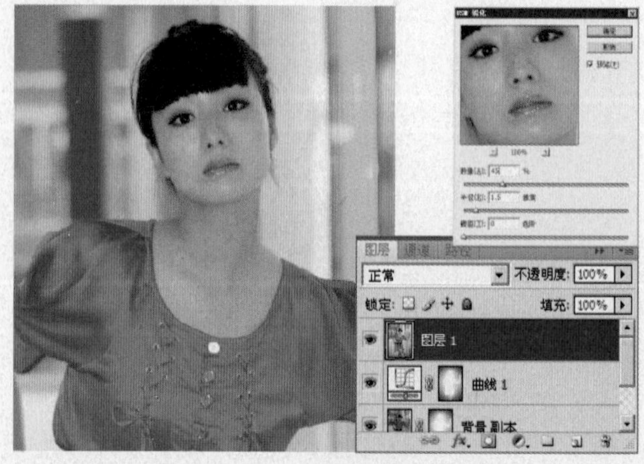

9 使用工具条中的“仿制图章工具”，按住【Alt】键在人物脸部有瑕疵的皮肤周围单击一下进行取样，然后在瑕疵上进行涂抹，将瑕疵修除，如图所示。

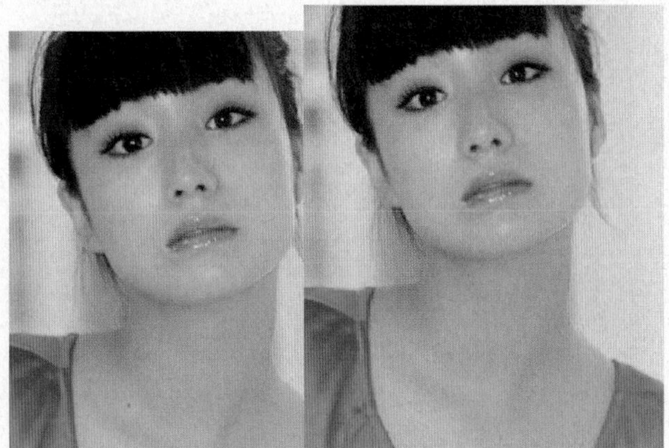

10 单击“创建新的填充或调整图层”按钮，在弹出的菜单中选择“可选颜色”命令，设置弹出的对话框如图所示。

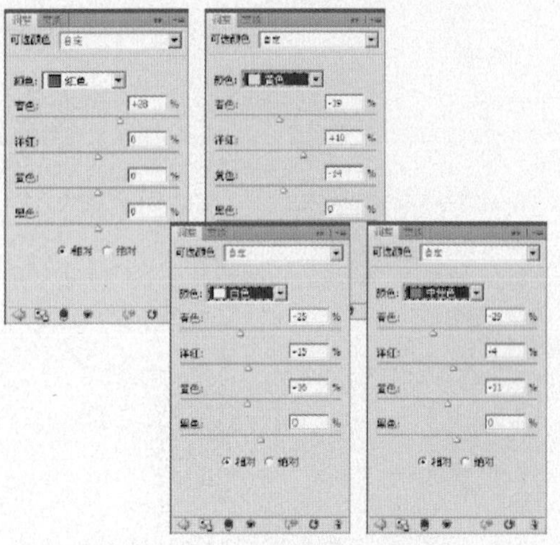

11 设置完“可选颜色”命令后，得到“选区颜色1”图层，可以看到图像完成后的效果如图所示。

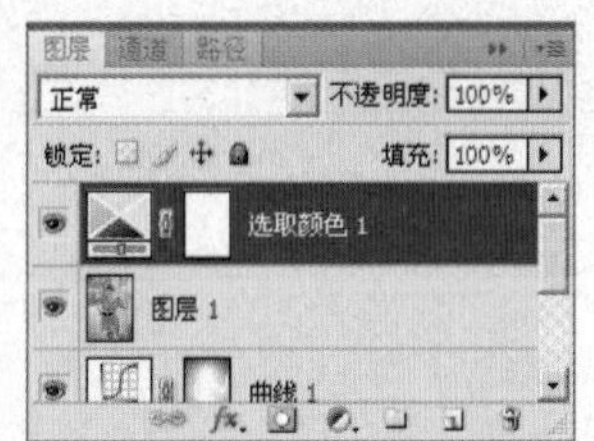

12 单击“选取颜色1”图层的图层蒙版缩览图，设置前景色为黑色，使用“画笔工具”设置适当的画笔大小和透明度后，在人物的周围涂抹，其蒙版状态和图层面板如图所示。

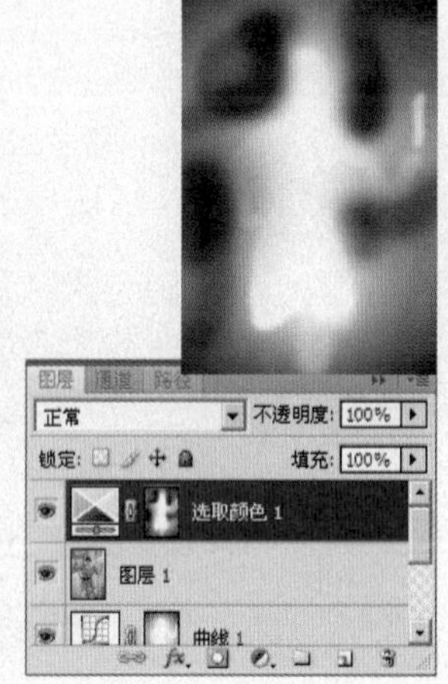

13 单击“创建新的填充或调整图层”按钮，在弹出的菜单中选择“色阶”命令，设置弹出的“色阶”命令对话框如图所示。

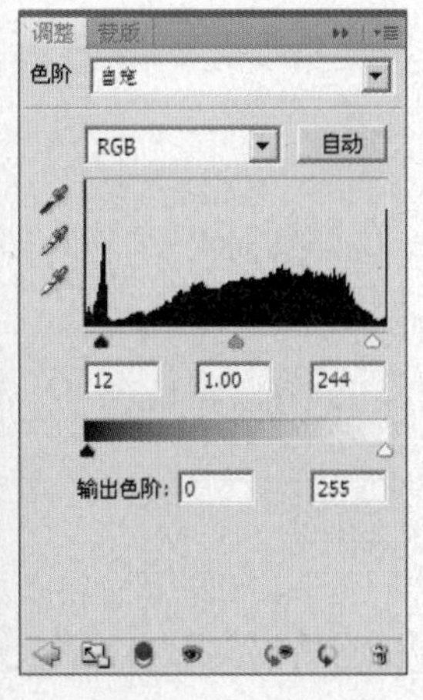

14 设置完“色阶”命令后，得到“色阶1”图层，可以看到图像调整后的效果如图所示。

3.7 PART 3 修复照片常见问题

难易度

调整曝光过度的照片

在拍摄外景照片时，由于光线的影响，有时会拍出曝光过度的照片，我们可以使用Photoshop来对照片进行调整，使照片还原。主要用到的命令有"色阶"、"亮度/对比度"和"色相/饱和度"等。

1 执行"文件"→"打开"命令，在弹出的"打开"对话框中选择随书光盘中的"素材 1"文件，此时的图像效果和图层调板如图所示。

2 复制"背景"图层，得到"背景 副本"图层。在图层面板的顶部，设置图层的混合模式为"正片叠底"，图层的不透明度为"85%"，得到如图所示的效果。

3 单击"添加图层蒙版"按钮，为"背景 副本"添加图层蒙版，使用"渐变工具"，设置由黑到白的渐变条，单击"线性渐变"按钮后，在画面中从下向上拖动鼠标，其蒙版状态和图层面板如图所示。

4 单击"创建新的填充或调整图层"按钮，在弹出的菜单中选择"色阶"命令，设置弹出的对话框如图所示。

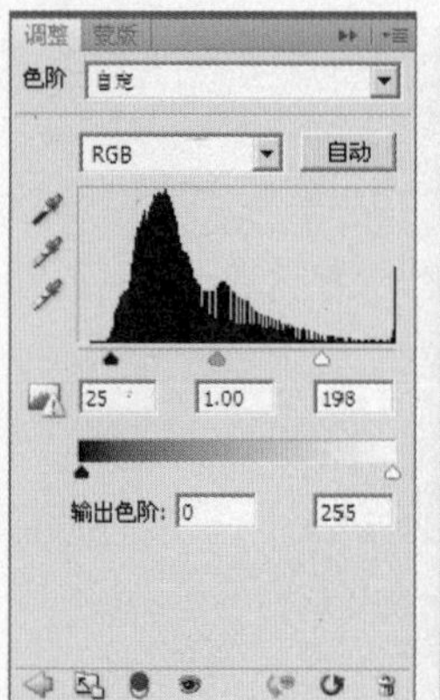

5 设置完"色阶"命令后，得到"色阶1"图层，可以看到图像调整完后的效果如图所示。

6 按快捷键【Ctrl+Alt+Shift+E】，执行"盖印图层"命令，得到"图层1"图层，如图所示。

7 运用本书通道磨皮的方法对人物进行磨皮处理，得到如图所示的效果。

8 执行菜单栏中的"滤镜"→"锐化"→"USM锐化"命令，设置弹出的对话框中的参数如图所示后，单击【确定】按钮，设置后的效果如图所示。

9 使用工具条中的“仿制图章工具”，按住【Alt】键在人物脸部有瑕疵的皮肤周围单击一下进行取样，然后在瑕疵上进行涂抹，将瑕疵修除，如图所示。

10 单击“添加图层蒙版”按钮，为“图层2”添加图层蒙版，设置前景色为黑色，使用“画笔工具”设置适当的画笔大小和透明度后，在除皮肤外的部分涂抹，其蒙版状态和图层面板如图所示。

11 单击“创建新的填充或调整图层”按钮，在弹出的菜单中选择“色相/饱和度”命令，设置弹出的对话框如图所示。

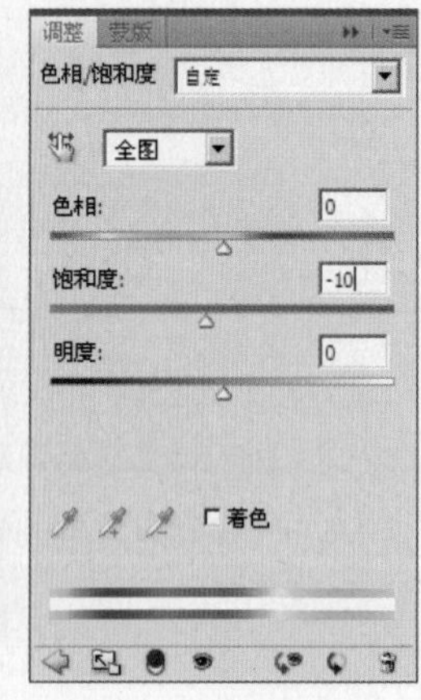

12 设置完“色相/饱和度”命令后，得到“色相/饱和度1”图层，可以看到图像调整后的效果如图所示。

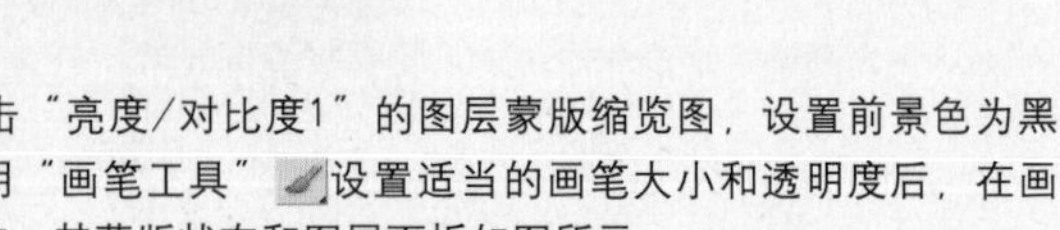

13 单击“创建新的填充或调整图层”按钮，在弹出的菜单中选择“亮度/对比度”命令，设置完“亮度/对比度”命令后，得到“亮度/对比度1”图层，可以看到图像调整后的效果如图所示。

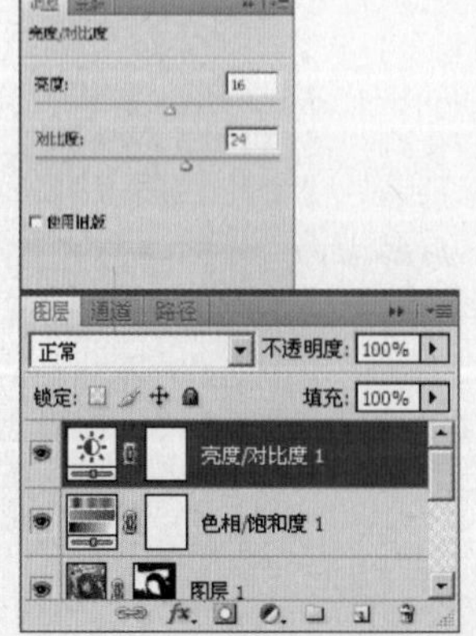

14 单击“亮度/对比度1”的图层蒙版缩览图，设置前景色为黑色，使用“画笔工具”设置适当的画笔大小和透明度后，在画面中涂抹，其蒙版状态和图层面板如图所示。

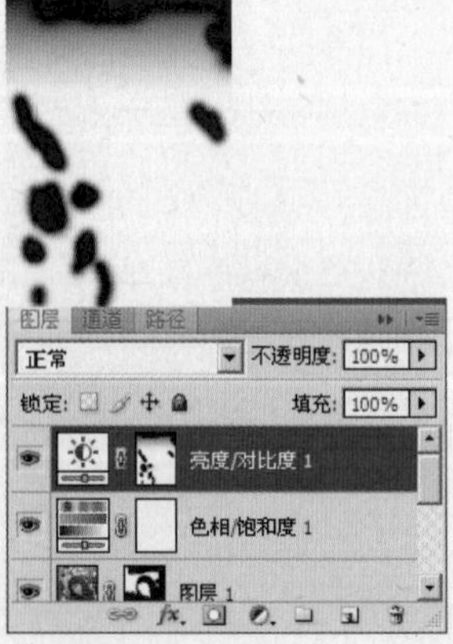

3.8

PART 3
修复照片常见问题

难易度

去除人物面部的油光

在拍摄的人物照片时，有时会拍出人物脸上油光比较明显的照片，我们可以使用Photoshop来对照片进行调整，去除人物脸上的油光。主要用到的命令有“色阶”、“可选颜色”等。

1 执行“文件”→“打开”命令，在弹出的“打开”对话框中选择随书光盘中的“素材 1”文件，此时的图像效果和图层调板如图所示。

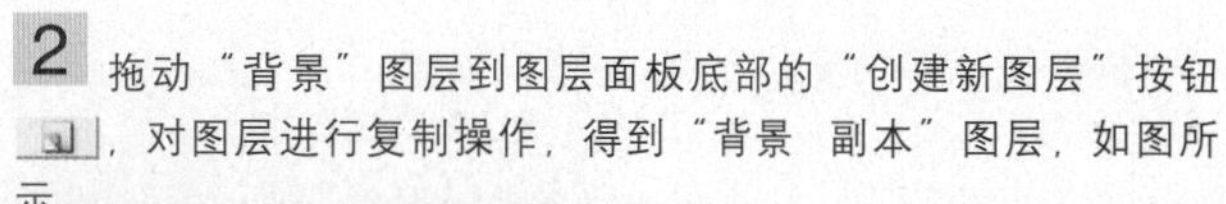

2 拖动“背景”图层到图层面板底部的“创建新图层”按钮 ，对图层进行复制操作，得到“背景 副本”图层，如图所示。

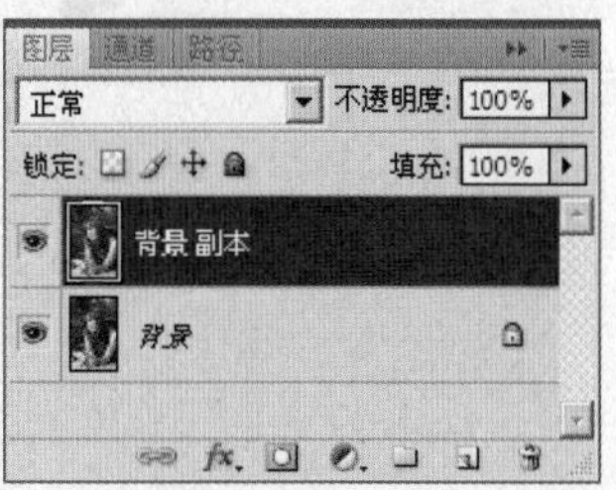

3 使用工具条中的“仿制图章工具” ，按住【Alt】键在人物脸部有瑕疵的皮肤周围单击一下进行取样，然后在瑕疵上进行涂抹，将瑕疵修除，如图所示。

4 单击“创建新的填充或调整图层”按钮 ，在弹出的菜单中选择“可选颜色”命令，设置弹出的对话框如图所示。

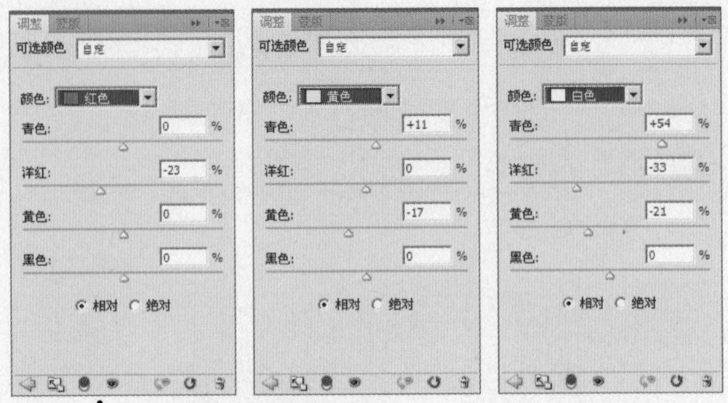

5 设置完“可选颜色”命令后，得到“选区颜色1”图层，可以看到图像完成后的效果如图所示。

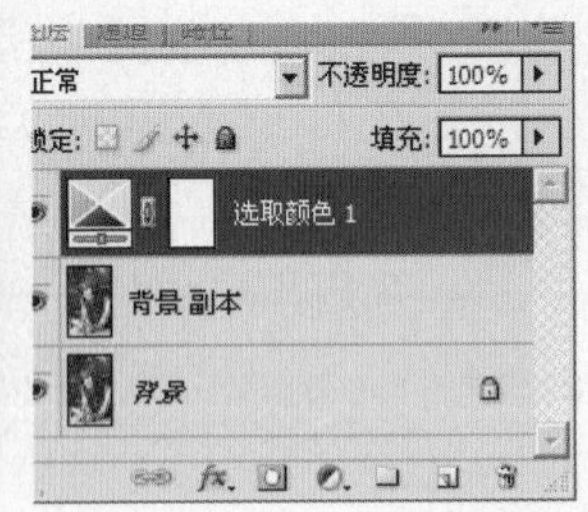

6 按快捷键【Ctrl+Alt+Shift+E】，执行“盖印图层”命令，得到“图层1”图层，如图所示。

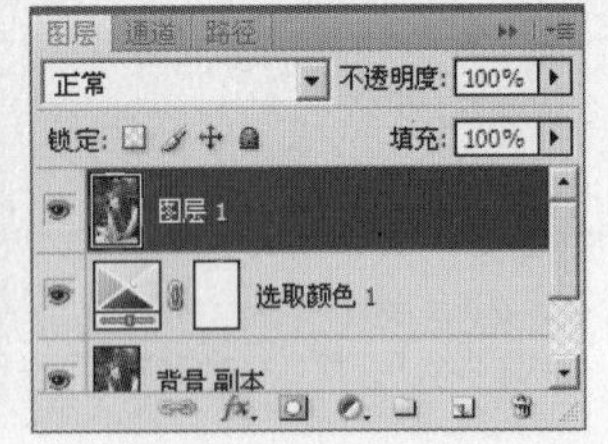

7 使用工具条中的“污点修复画笔工具” ，在人物脸部高的部分进行涂抹，将脸部的油光的部分修除，如图所示。

8 单击“创建新的填充或调整图层”按钮 ，在弹出的菜单中选择“色阶”命令，设置完“色阶”命令后，得到“色阶1”图层，可以看到图像调整完后的效果如图所示。

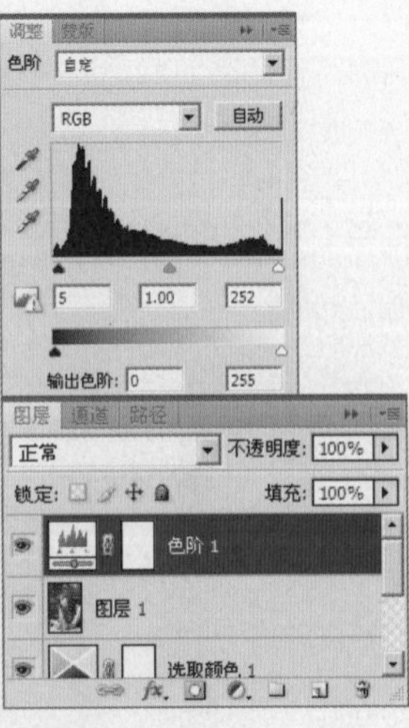

3.9

PART 3
修复照片常见问题

难易度

提亮照片的局部

在拍摄人物照片时，由于环境的影响，有时拍出的照片局部会比较暗，我们可以使用Photoshop来对照片进行调整，使照片局部变亮。主要用到的命令有“曲线”、“色阶”等。

1 执行“文件”→“打开”命令，在弹出的“打开”对话框中选择随书光盘中的“素材 1”文件，此时的图像效果和图层调板如图所示。

2 拖动“背景”图层到图层面板底部的“创建新图层”按钮，对图层进行复制操作，得到“背景 副本”图层，如图所示。

3 在图层面板的顶部，设置图层的混合模式为“滤色”，图层的不透明度为“60%”，得到如图所示的效果。

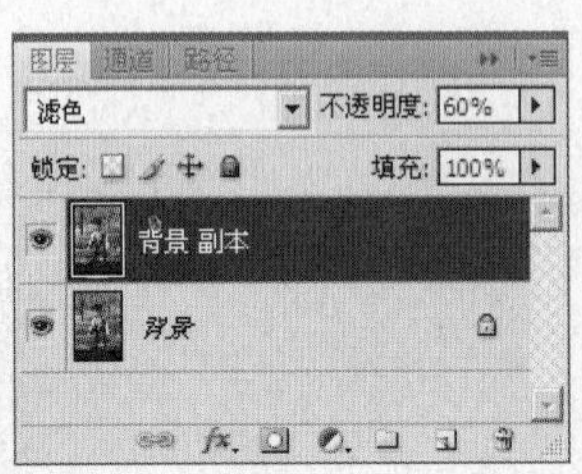

4 单击“添加图层蒙版”按钮，为“图层2”添加图层蒙版，设置前景色为黑色，使用“画笔工具”设置适当的画笔大小和透明度后，在画面中涂抹，其蒙版状态和图层面板如图所示。

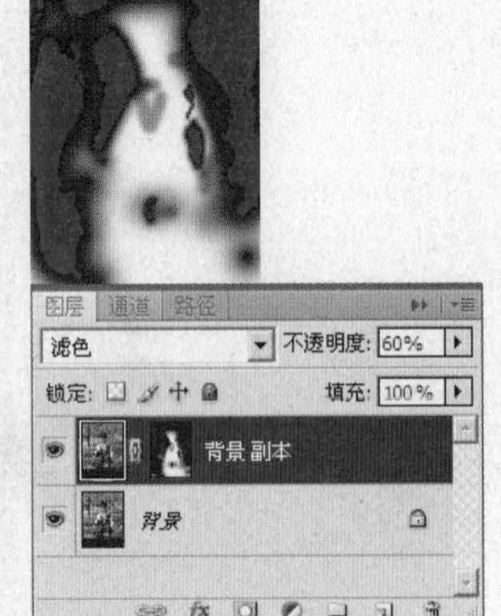

5 单击“创建新的填充或调整图层”按钮，在弹出的菜单中选择“曲线”命令，设置完“曲线”命令后，得到“曲线1”图层，可以看到图像调整完后的效果如图所示。

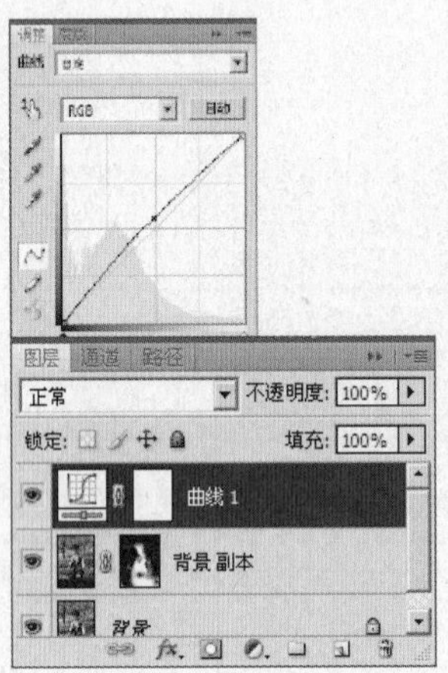

6 单击“曲线1”图层的图层蒙版缩览图，设置前景色为黑色，使用“画笔工具”设置适当的画笔大小和透明度后，在画面中涂抹，其蒙版状态和图层面板如图所示。

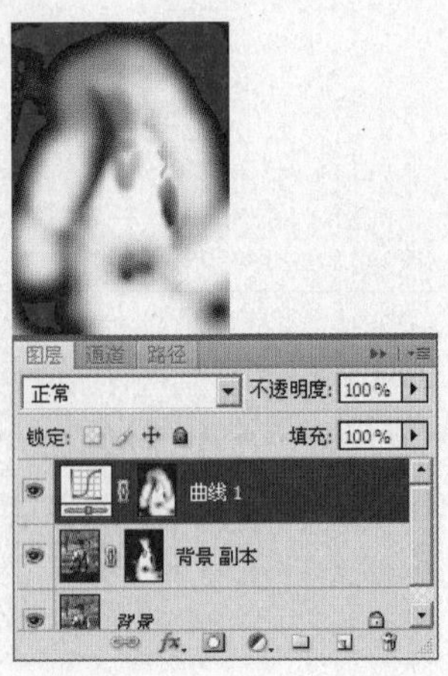

7 单击“创建新的填充或调整图层”按钮，在弹出的菜单中选择“色阶”命令，设置完“色阶”命令后，得到“色阶1”图层，可以看到图像调整完后的效果如图所示。

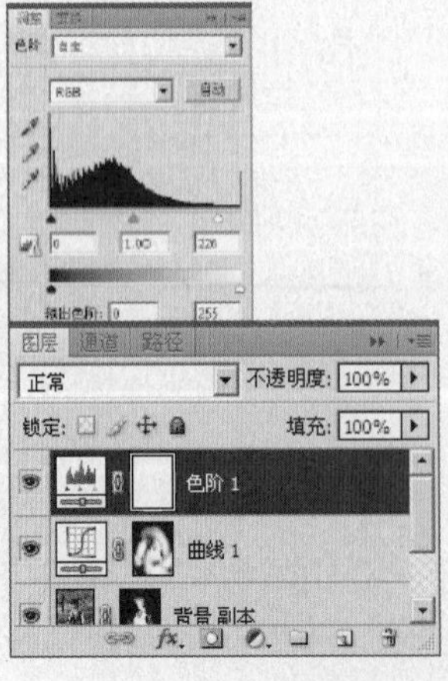

8 单击“色阶1”图层的图层蒙版缩览图，设置前景色为黑色，使用“画笔工具”设置适当的画笔大小和透明度后，在画面中涂抹，其蒙版状态和图层面板如图所示。

PART 4

完美无瑕的美丽面容

本章将具体讲解如何为人物照片制作完美无瑕的美丽面容的知识，我们将介绍多种磨皮的方法，使照片中的人物看起来更加完美无瑕，再加上一些Photoshop后期化妆技巧的讲解，使人物更加动人。通过本章的学习，我们将掌握如何为人物照片制作完美无瑕的美丽面容。

4.1

PART 4
完美无瑕的美丽面容

难易度

保留毛孔细节的人物照片磨皮

使用Photoshop为人物照片磨皮，使人物皮肤更加细致。使用“快速蒙版”选取人物的皮肤，使用“高斯模糊”滤镜使皮肤柔和，利用“图层混合模式”保留皮肤的细节。

1 执行“文件”→“打开”命令，在弹出的“打开”对话框中选择随书光盘中的“素材 1”文件，此时的图像效果和图层调板如图所示。

2 单击“创建新的填充或调整图层”按钮，在弹出的菜单中选择“曲线”命令，设置弹出的对话框如图所示。

3 设置完"曲线"命令后，得到"曲线1"图层，可以看到图像调整后的效果如图所示。

4 按快捷键【Ctrl+Alt+Shift+E】，执行"盖印图层"命令，得到"图层1"图层，如图所示。

5 双击工具条底部的"快速蒙版"按钮，设置弹出的"快速蒙版选项"对话框中的参数如图所示。

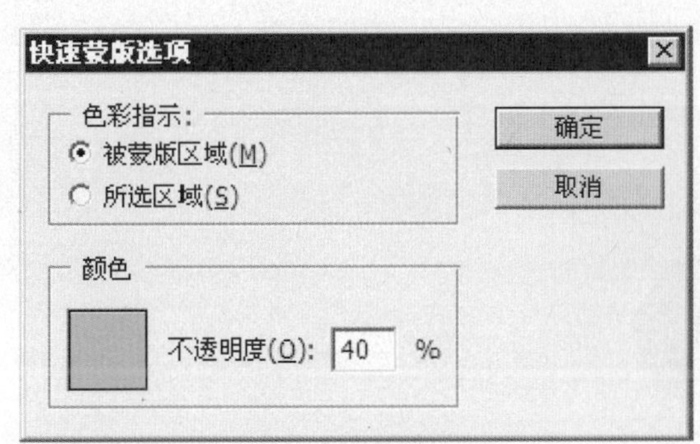

6 设置完对话框后，单击【确定】按钮，使用"画笔工具"，设置适当的画笔大小，在脸部涂抹，如图所示。

7 使用"橡皮擦工具"，设置适当的画笔大小，擦出五官部分，如图所示。

8 打开通道面板，选择"快速蒙版"通道，查看有无漏涂的地方，如图所示。

9 使用“画笔工具”，设置适当的画笔大小，在脸部漏涂的空隙部分涂抹，如图所示。

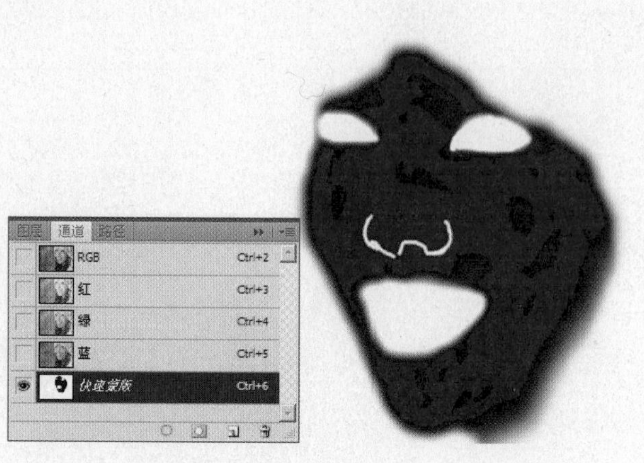

10 回到图层面板，单击工具条底部的“快速蒙版”按钮，载入蒙版选区，如图所示。

11 按【Delete】键，删除选区内容，隐藏“背景”图层，得到如图所示的效果。

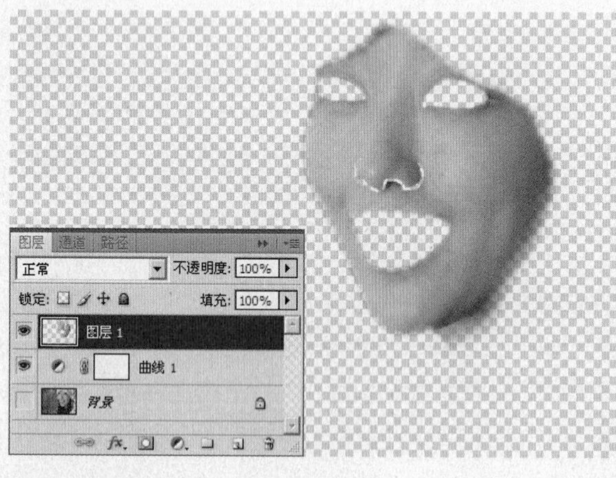

12 显示“背景”图层，隐藏“图层1”图层，按住【Ctrl】键单击“曲线1”和“背景”图层，按快捷键【Ctrl+Alt+Shift+E】，执行“盖印图层”命令，得到“图层2”图层，其图层面板的状态如图所示。

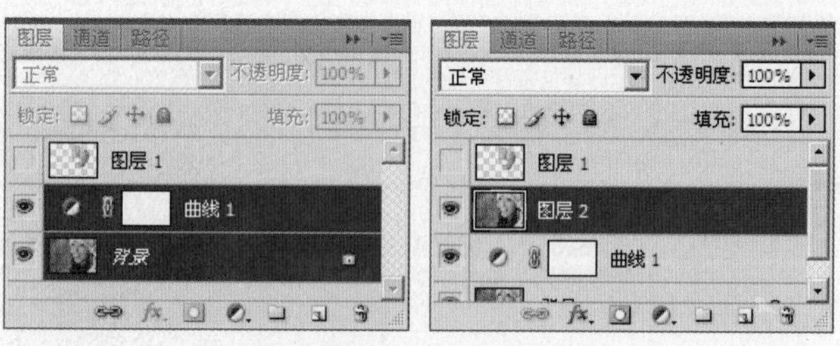

13 执行菜单栏中的“滤镜”→“锐化”→“USM锐化”命令，设置弹出的对话框中的参数后，单击【确定】按钮，得到如图所示的效果。

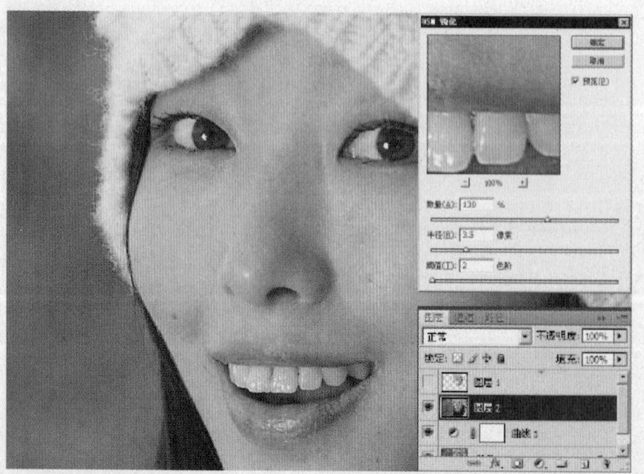

14 显示“图层1”，使“图层1”呈操作状态，执行菜单栏中的“滤镜”→“模糊”→“特殊模糊”命令，设置弹出的对话框中的参数后，单击【确定】按钮，得到如图所示的效果。

15 执行菜单栏中的“滤镜”→“模糊”→“高斯模糊”命令，设置弹出的对话框中的参数后，单击【确定】按钮，得到如图所示的效果。

16 在图层面板的顶部，设置图层的混合模式为“变亮”，图层的不透明度为“73%”，得到如图所示的效果。

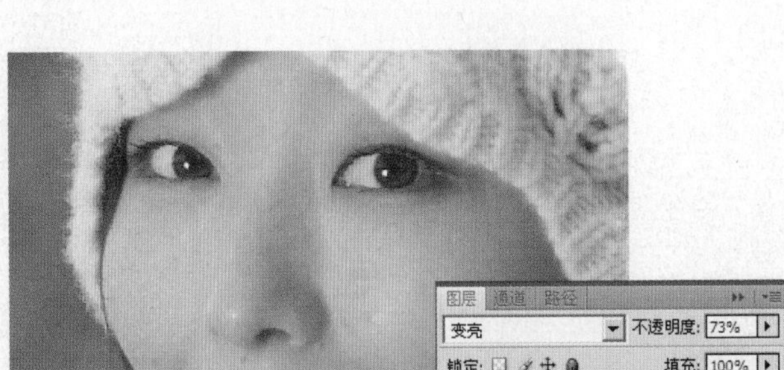

17 单击“创建新的填充或调整图层”按钮，在弹出的菜单中选择“色阶”命令，设置弹出的对话框如图所示。

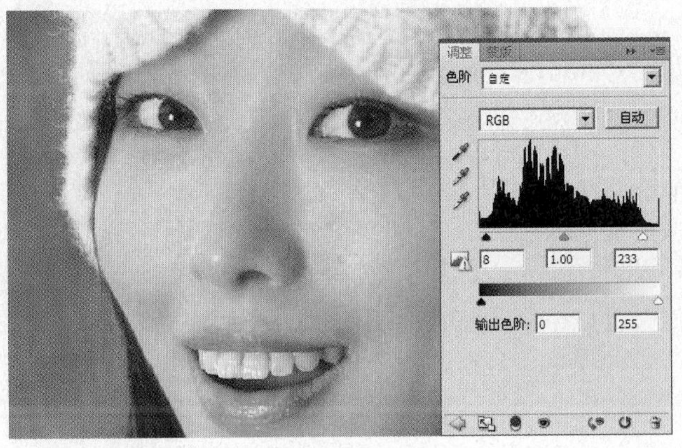

18 设置完“色阶”命令后，得到“色阶1”图层，可以看到图像调整完后的效果如图所示。

19 按快捷键【Ctrl+Alt+Shift+E】，执行“盖印图层”命令，得到“图层3”图层，如图所示。

20 使用工具条中的“仿制图章工具”，按住【Alt】键在人物脸部有瑕疵的皮肤周围单击一下进行取样，然后在瑕疵上进行涂抹，将瑕疵修除，如图所示。

21 单击“创建新的填充或调整图层”按钮，在弹出的菜单中选择“色彩平衡”命令，设置弹出的对话框如图所示。

22 设置完“色彩平衡”命令后，得到“色彩平衡1”图层，可以看到图像调整后的效果如图所示。

23 单击“创建新的填充或调整图层”按钮，在弹出的菜单中选择“曲线”命令，设置弹出的对话框如图所示。

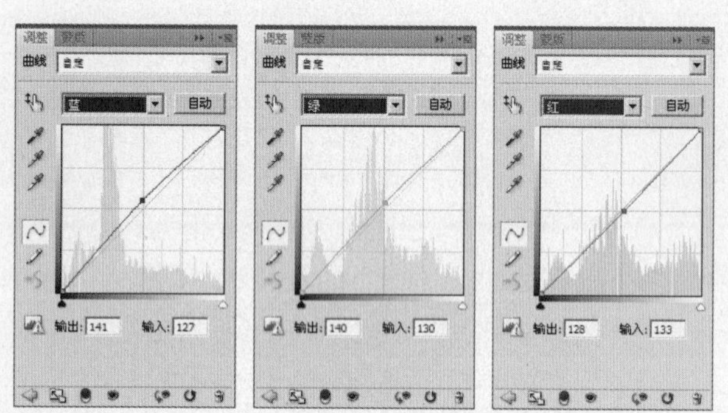

24 设置完“曲线”命令后，得到“曲线2”图层，可以看到图像调整后的效果如图所示。

25 单击“曲线2”的图层蒙版缩览图，设置前景色为黑色，使用“画笔工具”设置适当的画笔大小和透明度后，在嘴巴的位置涂抹，其蒙版状态和图层面板如图所示。

26 经过以上步骤的操作，得到了这张照片大的最终效果图，如图所示。

4.2

PART 4
完美无瑕的美丽面容

难易度

超细的人像后期磨皮及专业美化

使用修补工具和修复画笔工具可以从图像中取样，并允许您在任意区域上仿制，此类工具可以去除照片上人物脸部的瑕疵，下面我们要使用修补工具和修复画笔工具去除人物脸部的皱纹！

1 执行“文件”→“打开”命令，在弹出的“打开”对话框中选择随书光盘中的“素材 1”文件，此时的图像效果和图层调板如图所示。

2 单击“创建新的填充或调整图层”按钮，在弹出的菜单中选择“可选颜色”命令，设置弹出的对话框如图所示。

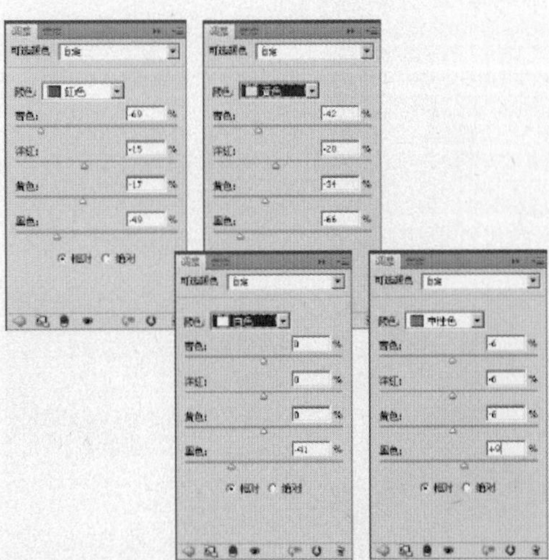

3 设置完“可选颜色”命令后，得到“选取颜色1”图层，可以看到“背景”调整后的效果如图所示。

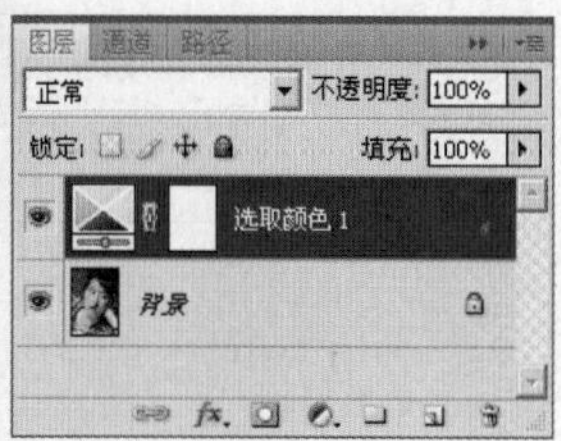

4 单击“创建新的填充或调整图层”按钮，在弹出的菜单中选择“曲线”命令，设置弹出的对话框如图所示。

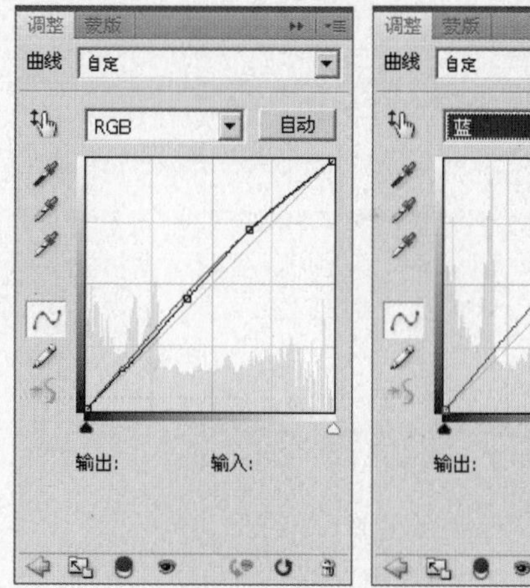

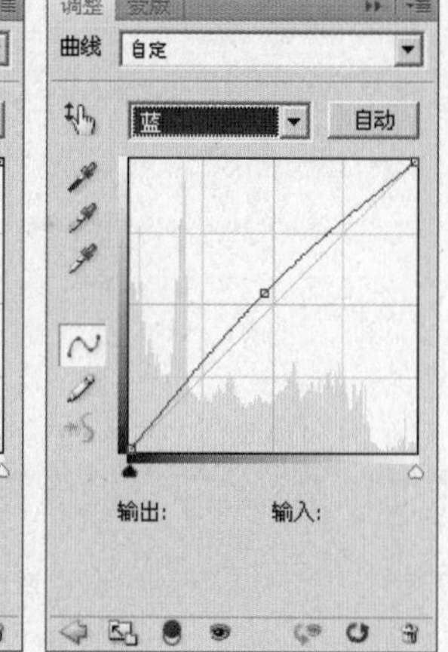

5 设置完“曲线”命令后，得到“曲线1”图层，可以看到“背景”图层调整后的效果如图所示。

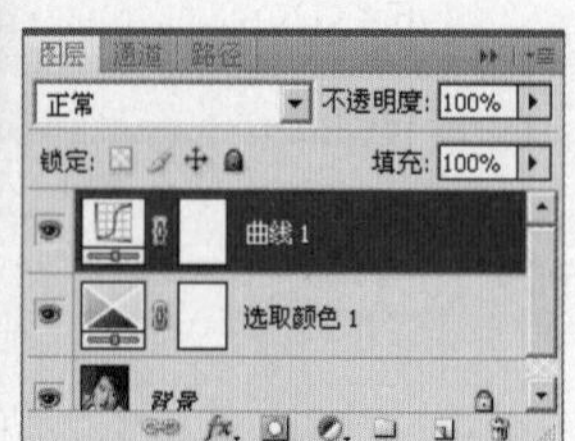

6 单击“创建新的填充或调整图层”按钮，在弹出的菜单中选择“色彩平衡”命令，设置弹出的对话框如图所示。

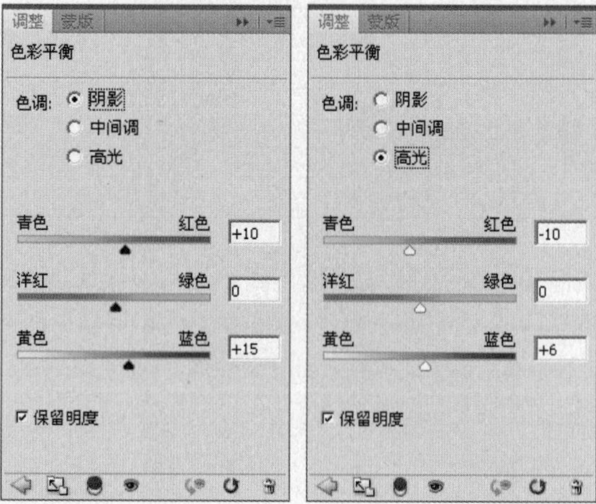

7 设置完“色彩平衡”命令后，得到“色彩平衡1”图层，可以看到“背景”图层调整后的效果如图所示。

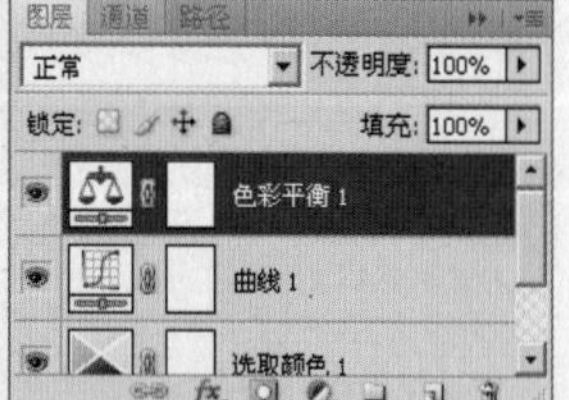

8 按快捷键【Ctrl+Alt+Shift+E】，执行“盖印图层”命令，得到“图层1”图层，拖动“图层1”图层到图层面板底部的“创建新图层”按钮，对图层进行复制操作，得到“图层1 副本”图层，如图所示。

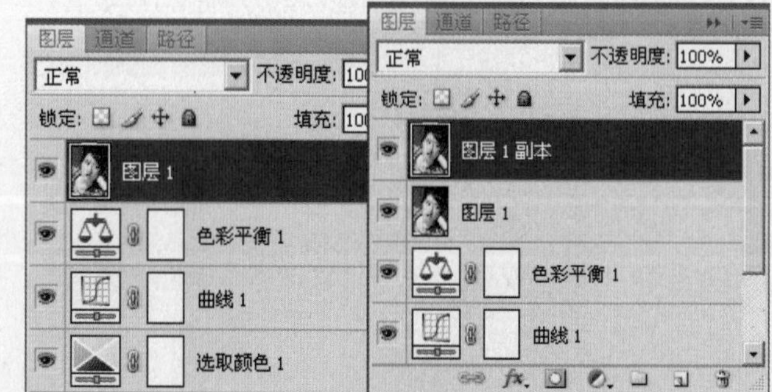

9 执行菜单栏中的“滤镜”→“素描”→“基线凸现”命令，设置弹出的对话框中的参数如图所示后，单击【确定】按钮，设置后的效果如图所示。

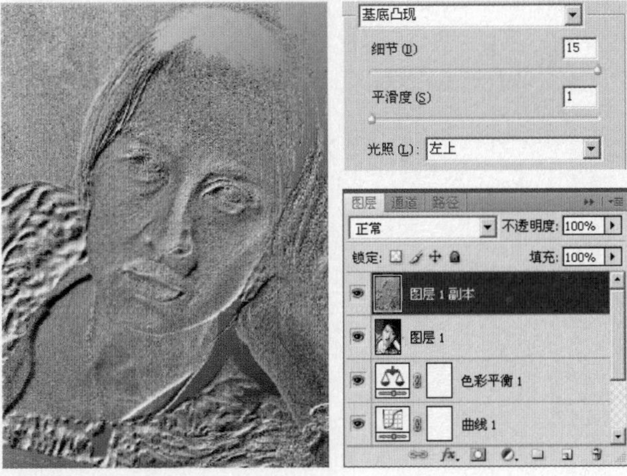

10 在图层面板的顶部，设置图层的不透明度为“10%”，得到如图所示的效果。

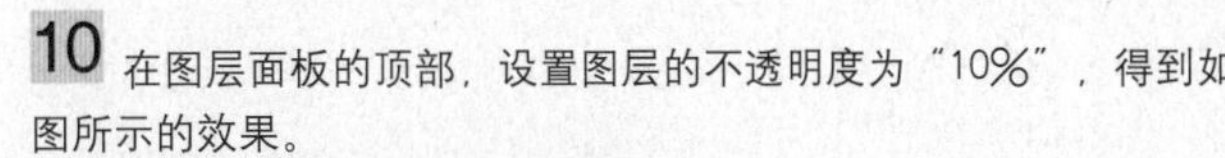

11 单击“添加图层蒙版”按钮，为“图层1 副本”添加图层蒙版，设置前景色为黑色，使用“画笔工具”设置适当的画笔大小和透明度后，在嘴巴的位置涂抹，其蒙版状态和图层面板如图所示。

12 按快捷键【Ctrl+Alt+Shift+E】，执行“盖印图层”命令，得到“图层2”图层，如图所示。

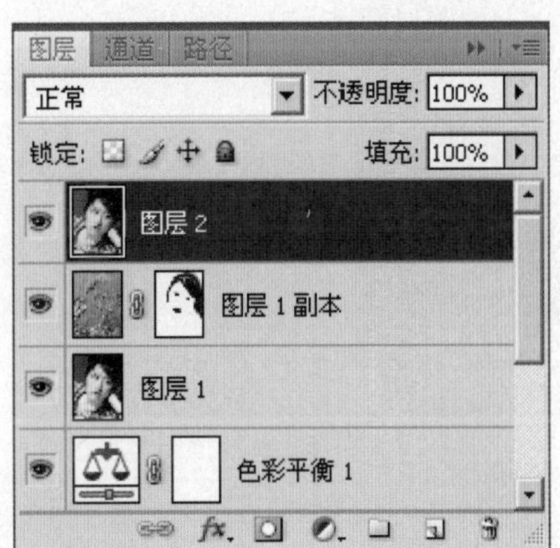

13 按快捷键【Ctrl+Alt+2】，调出“图层 2”的高光选区，得到如图所示的状态。

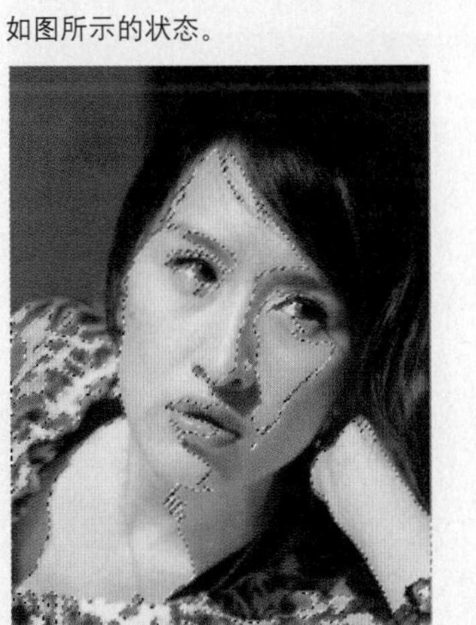

14 按快捷键【Ctrl+M】，调出“曲线”对话框，在弹出的对话框中进行如图所示的设置。

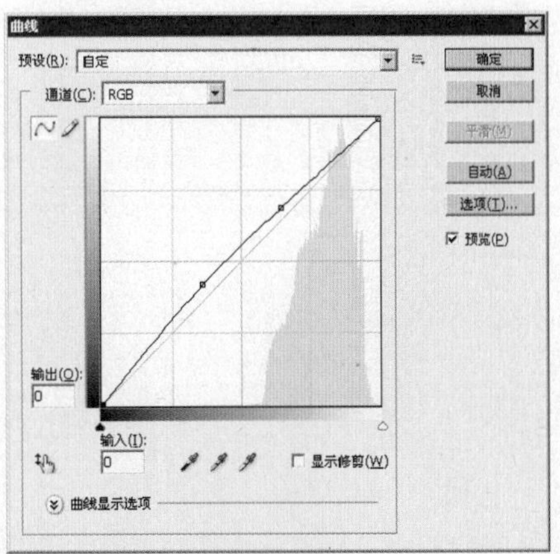

15 设置完后单击【确定】按钮，按快捷键【Ctrl+D】，取消选区。可以看到“图层 1”调整后的效果如图所示。

16 使用工具条中的“钢笔工具”，在工具选项条中单击“路径”按钮，绘制眼袋的轮廓路径，如图所示。

17 按【Ctrl+Enter】快捷键，将路径转换为选区，按【Shift+F6】快捷键，羽化选区，设置弹出的对话框如图所示后单击【确定】按钮，得到如图所示的状态。

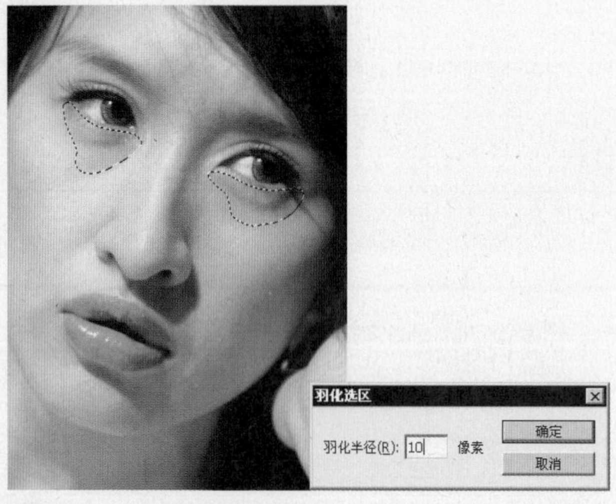

18 按【Ctrl+J】快捷键，复制选区内容到新的图层，生成“图层3”图层，如图所示。

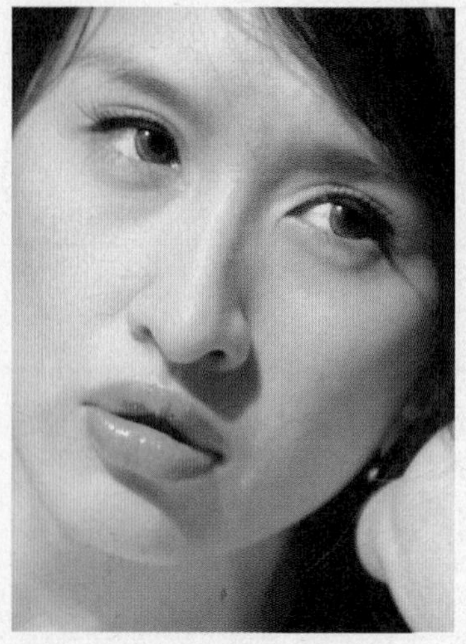

19 单击“创建新的填充或调整图层”按钮，在弹出的菜单中选择“曲线”命令，设置弹出的对话框如图所示。

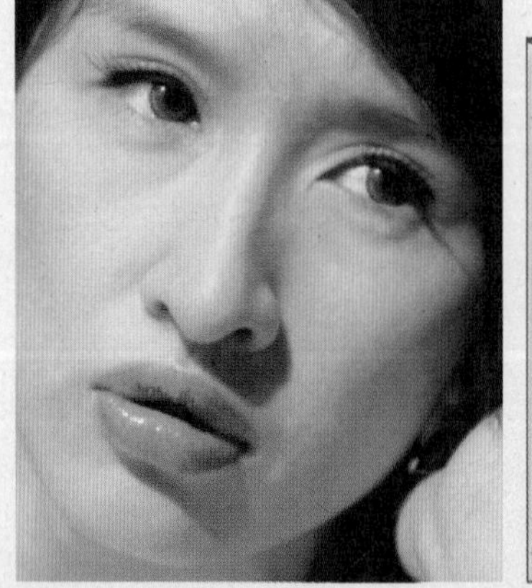

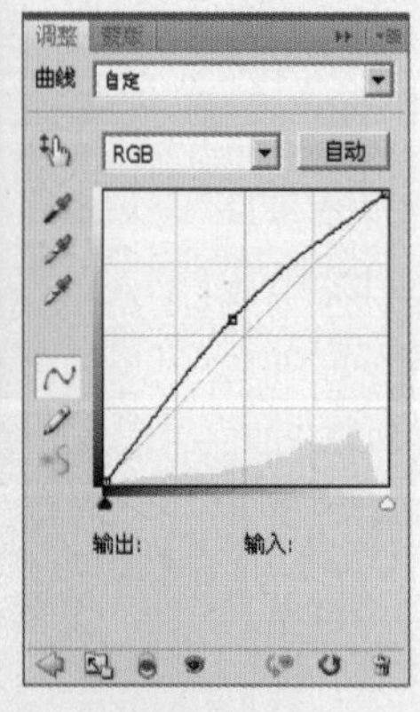

20 设置完“曲线”命令后，得到“曲线2”图层，按快捷键【Ctrl+Alt+G】执行“创建剪切蒙版”操作，可以看到“图层3”调整后的效果如图所示。

21 按快捷键【Ctrl+Alt+Shift+E】，执行“盖印图层”命令，得到“图层4”图层，如图所示。

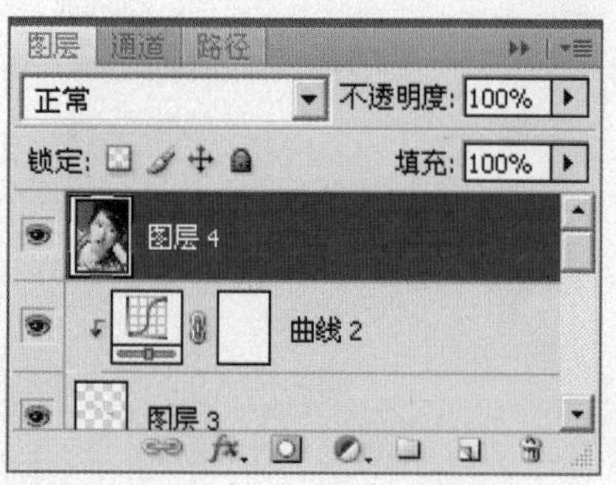

22 使用工具条中的“钢笔工具”，在工具选项条中单击“路径”按钮，在眼睛位置的轮廓路径如图所示。

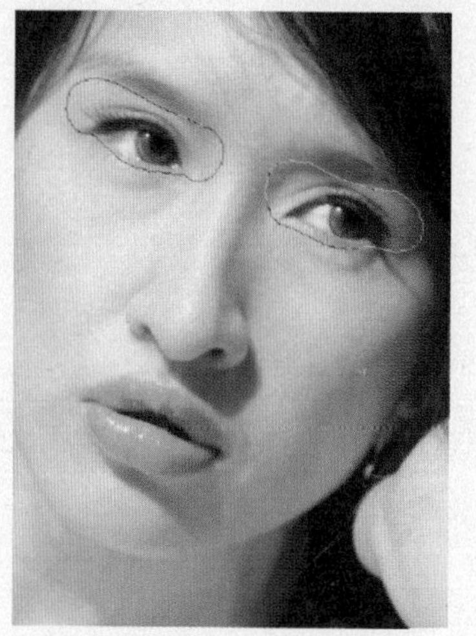

23 按【Ctrl+Enter】快捷键，将路径转换为选区，按【Shift+F6】快捷键，羽化选区，设置弹出的对话框如图所示后单击【确定】按钮，得到如图所示的状态。

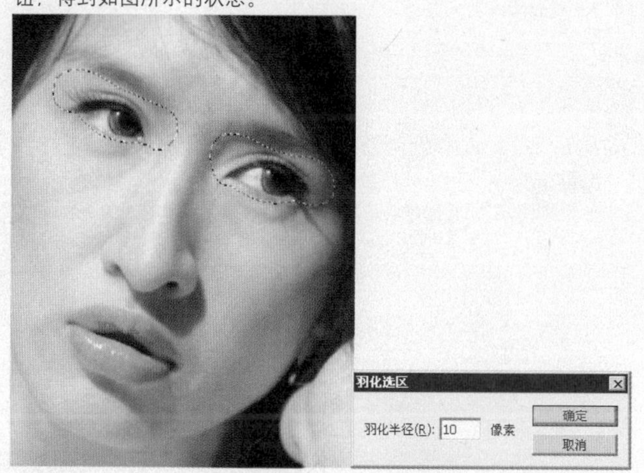

24 按【Ctrl+J】快捷键，复制选区内容到新的图层,生成“图层5”图层，如图所示。

25 单击“创建新的填充或调整图层”按钮，在弹出的菜单中选择“曲线”命令，设置弹出的对话框如图所示。

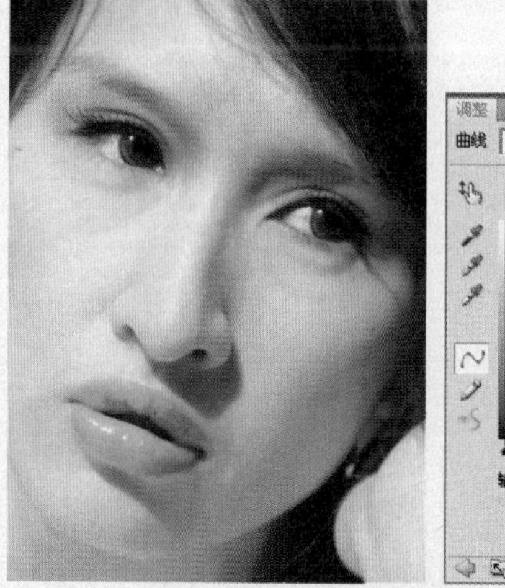

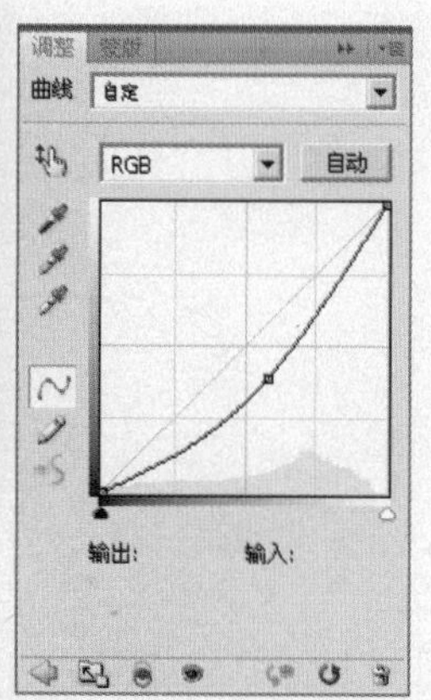

26 设置完“曲线”命令后，得到“曲线3”图层，按快捷键【Ctrl+Alt+G】执行“创建剪切蒙版”操作，可以看到“图层5”调整后的效果如图所示。

PART 4 完美无暇的美丽面容

27 按快捷键【Ctrl+Alt+Shift+E】，执行“盖印图层”命令，得到“图层6”图层，如图所示。

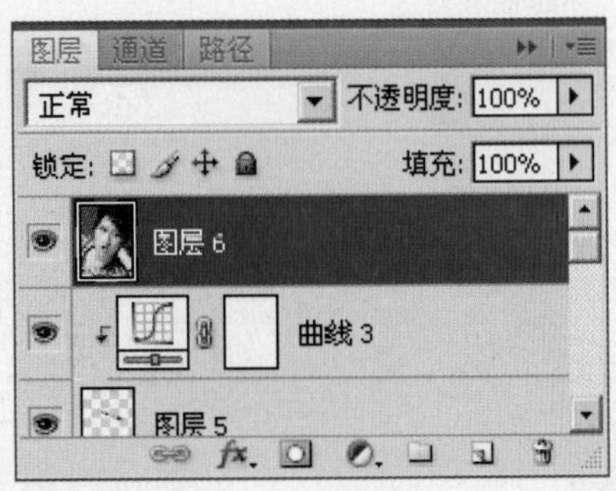

28 使用工具条中的“仿制图章工具”，按住【Alt】键在人物眼袋的周围单击一下进行取样，然后在眼袋上进行涂抹，将眼袋修除，如图所示。

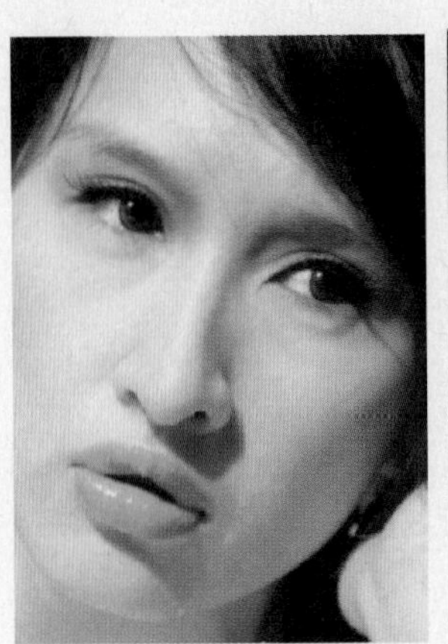
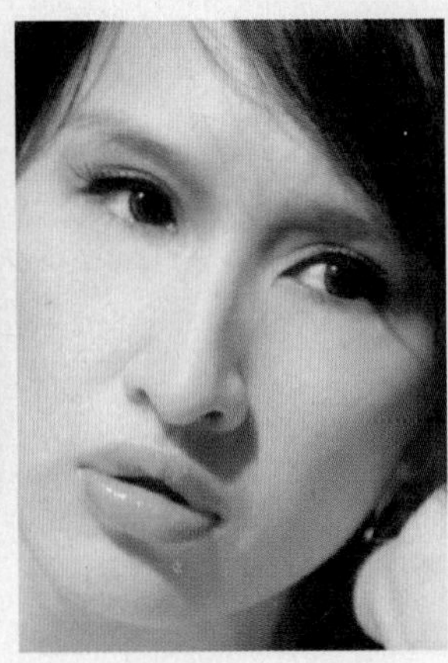

29 使用工具条中的“钢笔工具”，在工具选项条中单击“路径”按钮，在眼睛周围的轮廓路径如图所示。

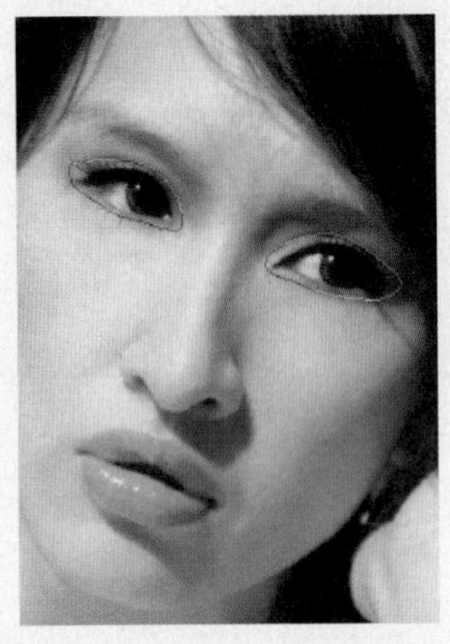

30 按【Ctrl+Enter】快捷键，将路径转换为选区，按【Shift+F6】快捷键，羽化选区，设置弹出的对话框如图所示后单击【确定】按钮，得到如图所示的状态。

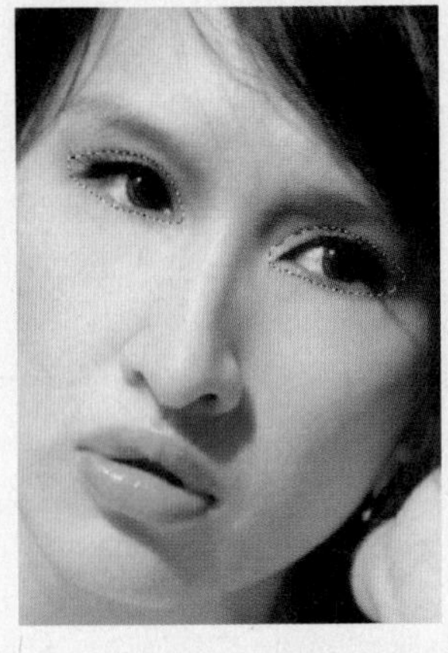

31 按【Ctrl+J】快捷键，复制选区内容到新的图层，生成“图层7”图层，如图所示。

32 单击“创建新的填充或调整图层”按钮，在弹出的菜单中选择“色彩平衡”命令，设置弹出的对话框如图所示。

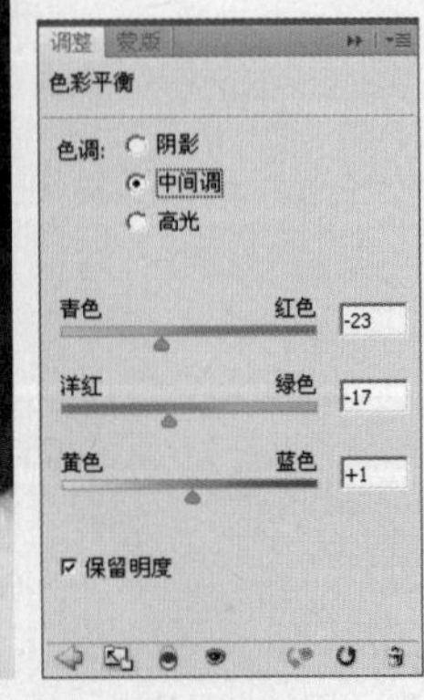

33 设置完“色彩平衡”命令后，得到“曲线2”图层，按快捷键【Ctrl+Alt+G】执行“创建剪切蒙版”操作，可以看到“图层7”调整后的效果如图所示。

34 单击“色彩平衡”图层蒙版缩览图，设置前景色为黑色，使用“画笔工具”设置适当的画笔大小和透明度后，在眼睛的位置涂抹，其蒙版状态和图层面板如图所示。

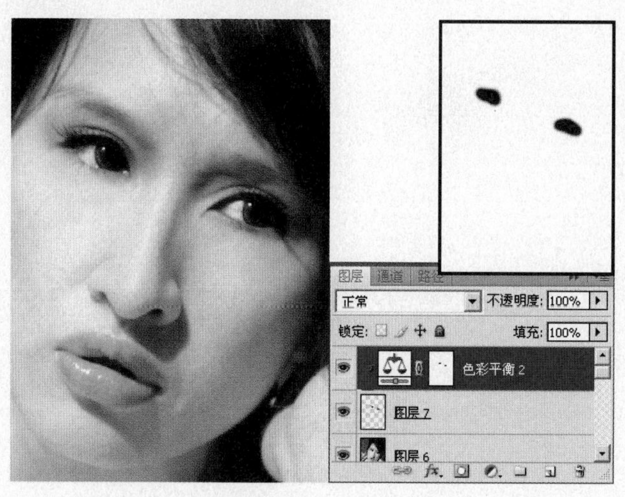

35 按快捷键【Ctrl+Alt+Shift+E】，执行“盖印图层”命令，得到“图层8”图层，如图所示。

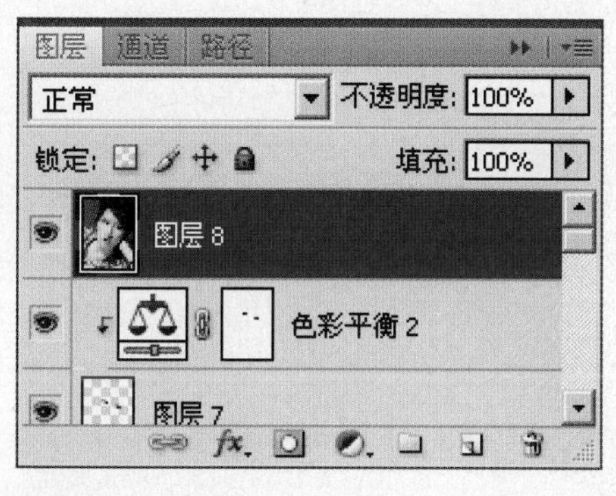

36 使用工具条中的“钢笔工具”，在工具选项条中单击“路径”按钮，在眼珠位置的轮廓路径如图所示。

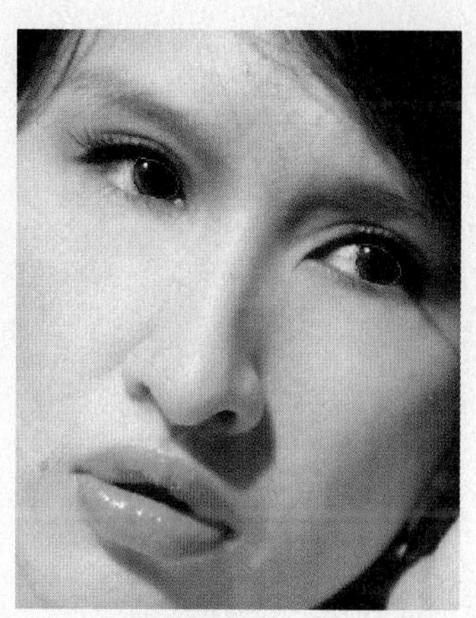

37 按【Ctrl+Enter】快捷键，将路径转换为选区，按快捷键【Ctrl+M】，调出“曲线”对话框，在弹出的对话框中进行如图所示的设置。

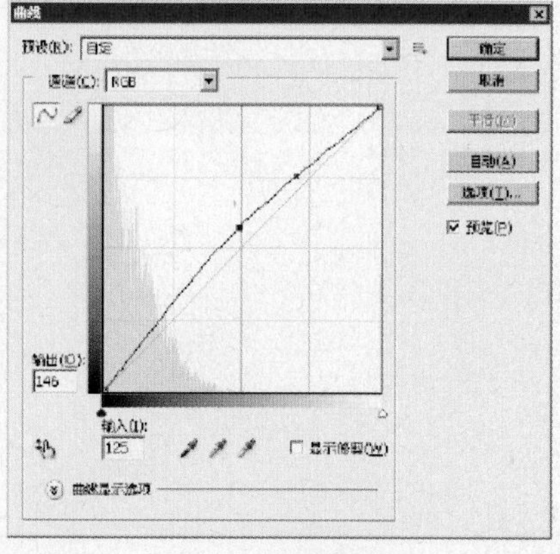

38 设置完后单击【确定】按钮，按快捷键【Ctrl+D】，取消选区，可以看到“图层 8”调整后的效果如图所示。

39 使用工具条中的“钢笔工具”，在工具选项条中单击“路径”按钮，在嘴巴的位置轮廓路径，如图所示。

40 按【Ctrl+Enter】快捷键，将路径转换为选区，按【Shift+F6】快捷键，羽化选区，设置弹出的对话框如图所示后单击【确定】按钮，得到如图所示的状态。

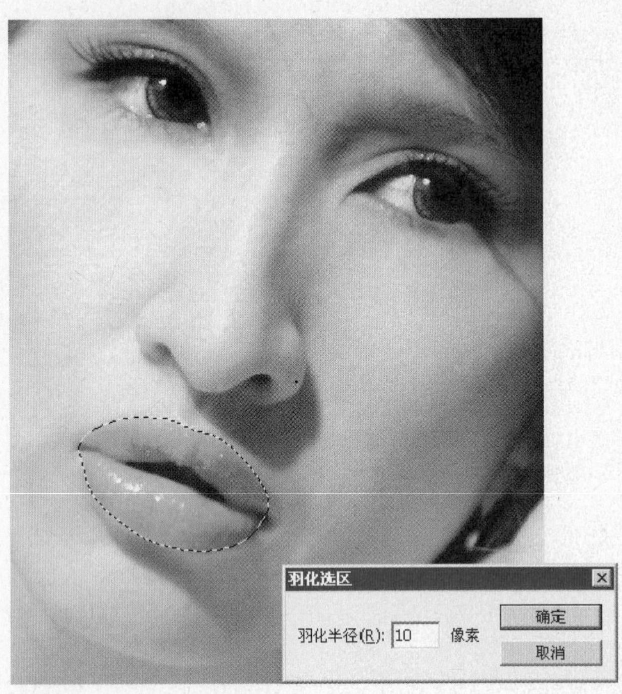

41 按快捷键【Ctrl+M】，调出“曲线”对话框，在弹出的对话框中进行设置，设置完后单击【确定】按钮，按快捷键【Ctrl+D】取消选区。可以看到“图层 8”调整后的效果如图所示。

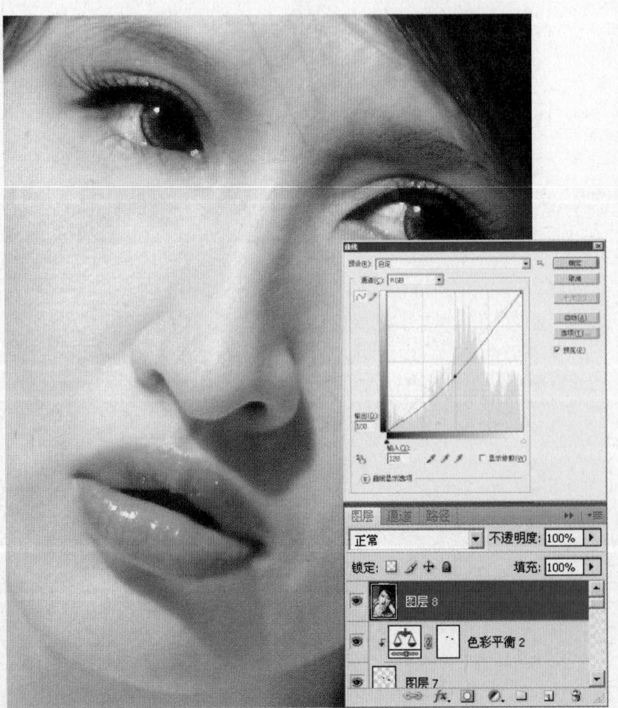

42 经过以上步骤的调整，得到了这张照片的最终效果，如图所示。

4.3 PART 4 完美无瑕的美丽面容

难易度

为人物美白牙齿

使用Photoshop为人物照片美白牙齿。使用“快速蒙版”选取人物的皮肤，使用“多边形套索工具”选择牙齿，使用“色相/饱和度”命令对牙齿的颜色进行调整。

1 执行“文件”→“打开”命令，在弹出的“打开”对话框中选择随书光盘中的“素材 1”文件，此时的图像效果和图层调板如图所示。

2 拖动“背景”图层到图层面板底部的“创建新图层”按钮，对图层进行复制操作，得到“背景 副本”图层，如图所示。

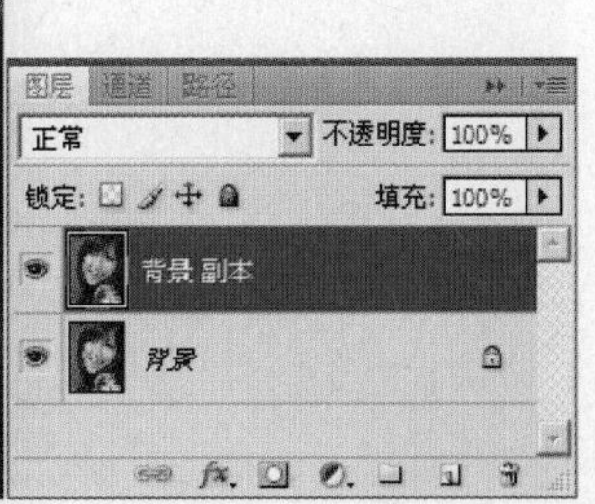

3 使用"多边形套索工具"，在人物的牙齿部分绘制选区，其状态如图所示。

4 按快捷键【Ctrl+U】，调出"色相/饱和度"对话框，在弹出的对话框中进行如图所示的设置。

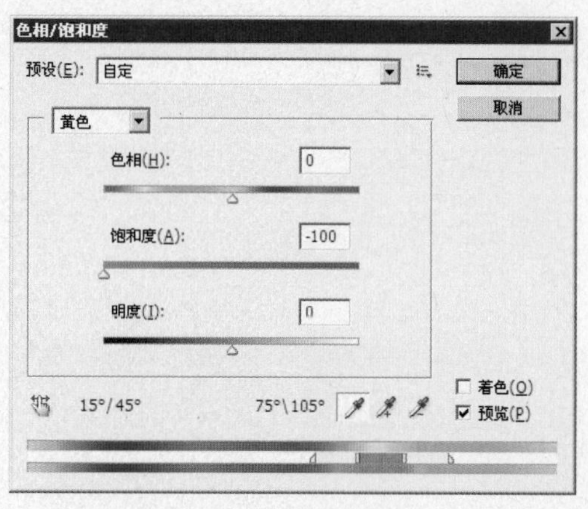

5 设置完后单击【确定】按钮，可以看到牙齿选区调整后变白了一些，效果如图所示。

6 打开历史记录面板，在面板的下方单击"创建新快照"按钮，得到"快照1"，如图所示。

7 回到图层面板，设置图层的混合模式为"差值"，得到如图所示的效果。

8 在图层面板的"背景 副本"图层上单击鼠标右键，在弹出的菜单中单击"向下合并"命令，如图所示。

9 打开历史记录面板，单击"快照1"得到如图所示的状态。

10 单击"添加图层蒙版"按钮，为"背景 副本"添加图层蒙版，选区转换为蒙版，其蒙版状态和图层面板如图所示。

11 打开通道面板，单击"背景 副本蒙版"通道图层，其状态如图所示。

12 使用"画笔工具"设置适当的画笔大小，在人物的牙齿上小心勾勒出轮廓，如图所示。

13 回到图层面板，按快捷键【Ctrl+U】，调出"色相/饱和度"对话框，在弹出的对话框中进行如图所示的设置。

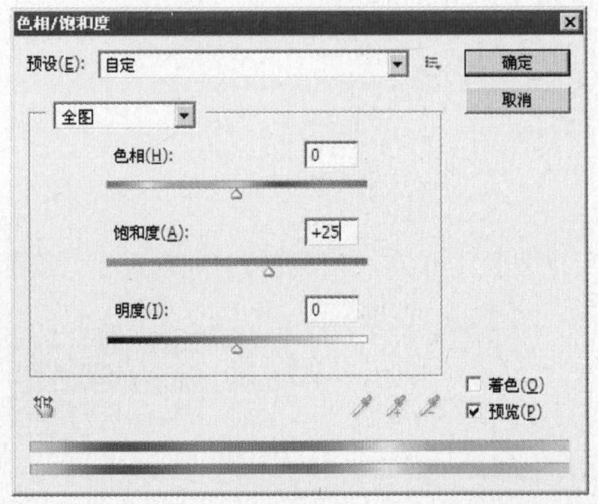

14 设置完后单击【确定】按钮，可以看到牙齿选区调整后变白了一些，效果如图所示。

15 单击“创建新的填充或调整图层”按钮，在弹出的菜单中选择“可选颜色”命令，设置弹出的对话框如图所示。

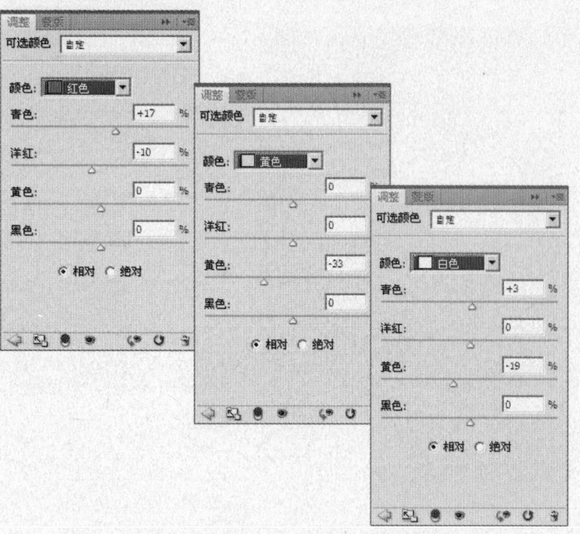

16 设置完“可选颜色”命令后，得到“选取颜色1”图层，可以看到图像调整后的效果如图所示。

17 单击“创建新的填充或调整图层”按钮，在弹出的菜单中选择“亮度/对比度”命令，设置完“亮度/对比度”命令后，得到“亮度/对比度1”图层，可以看到图像调整后的最终效果如图所示。

4.4

PART 4
完美无瑕的美丽面容

难易度

给偏黄的人物美白及润色

使用Photoshop为人物照片美白，使人物皮肤更加好看。使用曲线工具调整图像的整体色调，对红、黄、蓝通道分别进行调整，使偏黄的照片恢复原有的色感，使人物美白。

1 执行“文件”→“打开”命令，在弹出的“打开”对话框中选择随书光盘中的“素材 1”文件，此时的图像效果和图层调板如图所示。

2 单击“创建新的填充或调整图层”按钮，在弹出的菜单中选择“色阶”命令，设置弹出的对话框如图所示。设置完“色阶”命令后，得到“色阶1”图层，如图所示。

3 单击“创建新的填充或调整图层”按钮，在弹出的菜单中选择“曲线”命令，设置弹出的对话框如图所示。

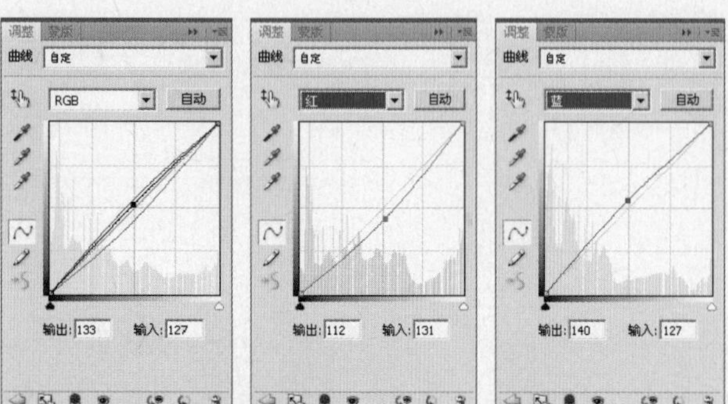

4 设置完“曲线”命令后，得到“曲线1”图层，可以看到“背景”图层调整后的效果如图所示。

5 按快捷键【Ctrl+Alt+Shift+E】，执行“盖印图层”命令，得到“图层1”图层，如图所示。

6 按快捷键【Ctrl+Alt+2】，调出“图层 1”的高光选区，得到如图所示的状态。

7 按快捷键【Ctrl+Shift+I】，执行“反选选区”命令，得到如图所示的状态。

8 按快捷键【Ctrl+M】，调出“曲线”对话框，在弹出的对话框中进行如图所示的设置。

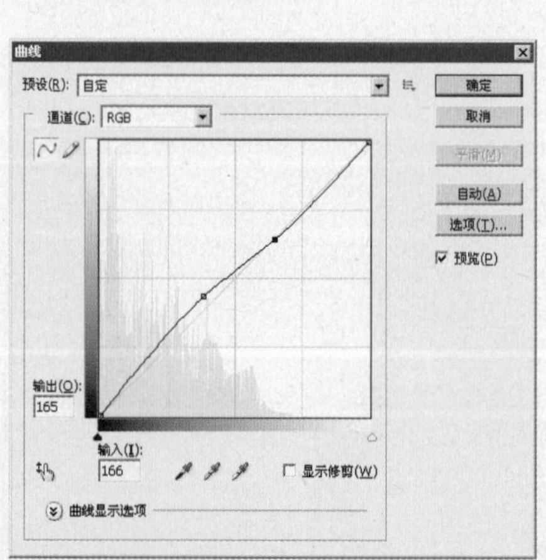

9 设置完后单击【确定】按钮，按快捷键【Ctrl+D】，取消选区。可以看到“图层 1”调整后的效果如图所示。

10 单击“创建新的填充或调整图层”按钮，在弹出的菜单中选择“可选颜色”命令，设置弹出的对话框如图所示。

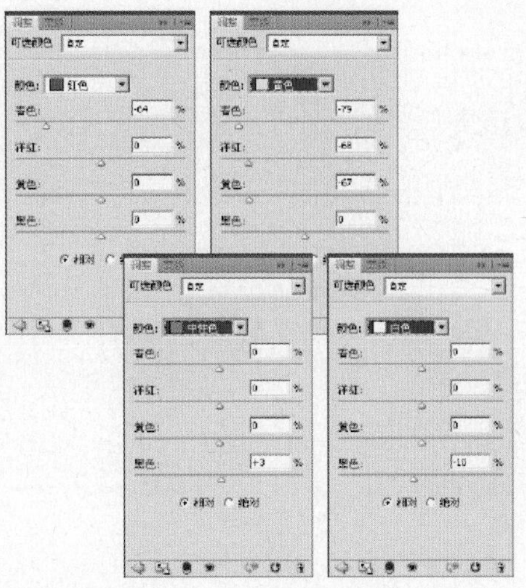

11 设置完“可选颜色”命令后，得到“选取颜色1”图层，可以看到“图层 1”调整后的效果如图所示。

12 按快捷键【Ctrl+Alt+Shift+E】，执行“盖印图层”命令，得到“图层2”图层，如图所示。

13 使用工具条中的“仿制图章工具”，按住【Alt】键在人物脸部有瑕疵的皮肤周围单击一下进行取样，然后在瑕疵上进行涂抹，将瑕疵修除，如图所示。

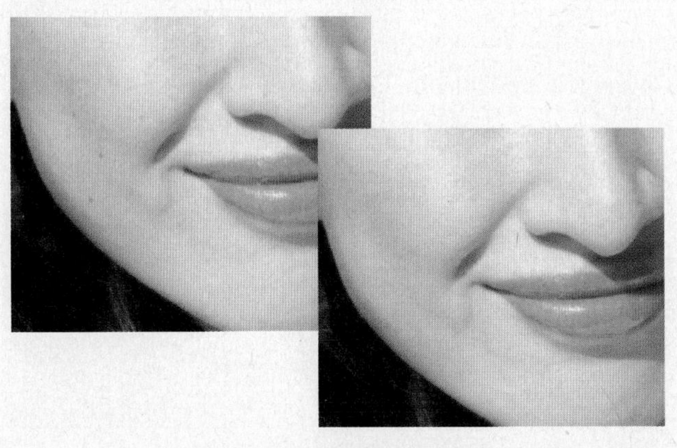

14 执行菜单栏中的“图像”→“应用图像”命令，设置弹出的对话框中的参数如图所示。

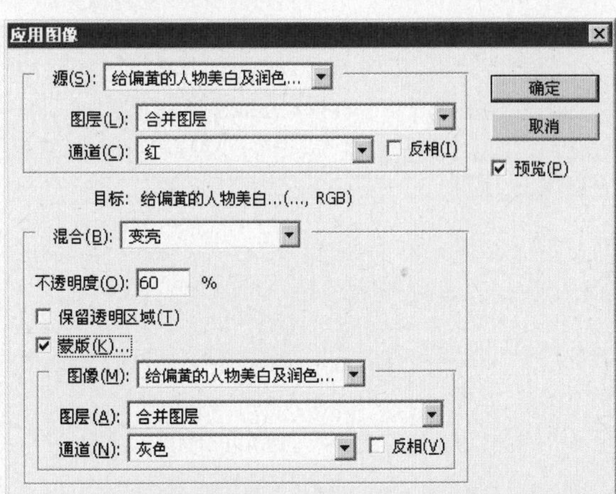

15 设置完对话框后，单击【确定】按钮，可以看到“图层 2”调整完后的效果如图所示。

16 单击“添加图层蒙版”按钮，为“图层 2”添加图层蒙版。设置前景色为黑色，使用“画笔工具”设置适当的画笔大小和透明度后，在嘴巴的位置涂抹，其蒙版状态和图层面板如图所示。

17 单击“创建新的填充或调整图层”按钮，在弹出的菜单中选择“亮度/对比度”命令，在弹出的对话框中设置其参数，设置完“亮度/对比度”命令后，得到“亮度/对比度1”图层，如图所示。

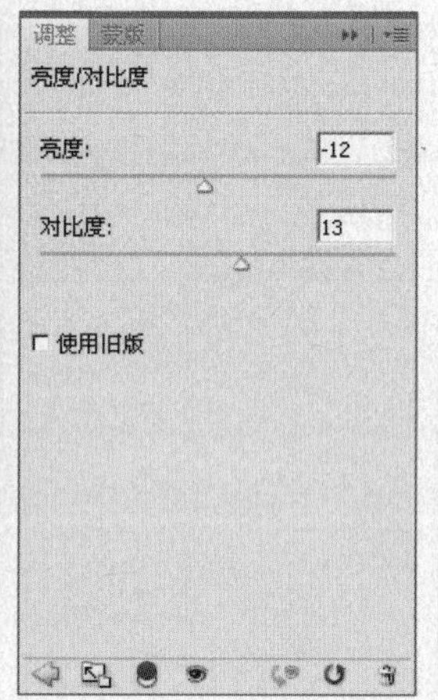

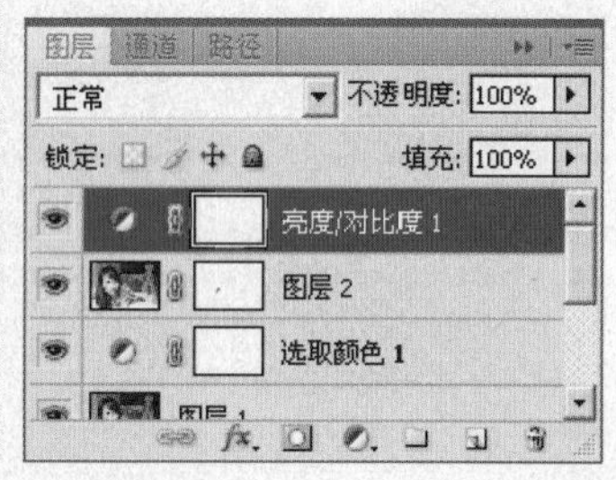

18 单击“创建新的填充或调整图层”按钮，在弹出的菜单中选择“曲线”命令，设置弹出的对话框如图所示。

设置完“曲线”命令后，得到“曲线2”图层，可以看到“背景”图层调整完后的效果如图所示。

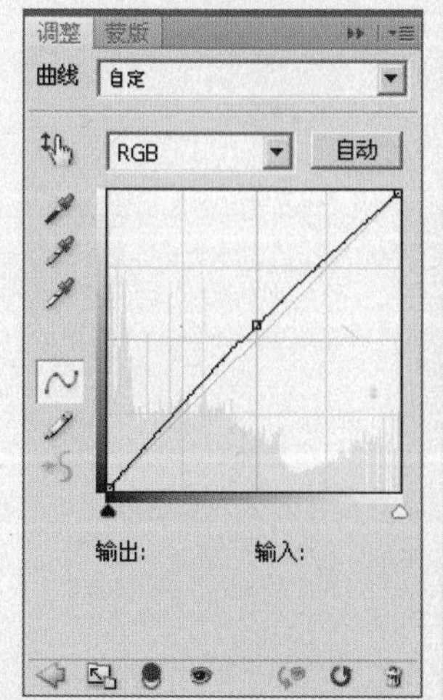

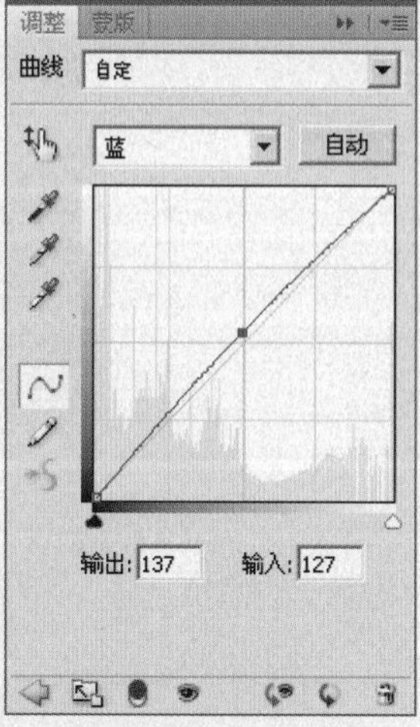

4.5 PART 4 完美无瑕的美丽面容

难易度

给人物精细磨皮及加强五官质感

使用Photoshop为人物照片细致磨皮，使人物皮肤更加富有质感。使用滤镜中的“基线凸现”命令，可以给肌肤添加细小的纹理效果，使人物的皮肤显得更加细腻真实。

1 执行“文件”→“打开”命令，在弹出的“打开”对话框中选择随书光盘中的“素材 1”文件，此时的图像效果和图层调板如图所示。

2 使用工具条中的“仿制图章工具”，按住【Alt】键在人物脸部有瑕疵的皮肤周围单击一下进行取样，然后在瑕疵上进行涂抹，将瑕疵修除，如图所示。

3 单击“创建新的填充或调整图层”按钮，在弹出的菜单中选择“色阶”命令，设置弹出的对话框如图所示。设置完“色阶”命令后，得到“色阶1”图层，如图所示。

4 单击“创建新的填充或调整图层”按钮，在弹出的菜单中选择“曲线”命令，设置弹出的对话框如图所示。

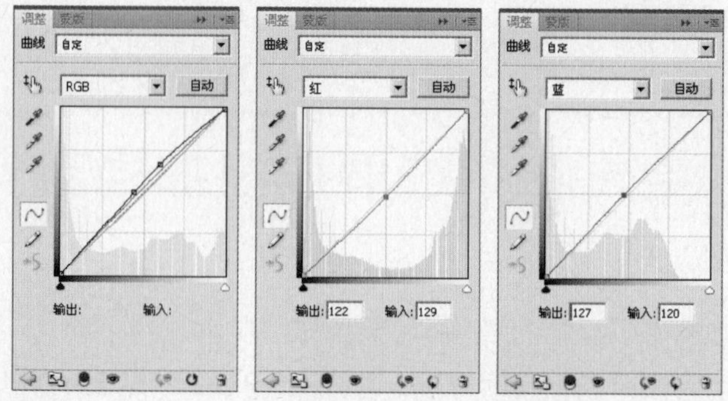

5 设置完“曲线”命令后，得到“曲线1”图层，可以看到“背景”图层调整后的效果如图所示。

6 按快捷键【Ctrl+Alt+Shift+E】，执行“盖印图层”命令，得到“图层1”图层，拖动“图层1”图层到图层面板底部的“创建新图层”按钮，对图层进行复制操作，得到“图层1副本”图层，如图所示。

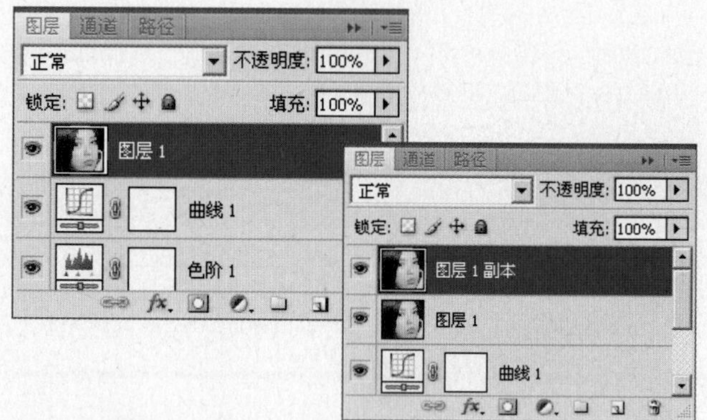

7 执行菜单栏中的“滤镜”→“素描”→“基线凸现”命令，设置弹出的对话框中的参数如图所示后，单击【确定】按钮，设置后的效果如图所示。

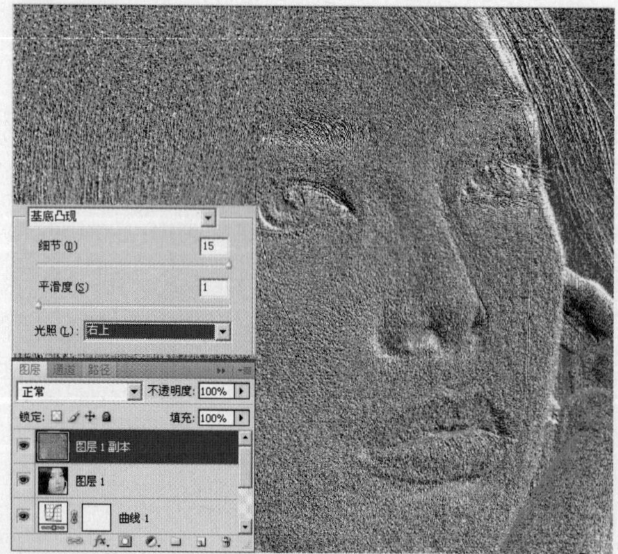

8 在图层面板的顶部，设置图层的不透明度为“12%”，其效果如图所示。

9 单击"添加图层蒙版"按钮，为"图层1 副本"添加图层蒙版，按快捷键【Ctrl+Alt+2】，调出"图层1 副本"的高光选区，得到如图所示的状态。

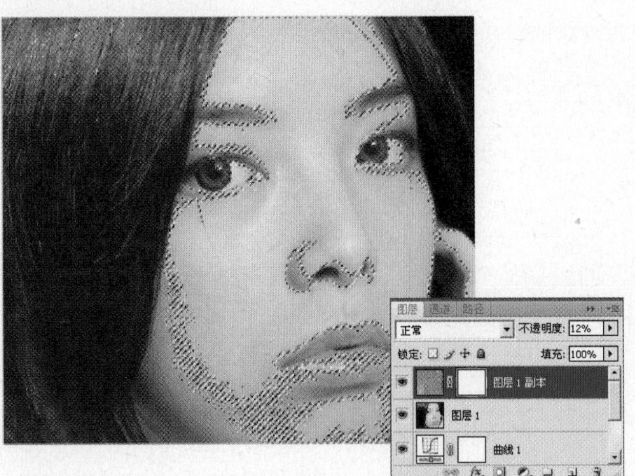

10 设置前景色为黑色，按快捷键【Alt+Delete】对蒙版进行填充，其效果如图所示，然后按快捷键【Ctrl+D】键，取消选区。

11 使用"画笔工具"设置适当的画笔大小和透明度后，在眉毛、鼻子、嘴巴、头发的位置涂抹，其蒙版状态和图层面板如图所示。

12 按快捷键【Ctrl+Alt+Shift+E】，执行"盖印图层"命令，得到"图层2"图层，如图所示。

13 执行菜单栏中的"图像"→"调整"→"阴影/高光"命令，设置弹出的对话框中的参数如图所示后，单击【确定】按钮，设置后的效果如图所示。

14 单击"创建新的填充或调整图层"按钮，在弹出的菜单中选择"曲线"命令，设置弹出的对话框如图所示。设置完"曲线"命令后，得到"曲线2"图层，如图所示。

15 单击“曲线 2”的图层蒙版缩览图，设置前景色为黑色，使用“画笔工具” 设置适当的画笔大小和透明度后，在眉毛、鼻子、嘴巴、头发的位置涂抹，其蒙版状态和图层面板如图所示。

16 按快捷键【Ctrl+Alt+Shift+E】，执行“盖印图层”命令，得到“图层 3”图层，然后执行菜单栏中的“图像”→“计算”命令，设置弹出的对话框中的参数如图所示。

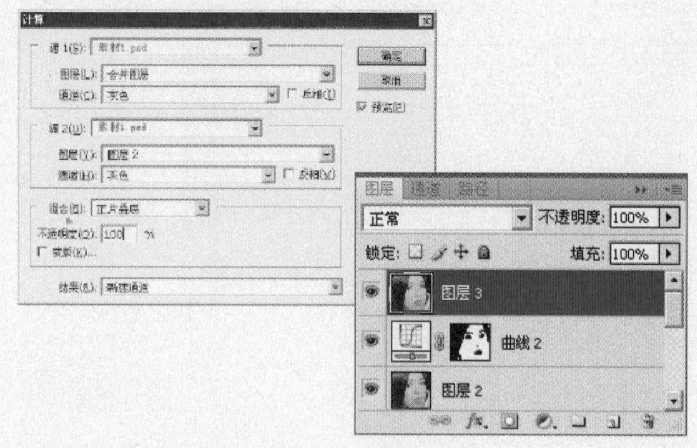

17 设置完对话框后，单击【确定】按钮，打开通道面板，可以看到生成“Alpha 1”通道层，如图所示。

18 按照下面的顺序执行3次菜单栏中的“图像”→“应用图像”命令，分别设置弹出的对话框中的参数如图所示。

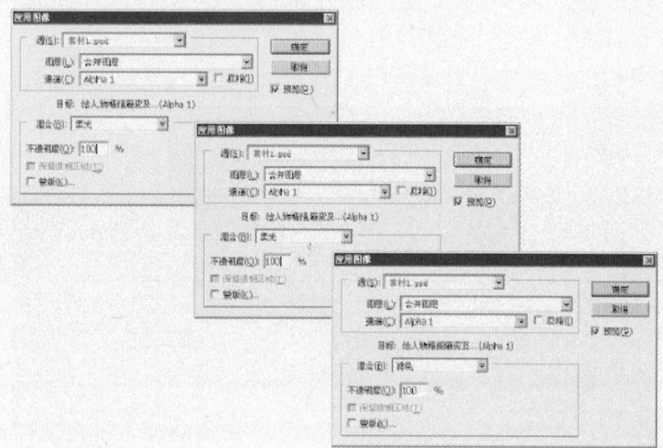

19 设置完对话框后，单击【确定】按钮，可以看到“Alpha 1”通道层调整后的效果如图所示。

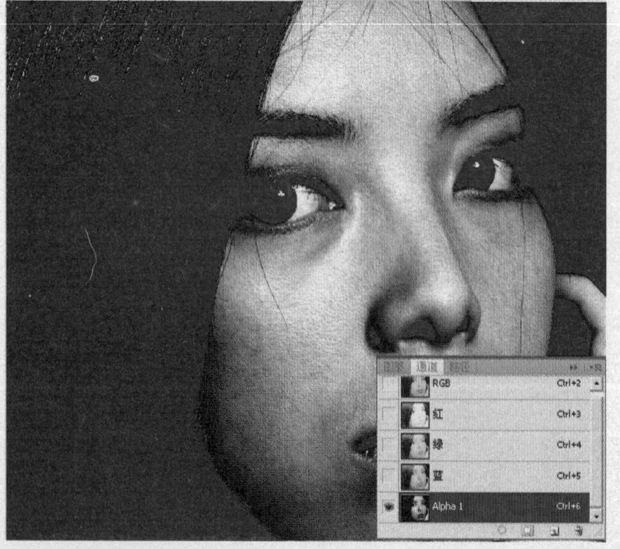

20 按住【Ctrl】键，在Alpha 1”通道的缩览图上方单击，载入选区，回到图层面板，得到如图所示的状态。

21 按快捷键【Ctrl+M】，调出“曲线”对话框，在弹出的对话框中进行如图所示的设置。

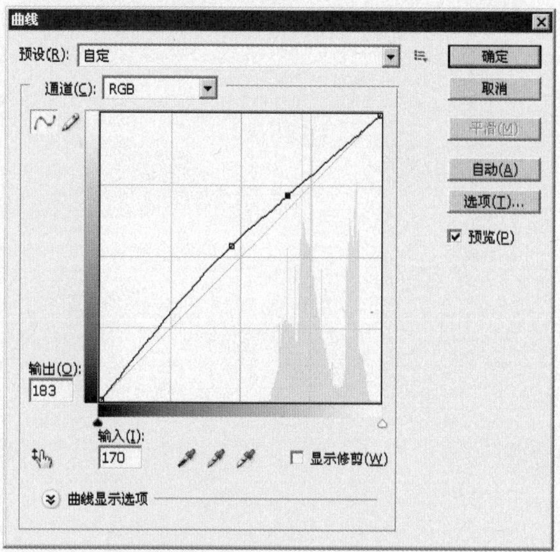

22 设置完后单击【确定】按钮，按快捷键【Ctrl+D】，取消选区。可以看到“图层 3”调整后的效果如图所示。

23 使用工具条中的“钢笔工具”，在工具选项条中单击“路径”按钮，绘制嘴巴的轮廓路径，如图所示。

24 按【Ctrl+Enter】快捷键，将路径转换为选区，按【Shift+F6】快捷键，羽化选区，设置弹出的对话框如图所示后单击【确定】按钮，得到如图所示的状态。

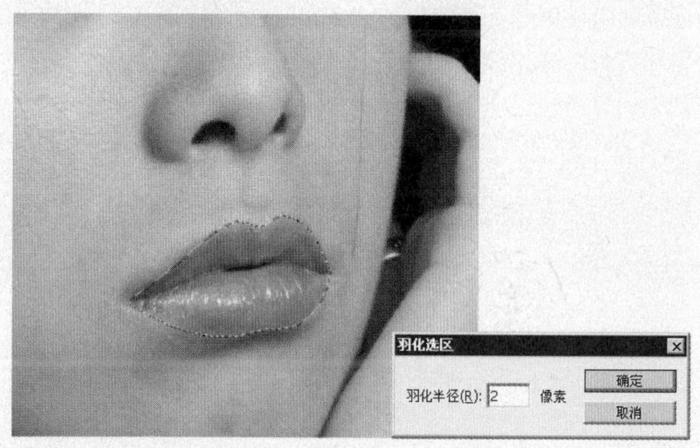

25 按【Ctrl+J】快捷键，复制图层，生成“图层 4”图层，按【Ctrl+Shift+U】快捷键，执行“去色”命令，如图所示。

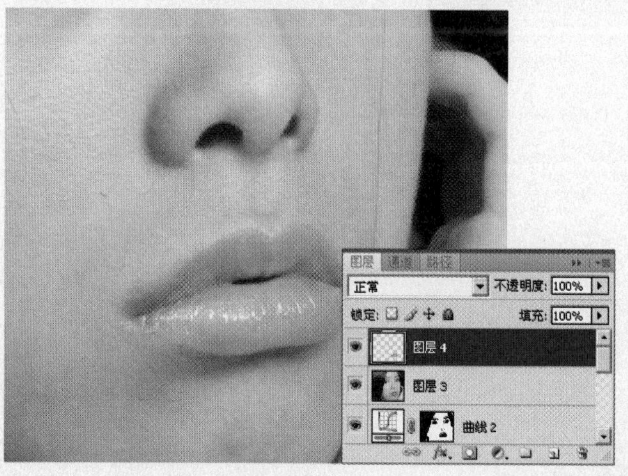

26 在图层面板的顶部，设置图层的混合模式为“滤色”，得到如图所示的效果。

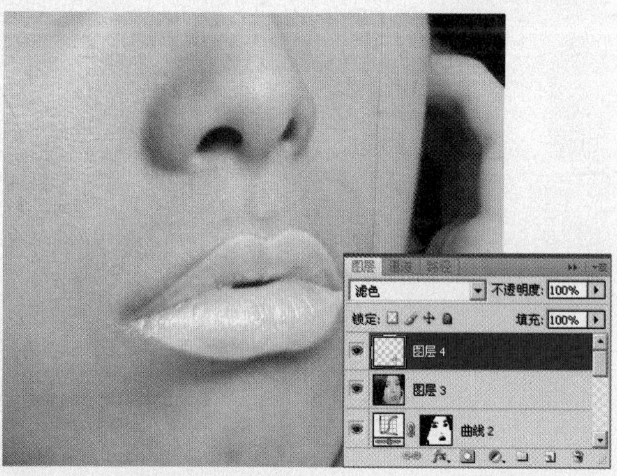

27 执行菜单栏中的“图像”→“调整”→“阈值”命令，设置弹出的对话框中的参数如图所示后，单击【确定】按钮，设置后的效果如图所示。

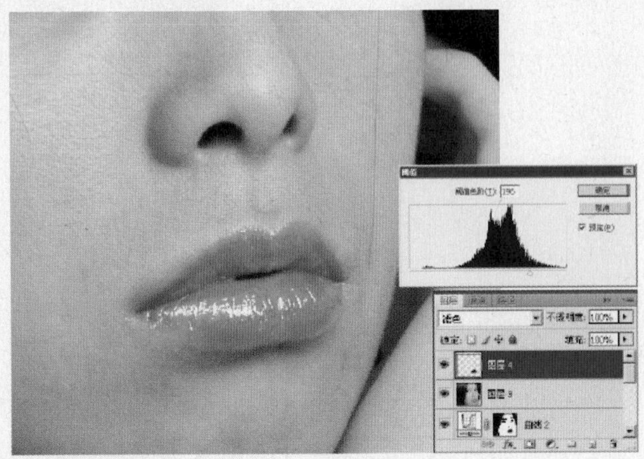

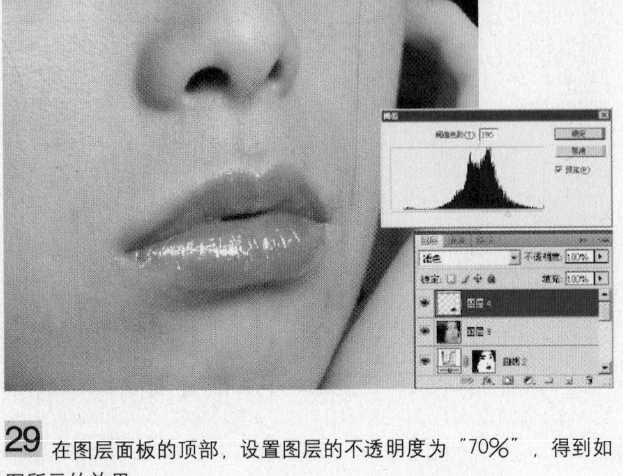

28 执行菜单栏中的“滤镜”→“模糊”→“高斯模糊”命令，设置弹出的对话框中的参数如图所示后，单击【确定】按钮，设置后的效果如图所示。

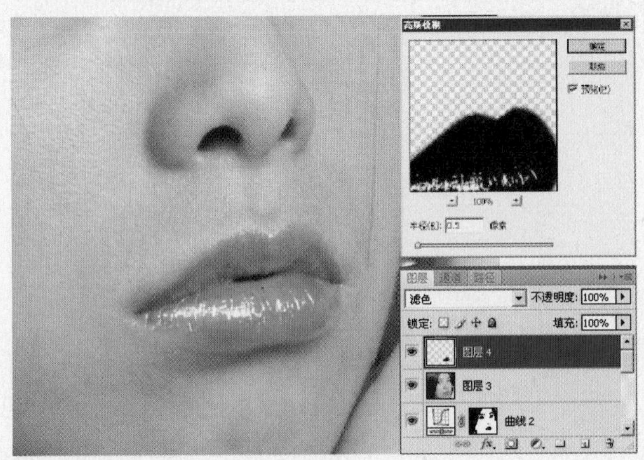

29 在图层面板的顶部，设置图层的不透明度为“70%”，得到如图所示的效果。

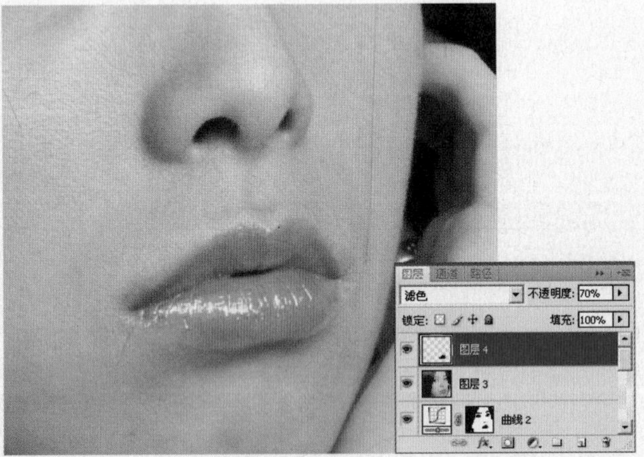

30 按快捷键【Ctrl+Alt+Shift+E】，执行“盖印图层”命令，得到“图层 5”图层，如图所示。

31 使用工具条中的“钢笔工具”，在工具选项条中单击“路径”按钮，绘制眼球的轮廓路径，如图所示。

32 按【Ctrl+Enter】快捷键，将路径转换为选区，按快捷键【Ctrl+M】，调出“曲线”对话框，在弹出的对话框中进行如图所示的设置。

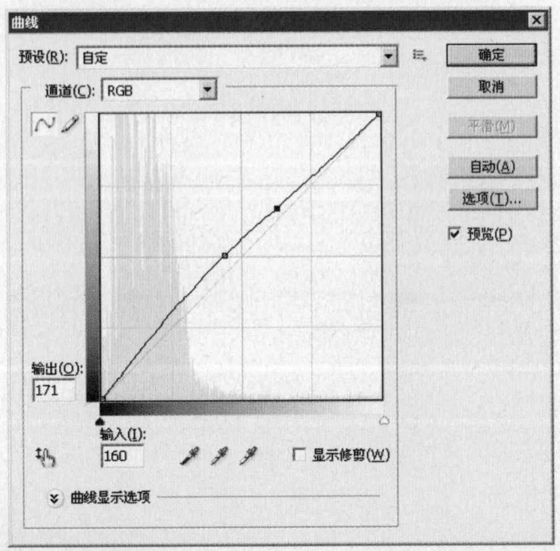

33 设置完后单击【确定】按钮，按快捷键【Ctrl+D】，取消选区。可以看到"图层 5"调整后的效果如图所示。

34 使用工具条中的"钢笔工具"，在工具选项条中单击"路径"按钮，绘制眼球高光部分的轮廓路径，如图所示。

35 按【Ctrl+Enter】快捷键，将路径转换为选区，按快捷键【Ctrl+M】，调出"曲线"对话框，在弹出的对话框中进行如图所示的设置。

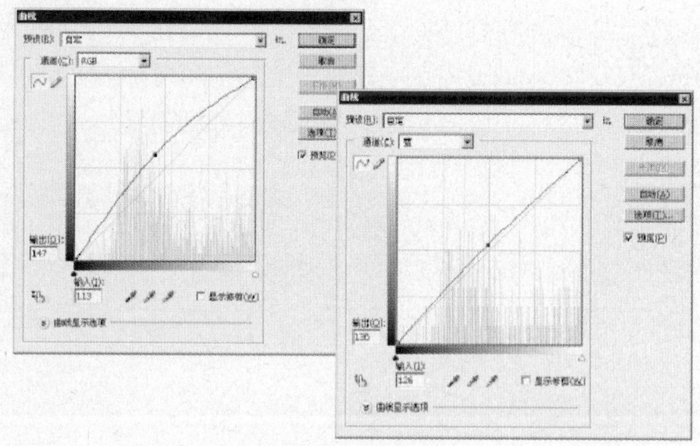

36 设置完后单击【确定】按钮，按快捷键【Ctrl+D】，取消选区，可以看到"图层 5"调整后的效果如图所示。

37 使用工具条中的"仿制图章工具"，按住【Alt】键在人物眼白中红血丝的周围单击一下进行取样，然后在血丝上进行涂抹，将红血丝修除，如图所示。

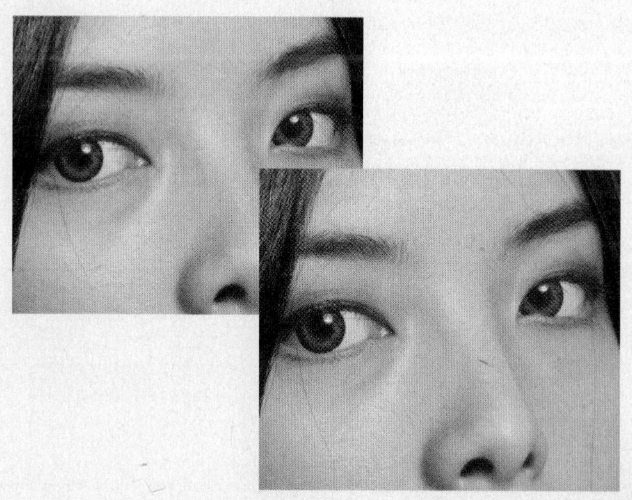

38 单击"创建新的填充或调整图层"按钮，在弹出的菜单中选择"曲线"命令，设置弹出的对话框如图所示。设置完"曲线"命令后，得到"曲线3"图层，如图所示。

4.6 PART 4 完美无瑕的美丽面容

难易度

还原偏暗人物的亮丽质感肤色

使用Photoshop为人物照片调色，使人物得到亮丽的肤色。利用图层混合模式的"滤色"命令和图层蒙版为背光的人物照片提亮肤色，使背光的人物照片还原原有的色泽。

1 执行"文件"→"打开"命令，在弹出的"打开"对话框中选择随书光盘中的"素材 1"文件，此时的图像效果和图层调板如图所示。

2 复制"背景"图层，得到"背景 副本"图层，设置图层的混合模式为"滤色"，图层的不透明度为"70%"，得到如图所示的效果。

3 单击"添加图层蒙版"按钮，为"背景 副本"添加图层蒙版，设置前景色为黑色，使用"画笔工具"设置适当的画笔大小和透明度后，在嘴巴的位置涂抹，其蒙版状态和图层面板如图所示。

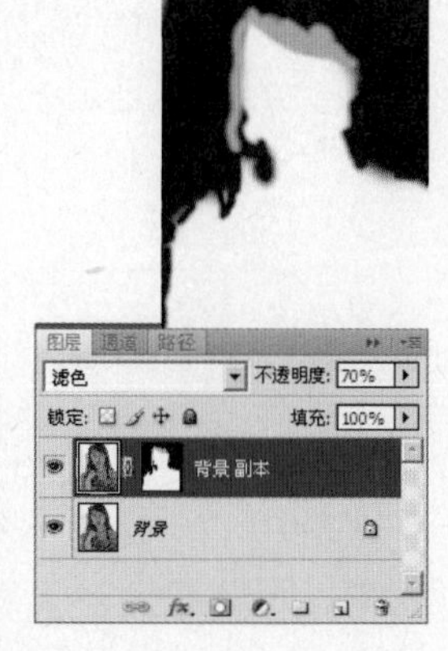

4 单击"创建新的填充或调整图层"按钮，在弹出的菜单中选择"曲线"命令，设置弹出的对话框如图所示。

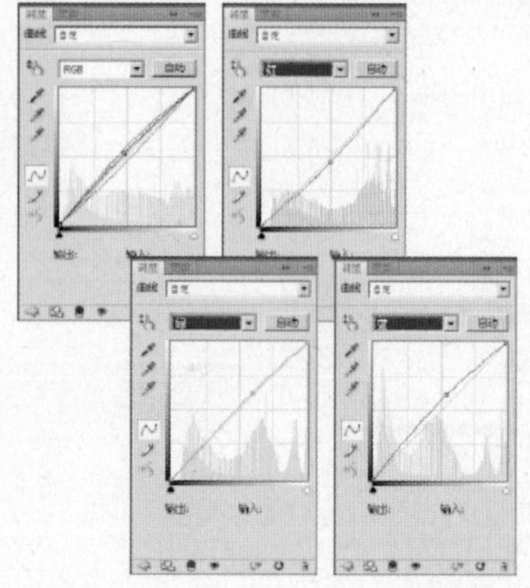

5 设置完"曲线"命令后，得到"曲线1"图层，可以看到图像调整后的效果如图所示。

6 单击"创建新的填充或调整图层"按钮，在弹出的菜单中选择"色阶"命令，设置弹出的"色阶"命令对话框后，得到"色阶1"图层，如图所示。

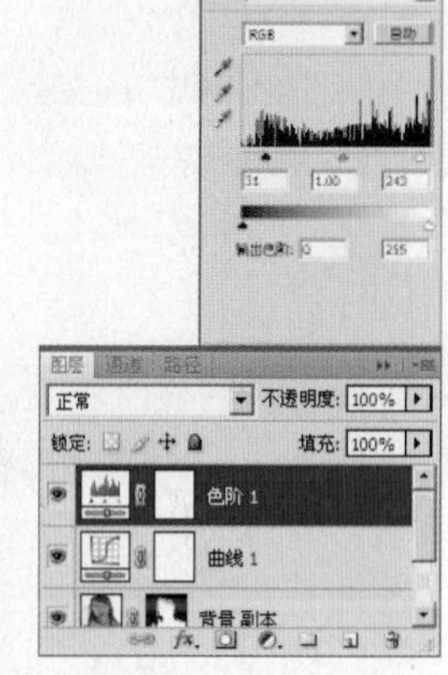

7 按快捷键【Ctrl+Alt+Shift+E】，执行"盖印图层"命令，得到"图层1"图层，如图所示。

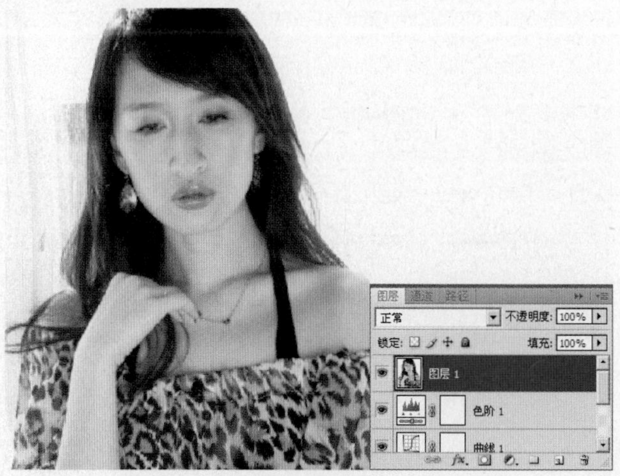

8 使用工具条中的"仿制图章工具"，按住【Alt】键在人物脸部有瑕疵的皮肤周围单击一下进行取样，然后在瑕疵上进行涂抹，将瑕疵修除，如图所示。

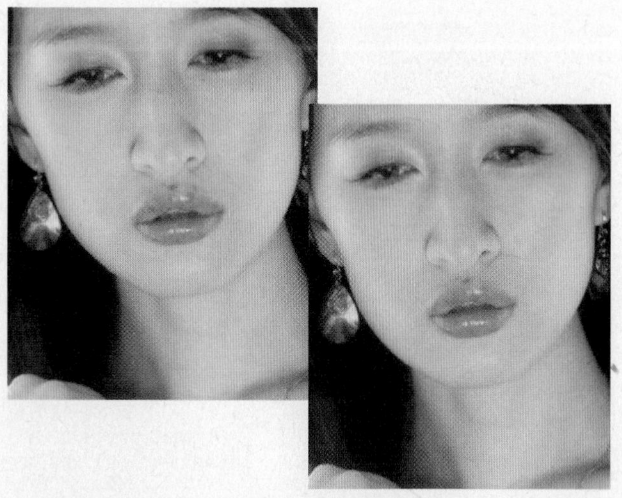

9 运用本书通道磨皮的方法对人物进行磨皮处理，得到如图所示的效果。

10 打开通道面板，拖动“绿”通道到通道面板底部的“创建新通道”按钮，对通道进行复制操作，得到“绿 副本”通道，如图所示。

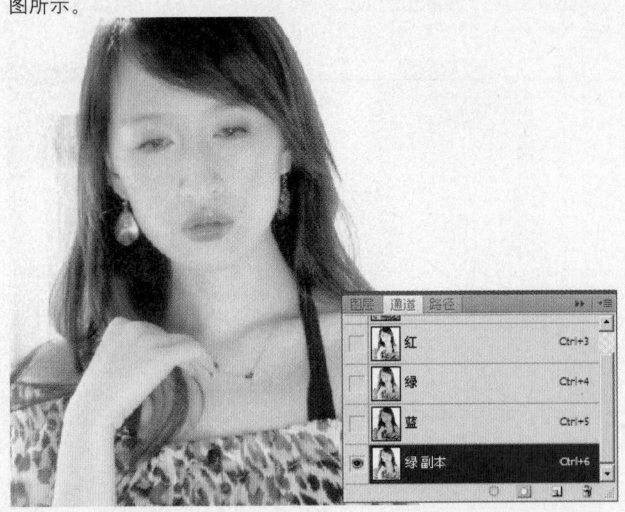

11 设置前景色为黑色，使用“画笔工具”设置适当的画笔大小，在除了人物脸部的地方涂抹，如图所示。

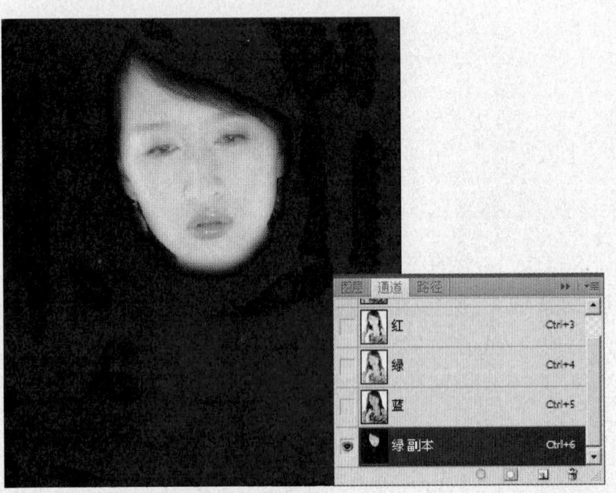

12 按快捷键【Ctrl+L】，调出“色阶”对话框，在弹出的对话框中进行如图所示的设置。

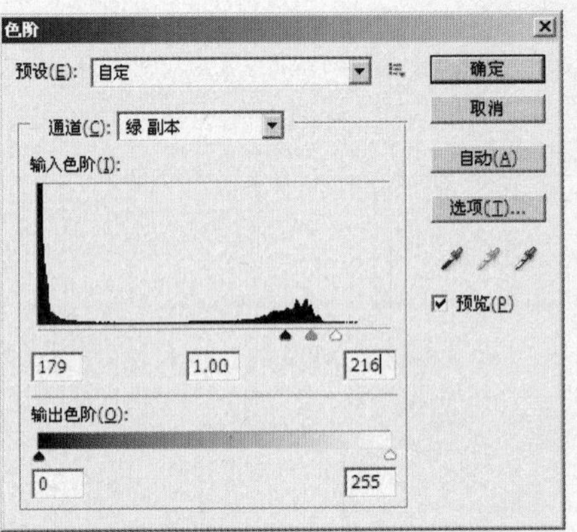

13 设置完“色阶”对话框后，单击【确定】按钮，可以看到图像调整后的效果如图所示。

14 按住【Ctrl】键，在“绿 副本”通道的缩览图上方单击，载入选区，如图所示。

15 回到图层面板，复制“图层1”图层，得到“图层1 副本”图层，如图所示。

16 按快捷键【Ctrl+M】，调出“曲线”对话框，在弹出的对话框中进行如图所示的设置。

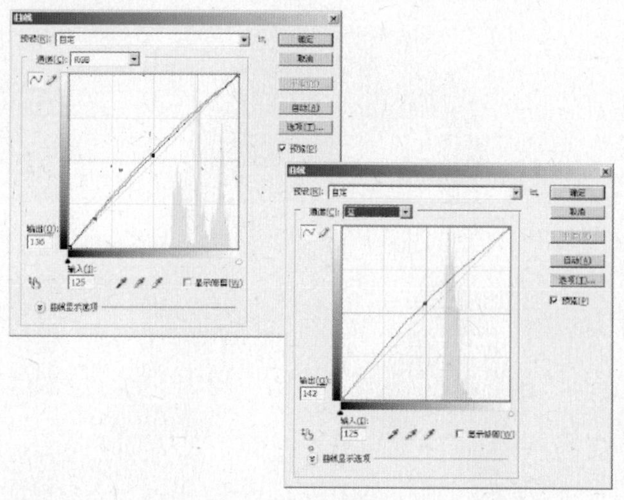

17 设置完后单击【确定】按钮，按快捷键【Ctrl+D】，取消选区。可以看到图像调整后的效果如图所示。

18 单击“创建新的填充或调整图层”按钮，在弹出的菜单中选择“曲线”命令，设置弹出的对话框如图所示。

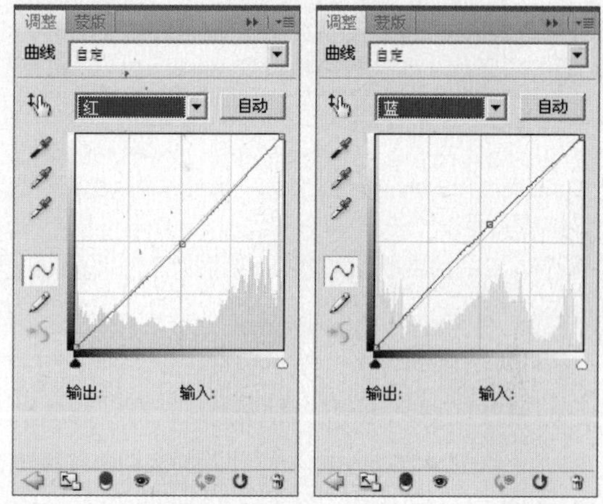

19 设置完“曲线”命令后，得到“曲线2”图层，可以看到图像调整后的效果如图所示。

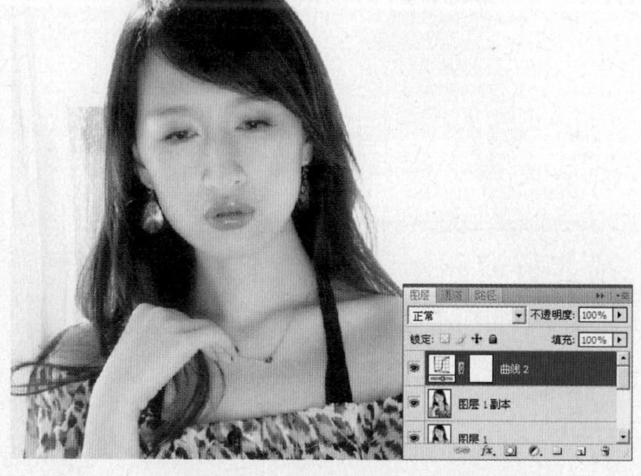

20 单击“创建新的填充或调整图层”按钮，在弹出的菜单中选择“亮度/对比度”命令，设置弹出的“亮度/对比度”命令对话框后，得到“亮度/对比度1”图层，如图所示。

21 单击“亮度/对比度”的图层蒙版缩览图，设置前景色为黑色，使用“画笔工具”设置适当的画笔大小和透明度后，在除皮肤的位置涂抹，其蒙版状态和图层面板如图所示。

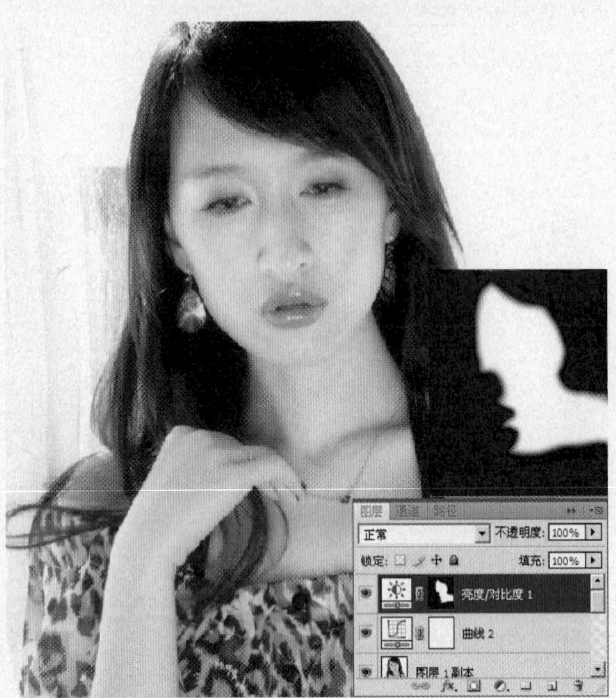

22 单击“创建新的填充或调整图层”按钮，在弹出的菜单中选择“曲线”命令，设置弹出的对话框如图所示。

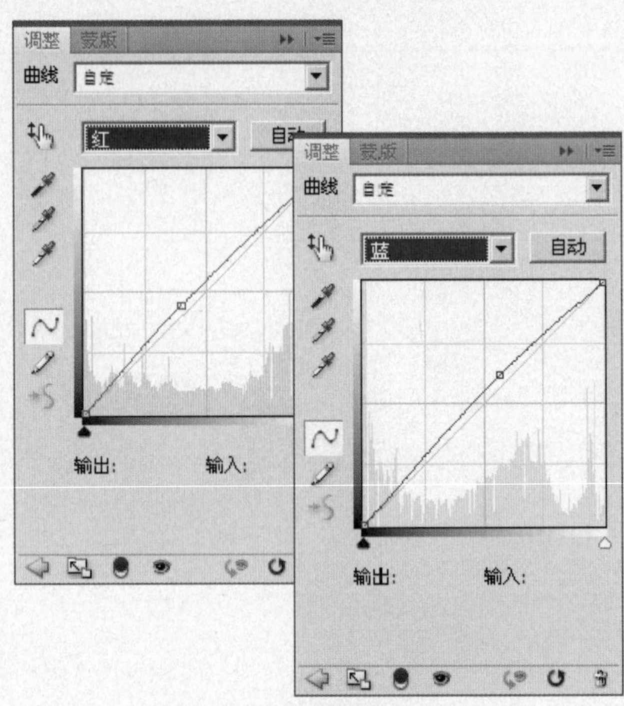

23 设置完“曲线”命令后，得到“曲线3”图层，可以看到图像调整后的效果如图所示。

24 经过以上步骤的调整，得到了这张照片的最终效果图，如图所示。

4.7

PART 4
完美无瑕的美丽面容

难易度

利用通道磨皮去斑

使用Photoshop为人物照片磨皮。利用通道的特性和"高反差保留"滤镜所呈现的效果，为人物精细地磨皮，使在不丢失大部分细节的同时，让人物的皮肤更具有光泽，并去除人物脸上的斑点。

1 执行"文件"→"打开"命令，在弹出的"打开"对话框中选择随书光盘中的"素材 1"文件，此时的图像效果和图层调板如图所示。

2 拖动"背景"图层到图层面板底部的"创建新图层"按钮，对图层进行复制操作，得到"背景 副本"图层，如图所示。

3 打开通道面板，拖动“蓝”通道到通道面板底部的“创建新通道”按钮，对通道进行复制操作，得到“蓝 副本”通道，如图所示。

4 执行菜单栏中的“滤镜”→“其他”→“高反差保留”命令，设置弹出的对话框中的参数如图所示后，单击【确定】按钮，设置后的效果如图所示。

5 使用工具条中的“吸管工具”，在图像中灰色的地方洗一下，选择“画笔工具”设置适当的画笔大小，在眉毛、眼睛、鼻子、嘴巴的位置进行涂抹，如图所示。

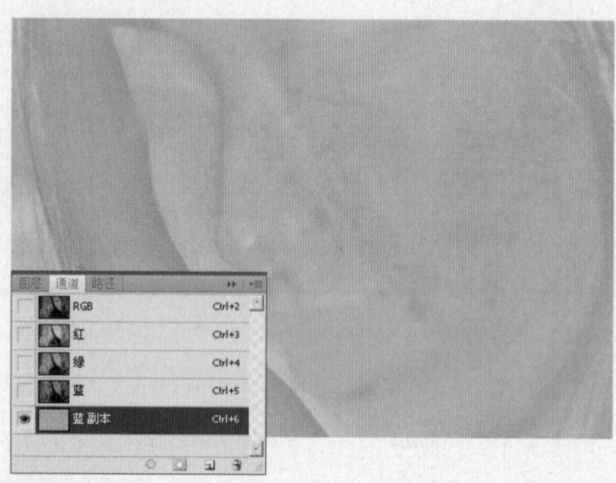

6 执行菜单栏中的“图像”→“计算”命令，设置弹出的对话框中的参数如图所示。

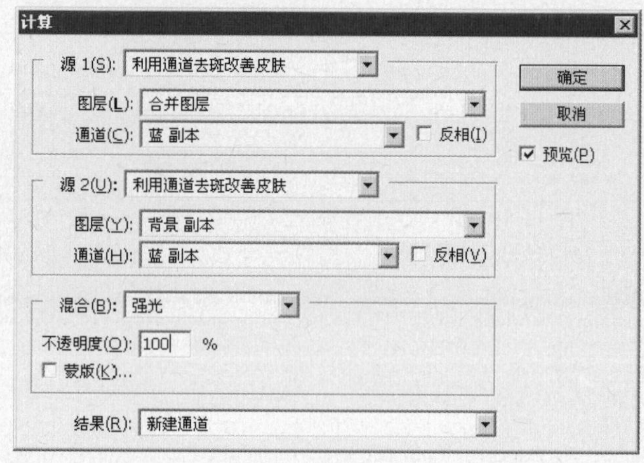

7 设置完对话框后，单击【确定】按钮，生成“Alpha 1”通道层，如图所示。

8 按住【Ctrl】键，在Alpha 1”通道的缩览图上方单击，载入选区，按快捷键【Ctrl+Shift+I】，执行“反选选区”命令，得到如图所示的状态。

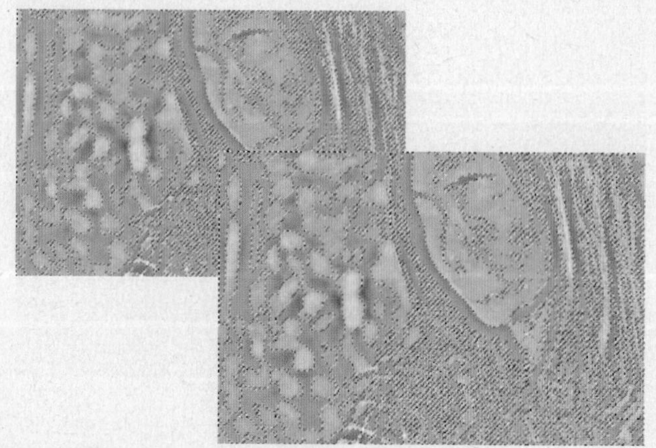

9 回到图层面板，按快捷键【Ctrl+M】，调出“曲线”对话框，在弹出的对话框中进行如图所示的设置。

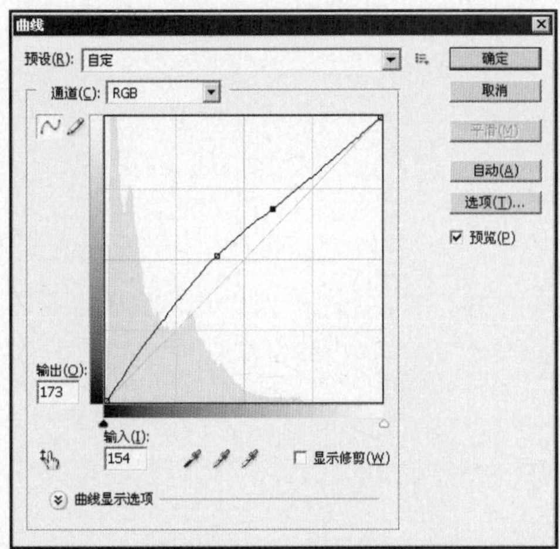

10 设置完后单击【确定】按钮，按快捷键【Ctrl+D】，取消选区。可以看到“背景 副本”图层调整后的效果如图所示。

11 重复第8步的操作，再次载入选区，按快捷键【Ctrl+M】，调出“曲线”对话框，在弹出的对话框中进行如图所示的设置。

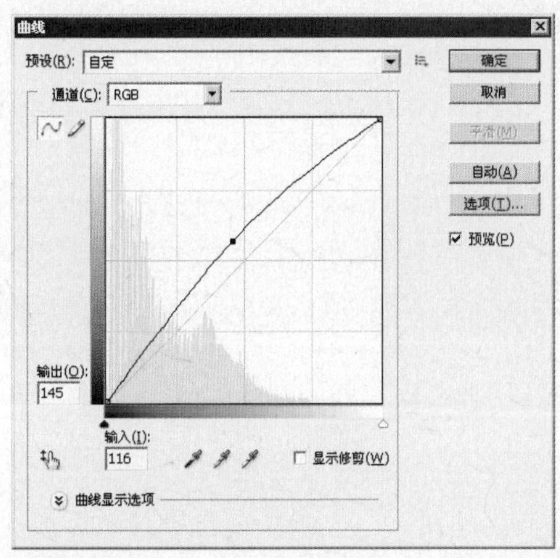

12 设置完后单击【确定】按钮，按快捷键【Ctrl+D】，取消选区。可以看到“背景 副本”图层调整后的效果如图所示。

13 单击“创建新的填充或调整图层”按钮，在弹出的菜单中选择“曲线”命令，设置弹出的对话框如图所示。

14 设置完“曲线”命令后，得到“曲线1”图层，可以看到图像调整后的效果如图所示。

15 单击“创建新的填充或调整图层”按钮，在弹出的菜单中选择“亮度/对比度”命令，设置完“亮度/对比度”命令后，得到“亮度/对比度1”图层，如图所示。

16 按快捷键【Ctrl+Alt+Shift+E】，执行“盖印图层”命令，得到“图层1”图层，如图所示。

17 执行菜单栏中的“滤镜”→“锐化”→“锐化”命令，得到图像的最终效果，如图所示。

4.8 PART 4 完美无瑕的美丽面容

难易度

美女烟熏妆

使用Photoshop为人物照片化妆。使用滤镜中的“添加杂色”命令，可以为美女添加星光盈盈的唇彩效果，利用图层的混合模式中的“柔光”，为美女上绚丽的烟熏妆。

1 执行“文件”→“打开”命令，在弹出的“打开”对话框中选择随书光盘中的“素材 1”文件，此时的图像效果和图层调板如图所示。

2 单击“创建新的填充或调整图层”按钮，在弹出的菜单中选择“色阶”命令，设置弹出的“色阶”命令对话框后，得到“色阶1”图层，如图所示。

3 按快捷键【Ctrl+Alt+Shift+E】，执行“盖印图层”命令，得到“图层1”图层，运用本书通道磨皮的方法对人物进行磨皮处理，得到如图所示的效果。

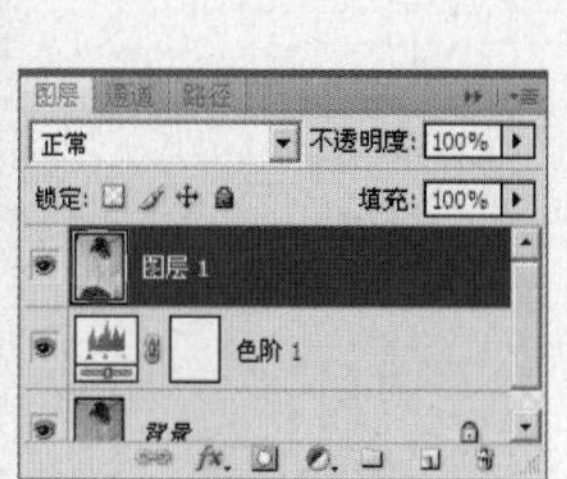

4 执行菜单栏中的“滤镜”→“锐化”→“USM锐化”命令，设置弹出的对话框中的参数后，单击【确定】按钮，设置后的效果如图所示。

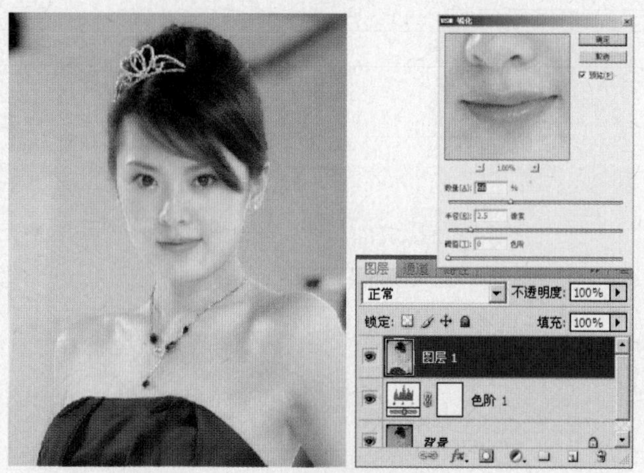

5 使用工具条中的“仿制图章工具”，按住【Alt】键在人物脸部有瑕疵的皮肤周围单击一下进行取样，然后在瑕疵上进行涂抹，将瑕疵修除，如图所示。

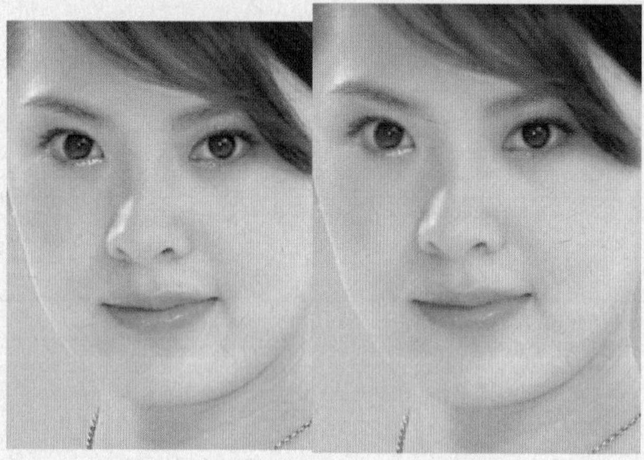

6 使用工具条中的“钢笔工具”，在工具选项条中单击“路径”按钮，绘制嘴巴的轮廓路径，存储为“路径1”，如图所示。

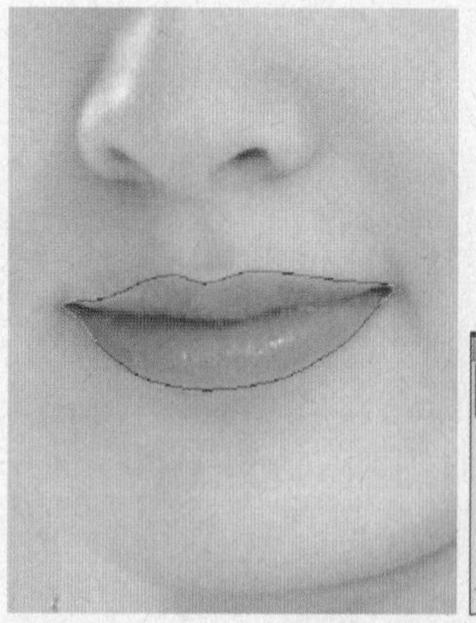

7 新建图层生成“图层2”图层，设置前景色为（R:132 G:132 B:132），按快捷键【Alt+Delete】对“图层2”图层进行填充，其效果如图所示。

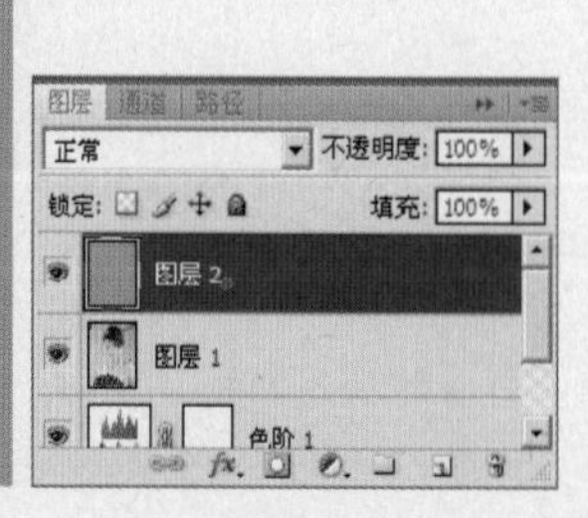

8 执行菜单栏中的“滤镜”→“杂色”→“添加杂色”命令，设置弹出的对话框中的参数后，单击【确定】按钮，设置后的效果如图所示。

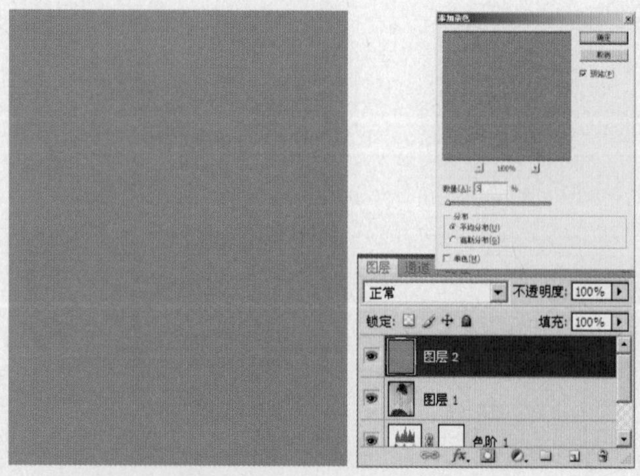

9 按快捷键【Ctrl+L】，调出“色阶”对话框，对对话框进行设置后，单击【确定】按钮，得到如图所示的效果。

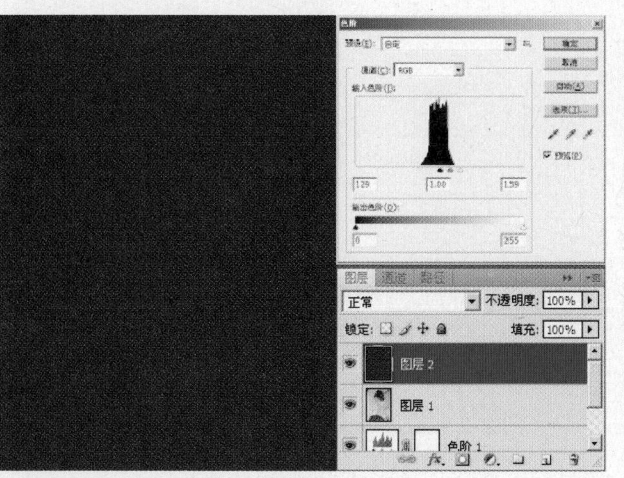

10 按【Ctrl+Shift+U】快捷键，执行“去色”命令，得到如图所示的效果。

11 打开路径面板，调出“路径1”，按【Ctrl+Enter】快捷键，将路径转换为选区，如图所示。

12 回到图层面板，单击“添加图层蒙版”按钮，为“图层2”添加图层蒙版，得到如图所示的效果。

13 在图层面板的顶部，设置图层的混合模式为“线性减淡”，设置图层的不透明度为“85%”，得到如图所示的效果。

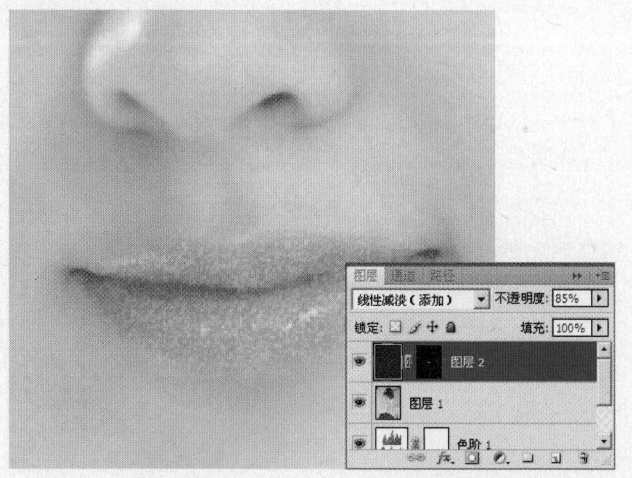

14 单击“创建新的填充或调整图层”按钮，在弹出的菜单中选择“曲线”命令，设置弹出的对话框如图所示。

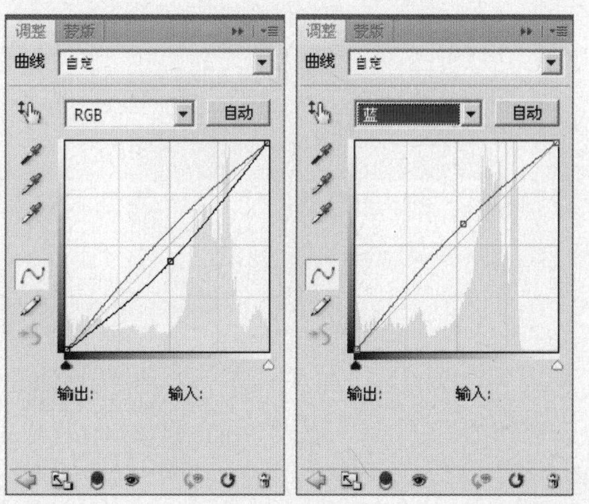

15 设置完“曲线”命令后，得到“曲线1”图层，可以看到“图层2”图层调整后的效果如图所示。

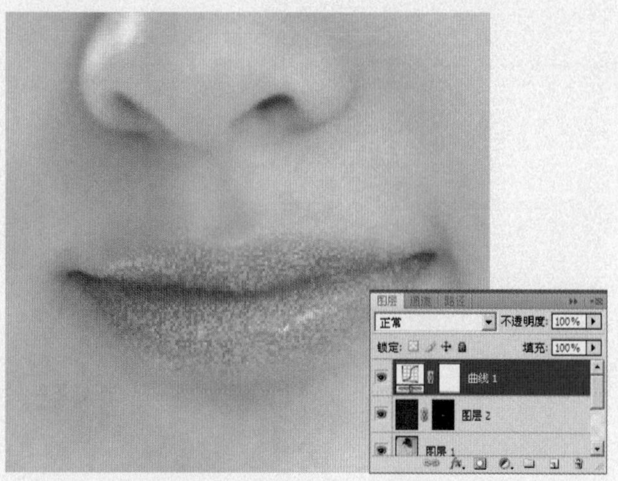

16 按住【Alt】键，单击“图层2”的图层蒙版缩览图，向“曲线1”的图层蒙版缩览图上拖动，为“曲线1”添加蒙版，效果如图所示。

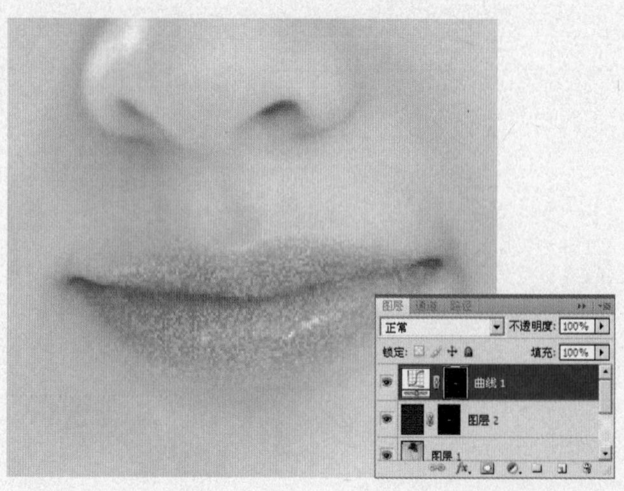

17 单击“创建新的填充或调整图层”按钮，在弹出的菜单中选择“色彩平衡”命令，设置弹出的“色彩平衡”命令对话框后，得到“色彩平衡1”图层，如图所示。

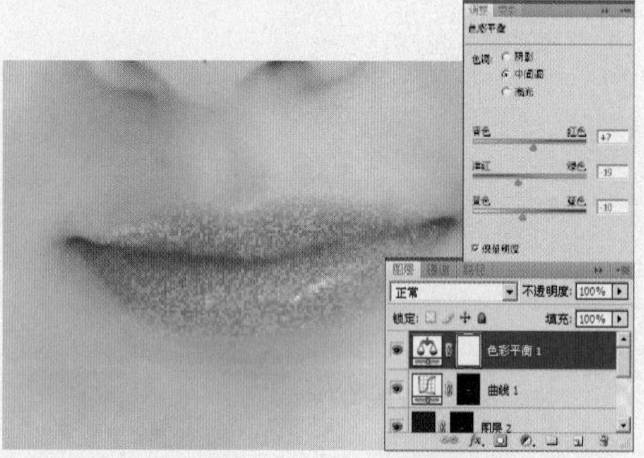

18 按住【Alt】键单击“图层2”的图层蒙版缩览图，向“色彩平衡1”的图层蒙版缩览图上拖动，为“色彩平衡1”添加蒙版，效果如图所示。

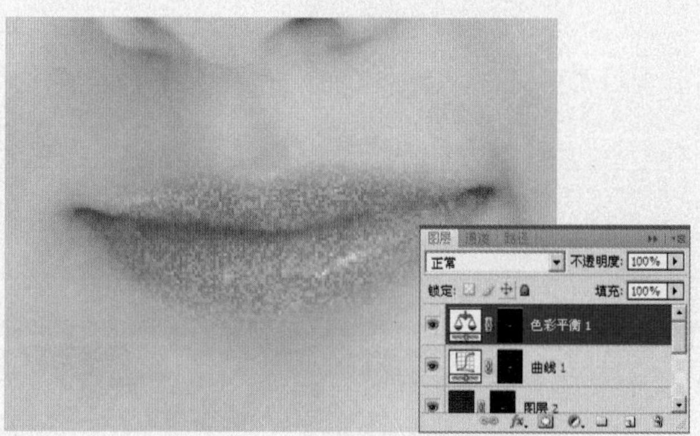

19 新建图层，生成“图层3”图层，使用工具条中的“钢笔工具”，在工具选项条中单击“路径”按钮，绘制眼睛的轮廓路径，如图所示。

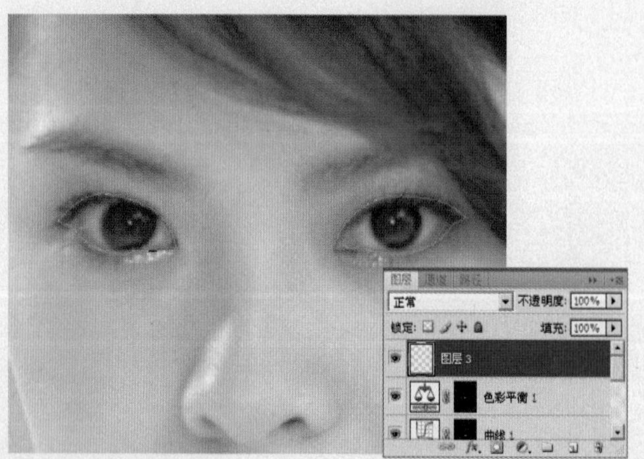

20 按【Ctrl+Enter】快捷键，将路径转换为选区，按【Shift+F6】快捷键，羽化选区，设置弹出的对话框后，单击【确定】按钮，得到如图所示的状态。

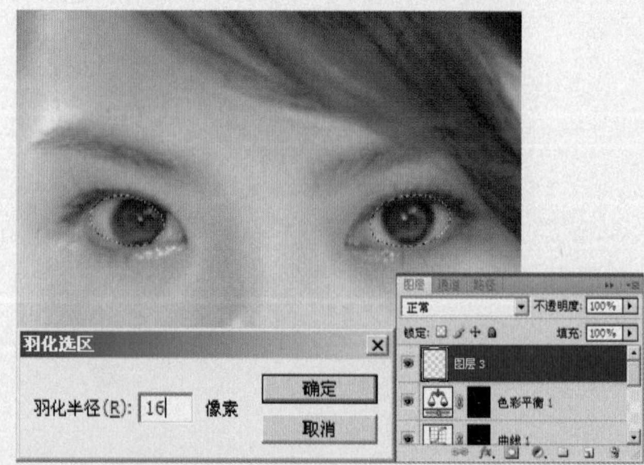

21 设置前景色为（R:0 G:143 B:173），按快捷键【Alt+Delete】对选区进行填充，按快捷键【Ctrl+D】，取消选区，如图所示。

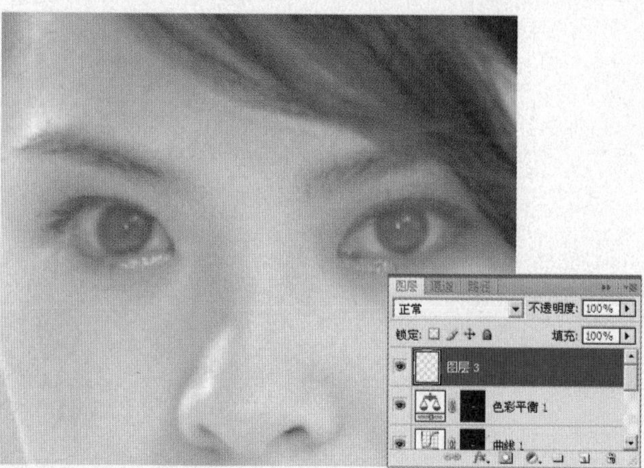

22 在图层面板的顶部，设置图层的混合模式为"颜色加深"，设置图层的不透明度为"50%"，得到如图所示的效果。

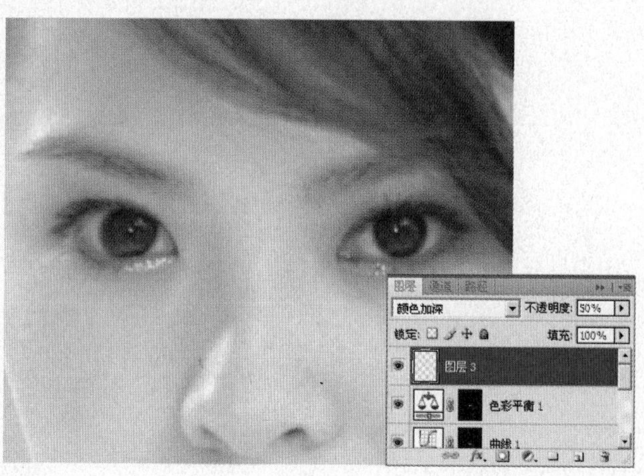

23 单击"添加图层蒙版"按钮，为"图层3"添加图层蒙版，设置前景色为黑色，使用"画笔工具"设置适当的画笔大小和透明度后，在眼睛的位置涂抹，其蒙版状态和图层面板如图所示。

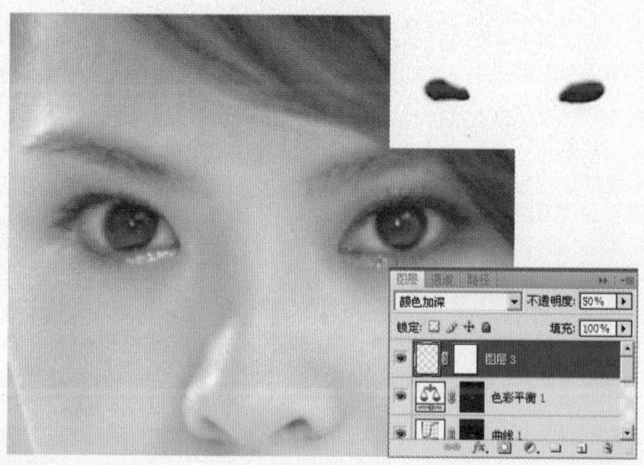

24 拖动"图层3"图层到图层面板底部的"创建新图层"按钮，对图层进行复制操作，得到"图层3 副本"图层，在图层面板的顶部，设置图层的混合模式为"正片叠底"，设置图层的不透明度为"40%"，如图所示。

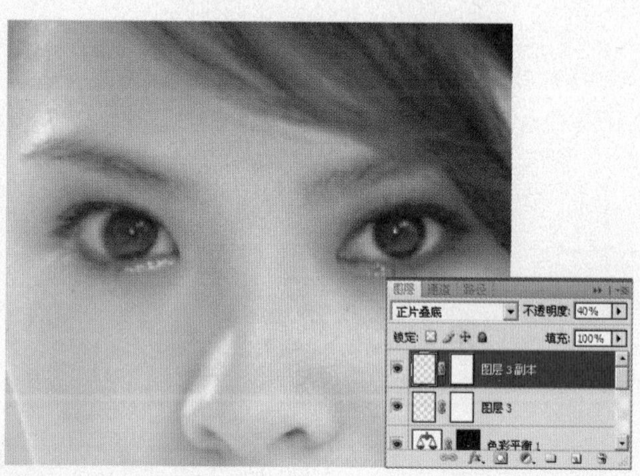

25 单击"创建新的填充或调整图层"按钮，在弹出的菜单中选择"色相/饱和度"命令，设置弹出的"色相/饱和度"命令对话框后，得到"色相/饱和度1"图层，按快捷键【Ctrl+Alt+G】执行"创建剪切蒙版"操作，如图所示。

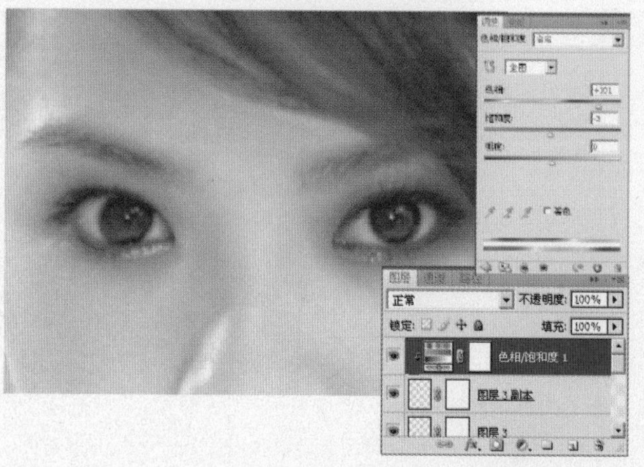

26 新建图层，生成"图层4"图层，使用工具条中的"钢笔工具"，在工具选项条中单击"路径"按钮，绘制眼睛的轮廓路径，如图所示。

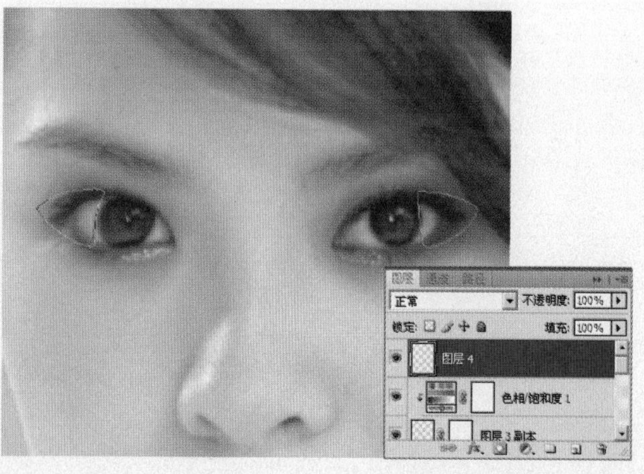

27 按【Ctrl+Enter】快捷键，将路径转换为选区，按【Shift+F6】快捷键，羽化选区，设置弹出的对话框后，单击【确定】按钮，得到如图所示的状态。

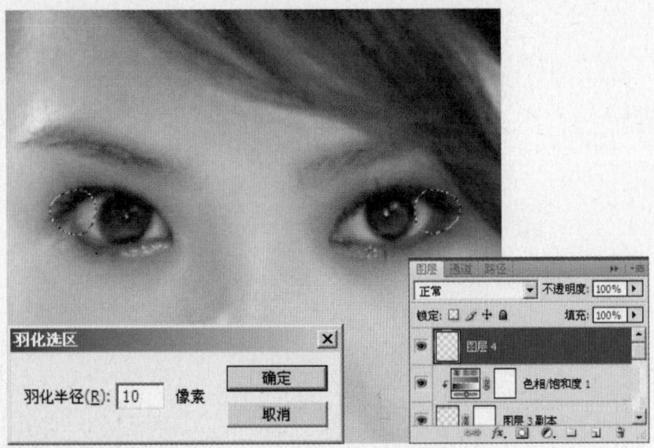

28 设置前景色为（R:0 G:143 B:173），按快捷键【Alt+Delete】对选区进行填充，按快捷键【Ctrl+D】取消选区，如图所示。

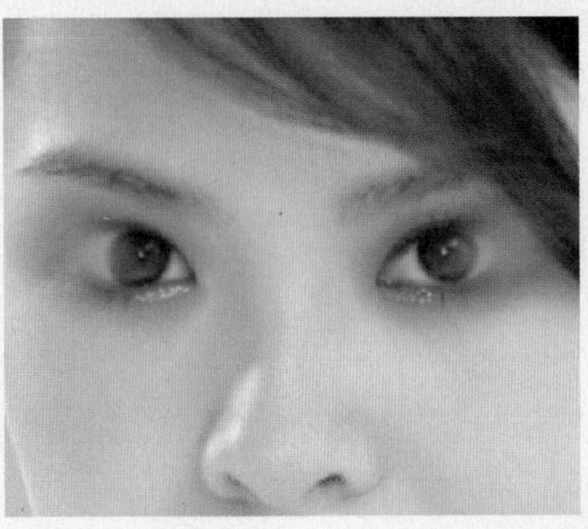

29 在图层面板的顶部，设置图层的混合模式为"颜色加深"，设置图层的不透明度为"50%"，得到如图所示的效果。

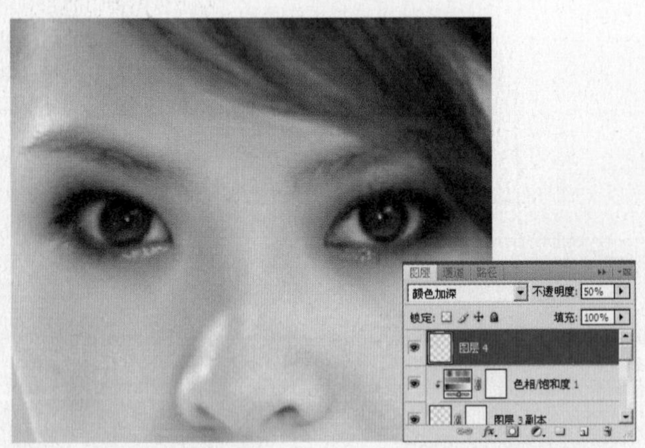

30 单击"添加图层蒙版"按钮，为"图层4"添加图层蒙版，设置前景色为黑色，使用"画笔工具"设置适当的画笔大小和透明度后，在眼白的位置涂抹，其蒙版状态和图层面板如图所示。

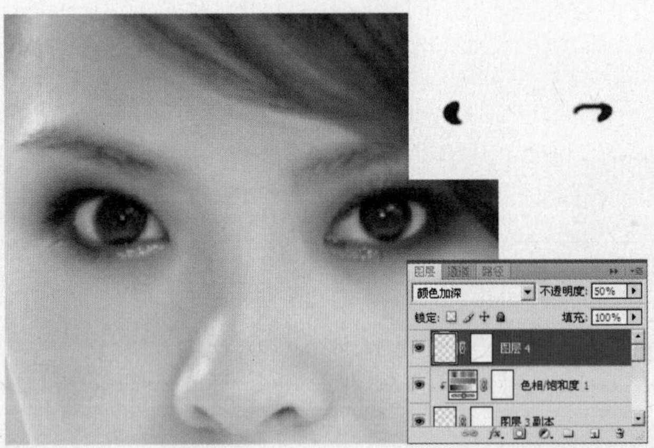

31 单击"创建新的填充或调整图层"按钮，在弹出的菜单中选择"色相/饱和度"命令，设置弹出的"色相/饱和度"命令对话框后，得到"色相/饱和度2"图层，按快捷键【Ctrl+Alt+G】执行"创建剪切蒙版"操作，如图所示。

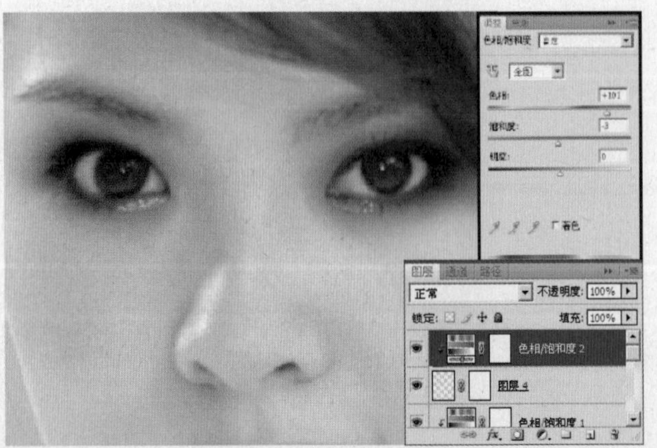

32 单击"创建新的填充或调整图层"按钮，在弹出的菜单中选择"色阶"命令，设置弹出的"色阶"命令对话框后，得到"色阶2"图层。经过以上步骤的操作，得到了这张照片的最终效果，如图所示。

4.9 PART 4 完美无瑕的美丽面容

难易度

为美女瘦脸

使用Photoshop为美女照片瘦脸。利用“滤镜”中的“液化”命令，为人物修改脸型，使偏大的脸型变得瘦长，使人物的脸型更加完美。

1 执行“文件”→“打开”命令，在弹出的“打开”对话框中选择随书光盘中的“素材 1”文件，此时的图像效果和图层调板如图所示。

2 拖动“背景”图层到图层面板底部的“创建新图层”按钮 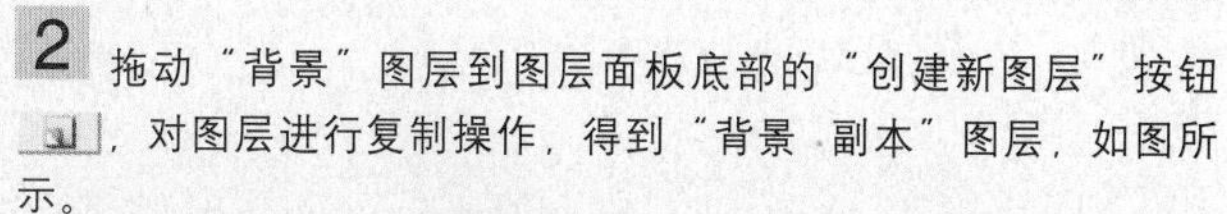，对图层进行复制操作，得到“背景 副本”图层，如图所示。

3 执行菜单栏中的“滤镜”→“液化”命令，设置弹出的对话框中的参数后，在人物的脸部边缘逐渐向里轻推鼠标，使脸部变瘦，调整完“液化”命令对话框后，单击【确定】按钮，得到如图所示的效果。

4 单击“创建新的填充或调整图层”按钮，在弹出的菜单中选择“曲线”命令，设置弹出的对话框如图所示。

5 设置完“曲线”命令后，得到“曲线1”图层，可以看到图像调整后的最终效果。

4.10 PART 4 完美无瑕的美丽面容

难易度

为时尚美女上色

利用图层的混合模式的特性，使用画笔工具，为时尚美女的黑白照片上合适的颜色，使黑白照片变为漂亮的彩色照片。

1 执行“文件”→“打开”命令，在弹出的“打开”对话框中选择随书光盘中的“素材 1”文件，此时的图像效果和图层调板如图所示。

2 单击“创建新的填充或调整图层”按钮，在弹出的菜单中选择“色阶”命令，设置弹出的“色阶”命令对话框后，得到“色阶1”图层，如图所示。

3 新建图层，生成“图层1”图层，设置图层的混合模式为“柔光”，设置前景色为（R:255 G:201 B:162），使用“画笔工具”设置适当的画笔大小和透明度后，在人物的皮肤部分涂抹，如图所示。

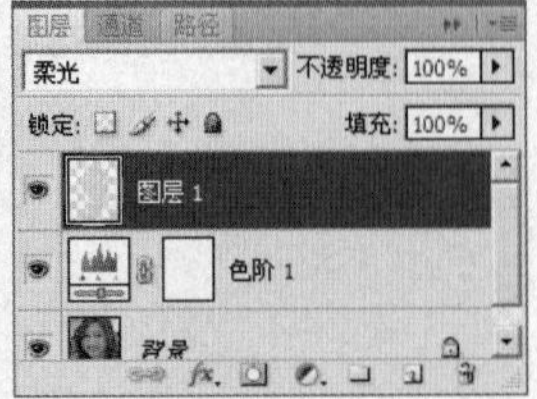

4 单击“创建新的填充或调整图层”按钮，在弹出的菜单中选择“色相/饱和度”命令，设置弹出的“色相/饱和度”命令对话框后，得到“色相/饱和度1”图层，如图所示。

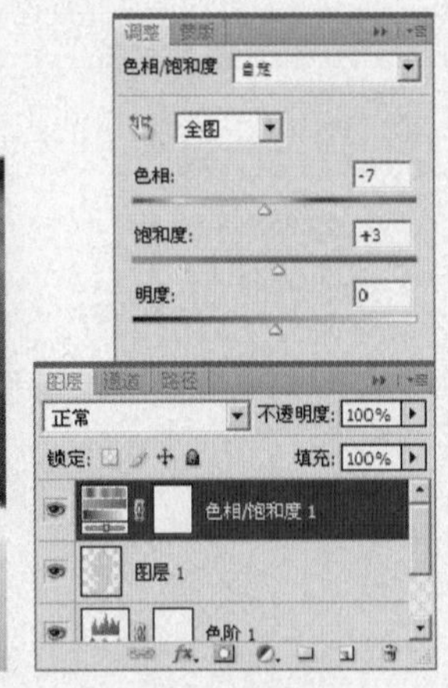

5 新建图层，生成“图层2”图层，设置图层的混合模式为“柔光”，设置前景色为（R:191 G:136 B:95），使用“画笔工具”设置适当的画笔大小和透明度后，在人物的头发部分涂抹，如图所示。

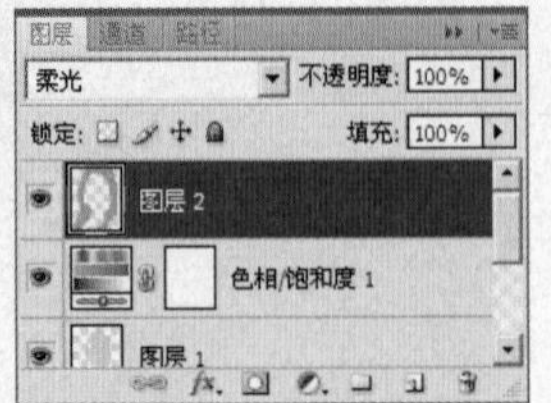

6 新建图层，生成“图层3”图层，设置图层的混合模式为“柔光”，设置前景色为（R:255 G:16 B:93），使用“画笔工具”设置适当的画笔大小和透明度后，在人物的嘴唇部分涂抹，如图所示。

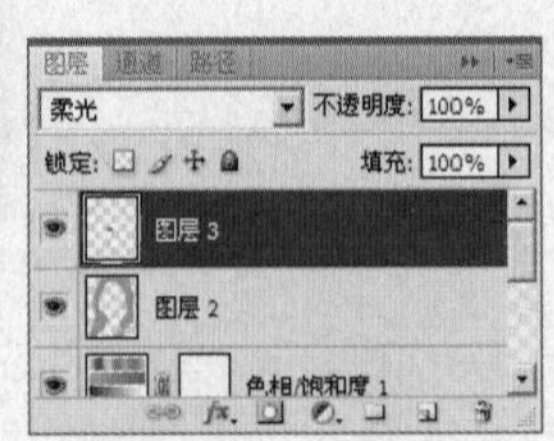

7 在图层面板的顶部，设置图层的不透明度为“50%”，得到如图所示的效果。

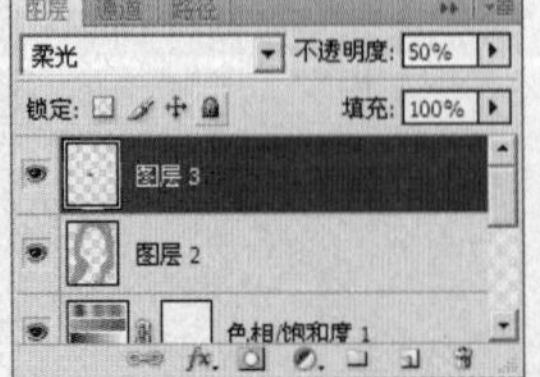

8 新建图层，生成“图层4”图层，设置图层的混合模式为“柔光”，设置前景色为白色，使用“画笔工具”设置适当的画笔大小和透明度后，在人物的眼白部分涂抹，如图所示。

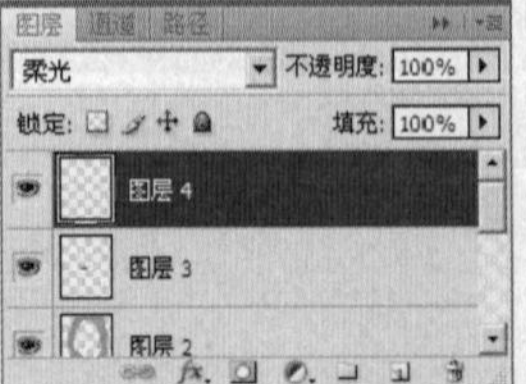

9 新建图层，生成“图层5”图层。设置图层的混合模式为“柔光”，设置前景色为（R:168 G:81 B:236），使用“画笔工具”，设置适当的画笔大小和透明度后，在人物的眼睛部分涂抹，如图所示。

10 在图层面板的顶部，设置图层的不透明度为“50%”，得到如图所示的效果。

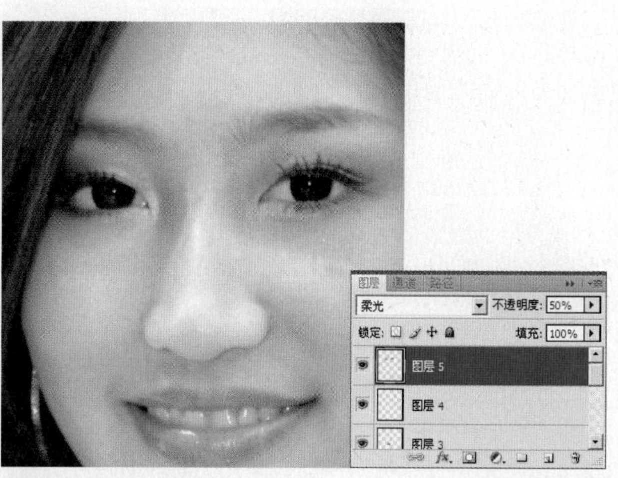

11 单击“添加图层蒙版”按钮，为“图层5”添加图层蒙版。设置前景色为黑色，使用“画笔工具”设置适当的画笔大小和透明度后，在不需要加眼影的地方涂抹。其蒙版状态和图层面板如图所示。

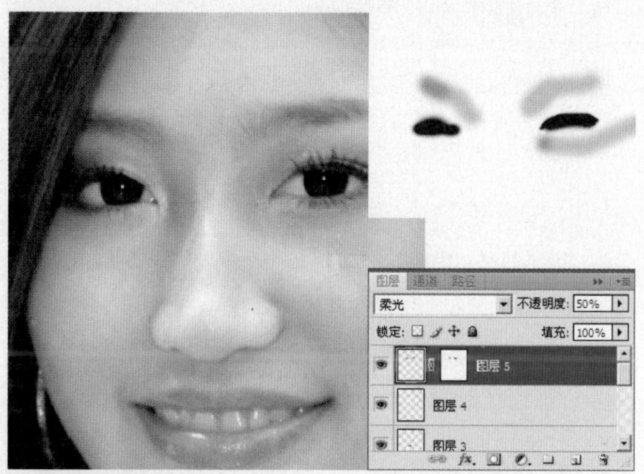

12 新建图层，生成“图层6”图层，设置图层的混合模式为“柔光”，设置前景色为（R:168 G:81 B:236），使用“画笔工具”，设置适当的画笔大小和透明度后，在双眼皮的位置涂抹，如图所示。

13 在图层面板的顶部，设置图层的不透明度为“70%”，得到如图所示的效果。

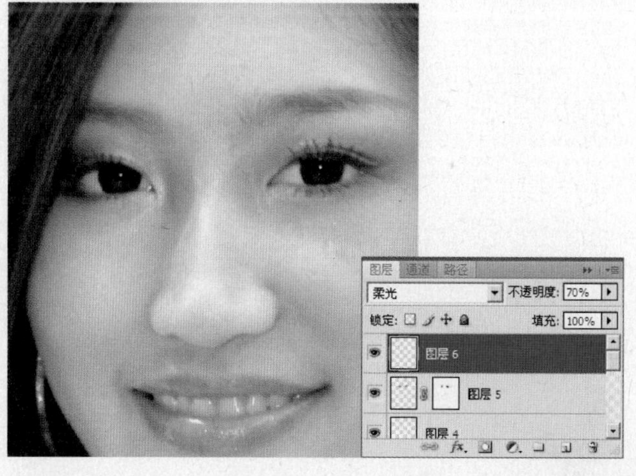

14 按快捷键【Ctrl+Alt+Shift+E】，执行“盖印图层”命令，得到“图层7”图层。运用本书通道磨皮的方法对人物进行磨皮处理，得到如图所示的效果。

15 执行菜单栏中的"滤镜"→"锐化"→"USM锐化"命令，设置弹出的对话框中的参数后，单击【确定】按钮，设置后的效果如图所示。

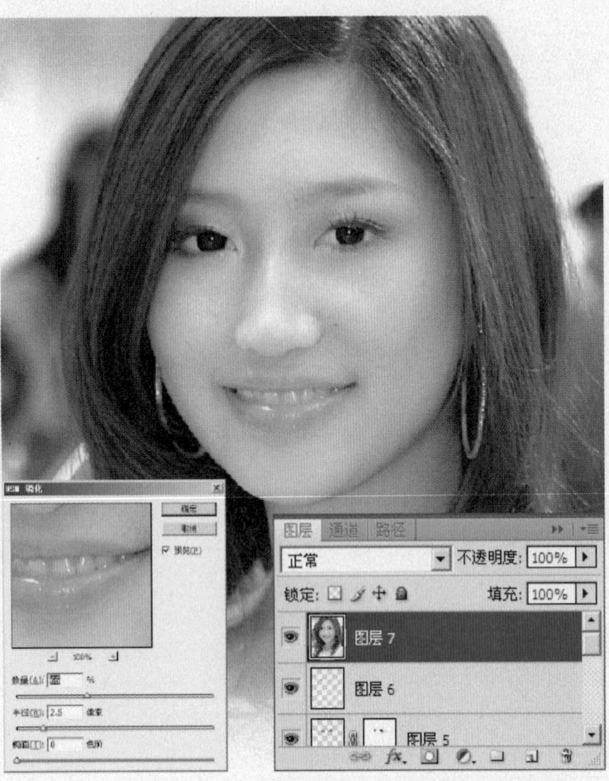

16 新建图层，生成"图层8"图层，设置图层的混合模式为"柔光"，设置前景色为（R:107 G:255 B:243），使用"画笔工具"，设置适当的画笔大小和透明度后，在背景位置涂抹，如图所示。

17 单击"创建新的填充或调整图层"按钮，在弹出的菜单中选择"色阶"命令，设置弹出的"色阶"命令对话框，设置完后，得到"色阶2"图层，可以看到图像调整后的效果如图所示。

4.11 PART 4 完美无瑕的美丽面容

难易度

调出美女暗调质感肤色

使用图像中的“应用图像”命令，通过图层混合模式的设置，使人物的肤色变暗，再通过曲线等的调整使人物产生暗调质感的肤色。

1 执行“文件”→“打开”命令，在弹出的“打开”对话框中选择随书光盘中的“素材 1”文件，此时的图像效果和图层调板如图所示。

2 复制“背景”图层，得到“背景 副本”图层，执行菜单栏中的“图像”→“调整”→“阴影/高光”命令，设置弹出的对话框中的参数如图所示。

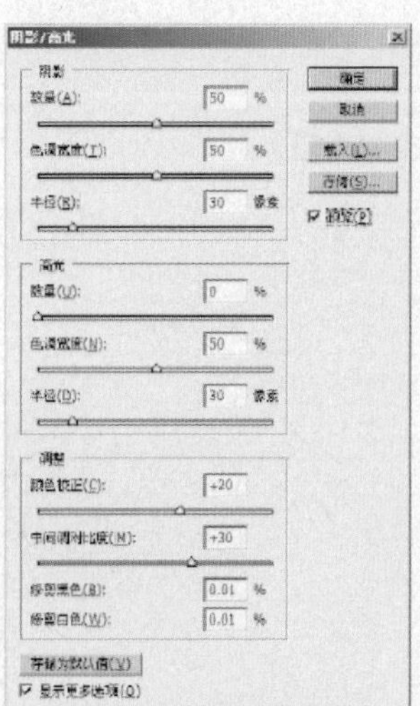

3 设置完对话框后，单击【确定】按钮，可以看到图像调整后的效果如图所示。

4 按快捷键【Ctrl+Alt+Shift+E】，执行“盖印图层”命令，得到“图层1”图层，运用本书通道磨皮的方法对人物进行磨皮处理，得到如图所示的效果。

5 执行菜单栏中的“滤镜”→“锐化”→“USM锐化”命令，设置弹出的对话框中的参数如图所示后，单击【确定】按钮，设置后的效果如图所示。

6 使用工具条中的“仿制图章工具”，按住【Alt】键在人物脸部有瑕疵的皮肤周围单击一下进行取样，然后在瑕疵上进行涂抹，将瑕疵修除，如图所示。

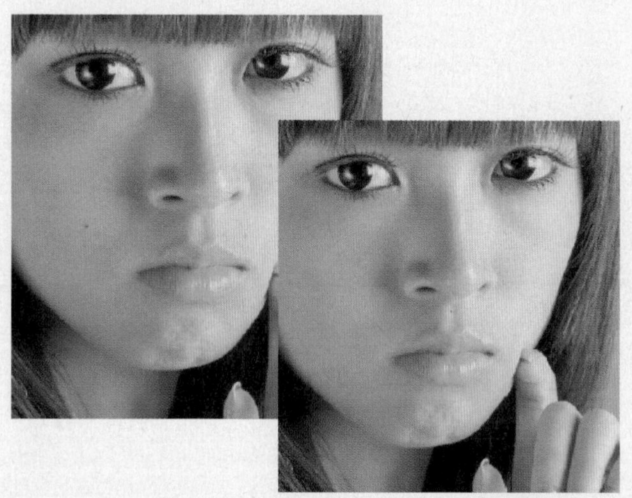

7 按快捷键【Ctrl+Alt+Shift+E】，执行“盖印图层”命令，得到“图层1”图层，如图所示。

8 执行菜单栏中的“滤镜”→“其他”→“高反差保留”命令，设置弹出的对话框中的参数如图所示后，单击【确定】按钮，设置后的效果如图所示。

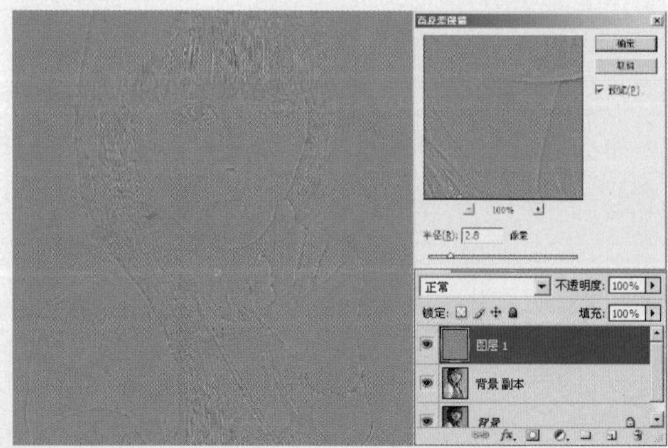

9 在图层面板的顶部，设置图层的混合模式为“叠加”，得到如图所示的效果。

10 单击“添加图层蒙版”按钮，为“图层1”添加图层蒙版，设置前景色为黑色，使用“画笔工具”设置适当的画笔大小和透明度后，在皮肤的部分涂抹，其蒙版状态和图层面板如图所示。

11 按快捷键【Ctrl+Alt+Shift+E】，执行“盖印图层”命令，得到“图层2”图层，如图所示。

12 按快捷键【Ctrl+Alt+Shift+E】，执行“盖印图层”命令，得到“图层3”图层，执行菜单栏中的“图像”→“应用图像”命令，设置弹出的对话框中的参数如图所示。

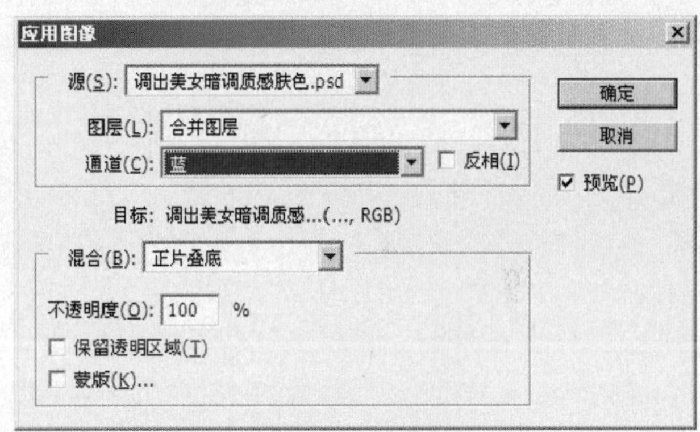

13 设置完对话框后，单击【确定】按钮，可以看到图像调整后的效果如图所示。

14 执行菜单栏中的“图像”→“调整”→“阴影/高光”命令，设置弹出的对话框中的参数如图所示。

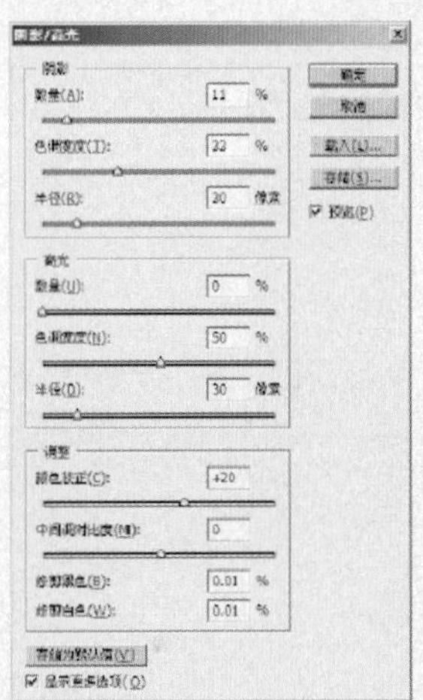

15 设置完对话框后，单击【确定】按钮，可以看到图像调整完后的效果如图所示。

16 按快捷键【Ctrl+Alt+Shift+E】，执行“盖印图层”命令，得到“图层4”图层。把随书光盘中的“素材2”文件安装在PhotoShop安装文件夹中的滤镜(Plug-Ins)目录中，从菜单栏打开新安装的滤镜面板，进行如图所示的设置。

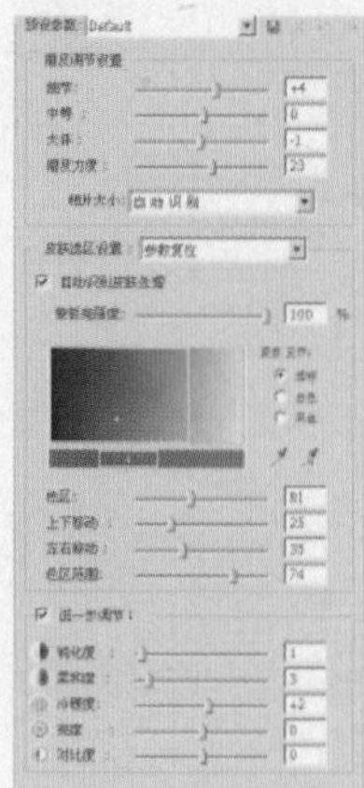

17 设置完对话框后，单击【确定】按钮，可以看到图像调整后的效果如图所示。

18 按快捷键【Ctrl+Alt+Shift+E】，执行“盖印图层”命令，得到“图层5”图层，如图所示。

19 打开通道面板，选择图像比较清晰的“蓝”通道图层，如图所示。

20 设置前景色为黑色，按快捷键【Alt+Delete】对“蓝”通道层进行填充，如图所示。

21 回到图层面板，可以看到“图层5”图层调整后的效果如图所示。

22 在图层面板的顶部，设置图层的不透明度为“8%”，得到如图所示的效果。

23 按快捷键【Ctrl+Alt+Shift+E】，执行“盖印图层”命令，得到“图层6”图层，如图所示。

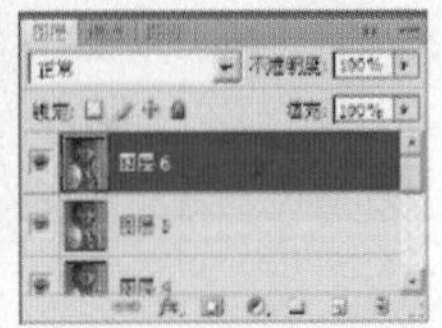

24 打开通道面板，选择“蓝”通道，对其进行复制操作，得到“蓝 副本”通道，如图所示。

25 按快捷键【Ctrl+M】，调出“曲线”对话框，在弹出的对话框中进行如图所示的设置。

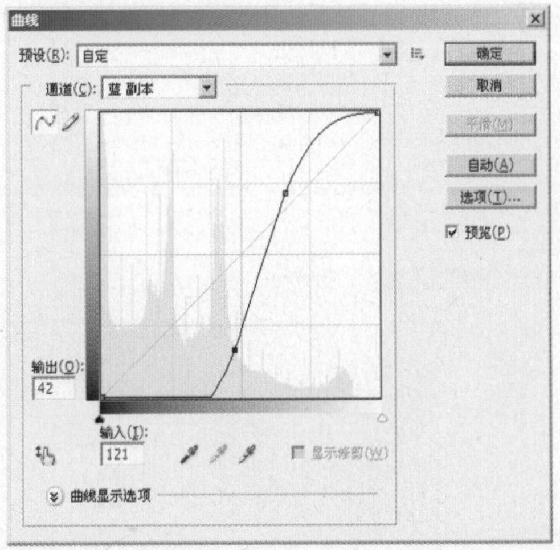

26 设置完后单击【确定】按钮，可以看到图像调整后的效果如图所示。

27 使用“画笔工具”，设置前景色为黑色，在衣服的位置涂抹，按住【Ctrl】键，在“蓝 副本”通道的缩览图上方单击，载入选区，得到如图所示的状态。

28 回到图层面板，可以看到选区在“图层6”图层上的状态如图所示。

29 按快捷键【Ctrl+M】，调出“曲线”对话框，在弹出的对话框中进行如图所示的设置。

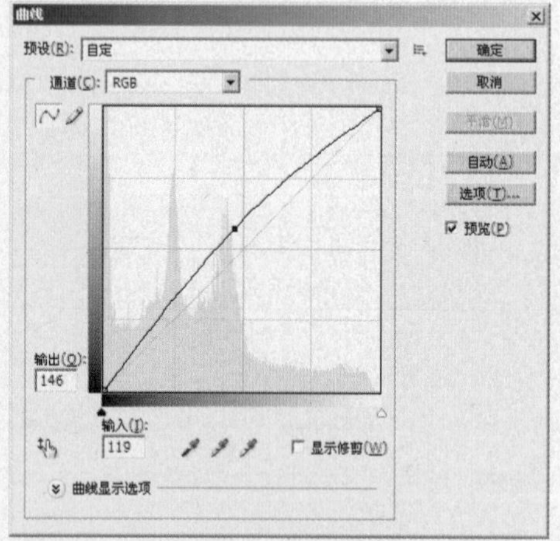

30 设置完后单击【确定】按钮，按快捷键【Ctrl+D】，取消选区。可以看到图像调整后的效果如图所示。

31 单击“添加图层蒙版”按钮，为“图层 2”添加图层蒙版。设置前景色为黑色，使用“画笔工具”设置适当的画笔大小和透明度后，在手和脸的位置涂抹，其蒙版状态和图层面板如图所示。

32 单击“创建新的填充或调整图层”按钮，在弹出的菜单中选择“色阶”命令，设置弹出的“色阶”命令对话框。设置完“色阶”命令后，得到“色阶1”图层，可以看到图像调整后的效果如图所示。

4.12 PART 4 完美无瑕的美丽面容

难易度

调出古装美女红润的肤色

使用调整图层的"曲线"图层，对人物照片进行调整，使照片提亮；使用调整图层的"色彩平衡"图层，对照片的色调进行调整，使美女照片呈现红润的肤色。

1 执行"文件"→"打开"命令，在弹出的"打开"对话框中选择随书光盘中的"素材 1"文件，此时的图像效果和图层调板如图所示。

2 单击"创建新的填充或调整图层"按钮，在弹出的菜单中选择"曲线"命令，设置弹出的对话框如图所示。

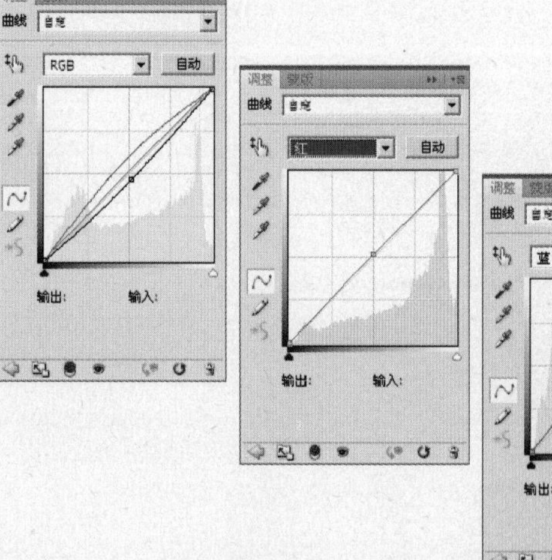

3 设置完“曲线”命令后，得到“曲线1”图层，可以看到图像调整后的效果如图所示。

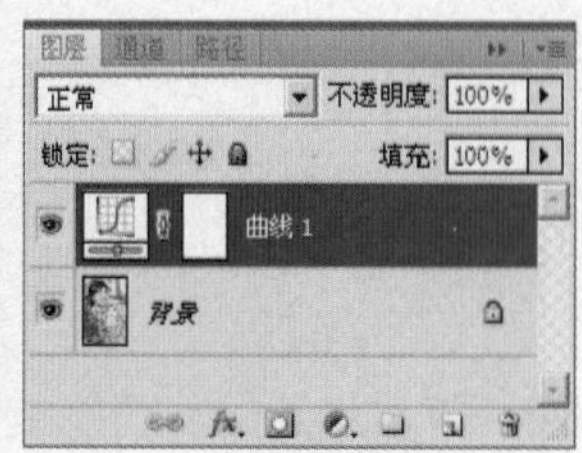

4 单击“创建新的填充或调整图层”按钮，在弹出的菜单中选择“通道混合器”命令，设置弹出的对话框如图所示。

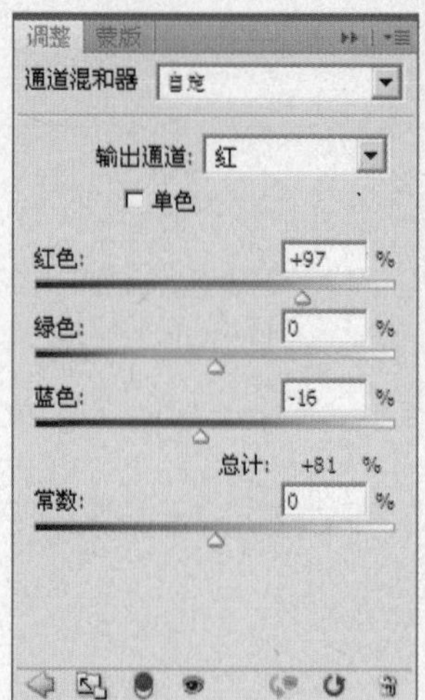

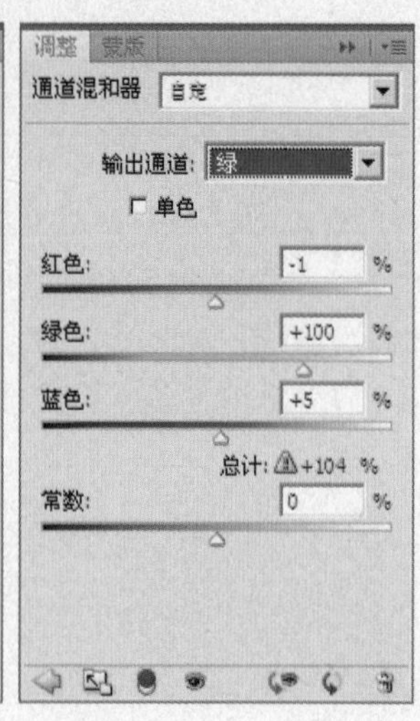

5 设置完“通道混合器”命令后，得到“通道混合器1”图层，可以看到图像调整后的效果如图所示。

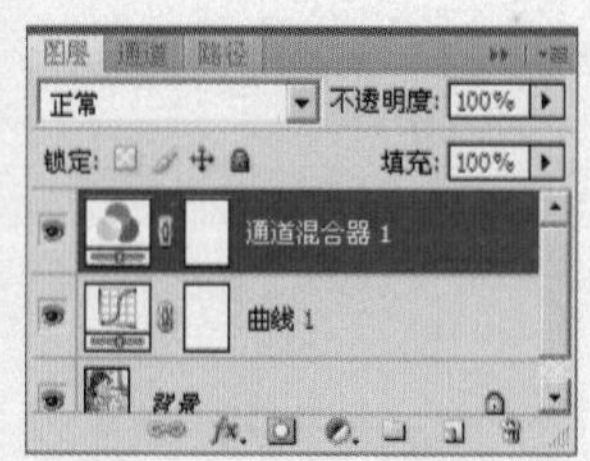

6 按快捷键【Ctrl+Alt+Shift+E】，执行“盖印图层”命令，得到“图层1”图层，如图所示。

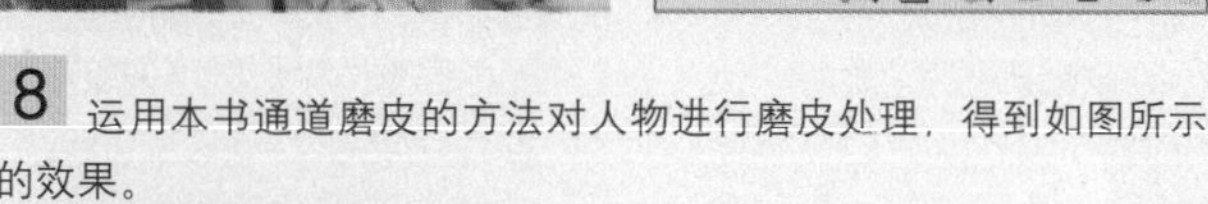

7 执行菜单栏中的“图像”→“自动对比度”命令，图像被自动调节，得到如图所示的效果。

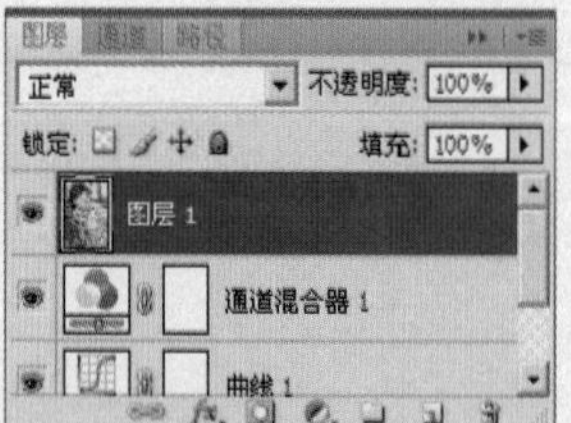

8 运用本书通道磨皮的方法对人物进行磨皮处理，得到如图所示的效果。

9 新建图层，生成“图层2”图层，按快捷键【Ctrl+Alt+2】，调出图像的高光选区，得到如图所示的状态。

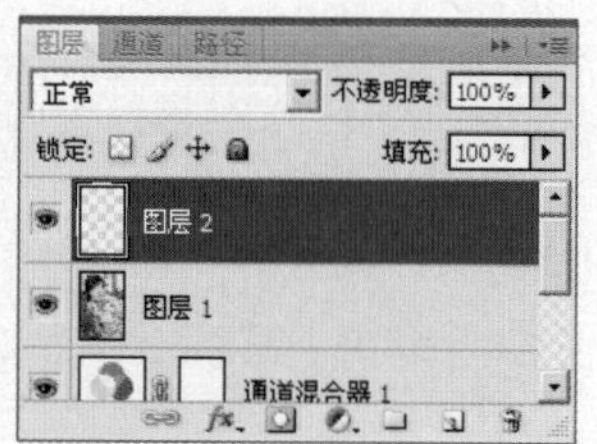

10 设置前景色为白色，按快捷键【Alt+Delete】对选区进行填充；按快捷键【Ctrl+D】取消选区。其效果如图所示。

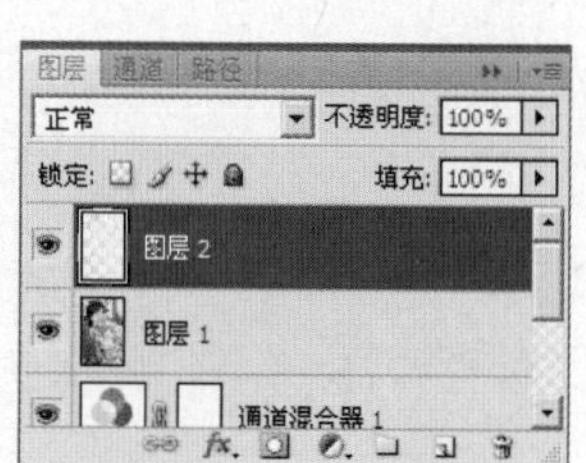

11 在图层面板的顶部，设置图层的混合模式为“柔光”，图层的不透明度为“31%”，得到如图所示的效果。

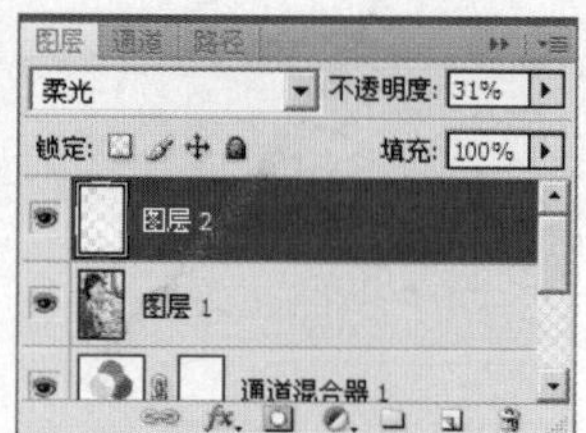

12 单击“创建新的填充或调整图层”按钮，在弹出的菜单中选择“亮度/对比度”命令，设置弹出的“亮度/对比度”命令对话框后，得到“亮度/对比度1”图层，如图所示。

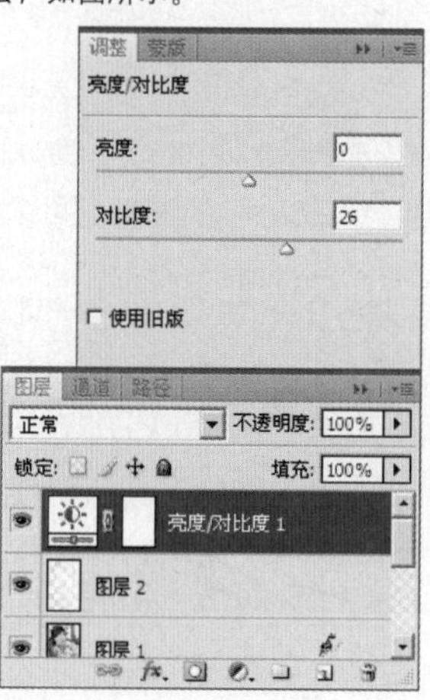

13 单击“创建新的填充或调整图层”按钮，在弹出的菜单中选择“色阶”命令，设置弹出的“色阶”对话框后，得到“色阶1”图层，如图所示。

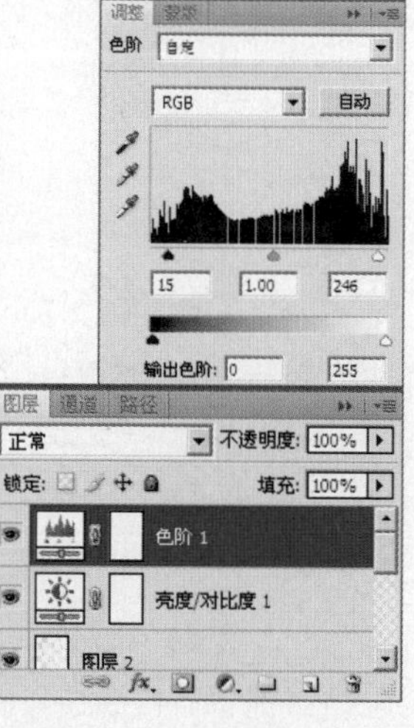

14 单击“色阶1”的图层蒙版缩览图，设置前景色为黑色，使用“画笔工具”设置适当的画笔大小和透明度后，在头发的位置涂抹，其蒙版状态和图层面板如图所示。

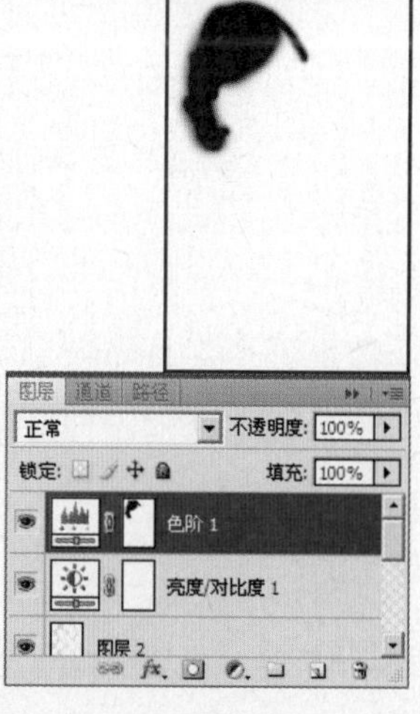

15 单击“创建新的填充或调整图层”按钮，在弹出的菜单中选择“色彩平衡”命令，设置弹出的对话框如图所示。

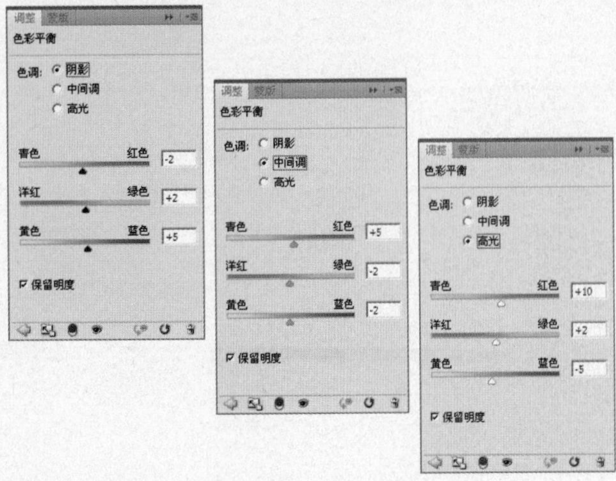

16 设置完“色彩平衡”命令后，得到“色彩平衡1”图层，可以看到图像调整后的效果如图所示。

17 单击“创建新的填充或调整图层”按钮，在弹出的菜单中选择“照片滤镜”命令，设置弹出的对话框如图所示。

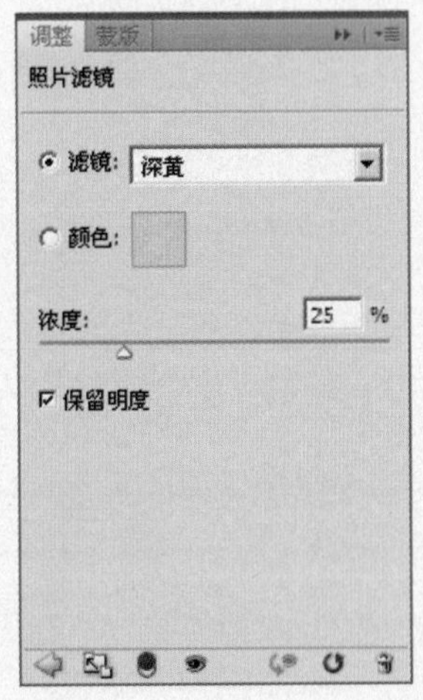

18 设置完“照片滤镜”命令后，得到“照片滤镜1”图层，可以看到图像调整后的效果如图所示。

19 单击“创建新的填充或调整图层”按钮，在弹出的菜单中选择“曲线”命令，设置弹出的对话框如图所示。

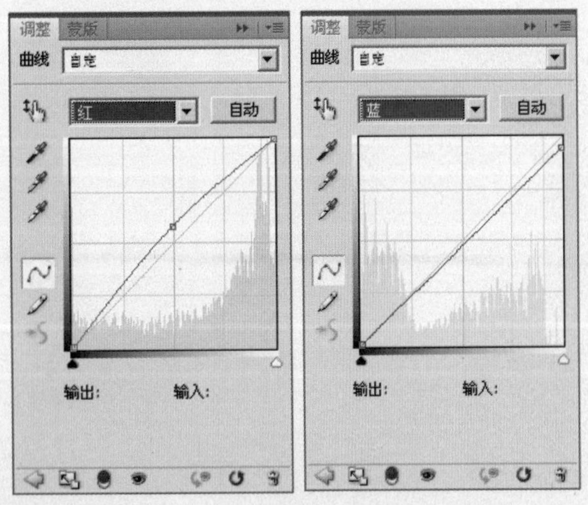

20 设置完“曲线”命令后，得到“曲线2”图层，可以看到图像调整后的最终效果。

PART 5

多姿多彩的高级调色

本章将具体讲解多姿多彩的高级调色知识，应用各种调色命令，对照片的色调进行调整，继而通过不同实例的讲解，让我们快速地了解Photoshop CS5软件的高级调色技法，同时也讲解了数码照片的一些处理技巧。通过本章的学习，我们将掌握如何为照片调出多姿多彩的高级色调。

5.1 PART 5 多姿多彩的高级调色 难易度

快速给生活照润色

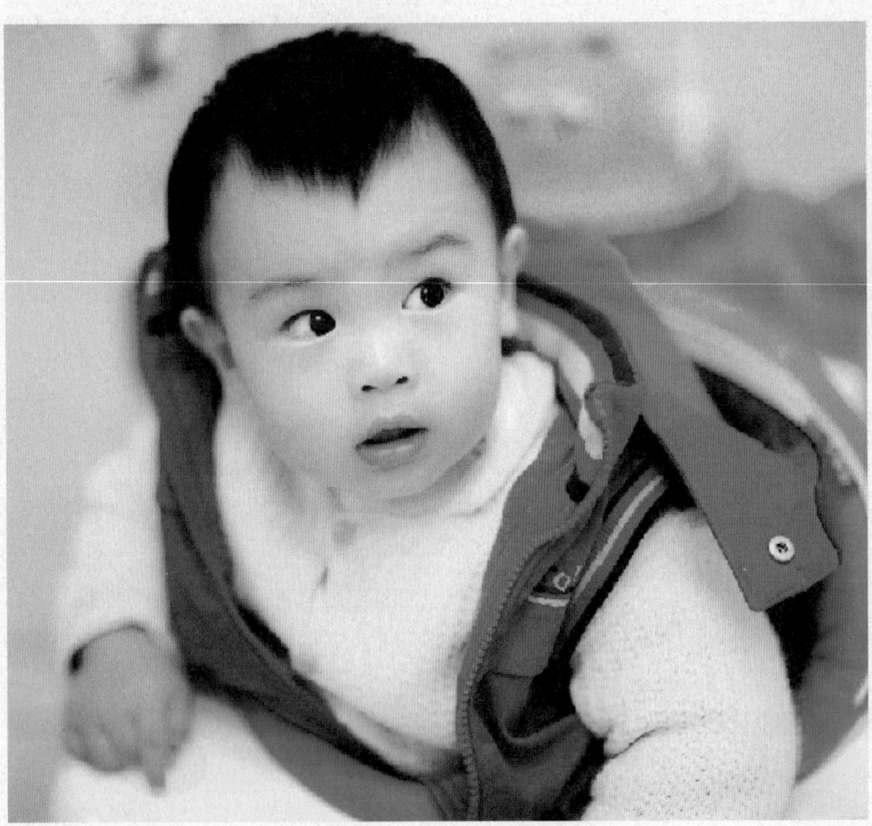

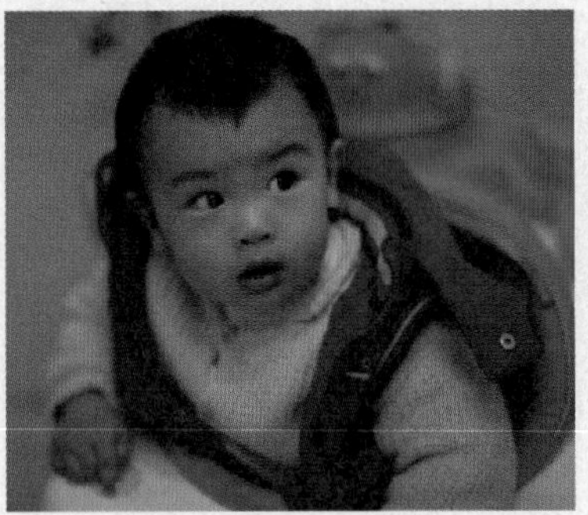

使用调整图层的"色阶"图层，对生活照片进行调整，使照片提亮；使用调整图层的"可选颜色"图层，对照片的色调进行调整，使照片颜色更加亮丽。

1 执行"文件"→"打开"命令，在弹出的"打开"对话框中选择随书光盘中的"素材 1"文件，此时的图像效果和图层调板如图所示。

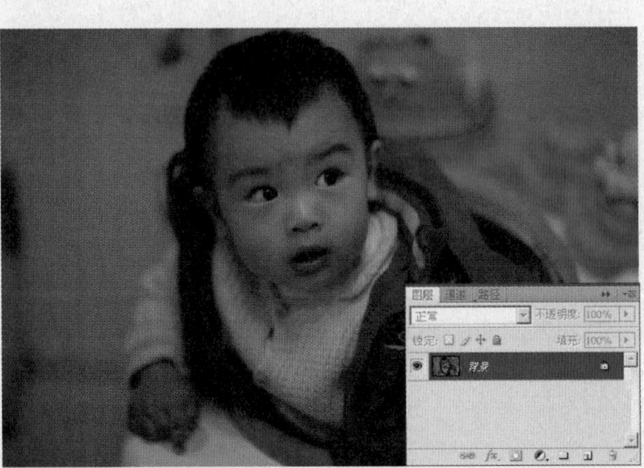

2 单击"创建新的填充或调整图层"按钮，在弹出的菜单中选择"色阶"命令，设置弹出的对话框如图所示。

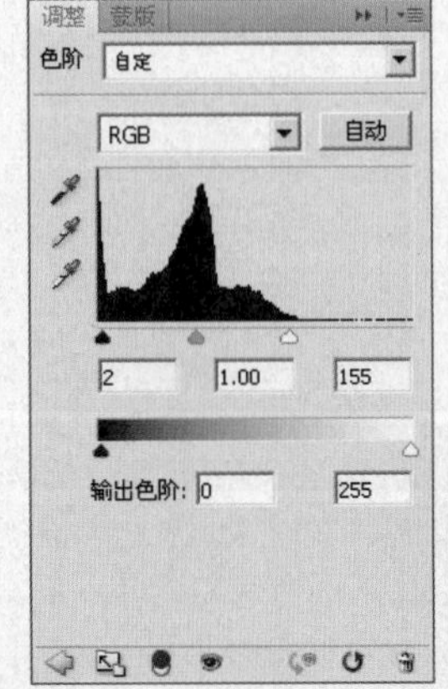

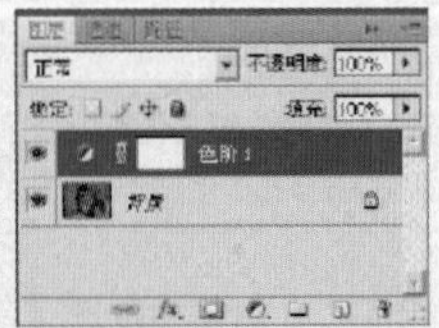

3 设置完“色阶”命令后，得到“色阶1”图层，可以看到图像调整后的效果如图所示。

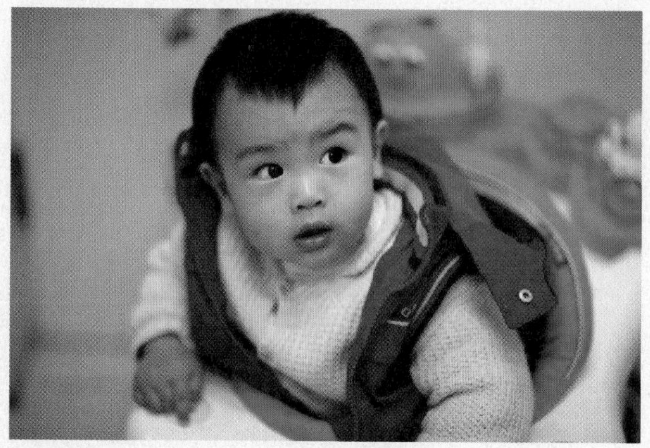

4 按快捷键【Ctrl+Alt+Shift+E】，执行“盖印图层”命令，得到“图层1”图层，使用本书通道磨皮的方法对人物进行磨皮，效果如图所示。

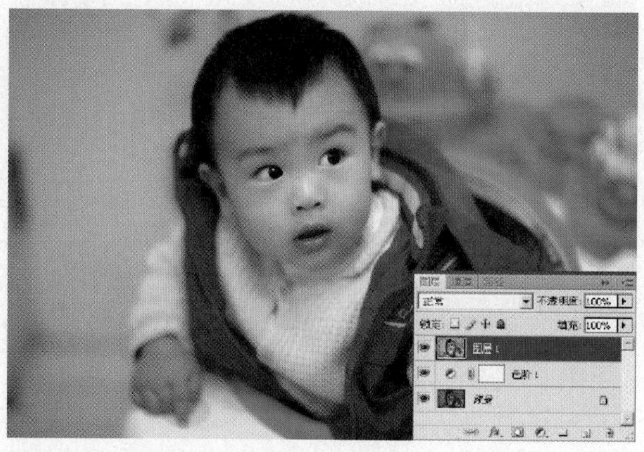

5 执行菜单栏中的“滤镜”→“锐化”→“USM锐化”命令，设置弹出的对话框中的参数如图所示后，单击【确定】按钮，设置后的效果如图所示。

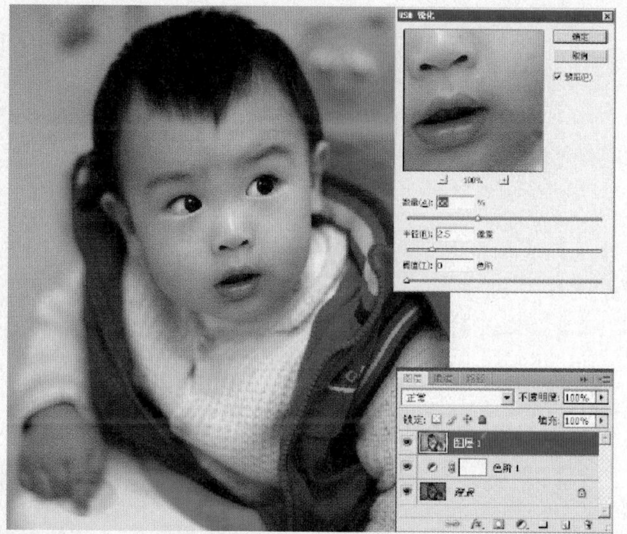

6 单击“创建新的填充或调整图层”按钮，在弹出的菜单中选择“曲线”命令，得到“曲线1”图层，设置弹出的对话框如图所示。

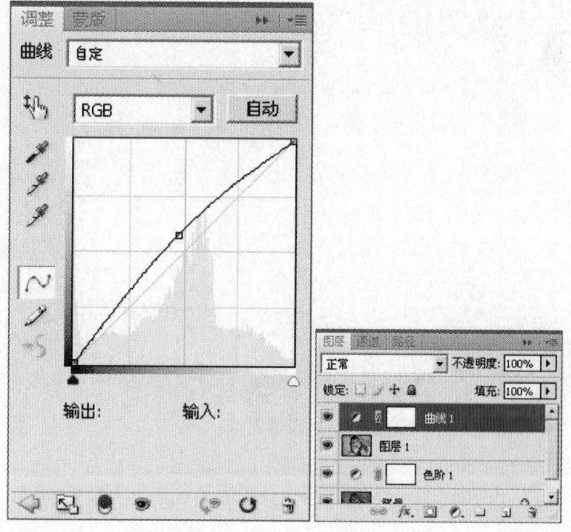

7 设置完“曲线”命令后，可以看到图像调整后的效果如图所示。

8 单击“创建新的填充或调整图层”按钮，在弹出的菜单中选择“照片滤镜”命令，得到“照片滤镜1”图层，设置弹出的对话框如图所示。

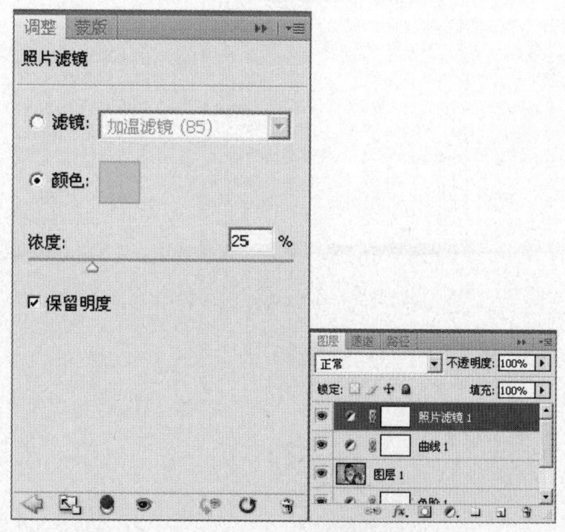

9 设置完“照片滤镜”命令后，可以看到图像调整后的效果如图所示。

11 设置完“可选颜色”命令后，可以看到“图层 1”调整后的效果如图所示。

12 单击“创建新的填充或调整图层”按钮，在弹出的菜单中选择“曲线”命令，设置弹出的对话框如图所示。

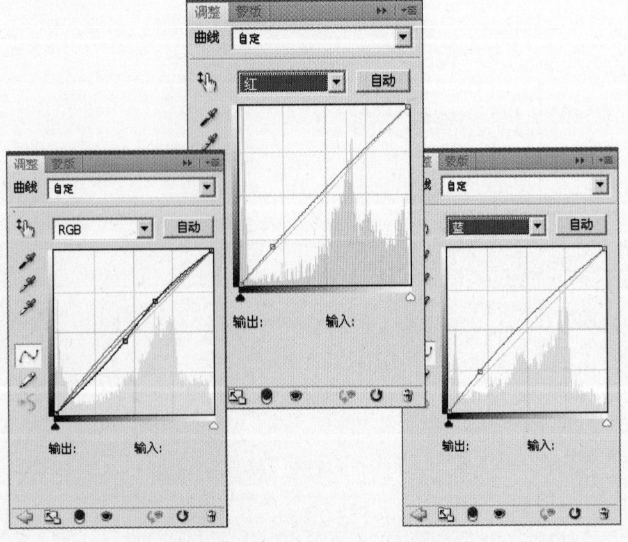

10 单击“创建新的填充或调整图层”按钮，在弹出的菜单中选择“可选颜色”命令，得到“选区颜色1”图层，设置弹出的对话框如图所示。

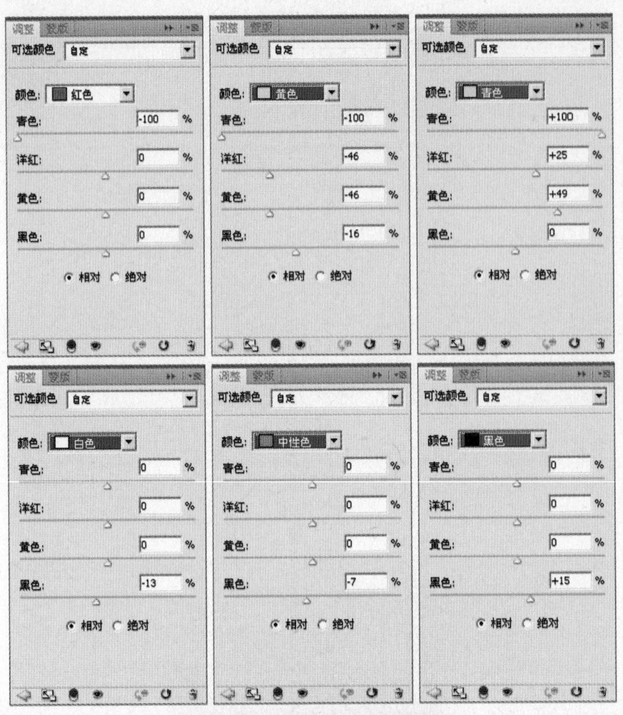

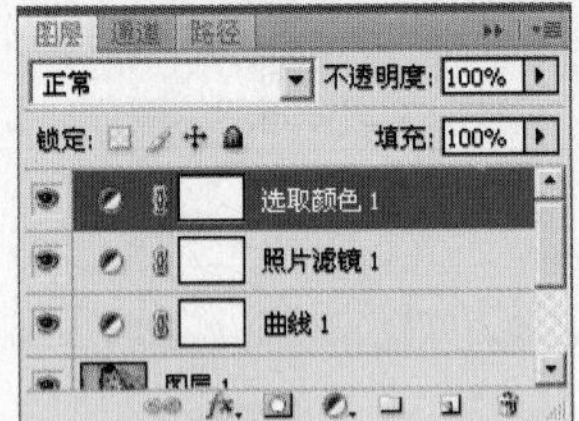

13 设置完“曲线”命令后，得到“曲线2”图层，可以看到“背景”图层调整后的效果如图所示。

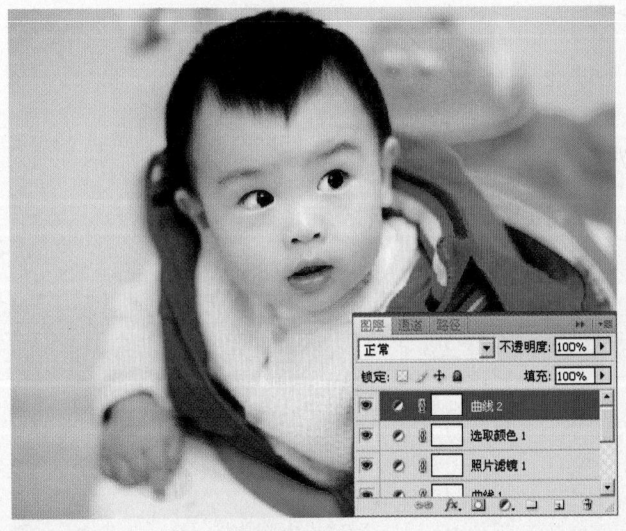

5.2 PART 5 多姿多彩的高级调色

难易度

快速调整人物照片个性淡灰色

使用调整图层的“色相\饱和度”命令，对人物照片进行色调的调整，使人物照片产生个性淡灰色的色调。

1 执行“文件”→“打开”命令，在弹出的“打开”对话框中选择随书光盘中的“素材 1”文件，此时的图像效果和图层调板如图所示。

2 执行菜单栏中的“图像”→“自动色调”命令，得到如图所示的效果。

3 拖动“背景”图层到图层面板底部的“创建新图层”按钮 ，对图层进行复制操作，得到“背景 副本”图层，如图所示。

4 使用工具条中的“仿制图章工具” ，按住【Alt】键在人物脸部有瑕疵的皮肤周围单击一下进行取样，然后在瑕疵上进行涂抹，将瑕疵修除，如图所示。

5 单击“创建新的填充或调整图层”按钮 ，在弹出的菜单中选择“色相/饱和度”命令，设置弹出的对话框如图所示。设置完“色相/饱和度”命令后，得到“色相/饱和度1”图层，如图所示。

6 单击“创建新的填充或调整图层”按钮 ，在弹出的菜单中选择“可选颜色”命令，设置弹出的对话框如图所示。

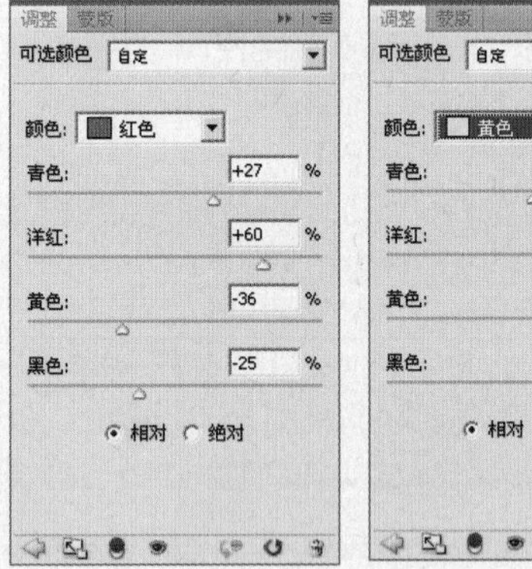

7 设置完“可选颜色”命令后，得到“选取颜色1”图层，可以看到“背景 副本”调整后的效果如图所示。

8 单击“创建新的填充或调整图层”按钮 ，在弹出的菜单中选择“色阶”命令，设置弹出的对话框后，得到“色阶1”图层，可以看到图像调整后的效果如图所示。

5.3 PART 5 多姿多彩的高级调色

难易度

调出可爱女孩淡粉的甜美色

使用调整图层的“可选颜色”调整图层，对人物照片进行色彩的细微调整，使一张普通的美女照片调出可爱的淡粉色。

1 执行“文件”→“打开”命令，在弹出的“打开”对话框中选择随书光盘中的“素材 1”文件，此时的图像效果和图层调板如图所示。

2 执行菜单栏中的“滤镜”→“锐化”→“锐化”命令，设置弹出的对话框中的参数如图所示后，单击【确定】按钮，设置后的效果如图所示。

3 使用工具条中的“仿制图章工具”，按住【Alt】键在人物脸部有瑕疵的皮肤周围单击一下进行取样，然后在瑕疵上进行涂抹，将瑕疵修除，如图所示。

4 拖动“背景”图层到图层面板底部的“创建新图层”按钮，对图层进行复制操作，得到“背景 副本”图层。执行菜单栏中的“图像”→“模式”→“Lab颜色”命令，在弹出的对话框中单击“不拼合”按钮，打开通道面板，选择“a”通道按快捷键【Ctrl+A】全选，再按【Ctrl+C】复制内容；选择“b”通道按快捷键【Ctrl+V】粘贴内容，如图所示。

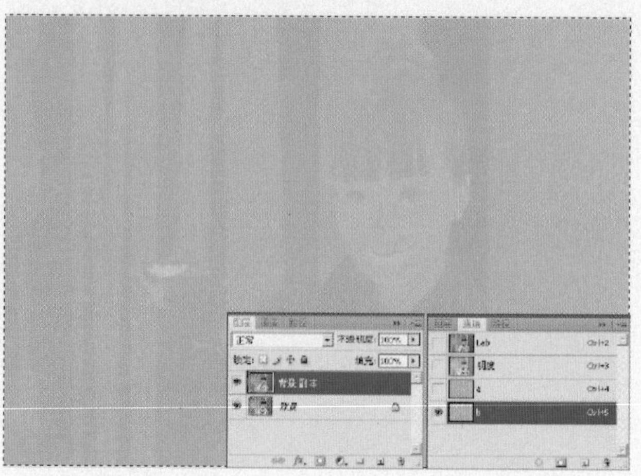

5 回到图层面板，可以看到“背景 副本”图层呈现如图所示的效果。

6 在图层面板的顶部，设置图层的混合模式为“叠加”，设置图层的不透明度为“40%”，得到如图所示的效果。

7 执行菜单栏中的“图像”→“模式”→“RGB颜色”命令，在弹出的对话框中单击“不拼合”按钮，按快捷键【Ctrl+Alt+Shift+E】，执行“盖印图层”命令，得到“图层1”图层，如图所示。

8 新建图层，生成“图层2”图层，设置图层的混合模式为“柔光”，设置图层的不透明度为“49%”，设置前景色为（R：252 G：187 B：165），使用“画笔工具”设置适当的画笔大小和透明度后，在脸部皮肤的部位涂抹，如图所示。

9 单击“创建新的填充或调整图层”按钮，在弹出的菜单中选择“可选颜色”命令，设置弹出的对话框如图所示。

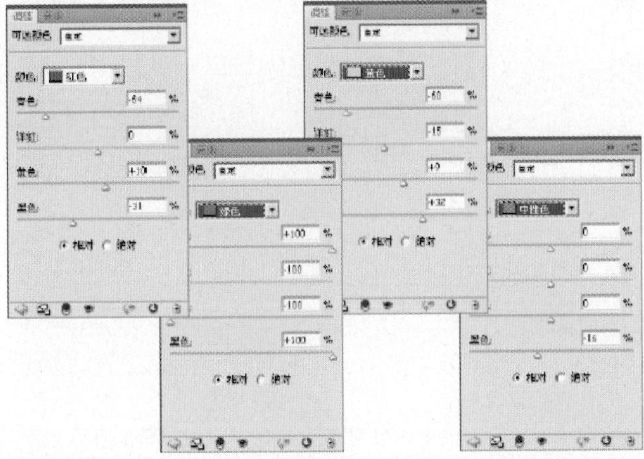

10 设置完“可选颜色”命令后，得到“选取颜色1”图层，可以看到“图层 1”调整后的效果如图所示。

11 单击“选取颜色1”图层的图层蒙版缩览图，设置前景色为黑色，使用“画笔工具”设置适当的画笔大小和透明度后，在发梢的位置涂抹，其蒙版状态和图层面板如图所示。

12 单击“创建新的填充或调整图层”按钮，在弹出的菜单中选择“可选颜色”命令，设置弹出的对话框如图所示。

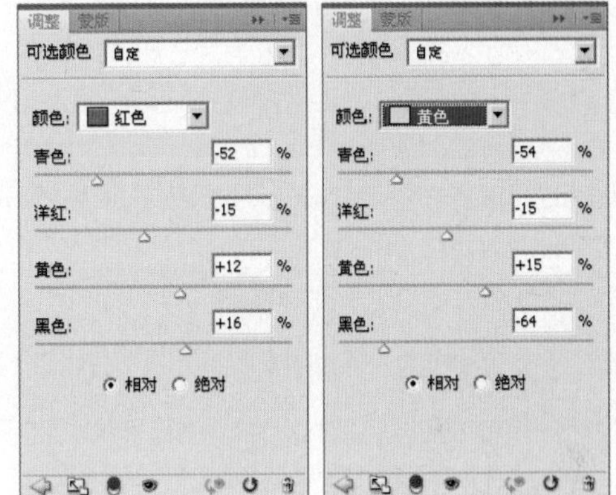

13 设置完“可选颜色”命令后，得到“选取颜色2”图层，可以看到“图层 1”调整后的效果如图所示。

14 单击“选取颜色2”图层的图层蒙版缩览图，设置前景色为黑色，使用“画笔工具”设置适当的画笔大小和透明度后，在头发的位置涂抹，其蒙版状态和图层面板如图所示。

15 单击“创建新的填充或调整图层”按钮，在弹出的菜单中选择“色相/饱和度”命令，设置弹出的对话框如图所示。设置完“色相/饱和度”命令后，得到“色相/饱和度1”图层，如图所示。

16 按住【Alt】键不放，单击“选取颜色2”图层的蒙版缩览图，然后拖动到“色相/饱和度1”的图层蒙版缩览图上方，对图层蒙版进行复制操作，得到如图所示的效果。

17 单击“创建新的填充或调整图层”按钮，在弹出的菜单中选择“可选颜色”命令，设置弹出的对话框如图所示。

18 设置完“可选颜色”命令后，得到“选取颜色3”图层，可以看到“图层 1”调整后的效果如图所示。

19 按住【Alt】键不放，单击“选取颜色2”图层的蒙版缩览图，然后拖动到“选取颜色3”的图层蒙版缩览图上方，对图层蒙版进行复制操作，得到如图所示的效果。

20 单击“创建新的填充或调整图层”按钮，在弹出的菜单中选择“色彩平衡”命令，设置弹出的对话框如图所示。设置完“色彩平衡”命令后，得到“色彩平衡1”图层，如图所示。

21 按住【Alt】键不放，单击“选取颜色3”图层的蒙版缩览图，然后拖动到“色彩平衡1”的图层蒙版缩览图上方，对图层蒙版进行复制操作，得到如图所示的效果。

22 单击“创建新的填充或调整图层”按钮，在弹出的菜单中选择“曲线”命令，设置弹出的对话框如图所示。

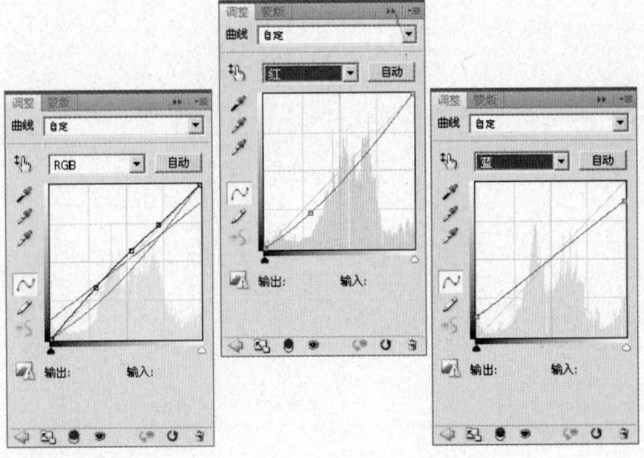

23 设置完“曲线”命令后，得到“曲线1”图层，可以看到“图层 1”图层调整后的效果如图所示。

24 单击“创建新的填充或调整图层”按钮，在弹出的菜单中选择“色彩平衡”命令，设置弹出的对话框如图所示。

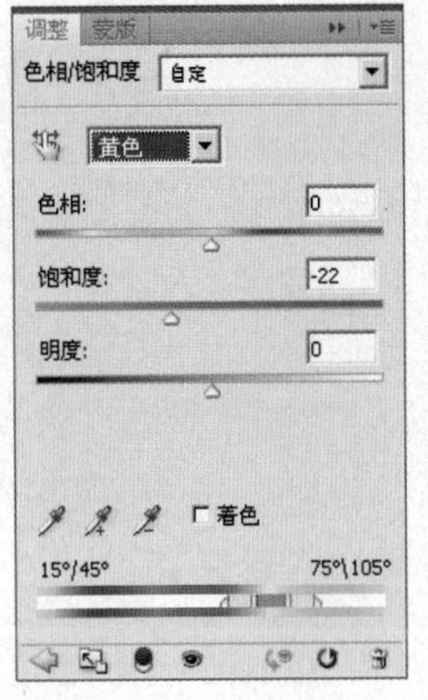

25 设置完“色彩平衡”命令后，得到“色彩平衡2”图层，可以看到图像调整后的效果如图所示。

26 单击“创建新的填充或调整图层”按钮，在弹出的菜单中选择“色阶”命令，设置弹出的对话框如图所示。

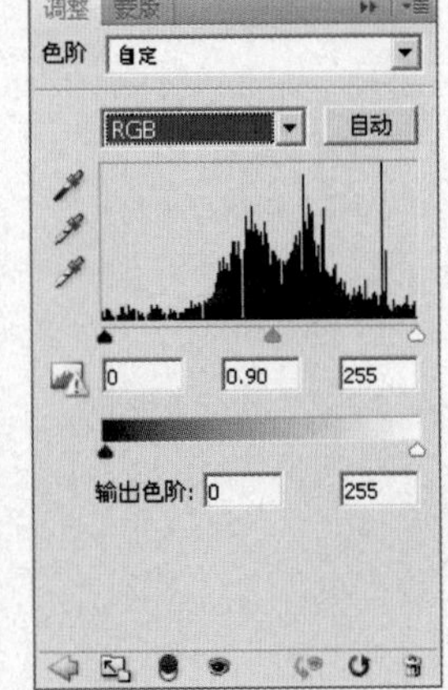

27 设置完“色阶”命令后，得到“色阶1”图层，可以看到图像调整后的效果如图所示。

28 单击“色阶1”图层的图层蒙版缩览图，设置前景色为黑色，使用“画笔工具”设置适当的画笔大小和透明度后，在衣服的位置涂抹，其蒙版状态和图层面板如图所示。

29 新建图层，生成“图层3”图层，设置图层的混合模式为“柔光”，设置图层的不透明度为“21%”，设置前景色为（R:255 G:65B:0），使用“画笔工具”设置适当的画笔大小和透明度后，在嘴唇的部位涂抹，如图所示。

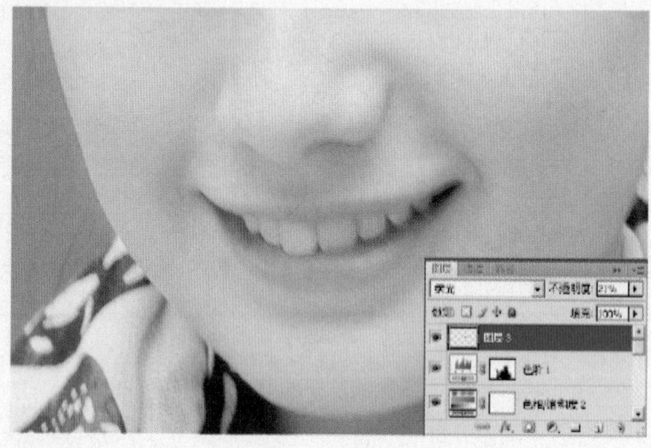

30 按快捷键【Ctrl+Alt+Shift+E】，执行“盖印图层”命令，得到“图层4”图层，如图所示。

31 执行菜单栏中的“滤镜”→“锐化”→“锐化”命令，设置弹出的对话框中的参数如图所示后，单击【确定】按钮，设置后的效果如图所示。

32 单击“添加图层蒙版”按钮，为“图层 4”添加图层蒙版。设置前景色为黑色，使用“画笔工具”设置适当的画笔大小和透明度后，在头发的位置涂抹，其蒙版状态和图层面板如图所示。

难易度

调出人物强对比高质感的黑白肤色

使用图像模式中的“Lab颜色”模式，对图像进行曲线的调整，使人物产生高质感的灰色肌肤质感。

1 执行“文件”→“打开”命令，在弹出的“打开”对话框中选择随书光盘中的“素材 1”文件，此时的图像效果和图层调板如图所示。

2 单击“创建新的填充或调整图层”按钮，在弹出的菜单中选择“曲线”命令，设置弹出的对话框如图所示。

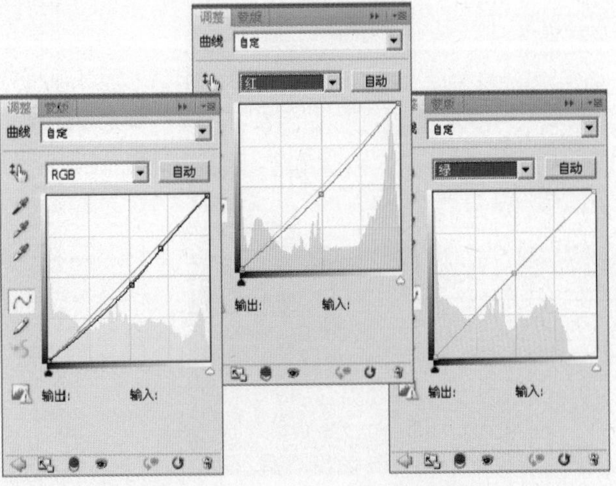

3 设置完“曲线”命令后，得到“曲线1”图层，可以看到“背景”图层调整后的效果如图所示。

4 单击“创建新的填充或调整图层”按钮，在弹出的菜单中选择“色彩平衡”命令，得到“色彩平衡1”图层，设置弹出的对话框如图所示。

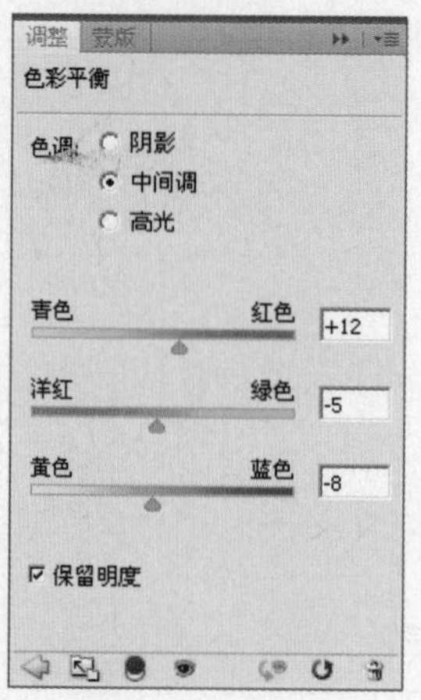

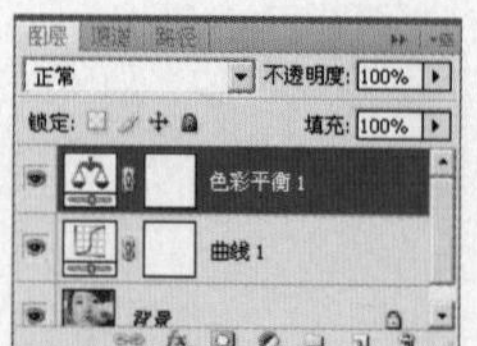

5 设置完“色彩平衡”命令后，可以看到图像调整后的效果如图所示。

6 单击“创建新的填充或调整图层”按钮，在弹出的菜单中选择“曲线”命令，得到“曲线2”图层，设置弹出的对话框如图所示。

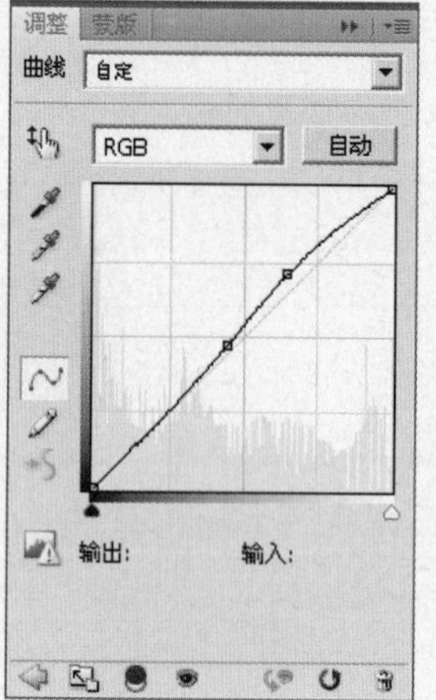

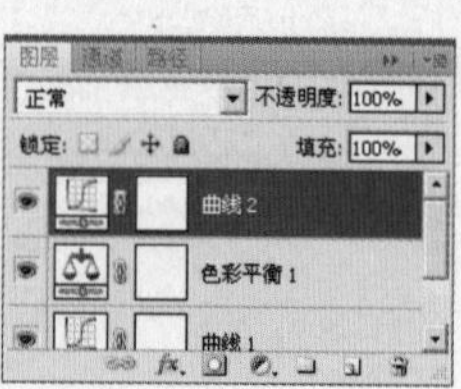

7 设置完“曲线”命令后，可以看到图像调整后的效果，如图所示。

8 按快捷键【Ctrl+Alt+Shift+E】，执行“盖印图层”命令，得到“图层1”图层，如图所示。

9 使用工具条中的“仿制图章工具”，按住【Alt】键在人物脸部有瑕疵的皮肤周围单击一下进行取样，然后在瑕疵上进行涂抹，将瑕疵修除，如图所示。

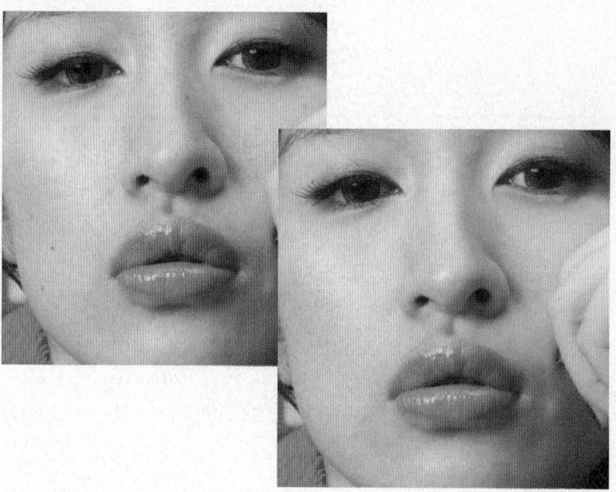

10 使用本书中通道磨皮的方法对人物进行磨皮的处理，效果如图所示。

11 执行菜单栏中的“滤镜”→“锐化”→“USM锐化”命令，设置弹出的对话框中的参数如图所示后，单击【确定】按钮，设置后的效果如图所示。

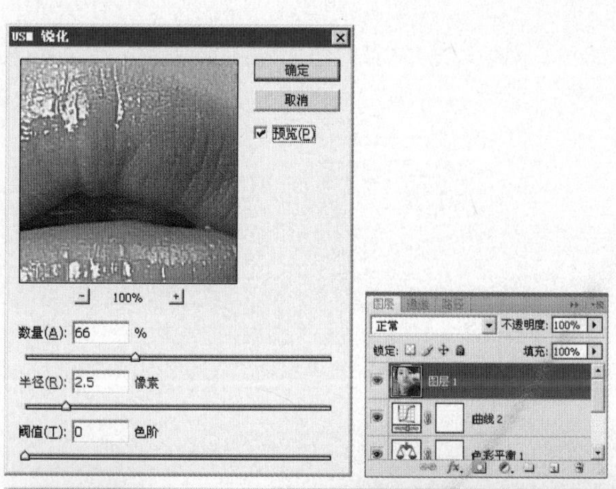

12 执行菜单栏中的“图像”→“应用图像”命令，设置弹出的对话框中的参数如图所示。

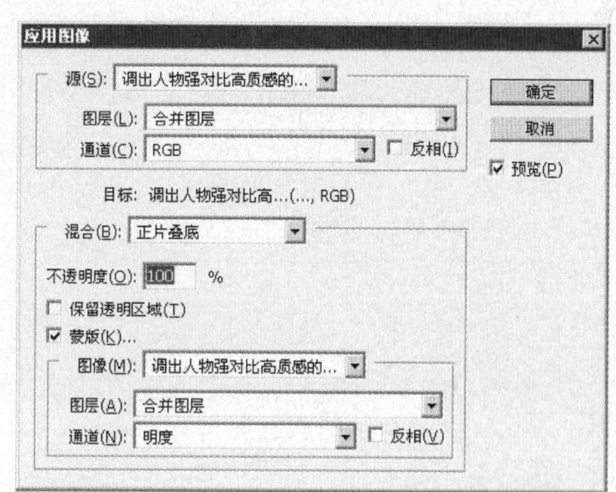

13 设置完对话框后，单击【确定】按钮，可以看到“图层 1”图层调整后的效果如图所示。

14 执行菜单栏中的“图像”→“模式”→“Lab颜色”命令，在弹出的对话框后单击【确定】按钮，如图所示。

15 单击“创建新的填充或调整图层”按钮，在弹出的菜单中选择“曲线”命令，设置弹出的对话框如图所示。

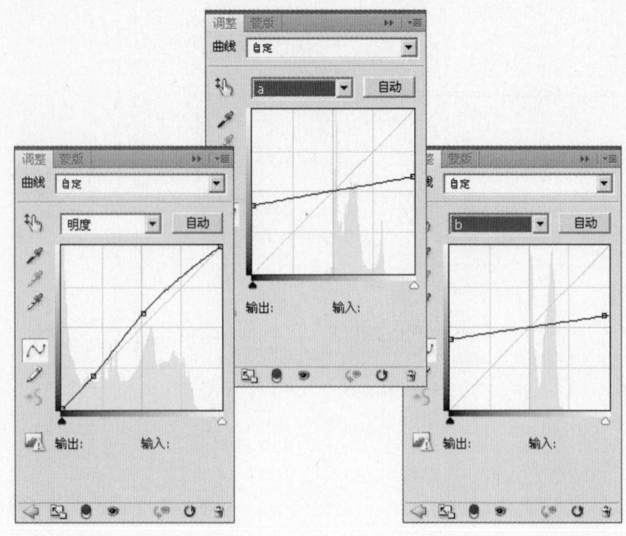

16 打开通道面板，选择“明度”通道层，然后执行菜单栏中的“图像”→“应用图像”命令，设置弹出的对话框中的参数如图所示。

17 设置完“曲线”命令后，得到“曲线1”图层，可以看到“图层 1”图层调整后的效果如图所示。

18 开通道面板，选择“明度”通道层，然后执行菜单栏中的“图像”→“应用图像”命令，设置弹出的对话框中的参数如图所示。

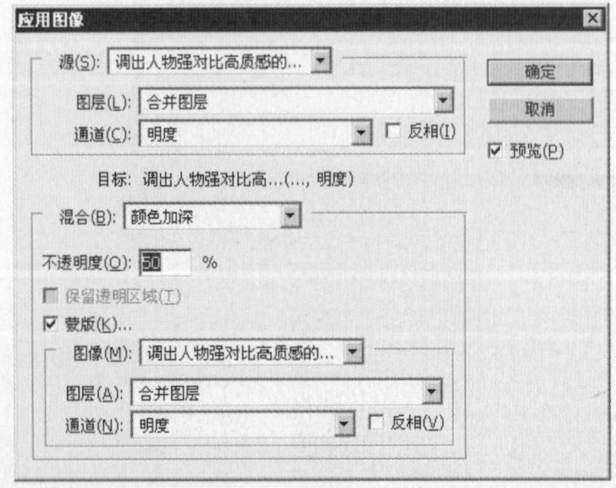

19 设置完对话框后，单击【确定】按钮，可以看到“明度”通道层调整后的效果如图所示。

20 回到图层面板，可以看到经过调整后“图层 2”的状态如图所示。

21 使用工具条中的“钢笔工具”，在工具选项条中单击“路径”按钮，绘制眼睛的轮廓路径，如图所示。

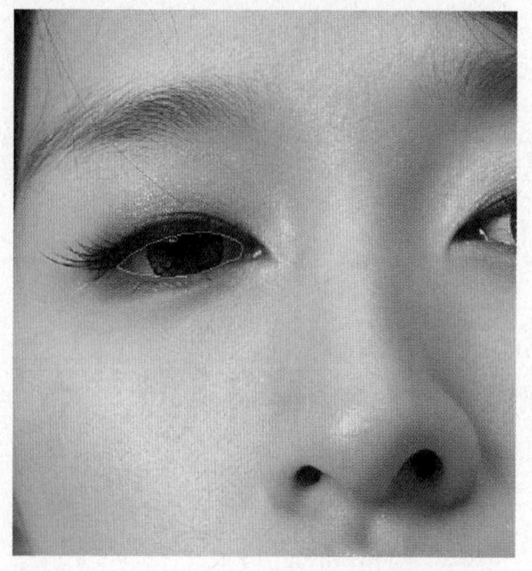

22 按【Ctrl+Enter】快捷键，将路径转换为选区，按【Ctrl+J】快捷键，复制选区内容到新的图层，生成“图层 3”图层，如图所示。

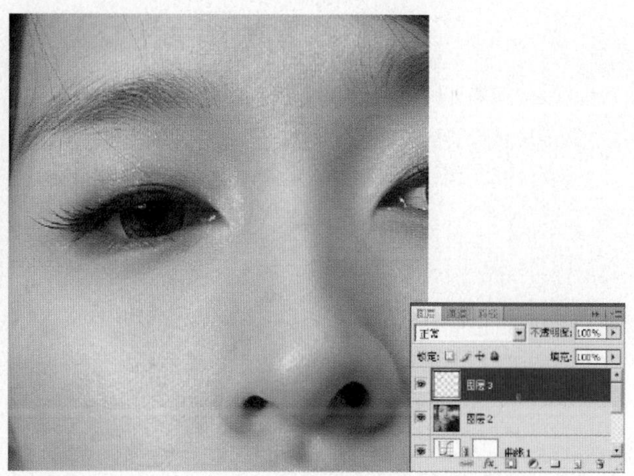

23 单击“创建新的填充或调整图层”按钮，在弹出的菜单中选择“曲线”命令，得到“曲线2”图层，按快捷键【Ctrl+Alt+G】执行“创建剪切蒙版”操作，设置弹出的对话框如图所示。

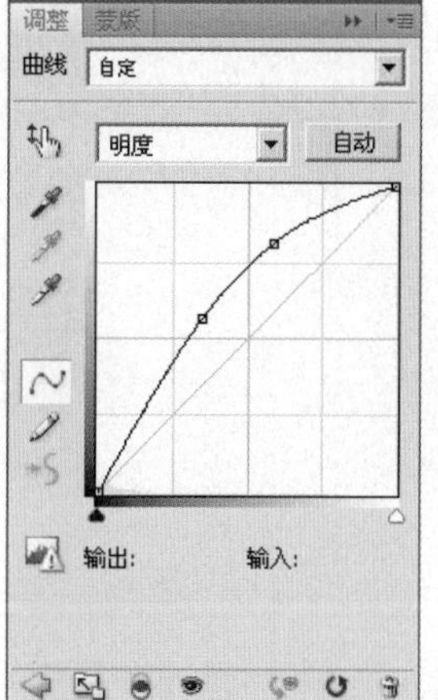

24 设置完“曲线”命令后，可以看到“图层3”调整后的效果如图所示。

25 使“图层2”呈操作状态，使用工具条中的“钢笔工具”，在工具选项条中单击“路径”按钮，绘制眼球的轮廓路径，如图所示。

26 按【Ctrl+Enter】快捷键，将路径转换为选区，按【Ctrl+J】快捷键，复制选区内容到新的图层，生成“图层4”图层，按快捷键【Ctrl+Shift+]】使“图层4”至顶层，如图所示。

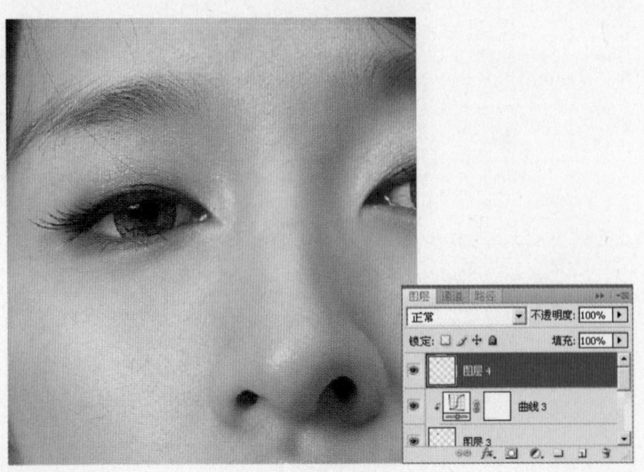

27 单击“创建新的填充或调整图层”按钮，在弹出的菜单中选择“曲线”命令，得到“曲线3”图层，按快捷键【Ctrl+Alt+G】执行“创建剪切蒙版”操作，设置弹出的对话框如图所示。

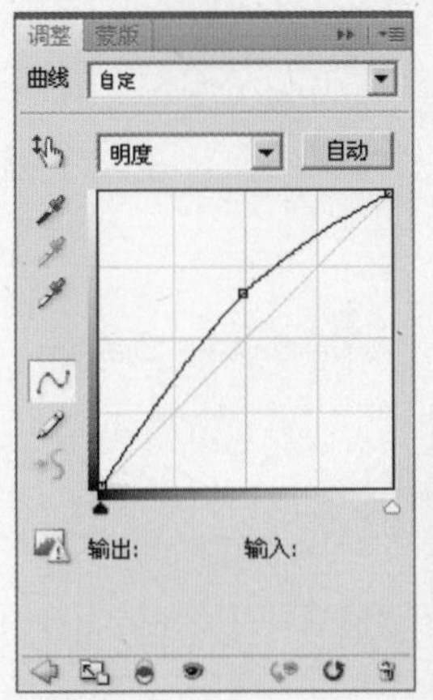

28 设置完“曲线”命令后，可以看到“图层4”调整后的效果如图所示。

29 按快捷键【Ctrl+Alt+Shift+E】，执行“盖印图层”命令，得到“图层5”图层，如图所示。

30 单击“创建新的填充或调整图层”按钮，在弹出的菜单中选择“亮度/对比度”命令，设置弹出的对话框如图所示。

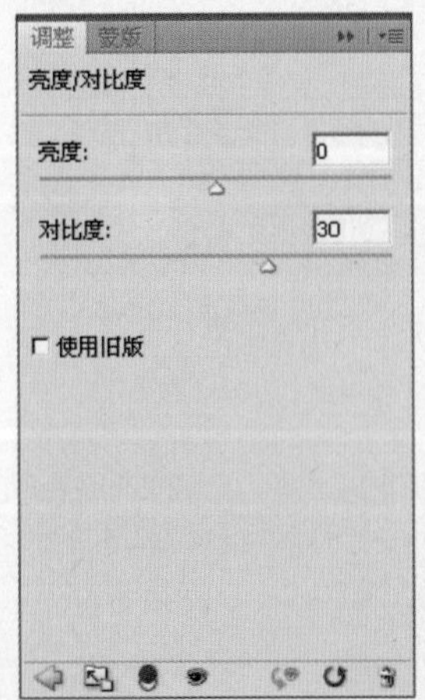

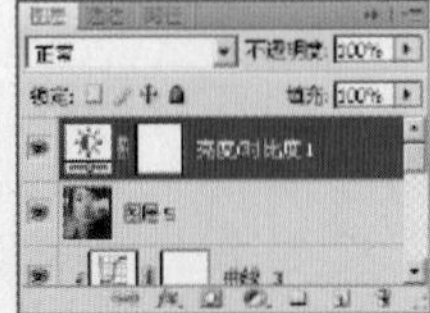

31 设置完“亮度/对比度”命令后，得到“亮度/对比度1”图层，可以看到图像调整后的效果如图所示。

5.5

PART 5
多姿多彩的高级调色

难易度

快速调出美女照片甜美的淡黄色

使用调整图层的“可选颜色”对美女照片进行色调的调整，使一张普通的美女照片，调出甜美的淡黄色。

1 执行“文件”→“打开”命令，在弹出的“打开”对话框中选择随书光盘中的“素材 1”文件，此时的图像效果和图层调板如图所示。

2 拖动“背景”图层到图层面板底部的“创建新图层”按钮 ，对图层进行复制操作，得到“背景 副本”图层。使用本书中通道磨皮的方法对人物进行磨皮处理，效果如图所示。

3 执行菜单栏中的“图像”→“模式”→“Lab颜色”命令，在弹出的对话框中单击“不拼合”按钮，打开通道面板，选择“明度”通道，如图所示。

5 回到图层面板，执行菜单栏中的“图像”→“模式”→“RGB颜色”命令，在弹出的对话框中单击“不拼合”按钮，如图所示。

6 单击“创建新的填充或调整图层”按钮，在弹出的菜单中选择“色阶”命令，得到“色阶1”图层，设置弹出的对话框如图所示。

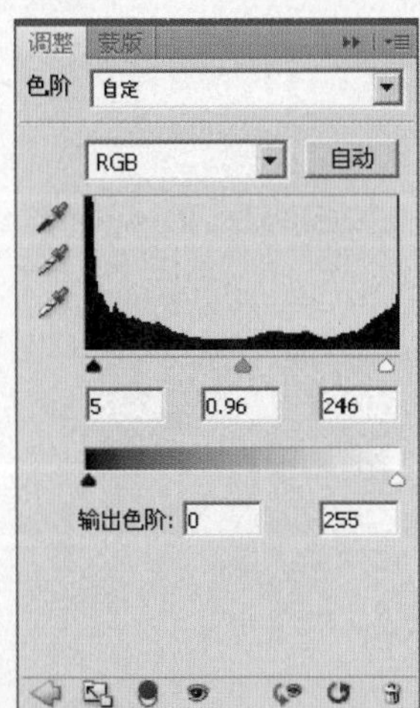

4 执行菜单栏中的“滤镜”→“锐化”→“USM锐化”命令，设置弹出的对话框中的参数如图所示后，单击【确定】按钮，设置后的效果如图所示。

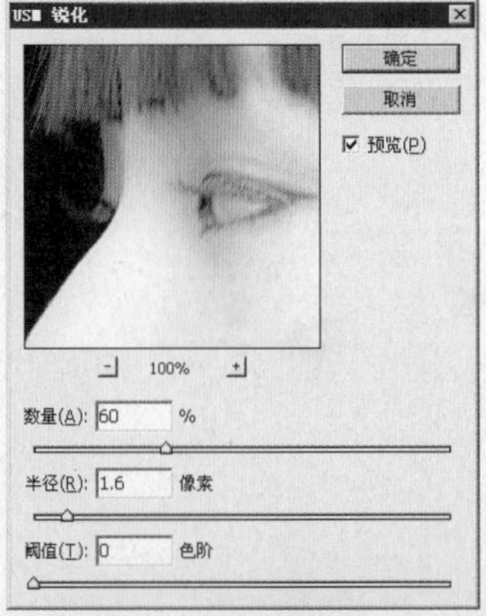

7 设置完“色阶”命令后，可以看到图像调整后的效果如图所示。

8 单击“创建新的填充或调整图层”按钮，在弹出的菜单中选择“曲线”命令，设置弹出的对话框如图所示。

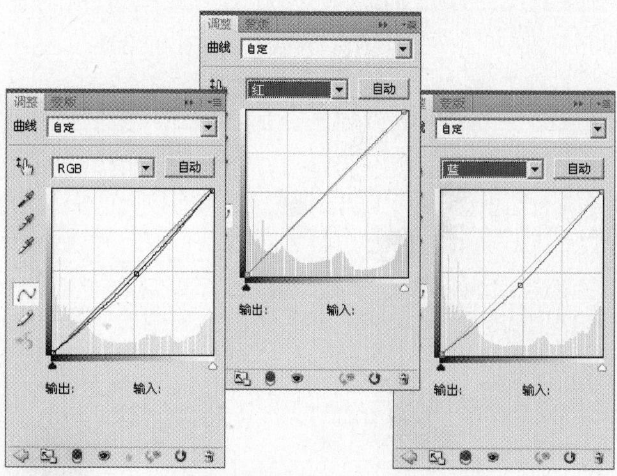

9 设置完“曲线”命令后，得到“曲线1”图层，可以看到“背景 副本”图层调整后的效果如图所示。

10 单击“创建新的填充或调整图层”按钮，在弹出的菜单中选择“通道混合器”命令，设置弹出的对话框如图所示。

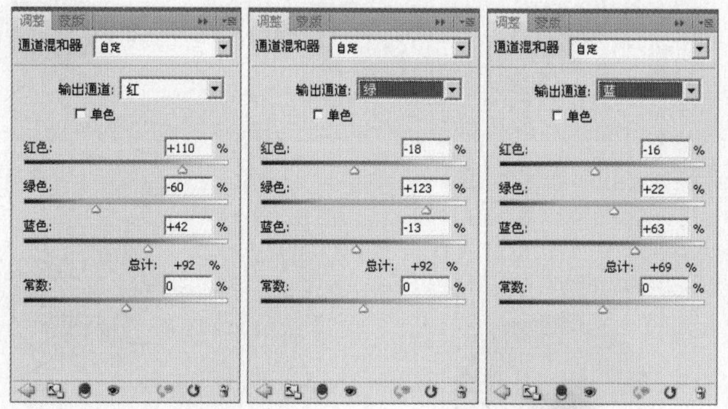

11 设置完“通道混合器”命令后，得到“通道混合器1”图层，可以看到“背景 副本”图层调整后的效果如图所示。

12 单击“创建新的填充或调整图层”按钮，在弹出的菜单中选择“可选颜色”命令，设置弹出的对话框如图所示。

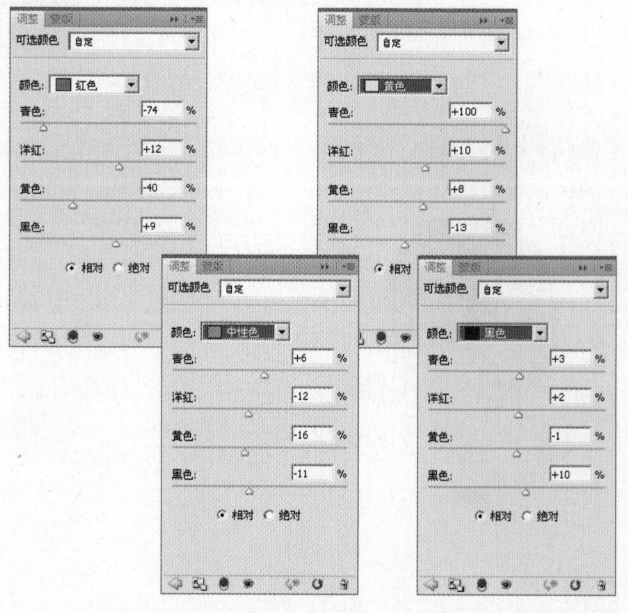

13 设置完“可选颜色”命令后，得到“选取颜色1”图层，可以看到“图层 1”调整后的效果如图所示。

14 单击“创建新的填充或调整图层”按钮，在弹出的菜单中选择“色阶”命令，得到“色阶2”图层，设置弹出的对话框如图所示。

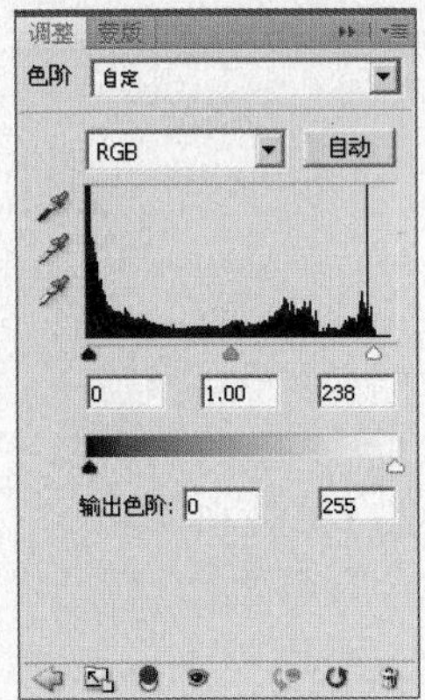

15 设置完“色阶”命令后，可以看到图像调整后的效果如图所示。

16 按快捷键【Ctrl+Alt+Shift+E】，执行“盖印图层”命令，得到“图层1”图层，如图所示。

17 使用工具条中的“仿制图章工具”，按住【Alt】键在人物脸部有瑕疵的皮肤周围单击一下进行取样，然后在瑕疵上进行涂抹，将瑕疵修除，如图所示。

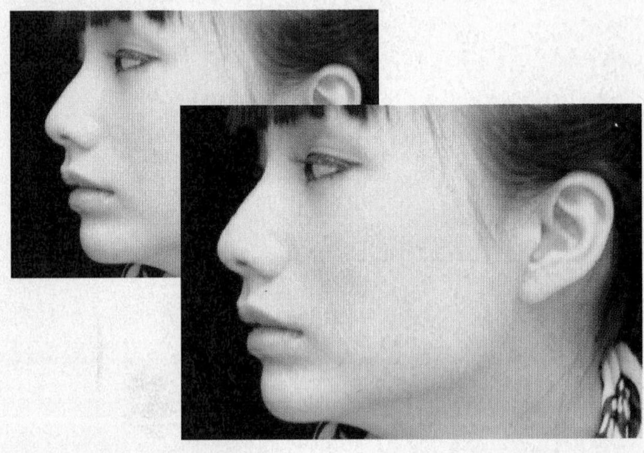

18 单击“创建新的填充或调整图层”按钮，在弹出的菜单中选择“曲线”命令，设置弹出的对话框如图所示。

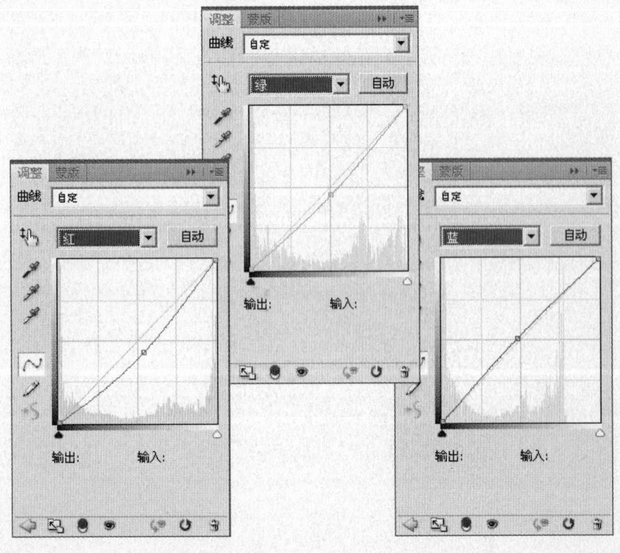

19 设置完“曲线”命令后，得到“曲线2”图层，可以看到“图层 1”图层调整后的效果如图所示。

5.6 PART 5 多姿多彩的高级调色

难易度

调出人物照片流行的粉青色

使用颜色填充图层，利用图层混合模式的特性为颜色图层设置适当的混合模式，从而为人物照片附上漂亮的色调。

1 执行"文件"→"打开"命令，在弹出的"打开"对话框中选择随书光盘中的"素材 1"文件，此时的图像效果和图层调板如图所示。

2 使用工具条中的"红眼工具"，在眼球上高光的红眼部位单击鼠标，使红眼消除，如图所示。

3 新建图层，生成“图层1”图层，设置前景色为（R:1 G:193 B:154），按快捷键【Alt+Delete】对“图层1”图层进行填充，其效果如图所示。

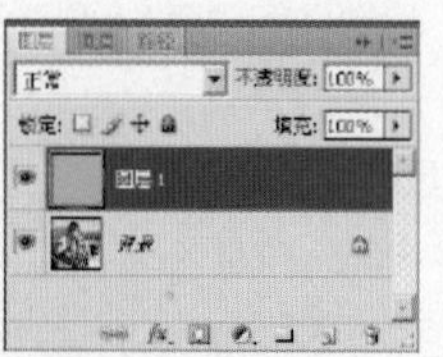

5 单击“创建新的填充或调整图层”按钮，在弹出的菜单中选择“曲线”命令，设置弹出的对话框如图所示。

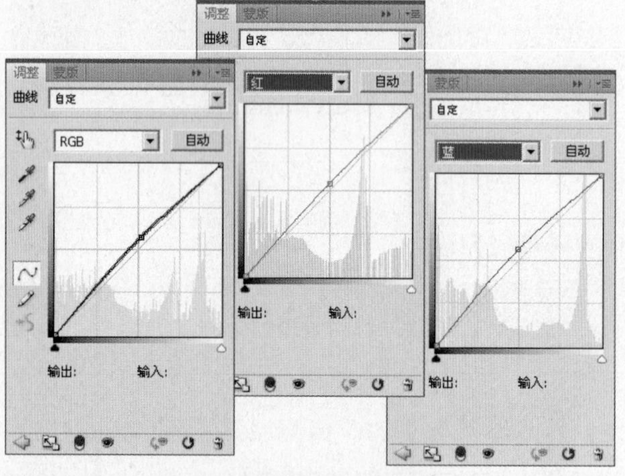

7 新建图层，生成“图层2”图层，按快捷键【Ctrl+Alt+2】，调出图像的高光选区，得到如图所示的状态。

4 在图层面板的顶部，设置图层的混合模式为“柔光”，图层的不透明度为“60%”，其效果如图所示。

6 设置完“曲线”命令后，得到“曲线1”图层，可以看到“背景”图层调整后的效果如图所示。

8 设置前景色为（R:252 G:241 B:185），按快捷键【Alt+Delete】对选区进行填充，按快捷键【Ctrl+D】取消选区，如图所示。

9 在图层面板的顶部，设置图层的混合模式为“正片叠底”，图层的不透明度为“80%”，其效果如图所示。

10 新建图层，生成“图层1”图层，设置前景色为（R:0 G:0 B:8），按快捷键【Alt+Delete】对“图层3”图层进行填充，其效果如图所示。

11 在图层面板的顶部，设置图层的混合模式为“差值”，其效果如图所示。

12 按快捷键【Ctrl+Alt+Shift+E】，执行“盖印图层”命令，得到“图层4”图层，使用本书通道磨皮的方法对人物进行磨皮处理，如图所示。

13 执行菜单栏中的“滤镜”→“锐化”→“USM锐化”命令，设置弹出的对话框中的参数如图所示后，单击【确定】按钮，设置后的效果如图所示。

14 使用工具条中的“仿制图章工具”，按住【Alt】键在人物脸部有瑕疵的皮肤周围单击一下进行取样，然后在瑕疵上进行涂抹，将瑕疵修除，如图所示。

15 单击“创建新的填充或调整图层”按钮，在弹出的菜单中选择“色彩平衡”命令，设置弹出的对话框如图所示。

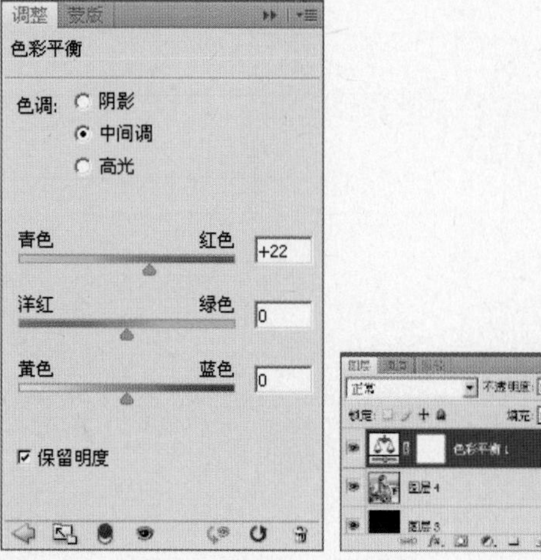

16 设置完“色彩平衡”命令后，得到“色彩平衡1”图层，可以看到图像调整后的效果如图所示。

17 单击“添加图层蒙版”按钮，为“图层4”添加图层蒙版。设置前景色为黑色，使用“画笔工具”设置适当的画笔大小和透明度后，在除人物的位置涂抹，其蒙版状态和图层面板如图所示。

18 单击“创建新的填充或调整图层”按钮，在弹出的菜单中选择“可选颜色”命令，设置弹出的对话框如图所示。

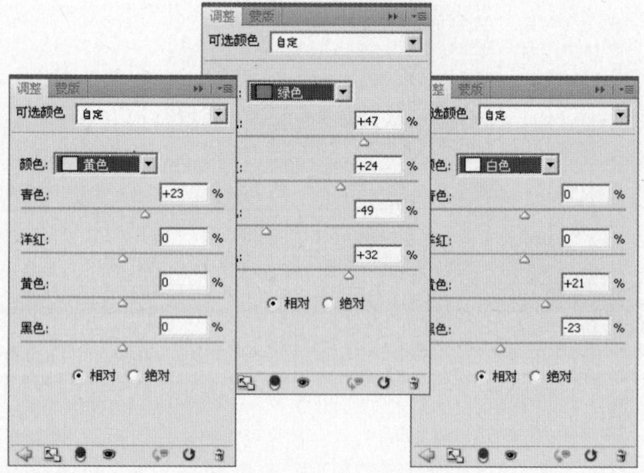

19 设置完“可选颜色”命令后，得到“选取颜色1”图层，可以看到“图层 4”调整后的效果如图所示。

20 单击“创建新的填充或调整图层”按钮，在弹出的菜单中选择“亮度/对比度”命令，得到“亮度/对比度1”图层，设置弹出的对话框如图所示。

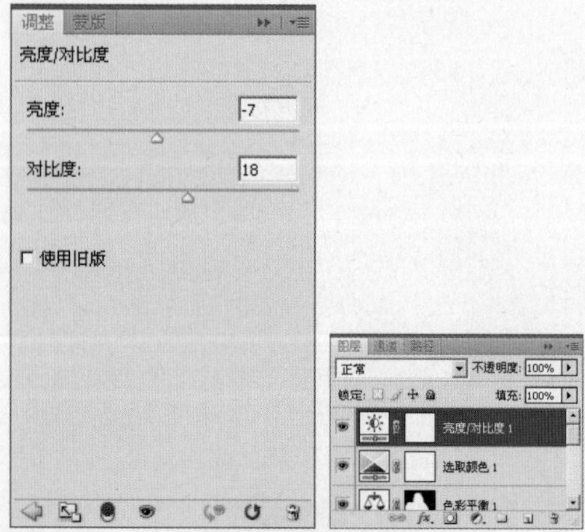

21 设置完“亮度/对比度”命令后，可以看到图像调整后的效果如图所示。

22 按快捷键【Ctrl+Alt+Shift+E】，执行“盖印图层”命令，得到“图层5”图层，如图所示。

23 执行菜单栏中的“滤镜”→“模糊”→“高斯模糊”命令，设置弹出的对话框中的参数如图所示后，单击【确定】按钮，设置后的效果如图所示。

24 在图层面板的顶部，设置图层的混合模式为“柔光”，图层的不透明度为“50%”，其效果如图所示。

25 单击“创建新的填充或调整图层”按钮，在弹出的菜单中选择“曲线”命令，设置弹出的对话框如图所示。

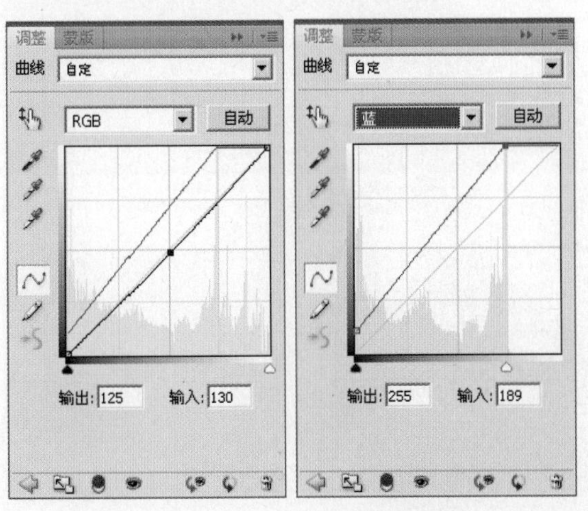

26 设置完“曲线”命令后，得到“曲线2”图层，可以看到“图层 5”图层调整后的效果如图所示。

27 按快捷键【Ctrl+Alt+Shift+E】，执行“盖印图层”命令，得到“图层6”图层，如图所示。

28 使用工具条中的“减淡工具”，设置曝光度“5%”，在人物的高光部位涂抹，如图所示。

29 单击“创建新的填充或调整图层”按钮，在弹出的菜单中选择“色彩平衡”命令，设置弹出的对话框后，得到“色彩平衡1”图层，可以看到图像调整后的效果如图所示。

30 单击“创建新的填充或调整图层”按钮，在弹出的菜单中选择“色相/饱和度”命令，设置弹出的对话框后，得到“色相/饱和度1”图层，可以看到图像调整后的效果如图所示。

31 单击“创建新的填充或调整图层”按钮，在弹出的菜单中选择“亮度/对比度”命令，设置弹出的对话框后，得到“亮度/对比度2”图层，可以看到图像调整后的效果如图所示。

32 单击“创建新的填充或调整图层”按钮，在弹出的菜单中选择“色阶”命令，设置弹出的对话框后，得到“色阶1”图层，可以看到图像调整后的效果如图所示。

5.7 PART 5 多姿多彩的高级调色

难易度

调出照片的忧伤怀旧色

使用调整图层的"曲线"图层，对人物照片进行调整，使照片提亮；使用调整图层的"可选颜色"图层，对照片的色调进行调整，使照片产生忧伤的怀旧色。

1 执行"文件"→"打开"命令，在弹出的"打开"对话框中选择随书光盘中的"素材 1"文件，此时的图像效果和图层调板如图所示。

2 单击"创建新的填充或调整图层"按钮，在弹出的菜单中选择"曲线"命令，设置弹出的对话框如图所示。

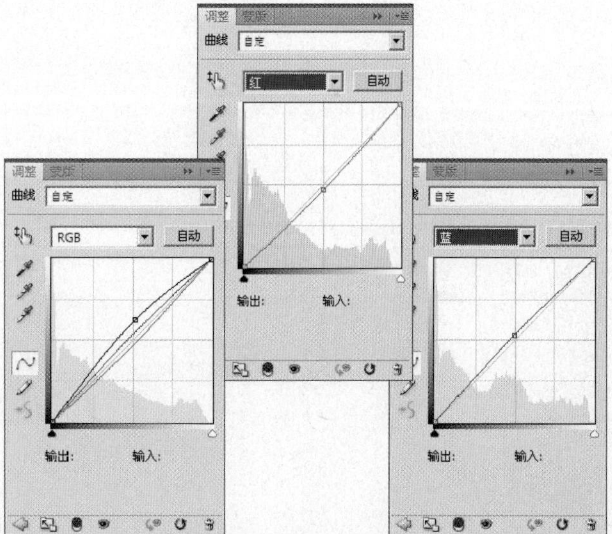

3 设置完"曲线"命令后，得到"曲线1"图层，可以看到图像调整后的效果如图所示。

5 按快捷键【Ctrl+Alt+Shift+E】，执行"盖印图层"命令，得到"图层1"图层，如图所示。

7 执行菜单栏中的"滤镜"→"锐化"→"USM锐化"命令，设置弹出的对话框中的参数后，单击【确定】按钮，设置后的效果如图所示。

4 单击"创建新的填充或调整图层"按钮，在弹出的菜单中选择"色相/饱和度"命令，设置弹出的"色相/饱和度"命令对话框后，得到"色相/饱和度1"图层，如图所示。

6 执行菜单栏中的"图像"→"自动对比度"命令，设置后的效果如图所示。

8 使用工具条中的“仿制图章工具”![]，按住【Alt】键在人物脸部有瑕疵的皮肤周围单击一下进行取样，然后在瑕疵上进行涂抹，将瑕疵修除，如图所示。

10 单击“曲线2”的图层蒙版缩览图，设置前景色为黑色，使用“画笔工具”设置适当的画笔大小和透明度后，在人物的位置涂抹，其蒙版状态和图层面板如图所示。

12 在图层面板的顶部，设置图层的混合模式为“排除”，图层的不透明度为“90%”，得到如图所示的效果。

9 单击“创建新的填充或调整图层”按钮，在弹出的菜单中选择“曲线”命令，设置弹出的对话框如图所示。设置完“曲线”命令后，得到“曲线2”图层，如图所示。

11 新建图层，生成“图层2”图层，设置前景色为（R:0 G:4 B:77），按快捷键【Alt+Delete】对“图层2”图层进行填充，其效果如图所示。

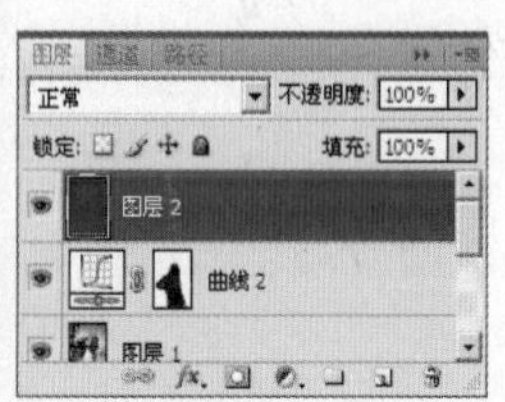

13 单击“创建新的填充或调整图层”按钮，在弹出的菜单中选择“色相/饱和度”命令，设置弹出的对话框如图所示。

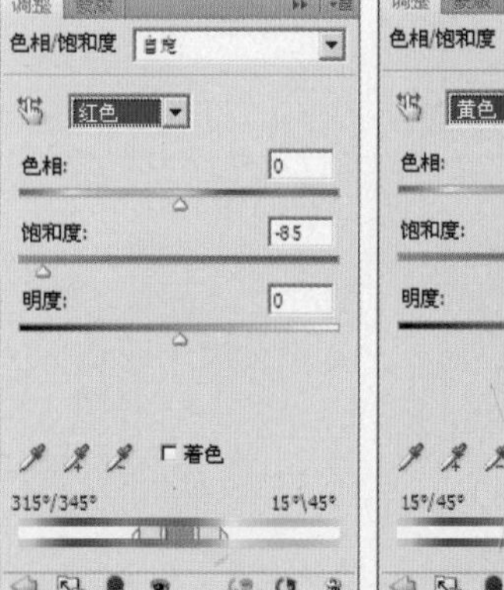

14 设置完“色相/饱和度”命令后，得到“色相/饱和度2”图层，可以看到图像调整后的效果如图所示。

15 单击“创建新的填充或调整图层”按钮，在弹出的菜单中选择“可选颜色”命令，设置弹出的对话框如图所示。

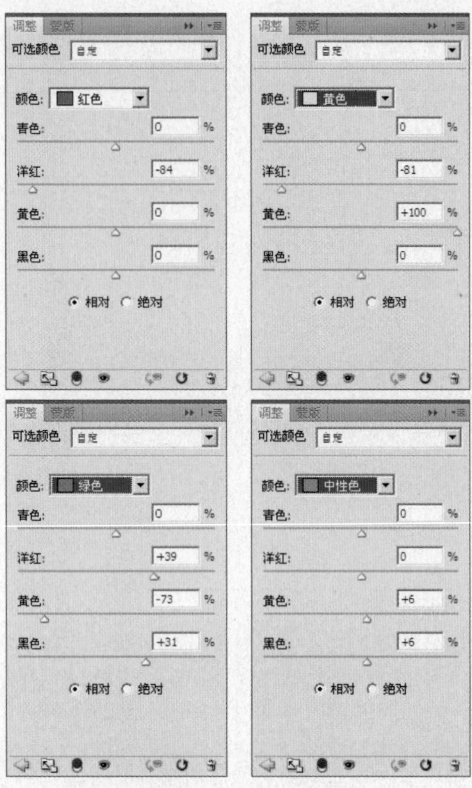

16 设置完“可选颜色”命令后，得到“选取颜色1”图层，可以看到图像调整后的效果如图所示。

17 单击“创建新的填充或调整图层”按钮，在弹出的菜单中选择“色阶”命令，设置弹出的“色阶”命令对话框后，得到“色阶1”图层，可以看到图像调整后的效果如图所示。

5.8

PART 5
多姿多彩的高级调色

难易度

调出照片的古典灰色调

使用图层混合模式和调整图层，为人物照片进行色彩的调整，再加上图层蒙版对不需要调整的地方进行修改，制作出复古的灰色调人物照片。

1 执行“文件”→“打开”命令，在弹出的“打开”对话框中选择随书光盘中的“素材 1”文件，此时的图像效果和图层调板如图所示。

2 单击“创建新的填充或调整图层”按钮，在弹出的菜单中选择“色阶”命令，设置弹出的对话框如图所示。

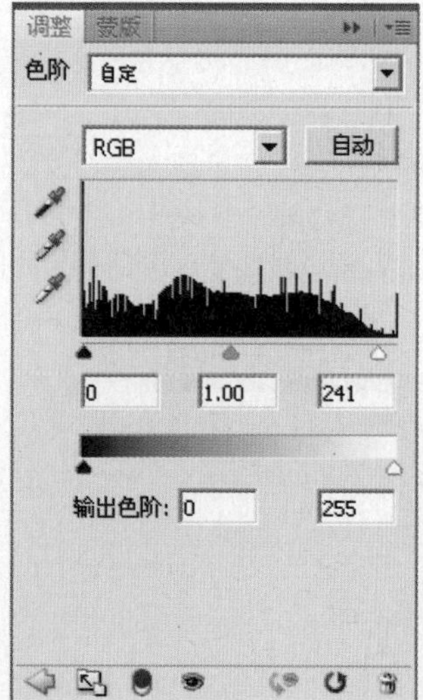

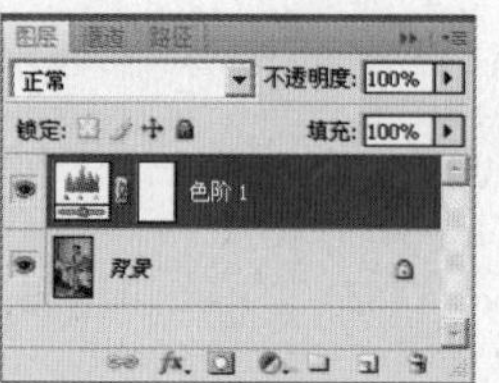

3 设置完“色阶”命令后，得到“色阶1”图层，可以看到图像调整后的效果如图所示。

5 设置完“曲线”命令后，得到“曲线1”图层，可以看到“背景”图层调整后的效果如图所示。

7 单击“创建新的填充或调整图层”按钮，在弹出的菜单中选择“色彩平衡”命令，设置弹出的对话框如图所示。

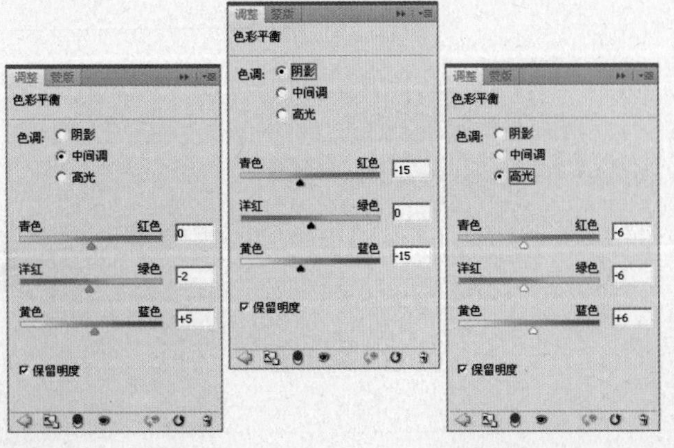

4 单击“创建新的填充或调整图层”按钮，在弹出的菜单中选择“曲线”命令，设置弹出的对话框如图所示。

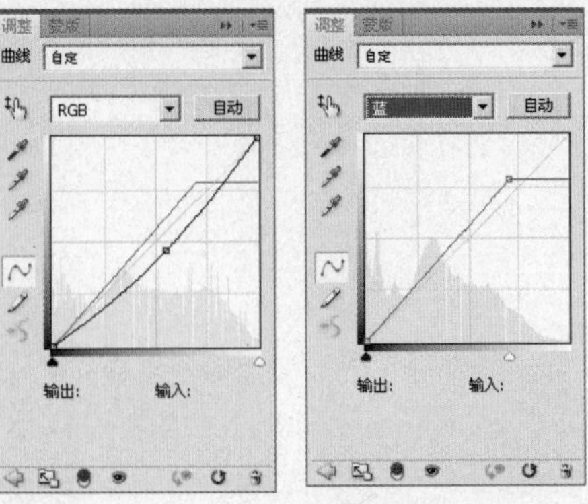

6 单击“曲线 1”图层的图层蒙版缩览图，设置前景色为黑色，使用“画笔工具”设置适当的画笔大小和透明度后，在人物的皮肤部位涂抹，其蒙版状态和图层面板如图所示。

8 设置完“色彩平衡”命令后，得到“色彩平衡1”图层，可以看到图像调整后的效果如图所示。

9 单击“创建新的填充或调整图层”按钮 ，在弹出的菜单中选择“色相/饱和度”命令，设置弹出的对话框如图所示。

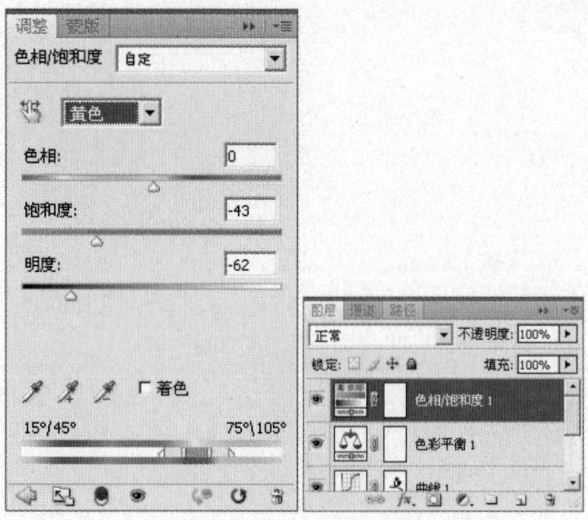

10 设置完“色相/饱和度”命令后，得到“色相/饱和度1”图层，可以看到图像调整后的效果如图所示。

11 单击“创建新的填充或调整图层”按钮 ，在弹出的菜单中选择“曲线”命令，设置弹出的对话框如图所示。

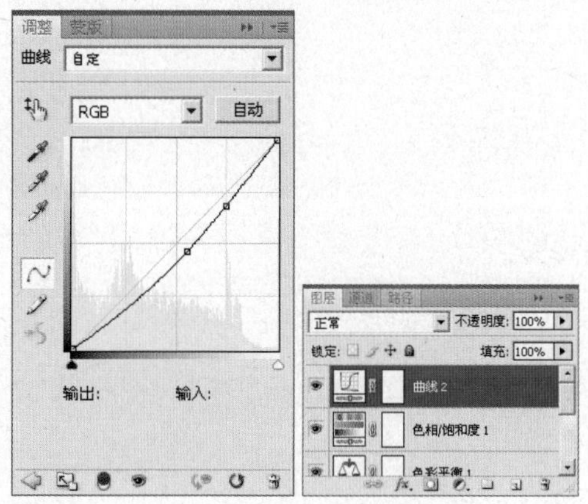

12 设置完“曲线”命令后，得到“曲线2”图层，可以看到图像调整后的效果如图所示。

13 单击“曲线 2”图层的图层蒙版缩览图，设置前景色为黑色，使用“画笔工具” 设置适当的画笔大小和透明度后，在人物的皮肤部位涂抹，其蒙版状态和图层面板如图所示。

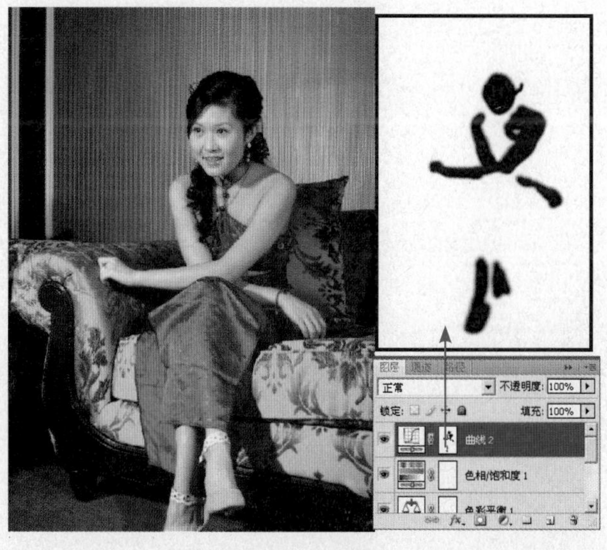

14 按快捷键【Ctrl+Alt+Shift+E】，执行“盖印图层”命令，得到“图层1”图层，使用本书通道磨皮的方法为人物磨皮，效果如图所示。

15 执行菜单栏中的“滤镜”→“锐化”→“USM锐化”命令，设置弹出的对话框中的参数如图所示后，单击【确定】按钮，设置后的效果如图所示。

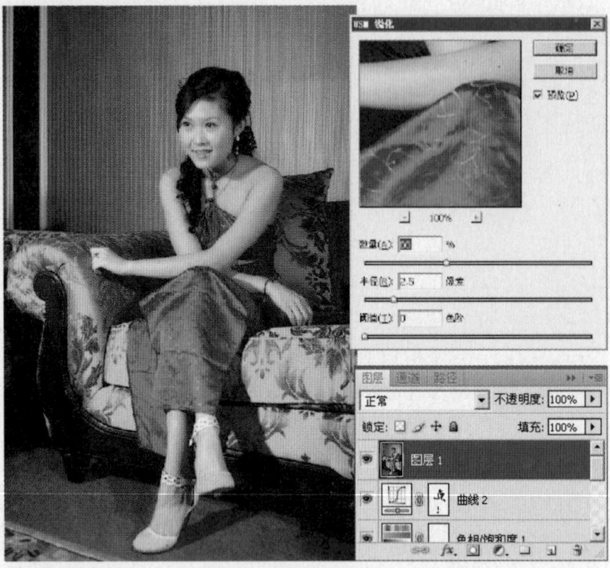

17 设置完“可选颜色”命令后，得到“选取颜色1”图层，可以看到“图层 1”调整后的效果如图所示。

16 单击“创建新的填充或调整图层”按钮，在弹出的菜单中选择“可选颜色”命令，设置弹出的对话框如图所示。

18 单击“创建新的填充或调整图层”按钮，在弹出的菜单中选择“色阶”命令，设置弹出的对话框后，得到“色阶2”图层，可以看到图像调整后的效果如图所示。

19 新建图层，生成“图层 2”图层，设置前景色为（R:86 G:76 B:67），按快捷键【Alt+Delete】对“图层 2”图层进行填充，其效果如图所示。

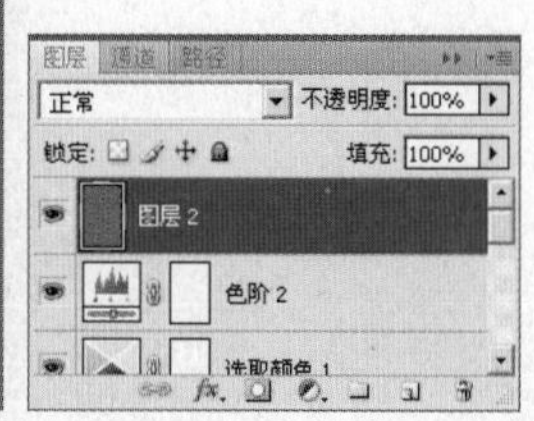

20 在图层面板的顶部，设置图层的混合模式为“柔光”，设置图层的不透明度为“80%”，得到如图所示的效果。

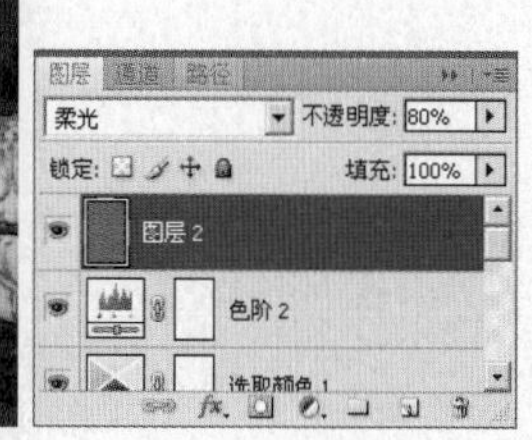

21 单击“创建新的填充或调整图层”按钮，在弹出的菜单中选择“色阶”命令，设置弹出的对话框如图所示。

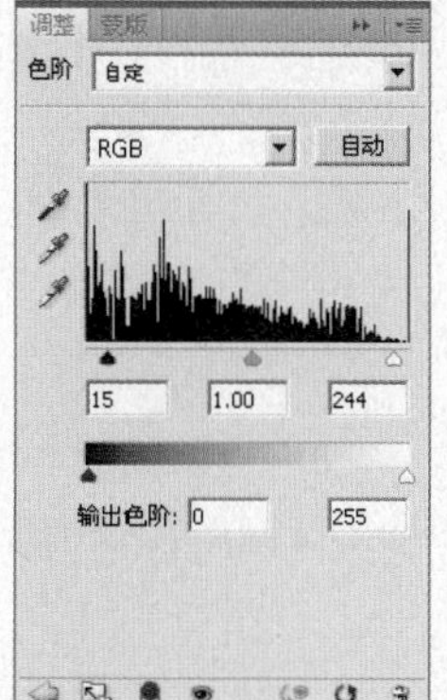

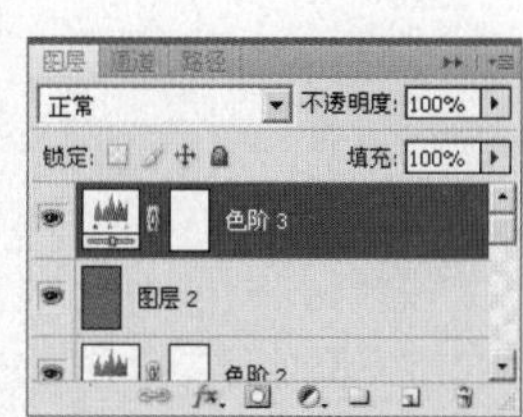

22 设置完“色阶”命令后，得到“色阶3”图层，可以看到图像调整后的效果如图所示。

23 单击“色阶 3”图层的图层蒙版缩览图，设置前景色为黑色，使用“画笔工具”设置适当的画笔大小和透明度后，在眼睛和嘴巴的部位涂抹，其蒙版状态和图层面板如图所示。

24 经过以上步骤的调整，得到了这张照片的最终效果，如图所示。

5.9

PART 5
多姿多彩的高级调色

难易度

调出人物淡色效果

使用调整图层中的"色相/饱和度"的应用，对照片进行色调的调整，使人物照片的颜色变淡，让照片显得很素雅。

1 执行"文件"→"打开"命令，在弹出的"打开"对话框中选择随书光盘中的"素材 1"文件，此时的图像效果和图层调板如图所示。

2 单击"创建新的填充或调整图层"按钮，在弹出的菜单中选择"曲线"命令，设置弹出的"曲线"命令对话框后，得到"曲线1"图层，如图所示。

3 按快捷键【Ctrl+Alt+Shift+E】，执行“盖印图层”命令，得到“图层1”图层，运用本书通道磨皮的方法对人物进行磨皮处理，得到如图所示的效果。

4 执行菜单栏中的“滤镜”→“锐化”→“USM锐化”命令，设置弹出的对话框中的参数如图所示后，单击【确定】按钮，设置后的效果如图所示。

5 单击“创建新的填充或调整图层”按钮，在弹出的菜单中选择“色阶”命令，设置弹出的“色阶”命令对话框后，得到“色阶1”图层，如图所示。

6 按快捷键【Ctrl+Alt+Shift+E】，执行“盖印图层”命令，得到“图层2”图层，如图所示。

7 使用工具条中的“仿制图章工具”，按住【Alt】键在人物脸部有瑕疵的皮肤周围单击一下进行取样，然后在瑕疵上进行涂抹，将瑕疵修除，如图所示。

8 执行菜单栏中的“滤镜”→“其他”→“高反差保留”命令，设置弹出的对话框中的参数后，单击【确定】按钮，设置后的效果如图所示。

9 在图层面板的顶部，设置图层的混合模式为“叠加”，图层的不透明度为“30%”，得到如图所示的效果。

10 新建图层，生成“图层3”图层，按快捷键【Ctrl+Alt+2】，调出图像的高光选区，得到如图所示的状态。

11 设置前景色为白色，按快捷键【Alt+Delete】对选区进行填充，按快捷键【Ctrl+D】取消选区，其效果如图所示。

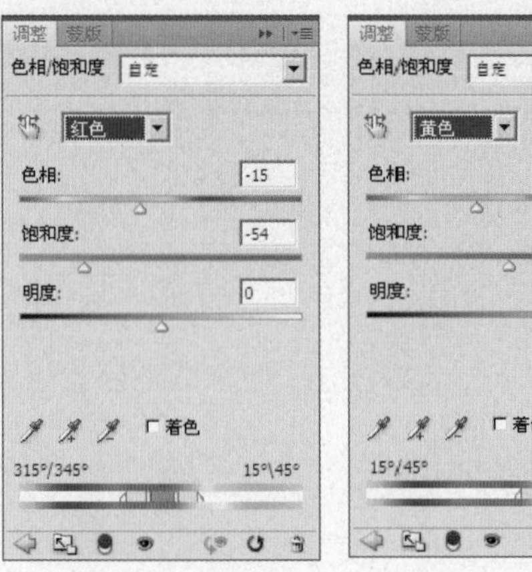

12 在图层面板的顶部，设置图层的不透明度为“50%”，得到如图所示的效果。

13 单击“创建新的填充或调整图层”按钮，在弹出的菜单中选择“色相/饱和度”命令，设置弹出的对话框如图所示。

14 设置完“色相/饱和度”命令后，得到“色相/饱和度1”图层，可以看到图像调整后的效果如图所示。

15 单击“创建新的填充或调整图层”按钮，在弹出的菜单中选择“曲线”命令，设置弹出的“曲线”命令对话框后，得到“曲线2”图层，如图所示。

PART 6

诗情画意的风景照艺术化

本章将具体讲解诗情画意的风景照片的艺术化的知识，针对风景照片的特点，我们对其进行不同风格的调整，继而通过不同实例的讲解，让我们快速地了解用Photoshop CS5软件调整风景照片的技法，同时也讲解数码照片的一些处理技巧。通过本章的学习，我们将掌握如何调出情画意的风景照片。

6.1 PART 6 诗情画意的风景照艺术化

难易度

调出风景照片暗沉的艺术色

使用调整图层的“色阶”命令、“曲线”命令、“色相/饱和度”命令，对风景照片进行调整，使照片提亮；使用调整图层的“通道混合器”图层，对照片的色调进行调整，使照片呈现暗沉的艺术色调。

1 执行“文件”→“打开”命令，在弹出的“打开”对话框中选择随书光盘中的“素材 1”文件，此时的图像效果和图层调板如图所示。

2 单击“创建新的填充或调整图层”按钮，在弹出的菜单中选择“曲线”命令，设置弹出的对话框如图所示。设置完“曲线”命令后，得到“曲线1”图层，如图所示。

3 单击“创建新的填充或调整图层”按钮，在弹出的菜单中选择“色阶”命令，设置弹出的对话框如图所示。设置完“色阶”命令后，得到“色阶1”图层，如图所示。

4 单击“创建新的填充或调整图层”按钮，在弹出的菜单中选择“色相/饱和度”命令，设置弹出的对话框如图所示。

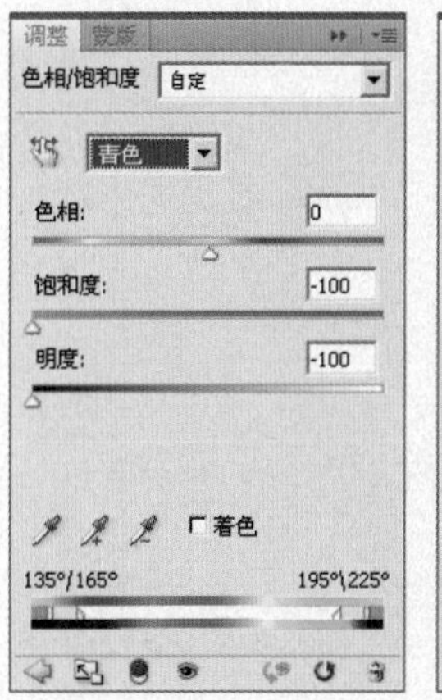

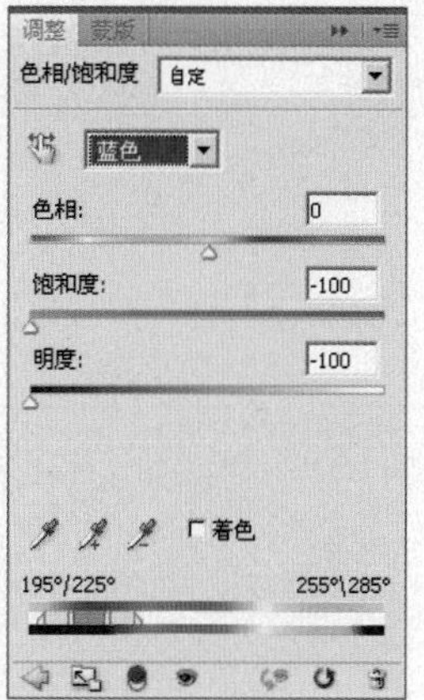

5 设置完“色相/饱和度”命令后，得到“色相/饱和度1”图层，可以看到“背景”图层调整后的效果如图所示。

6 单击色相/饱和度1”的图层蒙版缩览图，单击工具条的“渐变工具”，设置由黑到白的渐变色，然后由下向上拖动鼠标，为图层添加渐变式的蒙版，其蒙版状态和图层面板如图所示。

7 单击“创建新的填充或调整图层”按钮，在弹出的菜单中选择“色相/饱和度”命令，设置弹出的对话框如图所示。

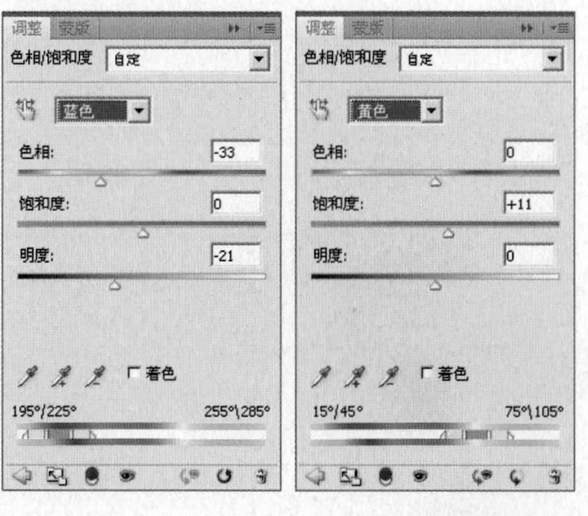

8 设置完“色相/饱和度”命令后，得到“色相/饱和度2”图层，可以看到“背景”图层调整后的效果如图所示。

9 单击"创建新的填充或调整图层"按钮，在弹出的菜单中选择"可选颜色"命令，设置弹出的对话框如图所示。

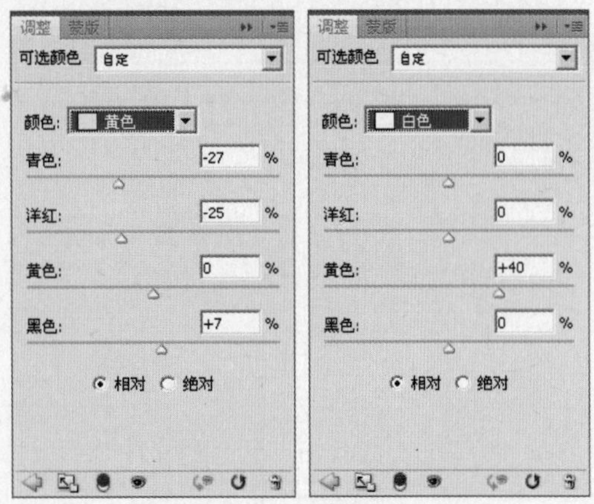

10 设置完"可选颜色"命令后，得到"选取颜色1"图层，可以看到"背景"图层调整后的效果如图所示。

11 单击"创建新的填充或调整图层"按钮，在弹出的菜单中选择"色相/饱和度"命令，设置弹出的对话框如图所示。设置完"色相/饱和度"命令后，得到"色相/饱和度1"图层，如图所示。

12 按快捷键【Ctrl+Alt+Shift+E】，执行"盖印图层"命令，得到"图层1"图层，在图层面板的顶部，设置图层的混合模式为"叠加"，设置图层的不透明度为"50%"，得到如图所示的效果。

13 单击"创建新的填充或调整图层"按钮，在弹出的菜单中选择"曲线"命令，设置弹出的对话框如图所示。设置完"曲线"命令后，得到"曲线2"图层，如图所示。

14 经过以上步骤的调整，得到了这张照片的最终效果，如图所示。

6.2

PART 6
诗情画意的风景照艺术化

难易度

调出风景照片灰暗的艺术色彩

使用调整图层的"色相/饱和度"命令、"色阶"命令、"色彩平衡"命令，对风景照片进行调整，使照片提亮；使用渐变填充图层图层，对照片的色调进行调整，使照片呈现灰暗的色调。

1 执行"文件"→"打开"命令，在弹出的"打开"对话框中选择随书光盘中的"素材 1"文件，此时的图像效果和图层调板如图所示。

2 单击"创建新的填充或调整图层"按钮，在弹出的菜单中选择"色相/饱和度"命令，设置弹出的对话框如图所示。

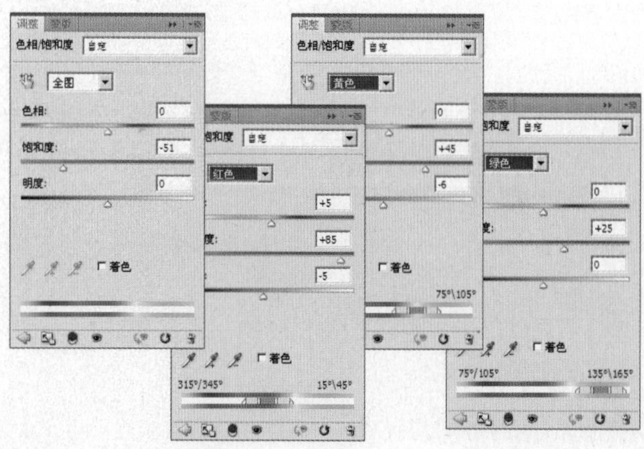

3 设置完“色相/饱和度”命令后，得到“色相/饱和度1”图层，可以看到图像调整后的效果如图所示。

4 拖动“色相/饱和度1”图层到图层面板底部的“创建新图层”按钮，对图层进行复制操作，得到“色相/饱和度1 副本”图层，设置图层的不透明度为“50%”，如图所示。

5 单击“创建新的填充或调整图层”按钮，在弹出的菜单中选择“色彩平衡”命令，设置弹出的“色彩平衡”命令对话框后，得到“色彩平衡1”图层，如图所示。

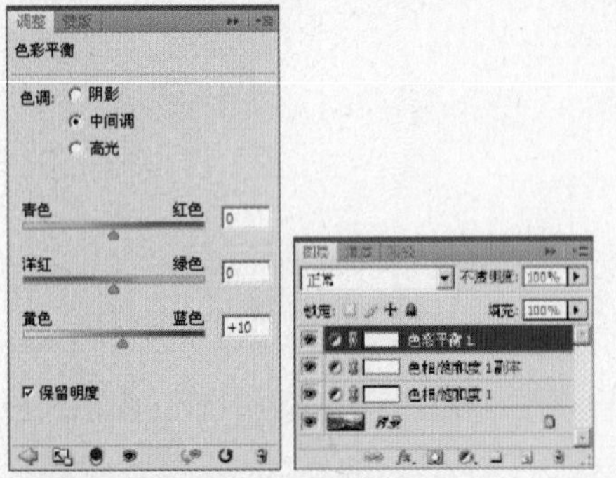

6 复制“背景”图层，得到“背景 副本”图层，按快捷键【Ctrl+Shift+]】，使图层至顶层，如图所示。

7 在图层面板的顶部，设置图层的混合模式为“浅色”，图层的不透明度为“75%”，得到如图所示的效果。

8 单击“添加图层蒙版”按钮，为“背景 副本”添加图层蒙版，设置前景色为黑色，使用“画笔工具”设置适当的画笔大小和透明度后，在天空的位置涂抹，其蒙版状态和图层面板如图所示。

9 单击“创建新的填充或调整图层”按钮，在弹出的菜单中选择“色阶”命令，设置弹出的“色阶”命令对话框后，得到“色阶1”图层，如图所示。

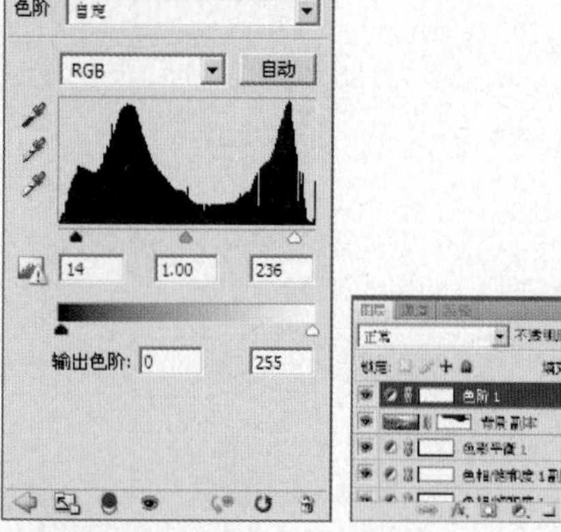

10 新建图层，生成“图层1”图层，单击工具条的“渐变工具”，再单击操作面板的左上角的“渐变工具条”，弹出“渐变编辑器”，设置弹出的对话框如图所示。

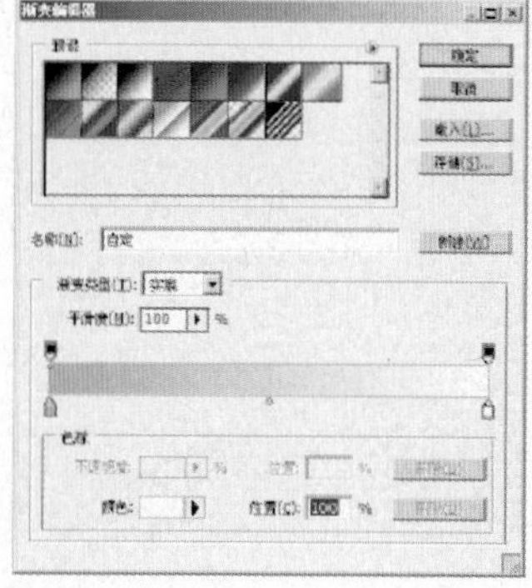

11 设置完对话框后，单击【确定】按钮，新建图层，生成“图层1”图层，选择“线性渐变”，在“图层1”图层中从左上角到右下角拖动鼠标，得到如图所示的效果。

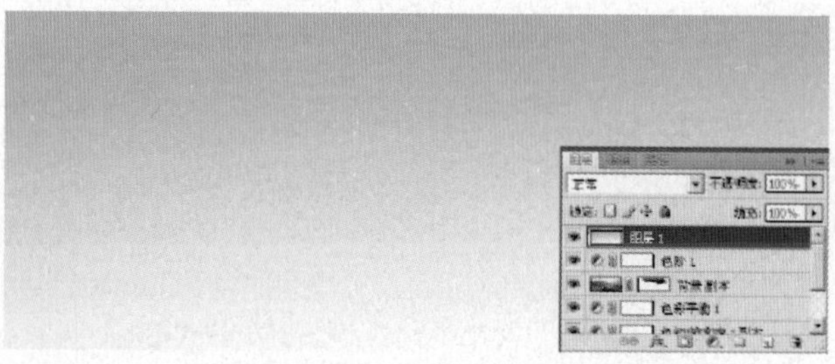

12 在图层面板的顶部，设置图层的混合模式为“颜色加深”，设置图层的不透明度为“36%”，得到如图所示的效果。

13 单击“创建新的填充或调整图层”按钮，在弹出的菜单中选择“通道混合器”命令，设置弹出的对话框如图所示。

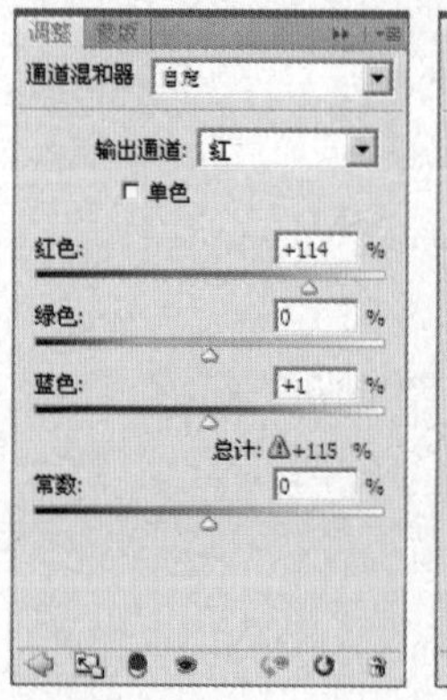

14 设置完“通道混合器”命令后，得到“通道混合器1”图层，可以看到图像调整后的效果如图所示。

15 按快捷键【Ctrl+Alt+Shift+E】，执行“盖印图层”命令，得到“图层2”图层，如图所示。

16 使用工具条中的"钢笔工具"，在工具选项条中单击"路径"按钮，在云彩的位置绘制路径，如图所示。

17 按【Ctrl+J】快捷键，复制选区内容到新的图层，生成"图层3"图层，如图所示。

18 按【Ctrl+T】快捷键，调出自由变换选框，在选框中单击鼠标右键，在弹出的菜单中选择"水平翻转"，然后移动并放大选框到如图所示的状态。

19 按【Ctrl+Enter】快捷键，取消自由变换选框，在图层面板的顶部，设置图层的混合模式为"深色"，设置图层的不透明度为"55%"，得到如图所示的效果。

20 单击"添加图层蒙版"按钮，为"图层3"添加图层蒙版，单击工具条的"渐变工具"，选择由黑到透明的渐变，在图像中拖动。再设置前景色为黑色，使用"画笔工具"，在云彩的边缘位置涂抹，其蒙版状态和图层面板如图所示。

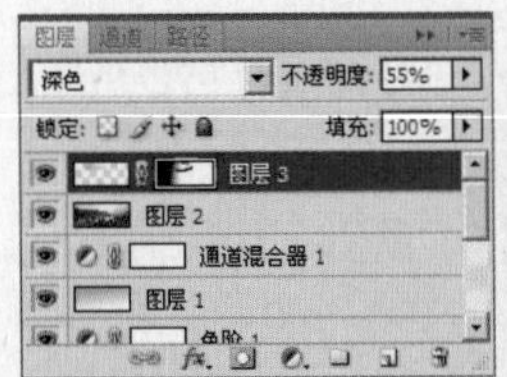

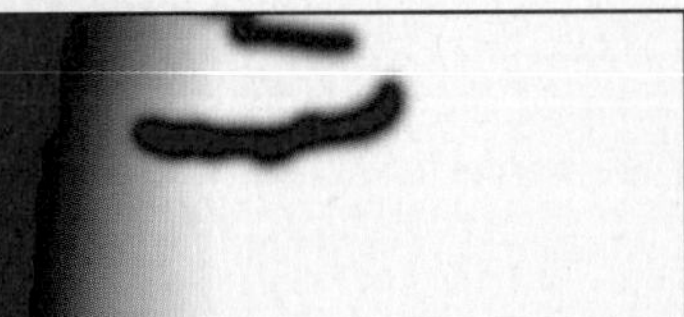

21 单击"创建新的填充或调整图层"按钮，在弹出的菜单中选择"色阶"命令，设置弹出的"色阶"命令对话框后，得到"色阶2"图层，如图所示。

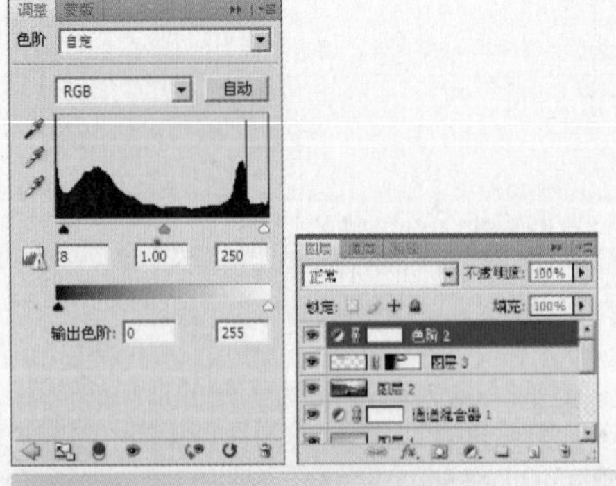

6.3

PART 6
诗情画意的风景照艺术化

难易度

调出风景照片艳丽梦幻的色彩

使用图层混合模式提亮照片，使用高斯模糊滤镜使风景照片变柔和，使用调整图层的“色阶”命令对照片的对比度进行调整，使照片呈现艳丽梦幻的色调。

1 执行“文件”→“打开”命令，在弹出的“打开”对话框中选择随书光盘中的“素材 1”文件，此时的图像效果和图层调板如图所示。

2 拖动“背景”图层到图层面板底部的“创建新图层”按钮 ，对图层进行复制操作，得到“背景 副本”图层，设置图层的混合模式为“颜色减淡”，得到如图所示的效果。

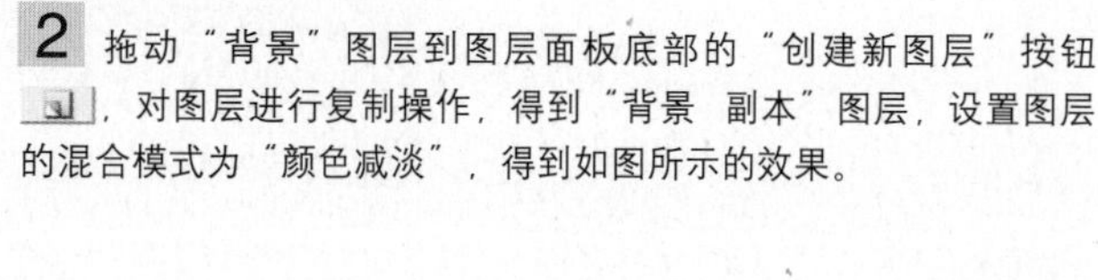

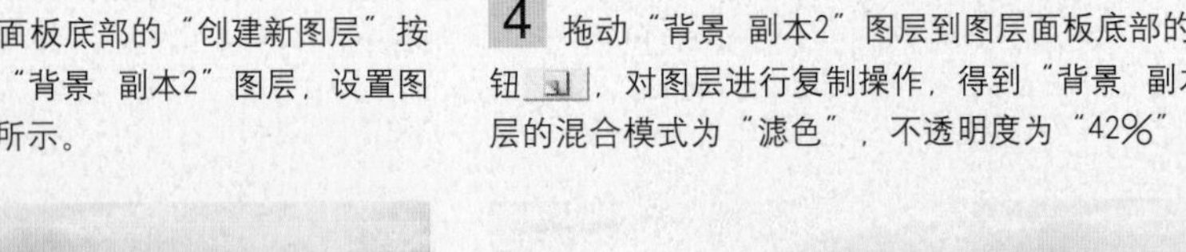

3 拖动“背景 副本”图层到图层面板底部的“创建新图层”按钮，对图层进行复制操作，得到“背景 副本2”图层，设置图层的混合模式为“正片叠底”，如图所示。

4 拖动“背景 副本2”图层到图层面板底部的“创建新图层”按钮，对图层进行复制操作，得到“背景 副本3”图层，设置图层的混合模式为“滤色”，不透明度为“42%”，如图所示。

5 按快捷键【Ctrl+Alt+Shift+E】，执行“盖印图层”命令，得到“图层1”图层。执行菜单栏中的“滤镜”→“模糊”→“高斯模糊”命令，设置弹出的对话框中的参数后，单击【确定】按钮，设置后的效果如图所示。

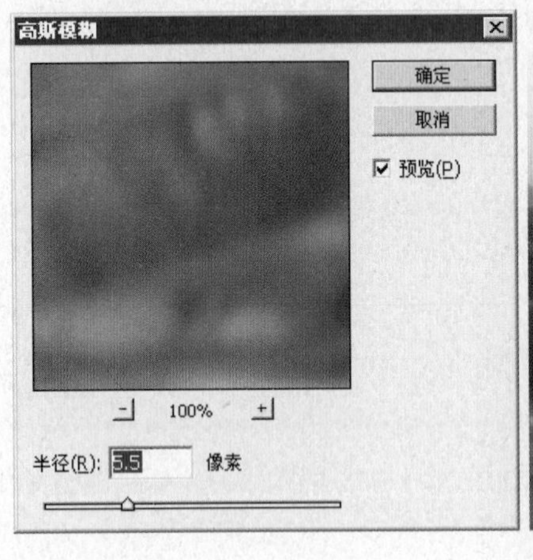

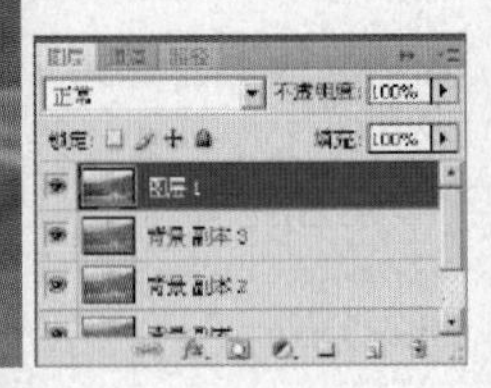

6 设置图层的不透明度为“75%”，单击“添加图层蒙版”按钮，为“图层1”添加图层蒙版。设置前景色为黑色，使用“画笔工具”设置适当的画笔大小和透明度后，在前景的部分涂抹，其蒙版状态和图层面板如图所示。

7 单击“创建新的填充或调整图层”按钮，在弹出的菜单中选择“渐变填充”命令，设置弹出的对话框。设置完“渐变填充”命令后，得到“渐变填充1”图层，如图所示。

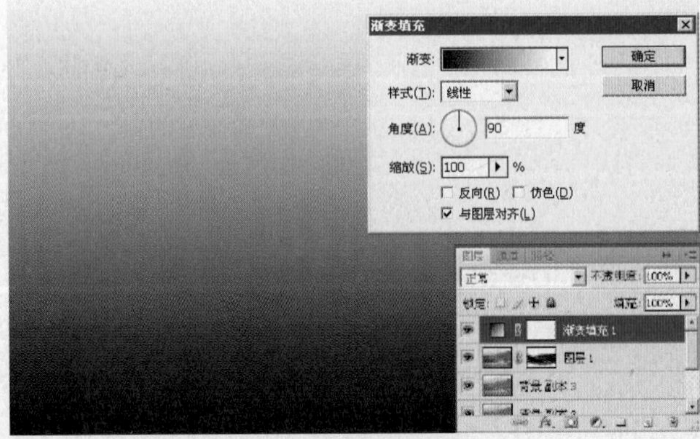

8 在图层面板的顶部，设置图层的混合模式为“滤色”，图层的不透明度为“70%”，得到如图所示的效果。

9 单击“添加图层蒙版”按钮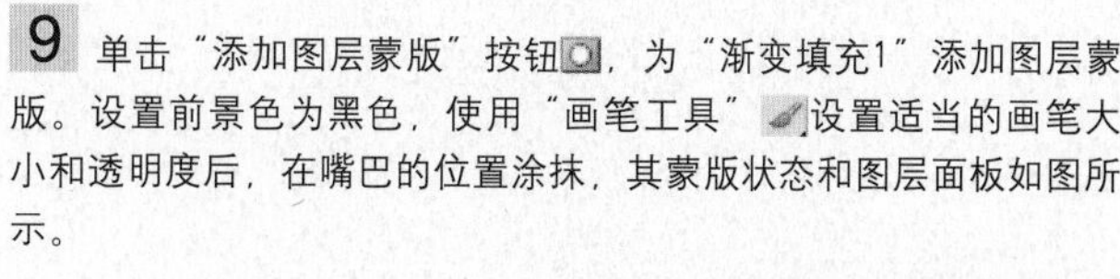，为“渐变填充1”添加图层蒙版。设置前景色为黑色，使用“画笔工具”设置适当的画笔大小和透明度后，在嘴巴的位置涂抹，其蒙版状态和图层面板如图所示。

10 拖动“渐变填充1”图层到图层面板底部的“创建新图层”按钮，对图层进行复制操作，得到“渐变填充1 副本”图层，如图所示。

11 在图层面板的顶部，设置图层的混合模式为“颜色减淡”，设置图层的不透明度为“60%”，为图层蒙版填充上白色，如图所示的效果。

12 单击“渐变填充1 副本”图层的蒙版缩览图，单击工具条的“渐变工具”，设置由黑到透明的渐变，在云彩的位置拖动几次，其蒙版状态和图层面板如图所示。

13 拖动“渐变填充1 副本”图层到图层面板底部的“创建新图层”按钮，对图层进行复制操作，得到“渐变填充1 副本2”图层，如图所示。

14 在图层面板的顶部，设置图层的混合模式为"滤色"，设置图层的不透明度为"35%"，为图层蒙版填充上白色，如图所示的效果。

15 单击"渐变填充1 副本2"图层的蒙版缩览图，设置前景色为黑色，使用"画笔工具"设置适当的画笔大小和透明度后，在云彩的位置涂抹，其蒙版状态和图层面板如图所示。

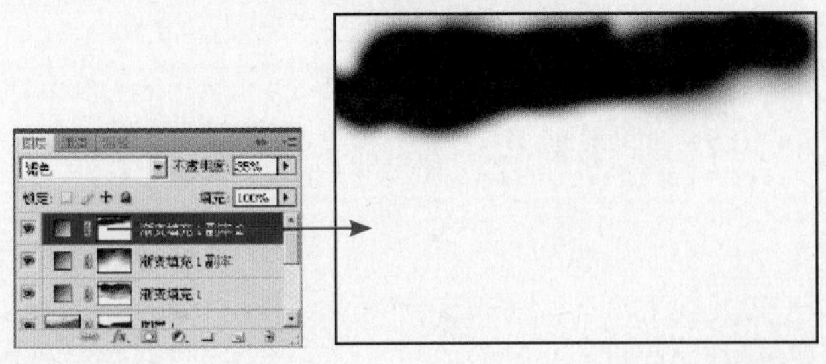

16 单击"创建新的填充或调整图层"按钮，在弹出的菜单中选择"曲线"命令，设置弹出的"曲线"命令对话框后，得到"曲线1"图层，如图所示。

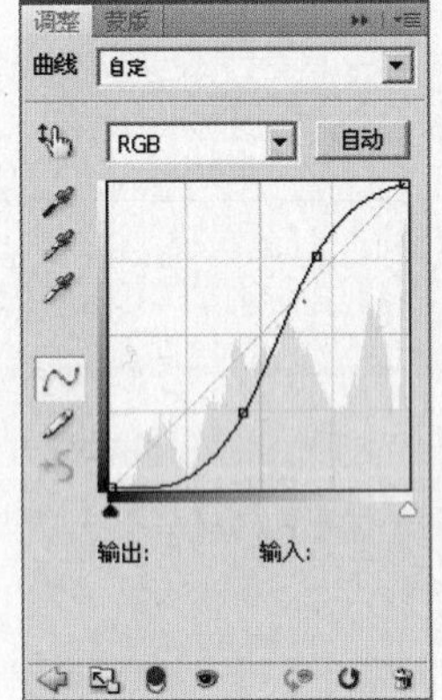

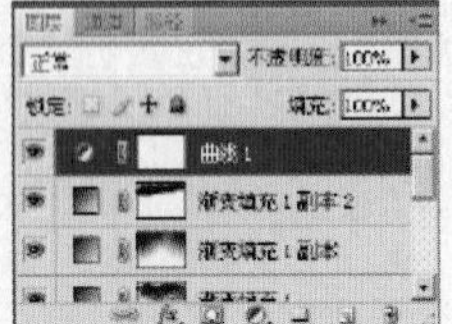

17 单击"曲线1"图层的蒙版缩览图，设置前景色为黑色，使用"画笔工具"设置适当的画笔大小和透明度后，在画面底部涂抹，其蒙版状态和图层面板如图所示。

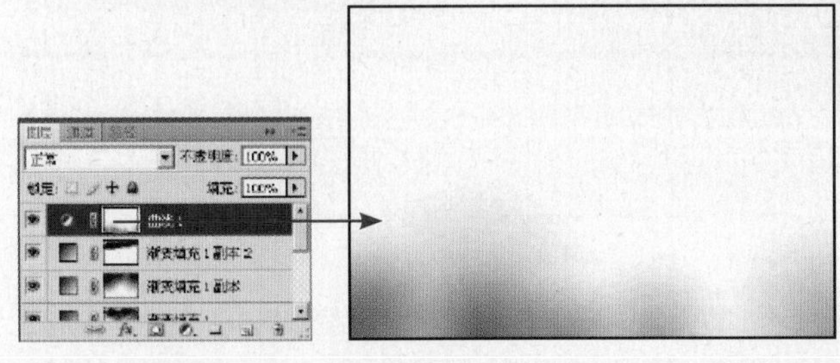

难易度

调出雪景照片的金色效果

使用调整图层的"曲线"命令提亮照片，使用调整图层的"渐变映射"命令对风景照片的色调进行调整，使照片变为金黄的色调，使用调整图层的"通道混合器"图层，对照片进行调整，使照片呈现金色艺术色调。

1 执行"文件"→"打开"命令，在弹出的"打开"对话框中选择随书光盘中的"素材 1"文件，此时的图像效果和图层调板如图所示。

2 拖动"背景"图层到图层面板底部的"创建新图层"按钮，对图层进行复制操作，得到"背景 副本"图层，设置图层的混合模式为"正片叠底"，如图所示。

3 单击“创建新的填充或调整图层”按钮，在弹出的菜单中选择“曲线”命令，设置弹出的对话框如图所示。设置完“曲线”命令后，得到“曲线1”图层，如图所示。

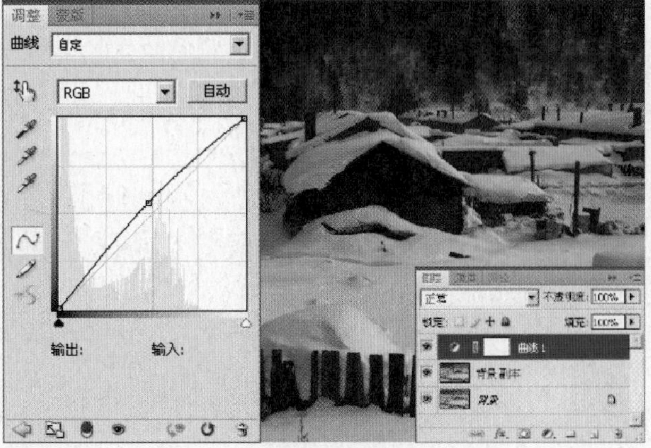

4 单击“创建新的填充或调整图层”按钮，在弹出的菜单中选择“渐变映射”命令，设置弹出的对话框如图所示。设置完“渐变映射”命令后，得到“渐变映射1”图层，如图所示。

5 在图层面板的顶部，设置图层的混合模式为“正片叠底”，设置图层的不透明度为“89%”，得到如图所示的效果。

6 按快捷键【Ctrl+Alt+Shift+E】，执行“盖印图层”命令，得到“图层1”图层，使用工具条中的“钢笔工具”，在工具选项条中单击“路径”按钮，绘制亮部区域的轮廓路径，如图所示。

7 按【Ctrl+Enter】快捷键，将路径转换为选区，按【Shift+F6】快捷键，羽化选区，设置弹出的对话框如图所示后单击【确定】按钮，得到如图所示的状态。

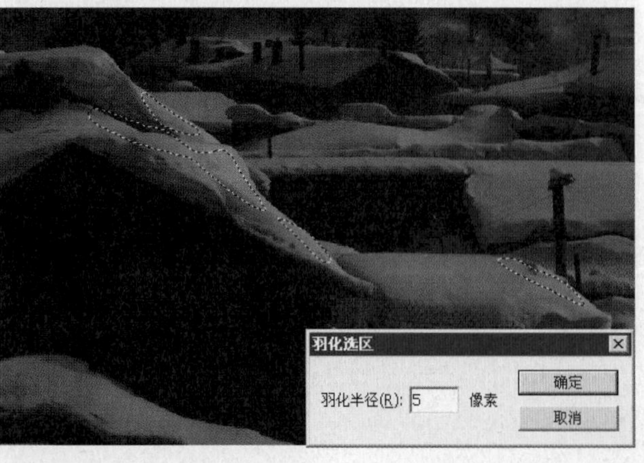

8 按快捷键【Ctrl+M】，调出“曲线”对话框，在弹出的对话框中进行如图所示的设置。

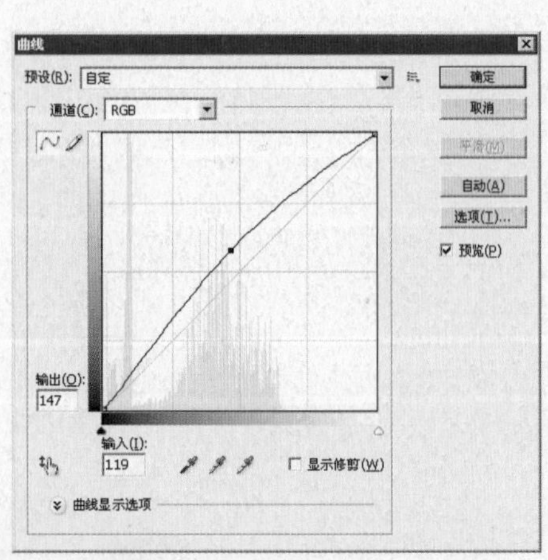

9 设置完后单击【确定】按钮，按快捷键【Ctrl+D】，取消选区。可以看到“图层 1”调整后的效果如图所示。

10 单击“创建新的填充或调整图层”按钮，在弹出的菜单中选择“曲线”命令，设置弹出的对话框如图所示。设置完“曲线”命令后，得到“曲线2”图层，如图所示。

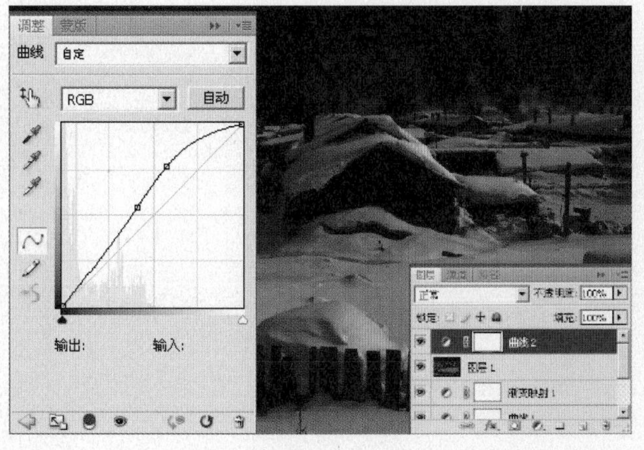

11 单击“创建新的填充或调整图层”按钮，在弹出的菜单中选择“色阶”命令，设置弹出的对话框如图所示。设置完“色阶”命令后，得到“色阶1”图层，如图所示。

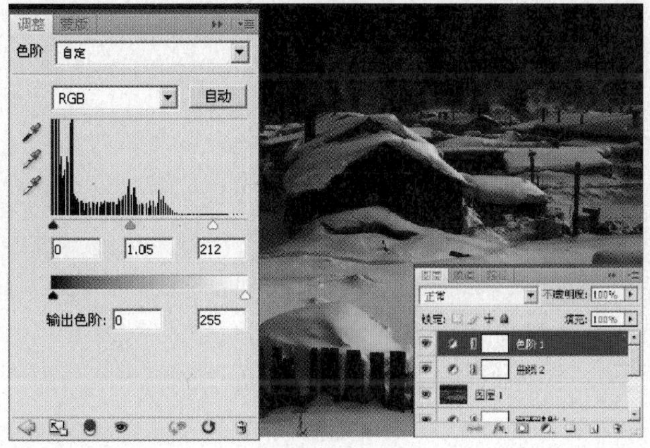

12 按快捷键【Ctrl+Alt+Shift+E】，执行“盖印图层”命令，得到“图层2”图层，使用工具条中的“加深工具”，在画面的4个角适当地加深一些，如图所示。

13 拖动“背景”图层到图层面板底部的“创建新图层”按钮，对图层进行复制操作，得到“背景 副本2”图层，按快捷键【Ctrl+Shift+]】，把图层移至顶层，如图所示。

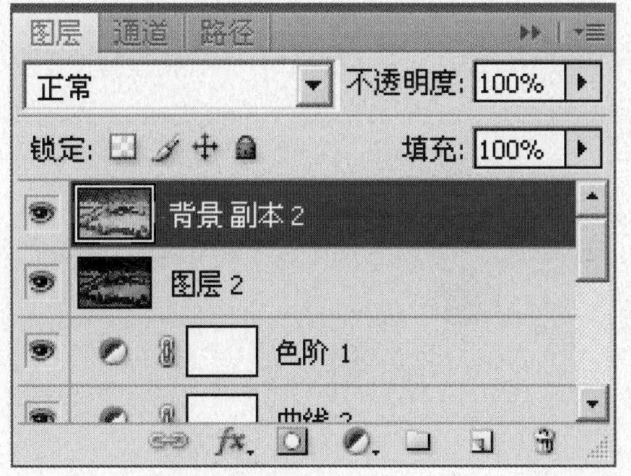

14 按快捷键【Ctrl+Alt+Shift+E】，执行“盖印图层”命令，得到“图层1”图层，设置图层的混合模式为“颜色”，如图所示。

15 单击“创建新的填充或调整图层”按钮，在弹出的菜单中选择“曲线”命令，设置弹出的对话框如图所示。

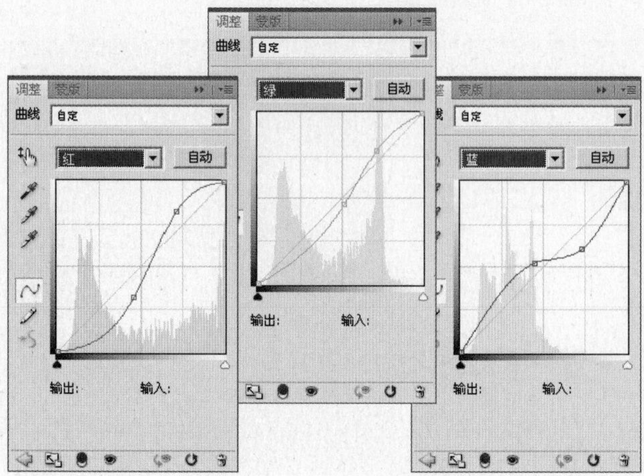

16 设置完“曲线”命令后，得到“曲线3”图层，可以看到“图层 2”图层调整后的效果如图所示。

17 单击“创建新的填充或调整图层”按钮，在弹出的菜单中选择“通道混合器”命令，设置弹出的对话框如图所示。

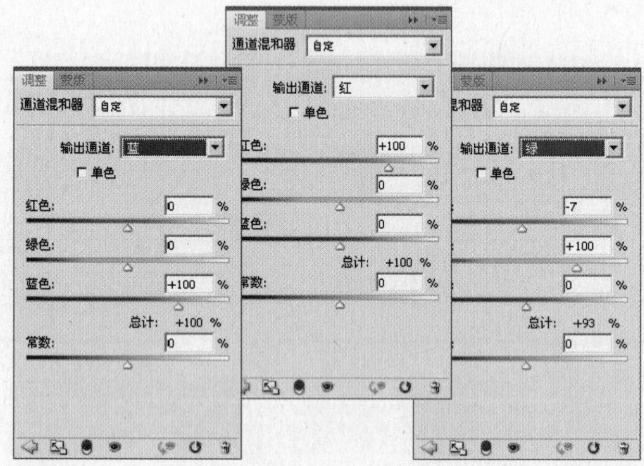

18 设置完“通道混合器”命令后，得到“通道混合器1”图层，可以看到调整后的效果如图所示。

19 单击“创建新的填充或调整图层”按钮，在弹出的菜单中选择“曲线”命令，设置弹出的对话框如图所示。

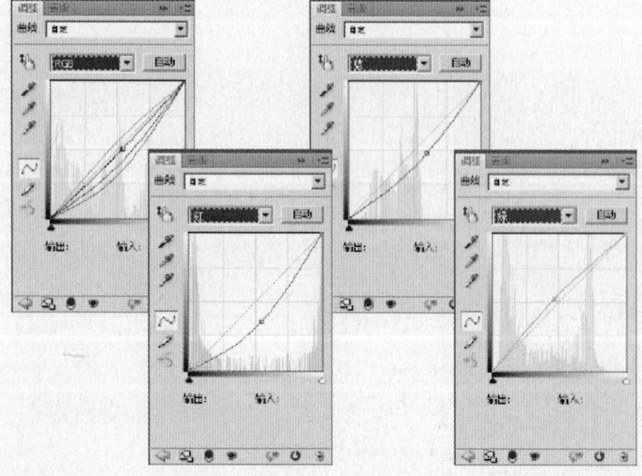

20 设置完“曲线”命令后，得到“曲线4”图层，可以看到“图层 2”图层调整后的效果如图所示。

6.5 PART 6 诗情画意的风景照艺术化

难易度

把风景照片转插画效果

使用“去色”命令，使照片变为黑白色调。使用填充颜色图层和图层混合模式对照片的色调进行调整，使风景照片变为漂亮的插画效果。

1 执行“文件”→“打开”命令，在弹出的“打开”对话框中选择随书光盘中的“素材 1”文件，此时的图像效果和图层调板如图所示。

2 拖动“背景”图层到图层面板底部的“创建新图层”按钮，对图层进行复制操作，得到“背景 副本”图层，按【Ctrl+Shift+U】快捷键，执行“去色”命令，如图所示。

3 单击“创建新的填充或调整图层”按钮，在弹出的菜单中选择“曲线”命令，设置弹出的对话框如图所示。设置完“曲线”命令后，得到“曲线1”图层，如图所示。

4 单击“创建新的填充或调整图层”按钮，在弹出的菜单中选择“色阶”命令，设置弹出的对话框如图所示。设置完“色阶”命令后，得到“色阶1”图层，如图所示。

5 新建图层，生成“图层 1”图层，设置前景色为（R:1 G:51 B:86），按快捷键【Alt+Delete】对“图层 1”图层进行填充，其效果如图所示。

6 在图层面板的顶部，设置图层的混合模式为“叠加”，设置图层的不透明度为“60%”，得到如图所示的效果。

7 新建图层，生成“图层 2”图层，设置前景色为（R:255 G:239 B:170），按快捷键【Alt+Delete】对“图层 2”图层进行填充，其效果如图所示。

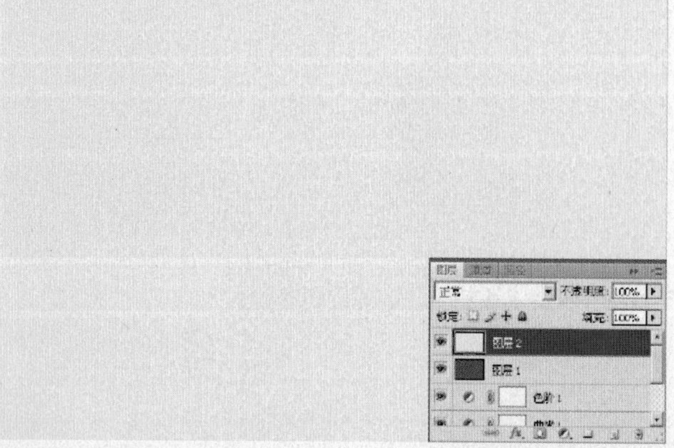

8 在图层面板的顶部，设置图层的混合模式为“正片叠底”，得到如图所示的效果。

9 按快捷键【Ctrl+Alt+Shift+E】，执行“盖印图层”命令，得到“图层3”图层，在图层面板的顶部，设置图层的混合模式为“滤色”，设置图层的不透明度为“60%”，得到如图所示的效果。

10 拖动“背景”图层到图层面板底部的“创建新图层”按钮 ，对图层进行复制操作，得到“背景 副本2”图层，按快捷键【Ctrl+Shift+]】，把图层移至顶层，如图所示。

11 在图层面板的顶部，设置图层的混合模式为“叠加”，设置图层的不透明度为“60%”，得到如图所示的效果。

12 新建图层，生成“图层 4”图层，设置前景色为（R:1 G:96 B:76），按快捷键【Alt+Delete】对“图层 4”图层进行填充，其效果如图所示。

13 在图层面板的顶部，设置图层的混合模式为“滤色”，设置图层的不透明度为“26%”，得到如图所示的效果。

14 新建图层，生成“图层 5”图层，设置前景色为（R:255 G:219 B:107），按快捷键【Alt+Delete】对“图层 5”图层进行填充，其效果如图所示。

15 在图层面板的顶部，设置图层的混合模式为“正片叠底”，设置图层的不透明度为“30%”，得到如图所示的效果。

16 按快捷键【Ctrl+Alt+Shift+E】，执行“盖印图层”命令，得到“图层6”图层。执行菜单栏中的“滤镜”→“杂色”→“添加杂色”命令，设置弹出的对话框中的参数如图所示后，单击【确定】按钮，设置后的效果如图所示。

17 在图层面板的顶部，设置图层的不透明度为“30%”，得到如图所示的效果。

18 按快捷键【Ctrl+Alt+Shift+E】，执行“盖印图层”命令，得到“图层7”图层，如图所示。

19 执行菜单栏中的“滤镜”→“艺术效果”→“绘画涂抹”命令，设置弹出的对话框中的参数如图所示后，单击【确定】按钮，设置后的效果如图所示。

20 在图层面板的顶部，设置图层的混合模式为“正片叠底”，设置图层的不透明度为“30%”，得到如图所示的效果。

21 单击“创建新的填充或调整图层”按钮，在弹出的菜单中选择“色相/饱和度”命令，设置弹出的对话框如图所示。

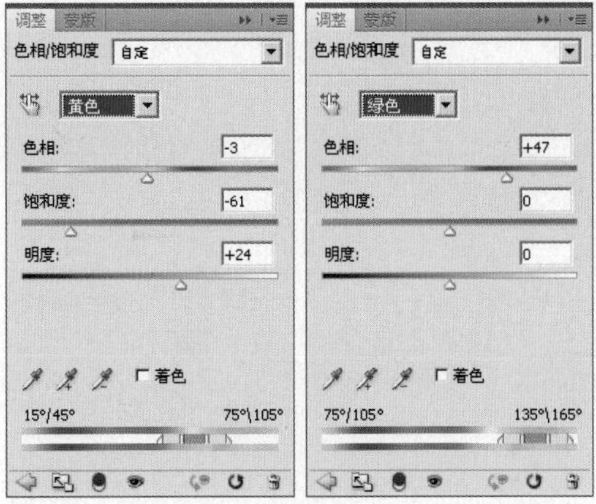

22 设置完“色相/饱和度”命令后，得到“色相/饱和度1”图层，可以看到“图层7”图层调整后的效果如图所示。

23 单击“创建新的填充或调整图层”按钮，在弹出的菜单中选择“亮度/对比度”命令，设置弹出的对话框如图所示。设置完“亮度/对比度”命令后，得到“亮度/对比度1”图层，如图所示。

24 单击“创建新的填充或调整图层”按钮，在弹出的菜单中选择“色阶”命令，设置弹出的对话框如图所示。设置完“色阶”命令后，得到“色阶2”图层，如图所示。

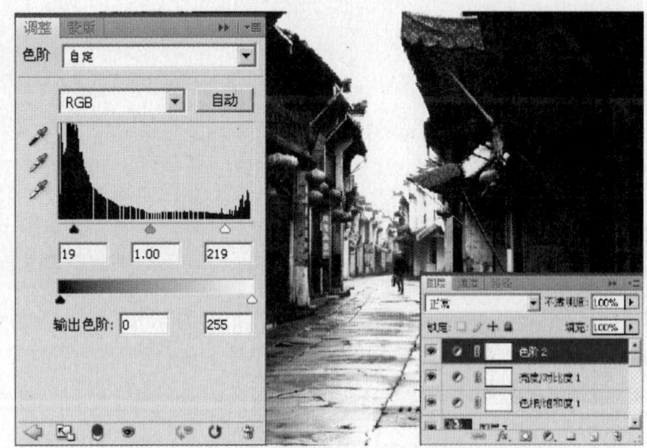

25 新建图层，生成“图层 8”图层，设置前景色为（R:255 G:255 B:211），按快捷键【Alt+Delete】对“图层 8”图层进行填充，其效果如图所示。

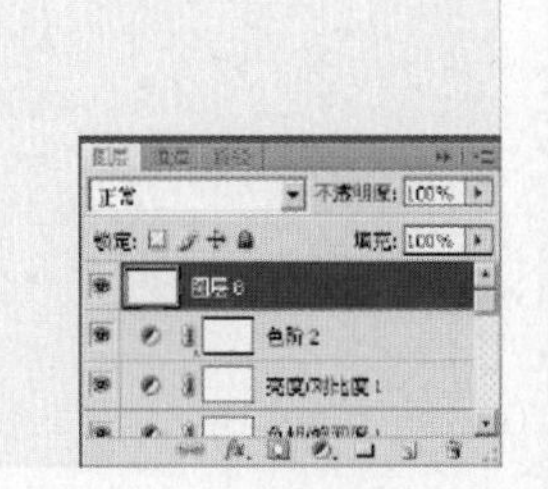

26 在图层面板的顶部，设置图层的混合模式为“正片叠底”，设置图层的不透明度为“80%”，得到如图所示的效果。

6.6 PART 6 诗情画意的风景照艺术化

难易度

把古建筑照片处理成淡水墨画效果

使用调整图层的“色阶”命令、“色相/饱和度”命令，对风景照片进行调整，使照片提亮；使用“高斯模糊”命令，使照片变柔和，使用“水彩”滤镜，使照片具有水墨画的效果。

1 执行“文件”→“打开”命令，在弹出的“打开”对话框中选择随书光盘中的“素材 1”文件，此时的图像效果和图层调板如图所示。

2 复制“背景”图层，得到“背景 副本”在图层面板的顶部，设置图层的混合模式为“滤色”，得到如图所示的效果。

3 单击“创建新的填充或调整图层”按钮，在弹出的菜单中选择“色阶”命令，设置弹出的“色阶”命令对话框后，得到“色阶1”图层，如图所示。

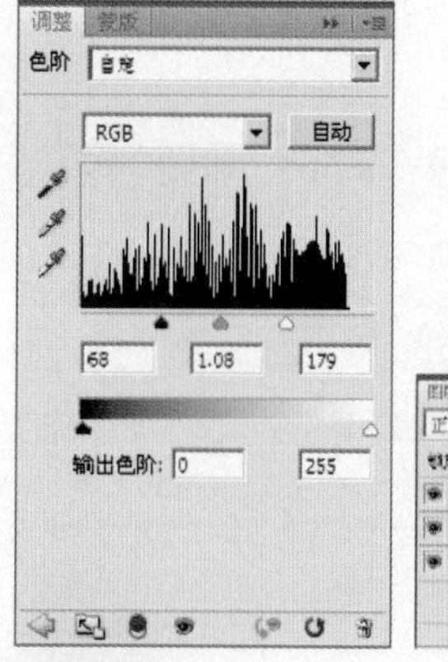

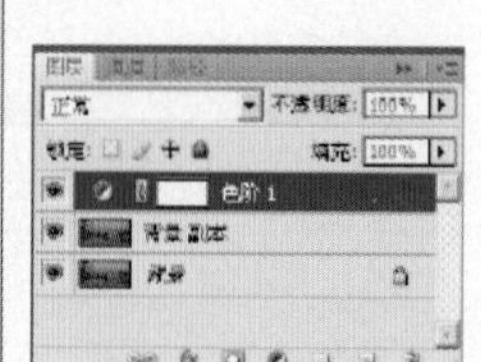

4 单击“创建新的填充或调整图层”按钮，在弹出的菜单中选择“色相/饱和度”命令，设置弹出的对话框如图所示。

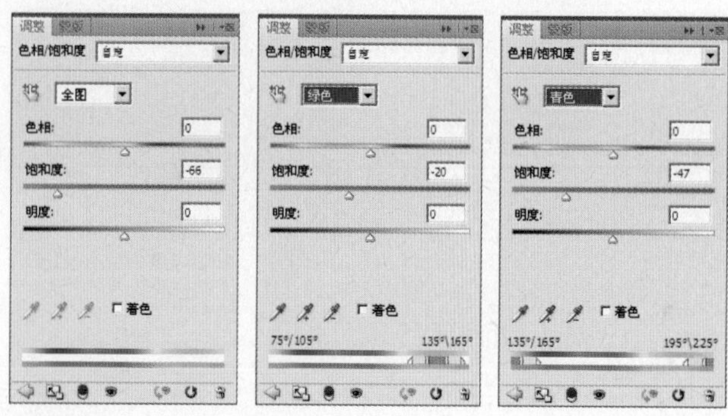

5 设置完“色相/饱和度”命令后，得到“色相/饱和度1”图层，可以看到图像调整后的效果如图所示。

6 按快捷键【Ctrl+Alt+Shift+E】，执行“盖印图层”命令，得到“图层1”图层，如图所示。

7 执行菜单栏中的“滤镜”→“模糊”→“高斯模糊”命令，设置弹出的对话框中的参数后，单击【确定】按钮，设置后的效果如图所示。

8 在图层面板的顶部，设置图层的混合模式为“变亮”，得到如图所示的效果。

9 单击“创建新的填充或调整图层”按钮，在弹出的菜单中选择“亮度/对比度”命令，设置弹出的“亮度/对比度”命令对话框后，得到“亮度/对比度1”图层，如图所示。

10 新建图层，生成“图层2”图层，设置前景色为黑色，按快捷键【Alt+Delete】对“图层2”图层进行填充，其效果如图所示。

11 在图层面板的顶部，设置图层的混合模式为“色相”，图层的不透明度为“50%”，得到如图所示的效果。

12 按快捷键【Ctrl+Alt+Shift+E】，执行“盖印图层”命令，得到“图层3”图层，如图所示。

13 执行菜单栏中的“滤镜”→“艺术效果”→“水彩”命令，设置弹出的对话框中的参数后，单击【确定】按钮，设置后的效果如图所示。

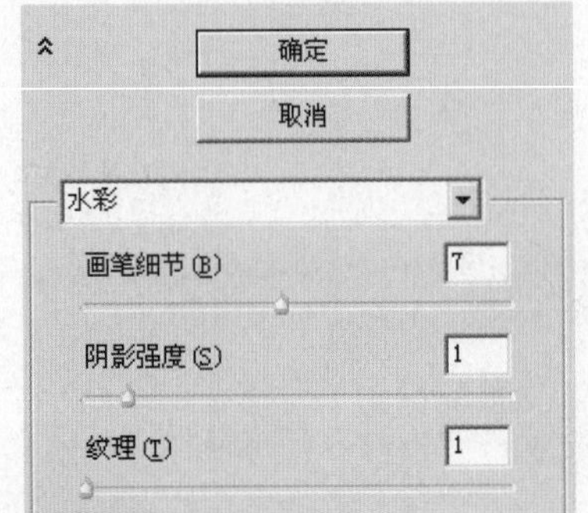

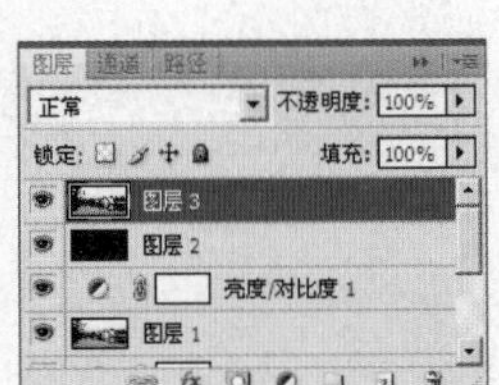

14 在图层面板的顶部，设置图层的混合模式为“滤色”，图层的不透明度为“65%”，得到如图所示的效果。

15 单击“添加图层蒙版”按钮，为“图层3”添加图层蒙版。设置前景色为黑色，使用“画笔工具”设置适当的画笔大小和透明度后，在山脉的位置涂抹，其蒙版状态和图层面板如图所示。

16 新建图层，生成“图层4”图层，设置前景色为（R:78 G:127 B:108），按快捷键【Alt+Delete】对“图层4”图层进行填充，其效果如图所示。

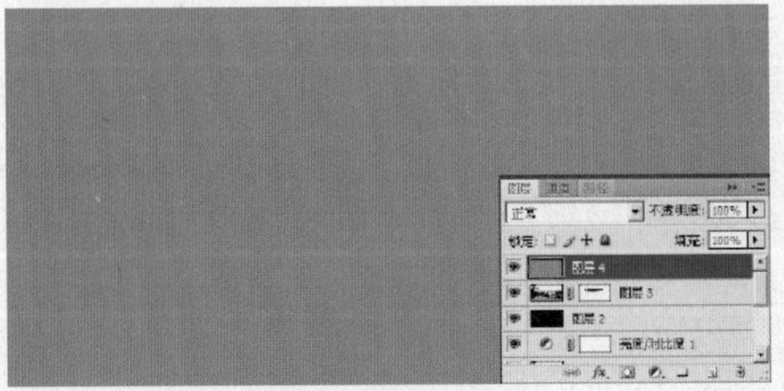

17 在图层面板的顶部，设置图层的混合模式为“柔光”，图层的不透明度为“50%”，得到如图所示的效果。

18 使用工具条中的“横排文字工具”T，设置适当的字体和字号，在画面输入相关文字，如图所示。

19 新建图层，生成“图层5”图层，设置前景色为红色，使用“画笔工具”设置适当的画笔大小，绘制如图所示的图形。

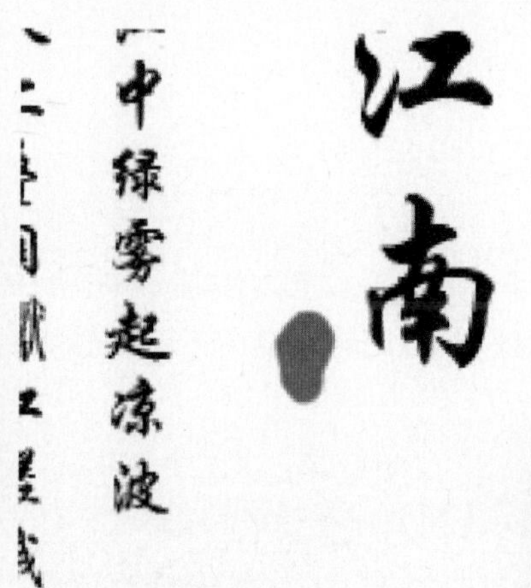

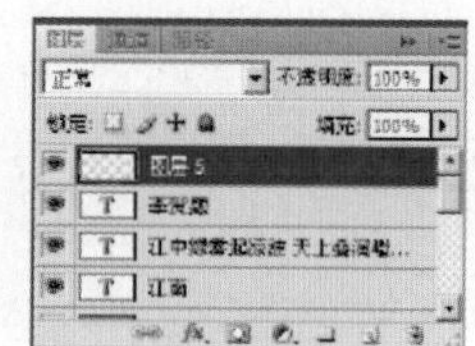

20 设置前景色为白色，继续使用“画笔工具”设置适当的画笔大小，在红色图案上边绘制如图所示的图形。

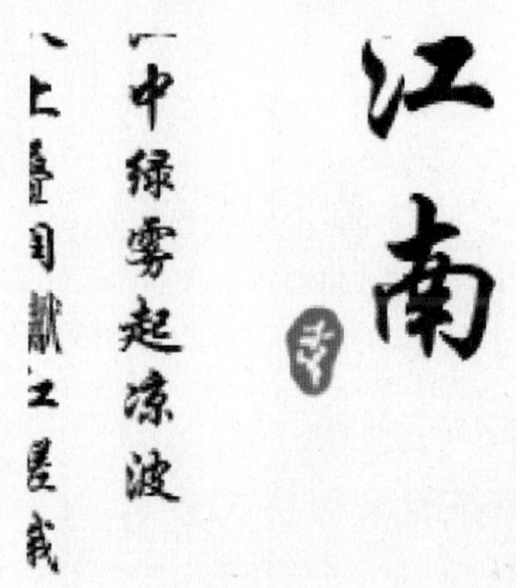

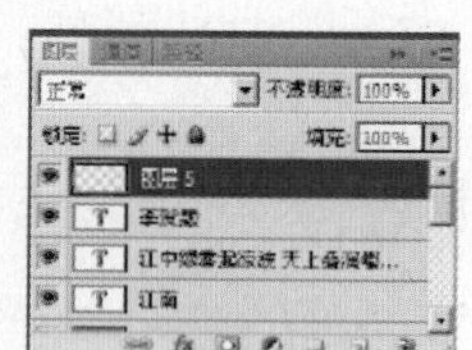

21 经过以上步骤的操作调整，得到了这张照片的最终效果图，如图所示。

6.7 PART 6
诗情画意的风景照艺术化

难易度

调出陈旧照片色调

使用调整图层的“色阶”命令、“曲线”命令，对风景照片进行调整，使照片提亮；使用“添加杂色”命令，使照片变得陈旧；然后使用颜色填充图层和图层混合模式，为照片调出陈旧的色调。

1 执行“文件”→“打开”命令，在弹出的“打开”对话框中选择随书光盘中的“素材 1”文件，此时的图像效果和图层调板如图所示。

2 单击“创建新的填充或调整图层”按钮，在弹出的菜单中选择“曲线”命令，设置弹出的“曲线”命令对话框后，得到“曲线1”图层，如图所示。

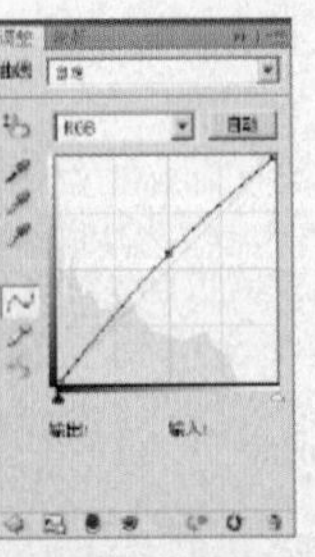

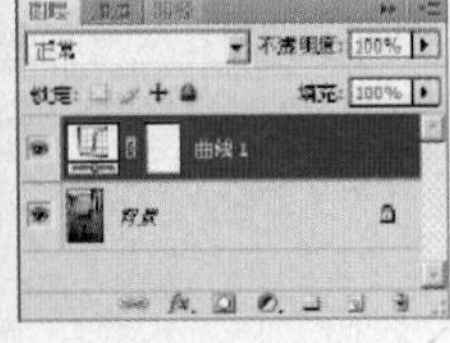

3 单击“创建新的填充或调整图层”按钮，在弹出的菜单中选择“色阶”命令，设置弹出的“色阶”命令对话框后，得到“色阶1”图层，如图所示。

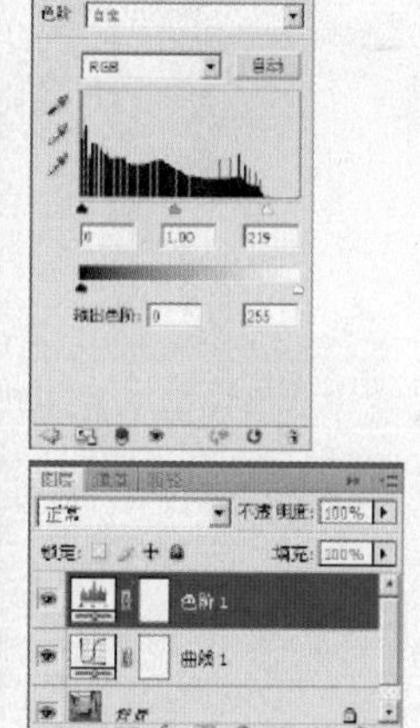

4 按快捷键【Ctrl+Alt+Shift+E】，执行“盖印图层”命令，得到“图层1”图层，如图所示。

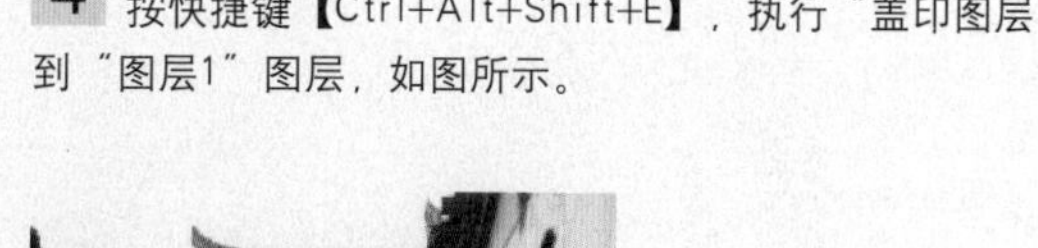

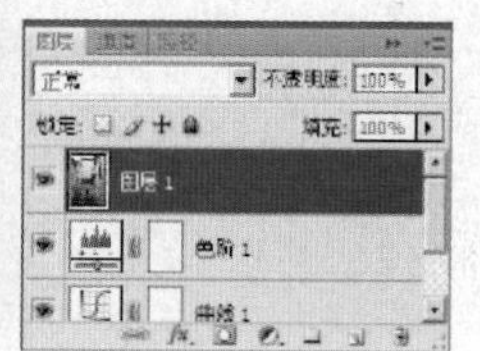

5 执行菜单栏中的“滤镜”→“模糊”→“高斯模糊”命令，设置弹出的对话框中的参数后，单击【确定】按钮，设置后的效果如图所示。

6 在图层面板的顶部，设置图层的混合模式为“柔光”，图层的不透明度为“70%”，得到如图所示的效果。

7 执行菜单栏中的“滤镜”→“杂色”→“添加杂色”命令，设置弹出的对话框中的参数后，单击【确定】按钮，设置后的效果如图所示。

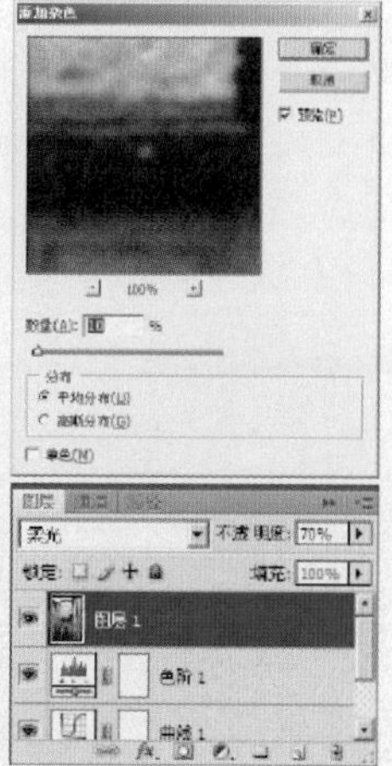

8 新建图层，生成“图层2”图层，设置前景色为（R:107 G:59 B:11），按快捷键【Alt+Delete】对“图层2”图层进行填充，其效果如图所示。

9 在图层面板的顶部，设置图层的混合模式为“滤色”，图层的不透明度为“64%”，得到如图所示的效果。

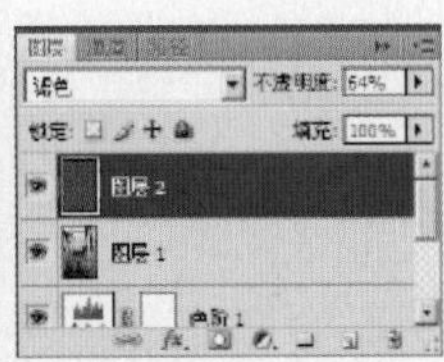

10 单击“创建新的填充或调整图层”按钮，在弹出的菜单中选择“色阶”命令，设置弹出的“色阶”命令对话框后，得到“色阶2”图层，如图所示。

11 单击工具条的“渐变工具”，再单击操作面板左上角的“渐变工具条”，弹出“渐变编辑器”，设置弹出的对话框如图所示。

12 设置完对话框后，单击【确定】按钮。新建图层，生成“图层3”图层，选择“径向渐变”，在“图层3”图层中从中心拖动鼠标，绘制渐变。设置图层的混合模式为“点光”，图层的不透明度为“86%”，得到如图所示的效果。

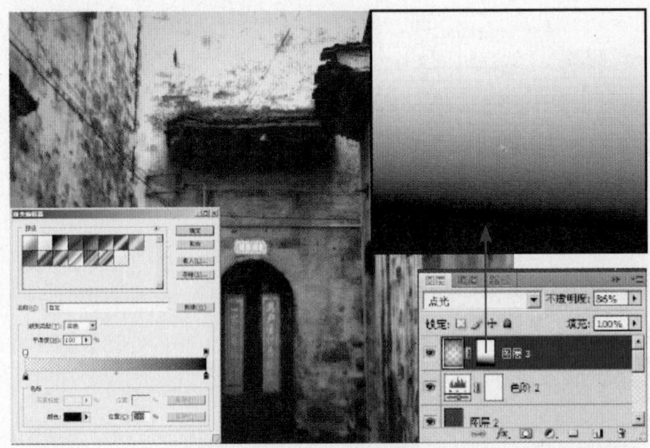

13 单击“添加图层蒙版”按钮，为“图层 2”添加图层蒙版。单击工具条的“渐变工具”，设置由黑到白的渐变，从下向上拖动鼠标，其蒙版状态和图层面板如图所示。

14 经过以上步骤的调整，得到了这张照片的最终效果图，如图所示。

6.8

PART 6
诗情画意的风景照艺术化

难易度

调出照片暖橙色

使用调整图层的“曲线”命令提亮照片，使用“色相/饱和度”命令、“通道混合器”命令，调整风景照片的色调，使用渐变填充图层和图层混合模式，为照片调出暖橙色。

1 执行“文件”→“打开”命令，在弹出的“打开”对话框中选择随书光盘中的“素材 1”文件，此时的图像效果和图层调板如图所示。

2 单击“创建新的填充或调整图层”按钮，在弹出的菜单中选择“曲线”命令，设置弹出的“曲线”命令对话框后，得到“曲线1”图层，如图所示。

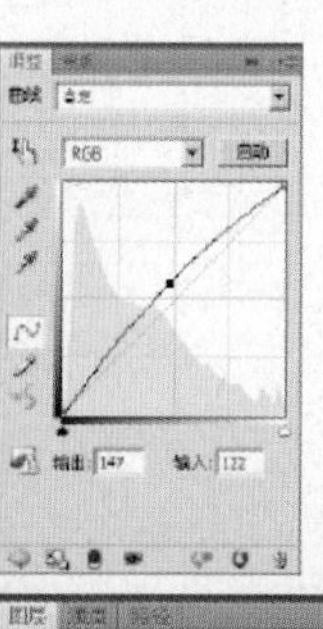

3 单击“创建新的填充或调整图层”按钮，在弹出的菜单中选择“通道混合器”命令，设置弹出的对话框如图所示。

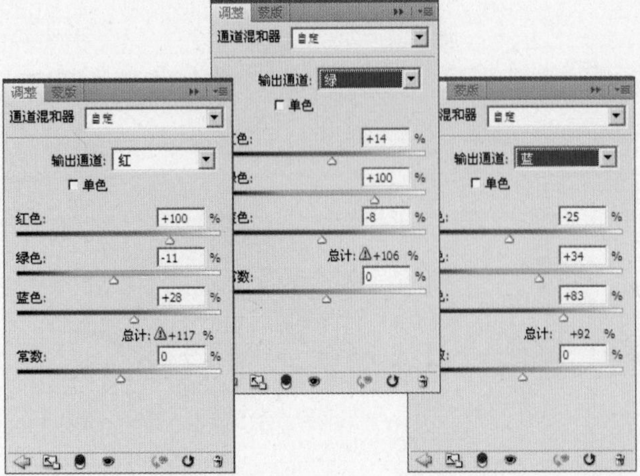

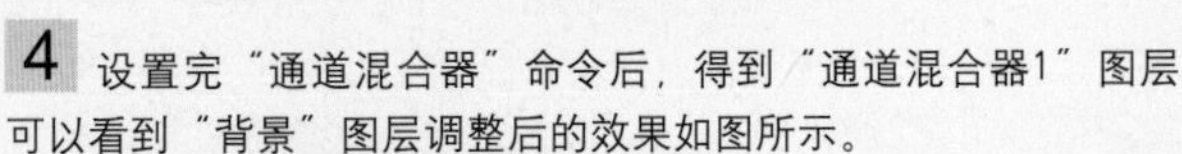

4 设置完“通道混合器”命令后，得到“通道混合器1”图层，可以看到“背景”图层调整后的效果如图所示。

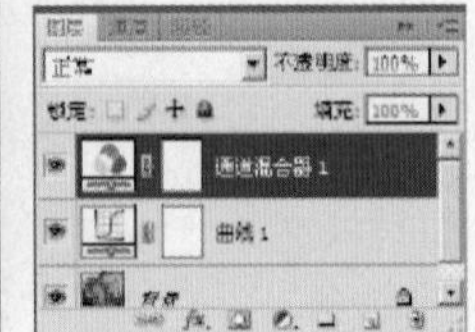

5 新建图层，生成“图层1”图层。设置前景色为（R:29 G:132 B:198），按快捷键【Alt+Delete】对“图层1”图层进行填充，其效果如图所示。

6 在图层面板的顶部，设置图层的混合模式为“柔光”，图层的不透明度为“76%”，得到如图所示的效果。

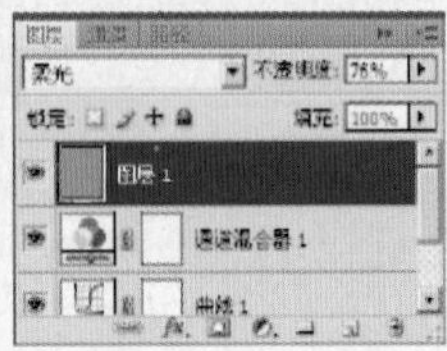

7 单击“创建新的填充或调整图层”按钮，在弹出的菜单中选择“色相/饱和度”命令，设置弹出的对话框如图所示。

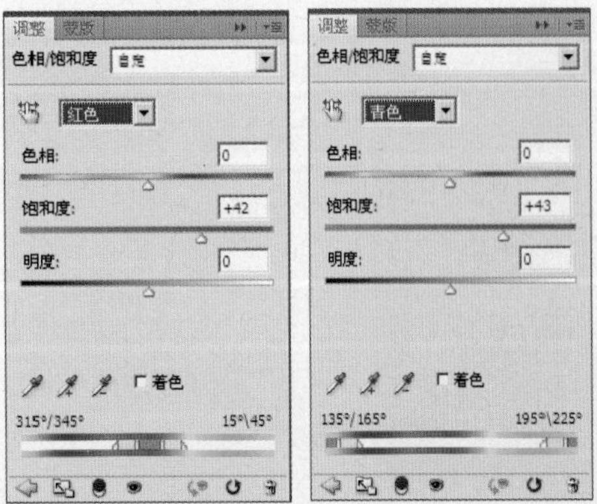

8 设置完“色相/饱和度”命令后，得到“色相/饱和度1”图层，可以看到“图层1”图层调整后的效果如图所示。

9 单击“创建新的填充或调整图层”按钮，在弹出的菜单中选择“色彩平衡”命令，设置弹出的“色彩平衡”命令对话框后，得到“色彩平衡1”图层，如图所示。

10 单击工具条的“渐变工具”，再单击操作面板左上角的“渐变工具条”，弹出“渐变编辑器”，设置弹出的对话框后，单击【确定】按钮。新建图层，生成“图层2”图层，选择“线性渐变”，在“图层2”图层中从左上角到右下角拖动鼠标，得到如图所示的效果。

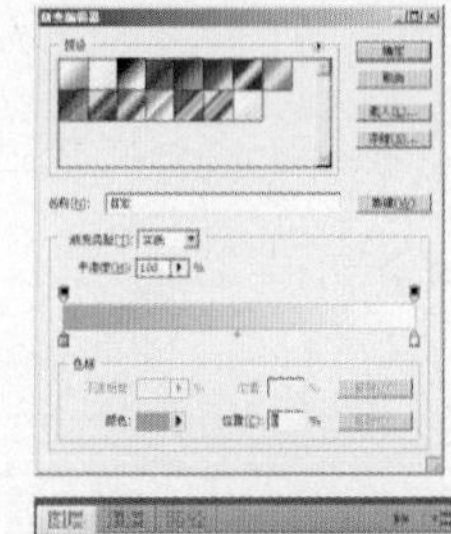

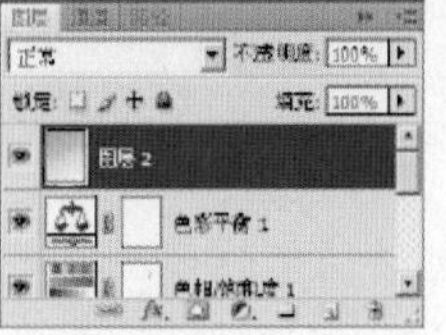

11 在图层面板的顶部，设置图层的混合模式为“叠加”，设置图层的不透明度为“79%”，如图所示的效果。

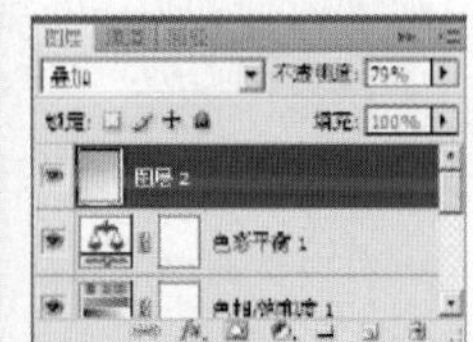

12 单击“添加图层蒙版”按钮，为“图层2”添加图层蒙版，单击工具条的“渐变工具”，设置由黑到白的渐变，从右下角向左上角拖动鼠标，其蒙版状态和图层面板如图所示。

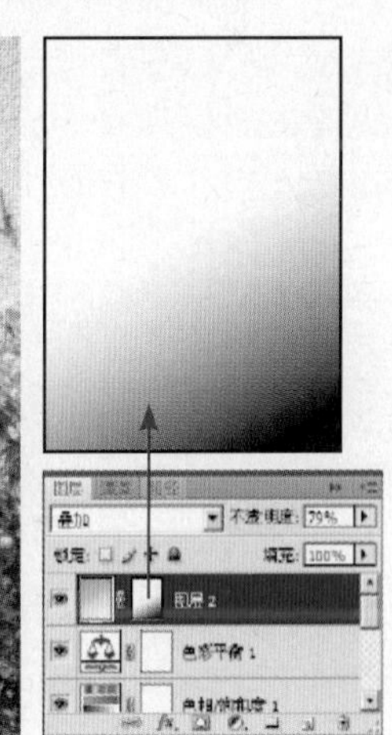

13 单击“创建新的填充或调整图层”按钮，在弹出的菜单中选择“亮度/对比度”命令，设置弹出的“亮度/对比度”命令对话框后，得到“亮度/对比度1”图层，如图所示。

14 单击“创建新的填充或调整图层”按钮，在弹出的菜单中选择“色阶”命令，设置弹出的“色阶”命令对话框后，得到“色阶1”图层，如图所示。

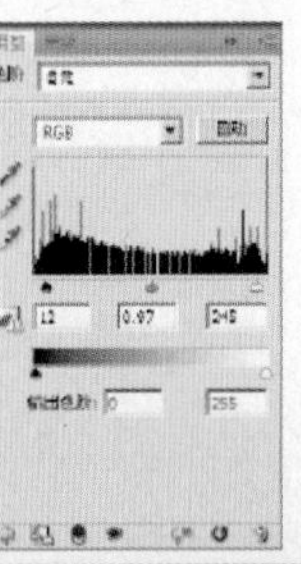

6.9

PART 6
诗情画意的风景照艺术化

难易度

把外景照片转成水彩画效果

使用调整图层的“可选颜色”命令，调整风景照片的色调；使用“胶片颗粒”、“绘画涂抹”、“描边”、“干画笔”等滤镜，为照片添加质感，使照片呈现水彩画效果。

1 执行“文件”→“打开”命令，在弹出的“打开”对话框中选择随书光盘中的“素材 1”文件，此时的图像效果和图层调板如图所示。

2 单击“创建新的填充或调整图层”按钮，在弹出的菜单中选择“可选颜色”命令，设置弹出的对话框如图所示。

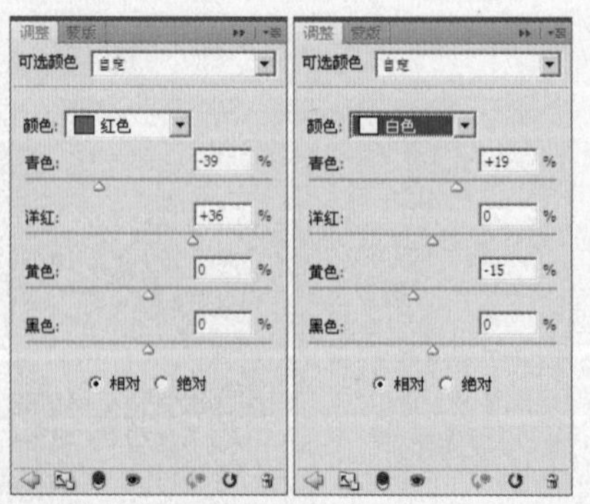

3 设置完“可选颜色”命令后，得到“选取颜色1”图层，可以看到图像调整后的效果如图所示。

3 按快捷键【Ctrl+Alt+Shift+E】，执行"盖印图层"命令，得到"图层1"图层，如图所示。

4 执行菜单栏中的"滤镜"→"艺术效果"→"绘画涂抹"命令，设置弹出的对话框中的参数后，单击【确定】按钮，设置后的效果如图所示。

5 执行菜单栏中的"滤镜"→"艺术效果"→"胶片颗粒"命令，设置弹出的对话框中的参数后，单击【确定】按钮，设置后的效果如图所示。

6 执行菜单栏中的"滤镜"→"画笔描边"→"喷溅"命令，设置弹出的对话框中的参数后，单击【确定】按钮，设置后的效果如图所示。

7 复制"图层1"得到"图层1 副本"图层，执行菜单栏中的"滤镜"→"模糊"→"高斯模糊"命令，设置弹出的对话框中的参数如图所示后，单击【确定】按钮，设置后的效果如图所示。

8 在图层面板的顶部，设置图层的混合模式为"滤色"，得到如图所示的效果。

9 单击“创建新的填充或调整图层”按钮，在弹出的菜单中选择“曲线”命令，设置弹出的对话框如图所示。

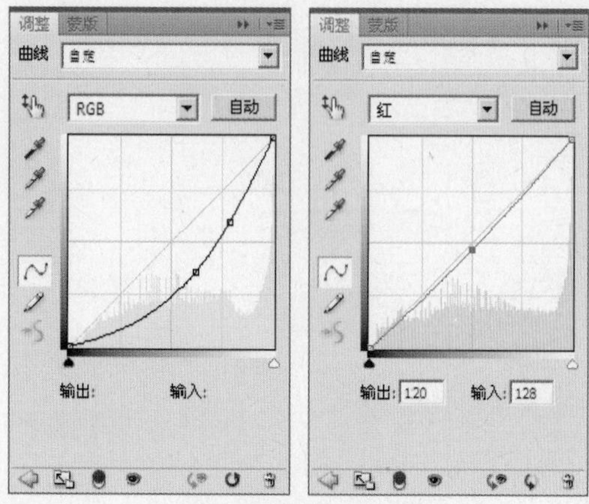

10 设置完“曲线”命令后，得到“曲线1”图层，可以看到图像层调整后的效果如图所示。

11 按快捷键【Ctrl+Alt+Shift+E】，执行“盖印图层”命令，得到“图层2”图层，如图所示。

12 在图层面板的顶部，设置图层的混合模式为“正片叠底”，图层的不透明度为“30%”，得到如图所示的效果。

13 单击“添加图层蒙版”按钮，为“图层2”添加图层蒙版。设置前景色为黑色，使用“画笔工具”设置适当的画笔大小和透明度后，在嘴巴的位置涂抹，其蒙版状态和图层面板如图所示。

14 按快捷键【Ctrl+Alt+Shift+E】，执行“盖印图层”命令，得到“图层3”图层，如图所示。

15 执行菜单栏中的"滤镜"→"其他"→"自定"命令，设置弹出的对话框中的参数后，单击【确定】按钮，设置后的效果如图所示。

16 在图层面板的顶部，设置图层的混合模式为"柔光"，图层的不透明度为"40%"，得到如图所示的效果。

17 单击"创建新的填充或调整图层"按钮，在弹出的菜单中选择"可选颜色"命令，设置弹出的对话框如图所示。

18 设置完"可选颜色"命令后，得到"选取颜色2"图层，可以看到图像调整后的效果如图所示。

19 单击"创建新的填充或调整图层"按钮，在弹出的菜单中选择"渐变映射"命令，设置弹出的"渐变映射"命令对话框后，得到"渐变映射1"图层，如图所示。

20 在图层面板的顶部，设置图层的混合模式为"柔光"，图层的不透明度为"50%"，得到如图所示的效果。

21 单击“创建新的填充或调整图层”按钮，在弹出的菜单中选择“曲线”命令，设置弹出的对话框如图所示。

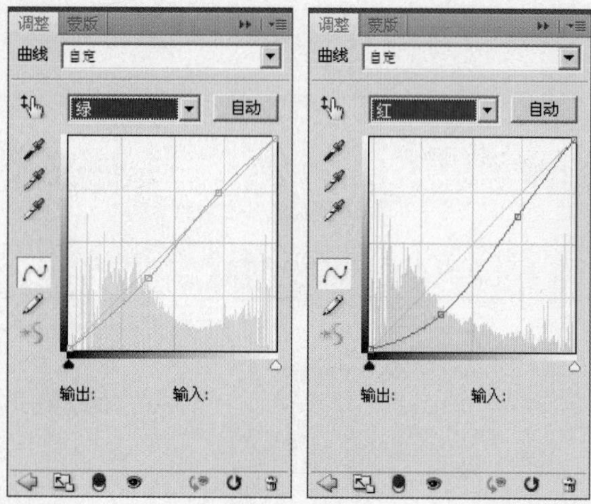

22 设置完“曲线”命令后，得到“曲线2”图层，可以看到图像层调整后的效果如图所示。

23 复制“背景”图层，得到“背景 副本”图层，按快捷键【Ctrl+Shift+]】，使该图层至顶层，如图所示。

24 按快捷键【Ctrl+Alt+2】，调出“背景 副本”的高光选区，按【Delete】键删除选区内容，得到如图所示的状态。

25 在图层面板的顶部，设置图层的不透明度为“40%”，得到如图所示的效果。

26 按快捷键【Ctrl+Alt+Shift+E】，执行“盖印图层”命令，得到“图层4”图层，如图所示。

27 执行菜单栏中的“滤镜”→“模糊”→“高斯模糊”命令，设置弹出的对话框中的参数如图所示后，单击【确定】按钮，设置后的效果如图所示。

28 在图层面板的顶部，设置图层的混合模式为“柔光”，图层的不透明度为“60%”，得到如图所示的效果。

29 使用工具条中的“钢笔工具”，在工具选项条中单击“路径”按钮，绘制湖水的轮廓路径，如图所示。

30 按【Ctrl+Enter】快捷键，将路径转换为选区，按【Ctrl+J】快捷键，复制选区内容到新的图层，生成“图层 5”图层，如图所示。

31 执行菜单栏中的“滤镜”→“艺术效果”→“干画笔”命令，设置弹出的对话框中的参数后，单击【确定】按钮，设置后的效果如图所示。

32 在图层面板的顶部，设置图层的不透明度为“50%”，得到如图所示的效果。

33 单击“创建新的填充或调整图层”按钮，在弹出的菜单中选择“色阶”命令，设置弹出的“色阶”命令对话框后，得到“色阶1”图层，如图所示。

34 单击“创建新的填充或调整图层”按钮，在弹出的菜单中选择“曲线”命令，设置弹出的对话框如图所示。

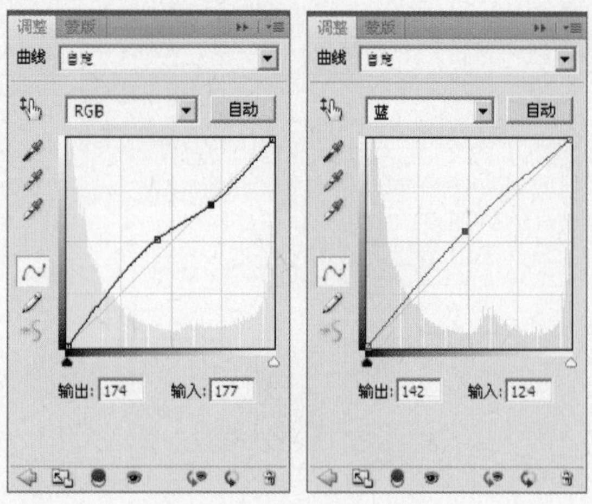

35 设置完“曲线”命令后，得到“曲线3”图层，可以看到图像调整后的效果如图所示。

36 按快捷键【Ctrl+Alt+Shift+E】，执行“盖印图层”命令，得到“图层6”图层，如图所示。

37 执行菜单栏中的“滤镜”→“锐化”→“USM锐化”命令，设置弹出的对话框中的参数后，单击【确定】按钮，设置后的效果如图所示。

38 经过以上步骤的调整，得到了这张照片的最终效果图，如图所示。

PART 7

柔情浪漫的婚纱照片设计

本章将具体讲解柔情浪漫的婚纱照片的设计知识，婚纱照的拍摄大多都是由影楼的专业摄影师来完成的，所以，照片的光线、构图、背景都很专业了。本章主要讲解的是婚纱照的版式和装饰方面的处理方法，通过本章的学习，我们将掌握如何制作出柔情浪漫的婚纱照片。

7.1

PART 7
柔情浪漫的婚纱照片设计

难易度

爱充满幻想的你

使用"图层混合模式"调整照片色调；使用调整图层的"色阶"命令、"曲线"命令、"可选颜色"命令，为主体人物调色；使用一些漂亮的素材，制作出这幅合成照片。

1 执行"文件"→"打开"命令，在弹出的"打开"对话框中选择随书光盘中的"素材 1"文件，此时的图像效果和图层调板如图所示。

2 执行"文件"→"打开"命令，在弹出的"打开"对话框中选择随书光盘中的"素材2"文件，此时的图像效果和图层调板如图所示。

3 使用工具条中的“移动工具”，把“素材2”文件拖动到步骤1打开的文件中，生成“图层1”图层。按快捷键【Ctrl+T】，调出自由变换控制框，调整选框到如图所示的状态，按【Enter】键确认操作。

4 在图层面板的顶部，设置图层的混合模式为“线性加深”，图层的不透明度为“90%”，得到如图所示的效果。

5 单击“添加图层蒙版”按钮，为“图层1”添加图层蒙版，设置前景色为黑色，使用“画笔工具”设置适当的画笔大小和透明度后，在画面中涂抹，其蒙版状态和图层面板如图所示。

6 执行“文件”→“打开”命令，在弹出的“打开”对话框中选择随书光盘中的“素材3”文件，此时的图像效果和图层调板如图所示。

7 使用工具条中的“移动工具”，把“素材3”文件拖动到步骤1打开的文件中，生成“图层2”图层。按快捷键【Ctrl+T】，调出自由变换控制框，调整选框到如图所示的状态，按【Enter】键确认操作。

8 在图层面板的顶部，设置图层的混合模式为“叠加”，得到如图所示的效果。

9 新建图层，生成“图层3”图层。设置前景色为白色，使用“画笔工具” ，设置适当的画笔大小和透明度后，在画面中绘制，得到如图所示的效果。

10 继续使用“画笔工具” ，设置适当的前景色，在画面中涂抹，得到如图所示的效果。

11 在图层面板的顶部，设置图层的混合模式为“正片叠底”，得到如图所示的效果。

12 复制“图层1”图层，得到“图层1 副本”图层，按【Ctrl+Shift+]】快捷键，将图层置于顶层，如图所示。

13 在图层面板的顶部，设置图层的混合模式为“正常”，得到如图所示的效果。

14 单击“图层1 副本”的图层蒙版缩览图，设置前景色为黑色，使用“画笔工具” 设置适当的画笔大小和透明度后，在画面中涂抹，其蒙版状态和图层面板如图所示。

15 单击“创建新的填充或调整图层”按钮，在弹出的菜单中选择“色阶”命令，得到“色阶1”图层，设置弹出的对话框如图所示。

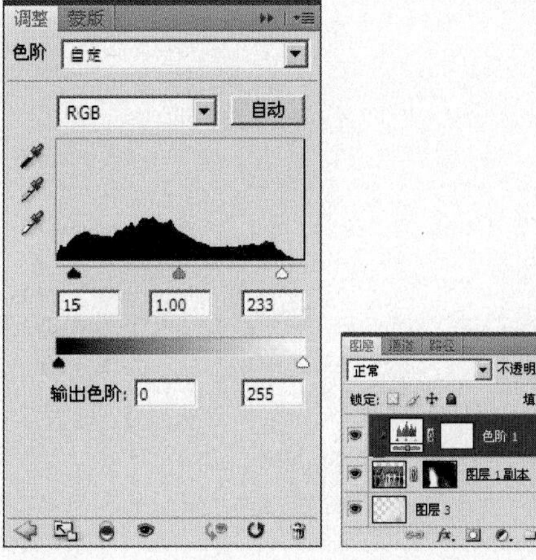

16 设置完“色阶”命令后，按快捷键【Ctrl+Alt+G】执行“创建剪切蒙版”操作，可以看到图像调整后的效果如图所示。

17 单击“创建新的填充或调整图层”按钮，在弹出的菜单中选择“曲线”命令，设置弹出的对话框如图所示。

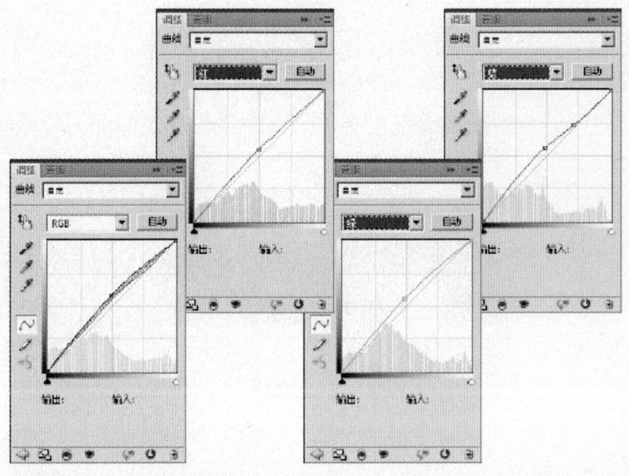

18 设置完“曲线”命令后，得到“曲线1”图层，按快捷键【Ctrl+Alt+G】执行“创建剪切蒙版”操作，可以看到图像调整后的效果如图所示。

19 单击“创建新的填充或调整图层”按钮，在弹出的菜单中选择“可选颜色”命令，设置弹出的对话框如图所示。

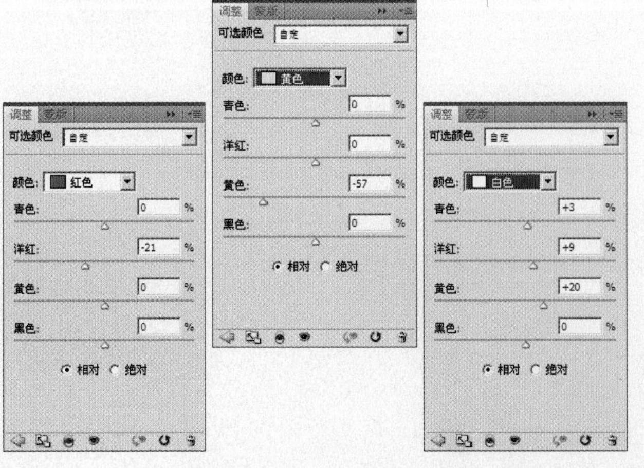

20 设置完“可选颜色”命令后，得到“选取颜色1”图层，按快捷键【Ctrl+Alt+G】执行“创建剪切蒙版”操作，可以看到图像调整后的效果如图所示。

21 复制“图层2”图层，得到“图层2 副本”图层，按【Ctrl+Shift+]】快捷键，将图层置于顶层，如图所示。

22 按快捷键【Ctrl+T】，调出自由变换控制框，在控制框中单击鼠标右键，在弹出的菜单中单击“垂直翻转”，然后调整位置如图所示，按【Enter】键确认操作。

23 执行“文件”→“打开”命令，在弹出的“打开”对话框中选择随书光盘中的“素材4”文件，此时的图像效果和图层调板如图所示。

24 使用工具条中的“移动工具”，把“素材4”文件拖动到步骤1打开的文件中，生成“图层4”图层，按快捷键【Ctrl+T】，调出自由变换控制框，调整选框到如图所示的状态，按【Enter】键确认操作。

25 复制“图层4”图层，得到“图层4 副本”图层。执行菜单栏中的“滤镜”→“模糊”→“高斯模糊”命令，设置弹出的对话框中的参数后，单击【确定】按钮，设置后的效果如图所示。

26 执行“文件”→“打开”命令，在弹出的“打开”对话框中选择随书光盘中的“素材5”文件，此时的图像效果和图层调板如图所示。

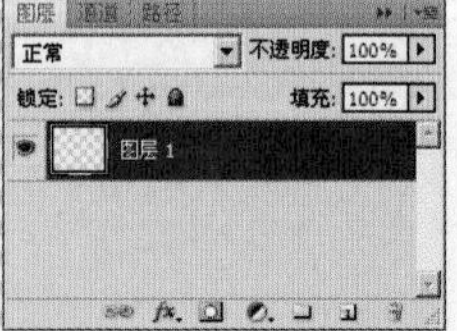

27 使用工具条中的“移动工具”，把“素材5”文件拖动到步骤1打开的文件中，生成“图层5”图层。按快捷键【Ctrl+T】，调出自由变换控制框，调整选框到如图所示的状态，按【Enter】键确认操作。

28 使“图层4 副本”呈操作状态，执行“文件”→“打开”命令，在弹出的“打开”对话框中选择随书光盘中的“素材6”文件，此时的图像效果和图层调板如图所示。

29 使用工具条中的“移动工具”，把“素材6”文件拖动到步骤1打开的文件中，生成“图层6”图层。按快捷键【Ctrl+T】，调出自由变换控制框，调整选框到如图所示的状态，按【Enter】键确认操作。

30 单击“添加图层蒙版”按钮，为“图层6”添加图层蒙版，设置前景色为黑色，使用“画笔工具”设置适当的画笔大小和透明度后，在画面中涂抹，其蒙版状态和图层面板如图所示。

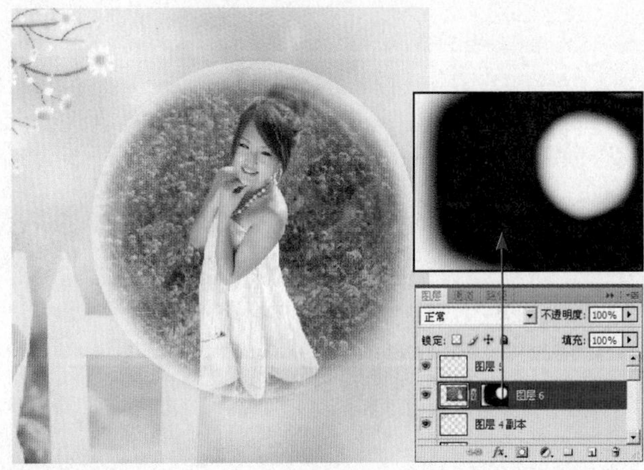

31 在图层面板的顶部，设置图层的混合模式为“叠加”，得到如图所示的效果。

32 复制“图层6”图层，得到“图层6 副本”图层，如图所示。

33 在图层面板的顶部，设置图层的混合模式为"正常"，得到如图所示的效果。

34 单击"图层6 副本"的图层蒙版缩览图，设置前景色为黑色，使用"画笔工具"设置适当的画笔大小和透明度后，在画面中涂抹，其蒙版状态和图层面板如图所示。

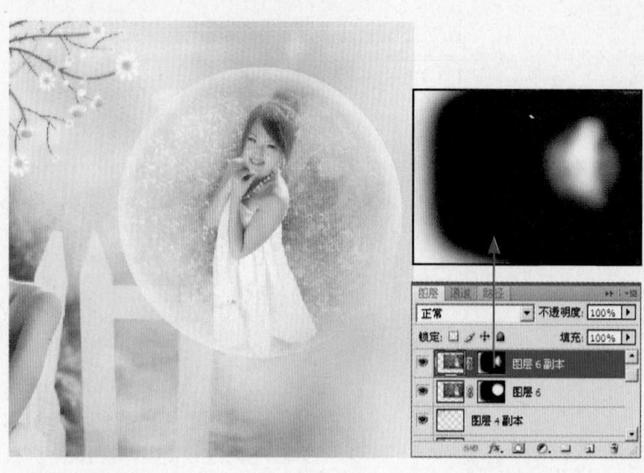

35 单击"创建新的填充或调整图层"按钮，在弹出的菜单中选择"色阶"命令，设置弹出的对话框如图所示。

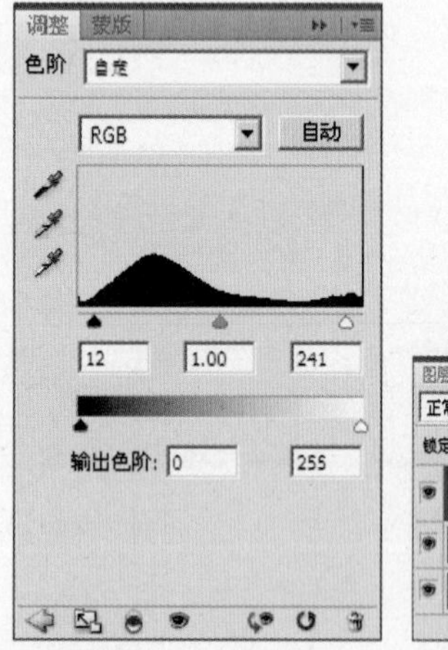

36 设置完"色阶"命令后，得到"色阶2"图层，按快捷键【Ctrl+Alt+G】执行"创建剪切蒙版"操作，可以看到图像调整后的效果如图所示。

37 单击"创建新的填充或调整图层"按钮，在弹出的菜单中选择"曲线"命令，设置弹出的对话框如图所示。

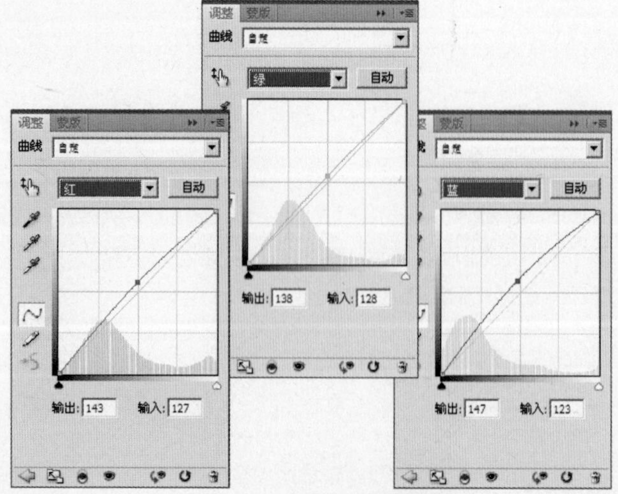

38 设置完"曲线"命令后，得到"曲线2"图层，按快捷键【Ctrl+Alt+G】执行"创建剪切蒙版"操作，可以看到图像调整后的效果如图所示。

39 使“图层5”呈操作状态，新建图层，生成“图层7”图层。设置前景色为白色，使用“画笔工具” ，设置适当的画笔大小和透明度后，在画面中绘制，得到如图所示的效果。

40 继续使用“画笔工具” ，设置适当的前景色，在画面中涂抹，得到如图所示的效果。

41 在图层面板的顶部，设置图层的混合模式为“正片叠底”，得到如图所示的效果。

42 执行“文件”→“打开”命令，在弹出的“打开”对话框中选择随书光盘中的“素材7”文件，此时的图像效果和图层调板如图所示。

43 使用工具条中的“移动工具” ，把“素材7”文件拖动到步骤1打开的文件中，生成“图层8”图层。按快捷键【Ctrl+T】，调出自由变换控制框，调整选框到如图所示的状态，按【Enter】键确认操作。

44 使用工具条中的“横排文字工具” ，设置适当的字体和字号，在画面下方输入文字，并将其栅格化，如图所示。

7.2

PART 7
柔情浪漫的婚纱照片设计

难易度

爱的幻想

使用“钢笔工具”绘制背景图案，使用“曲线”命令为主体人物调整色调，使用一些漂亮的素材，制作出这幅梦幻合成照片。

1 执行“文件”→“打开”命令，在弹出的“打开”对话框中选择随书光盘中的“素材 1”文件，此时的图像效果和图层调板如图所示。

2 设置前景色为白色，使用“钢笔工具”，在工具选项条中单击“形状图层”按钮，绘制不规则形状，得到“形状1”图层，如图所示。

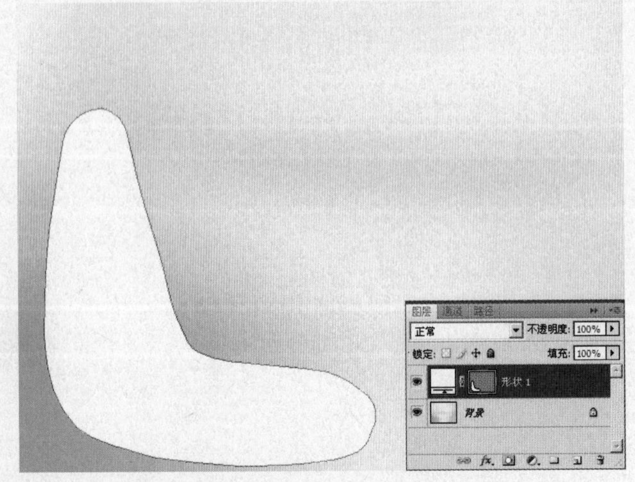

3 继续使用“钢笔工具”，设置前景色为（R:254 G:220 B:218），绘制不规则形状，得到“形状2”图层，如图所示。

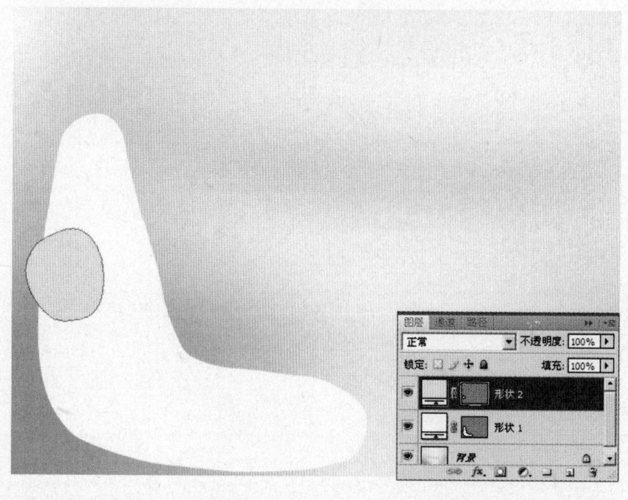

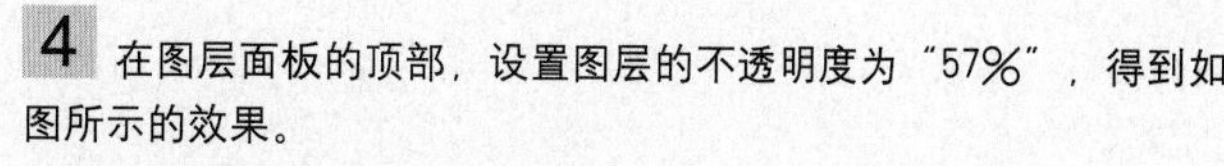

4 在图层面板的顶部，设置图层的不透明度为“57%”，得到如图所示的效果。

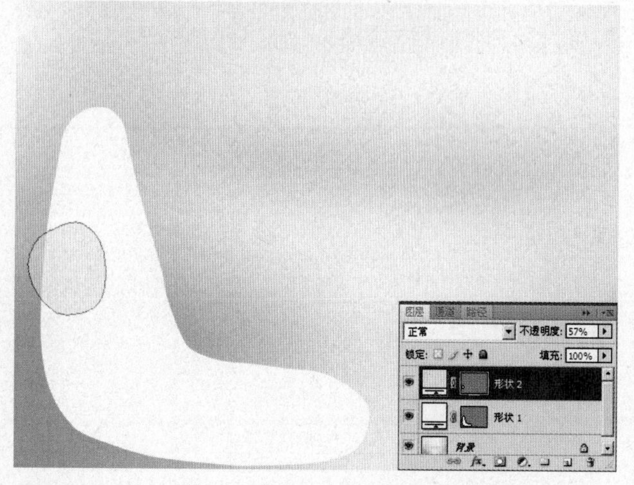

5 继续使用“钢笔工具”，设置前景色为（R:254 G:220 B:218），绘制不规则形状，得到“形状3”图层。设置图层的不透明度为“66%”，如图所示。

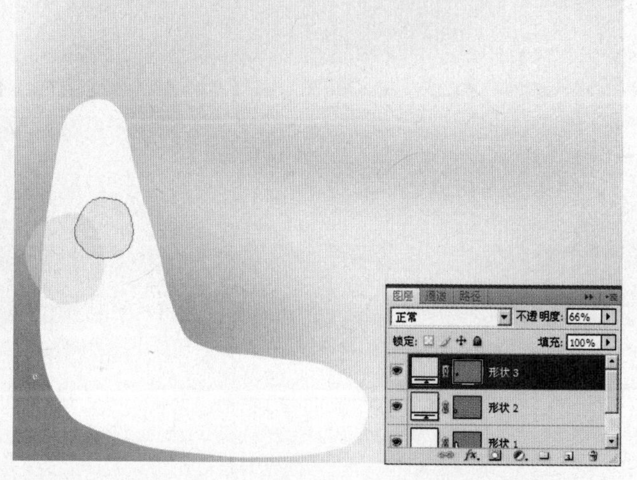

6 继续使用“钢笔工具”，设置前景色为（R:242 G:252 B:227），绘制不规则形状，得到“形状4”图层。如图所示。

7 在图层面板的顶部，设置图层的混合模式为“正片叠底”，得到如图所示的效果。

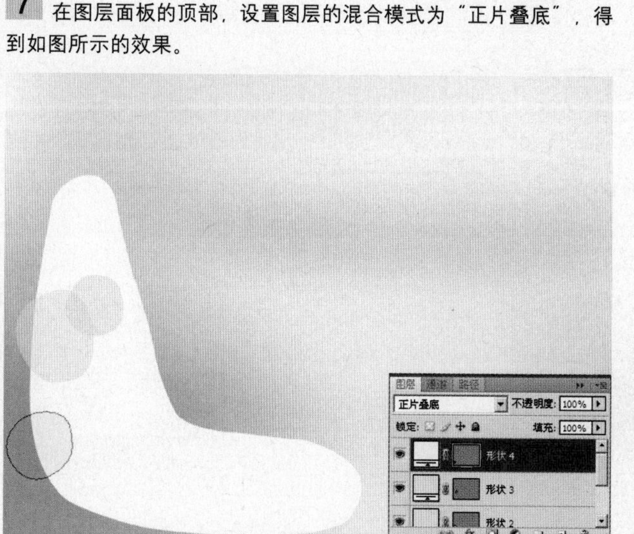

8 继续使用“钢笔工具”，用以上相同的方法继续绘制，如图所示。

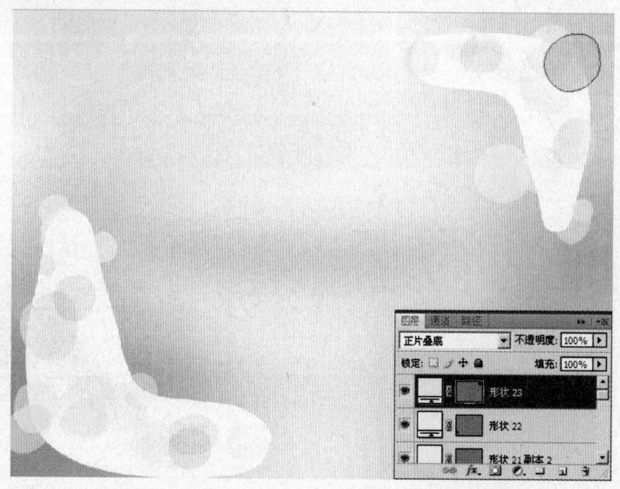

9 选中"形状23"，按住【Shift】键单击"形状1"图层，以将其中间的图层都选中，按【Ctrl+E】键执行"合并图层"的操作，得到"形状23"图层，其图层面板的状态如图所示。

10 在图层面板的顶部，设置图层的混合模式为"正片叠底"，得到如图所示的效果。

11 执行"文件"→"打开"命令，在弹出的"打开"对话框中选择随书光盘中的"素材2"文件，此时的图像效果和图层调板如图所示。

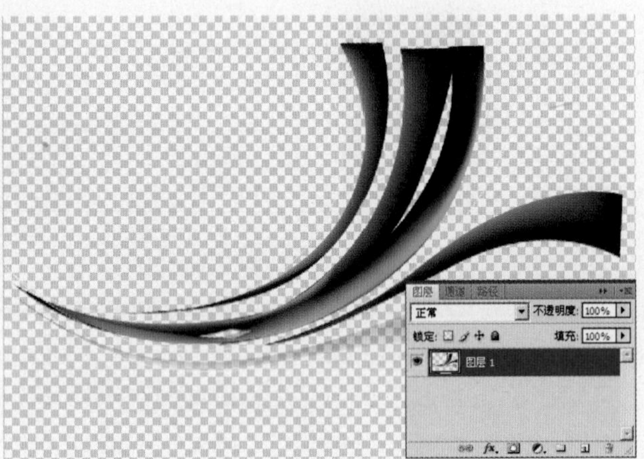

12 使用工具条中的"移动工具" ，把"素材2"文件拖动到步骤1打开的文件中，生成"图层1"图层。按快捷键【Ctrl+T】，调出自由变换控制框，调整选框到如图所示的状态，按【Enter】键确认操作。

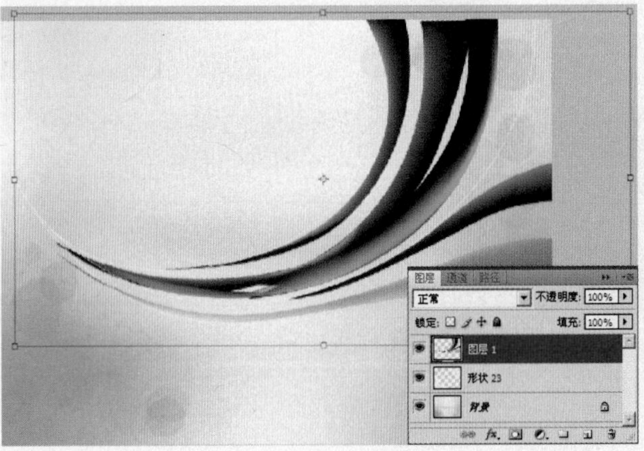

13 在图层面板的顶部，设置图层的混合模式为"叠加"，得到如图所示的效果。

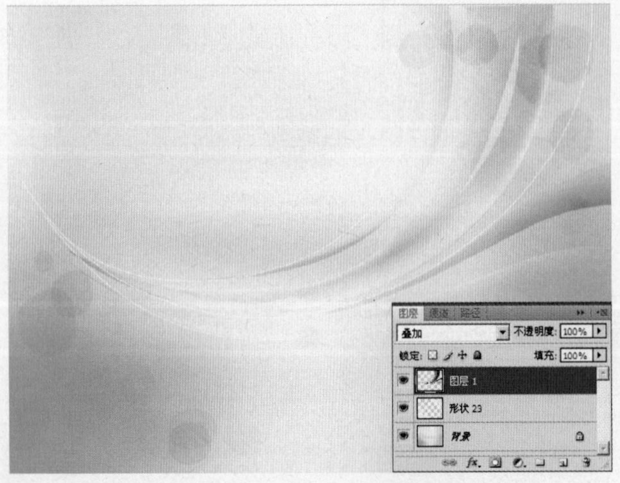

14 执行"文件"→"打开"命令，在弹出的"打开"对话框中选择随书光盘中的"素材3"文件，此时的图像效果和图层调板如图所示。

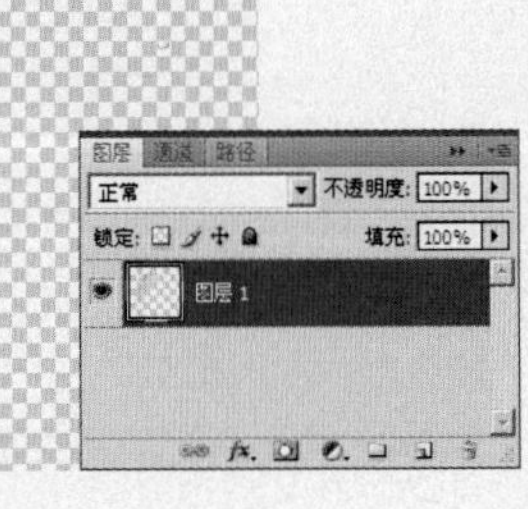

15 使用工具条中的"移动工具"，把"素材3"文件拖动到步骤1打开的文件中，生成"图层2"图层。按快捷键【Ctrl+T】，调出自由变换控制框，调整选框到如图所示的状态，按【Enter】键确认操作。

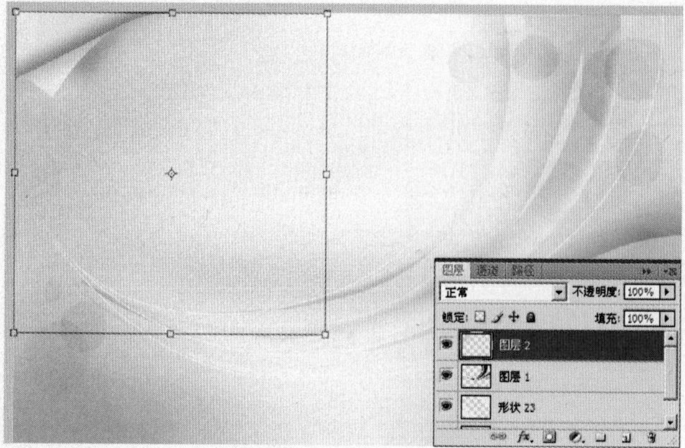

16 执行"文件"→"打开"命令，在弹出的"打开"对话框中选择随书光盘中的"素材4"文件，此时的图像效果和图层调板如图所示。

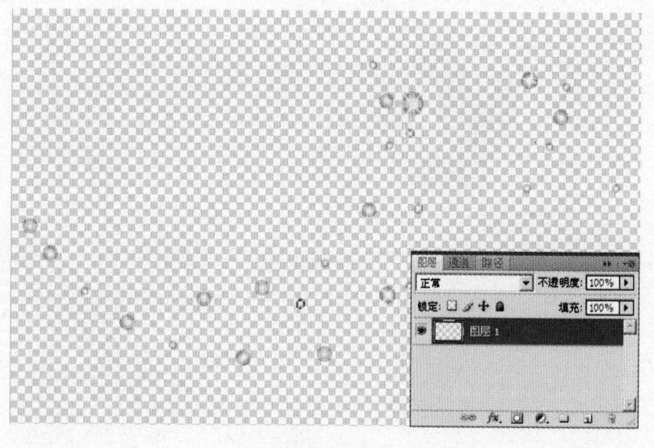

17 使用工具条中的"移动工具"，把"素材4"文件拖动到步骤1打开的文件中，生成"图层3"图层。按快捷键【Ctrl+T】，调出自由变换控制框，调整选框到如图所示的状态，按【Enter】键确认操作。

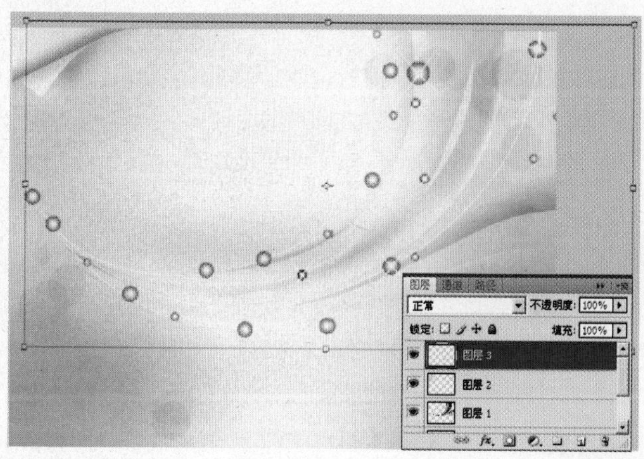

18 在图层面板的顶部，设置图层的混合模式为"滤色"，得到如图所示的效果。

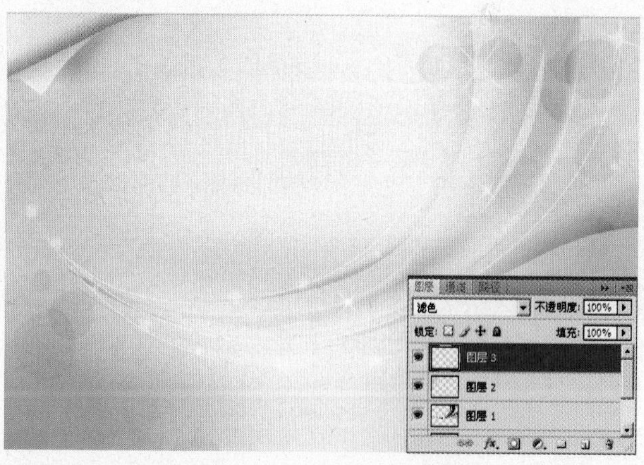

19 执行"文件"→"打开"命令，在弹出的"打开"对话框中选择随书光盘中的"素材5"文件，此时的图像效果和图层调板如图所示。

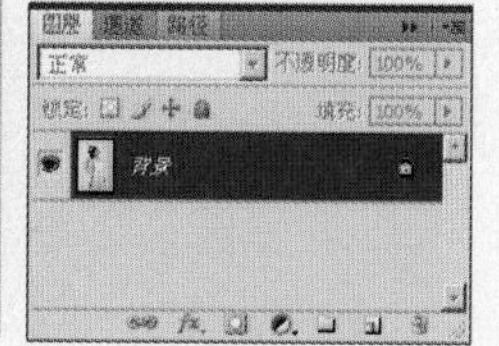

20 使用工具条中的"移动工具"，把"素材5"文件拖动到步骤1打开的文件中，生成"图层4"图层。按快捷键【Ctrl+T】，调出自由变换控制框，调整选框到如图所示的状态，按【Enter】键确认操作。

21 单击"添加图层蒙版"按钮，为"图层4"添加图层蒙版，设置前景色为黑色，使用"画笔工具"设置适当的画笔大小和透明度后，在画面中涂抹，如图所示。

22 单击"创建新的填充或调整图层"按钮，在弹出的菜单中选择"曲线"命令，设置弹出的对话框如图所示。

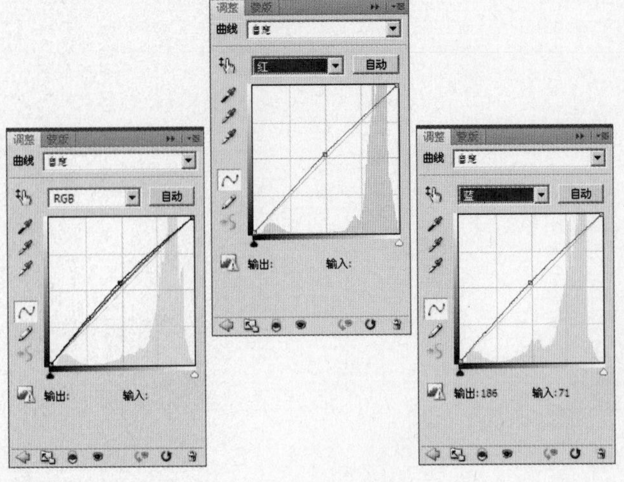

23 设置完"曲线"命令后，得到"曲线1"图层，按快捷键【Ctrl+Alt+G】执行"创建剪切蒙版"操作，可以看到图像调整后的效果如图所示。

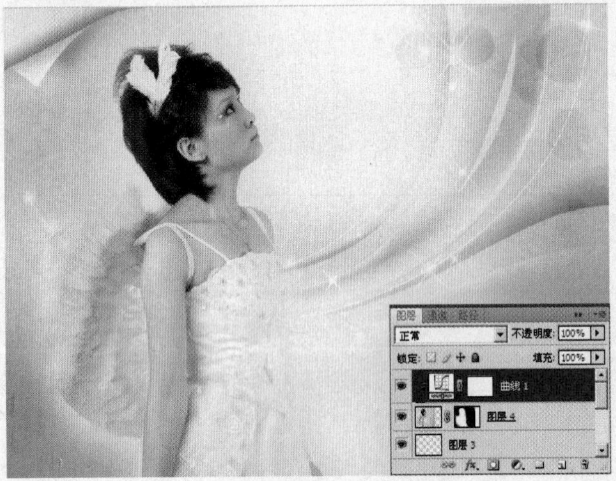

24 执行"文件"→"打开"命令，在弹出的"打开"对话框中选择随书光盘中的"素材6"文件，此时的图像效果和图层调板如图所示。

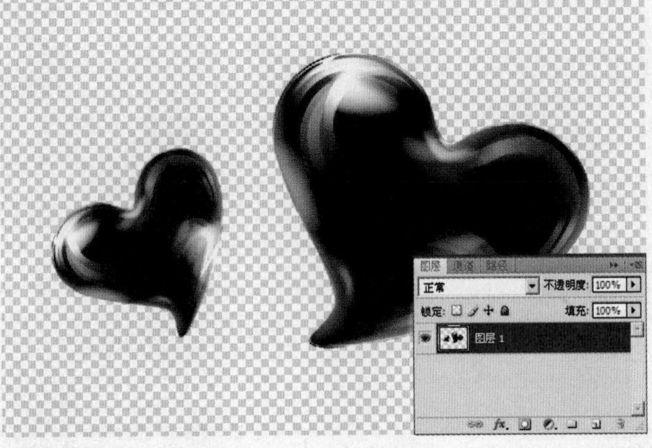

25 使用工具条中的"移动工具"，把"素材6"文件拖动到步骤1打开的文件中，生成"图层5"图层。按快捷键【Ctrl+T】，调出自由变换控制框，调整选框到如图所示的状态，按【Enter】键确认操作。

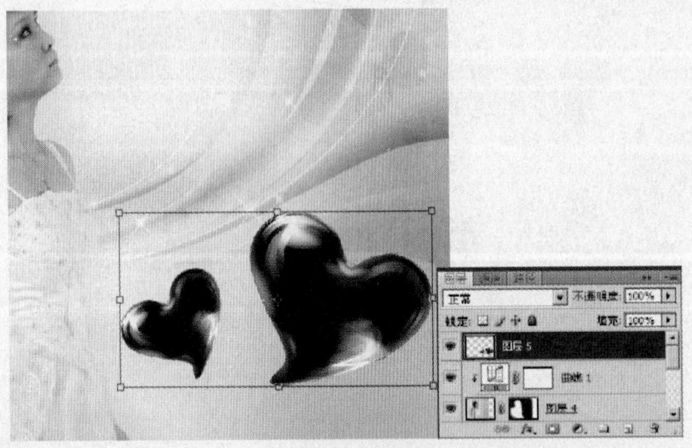

26 在图层面板的顶部，设置图层的混合模式为"滤色"，得到如图所示的效果。

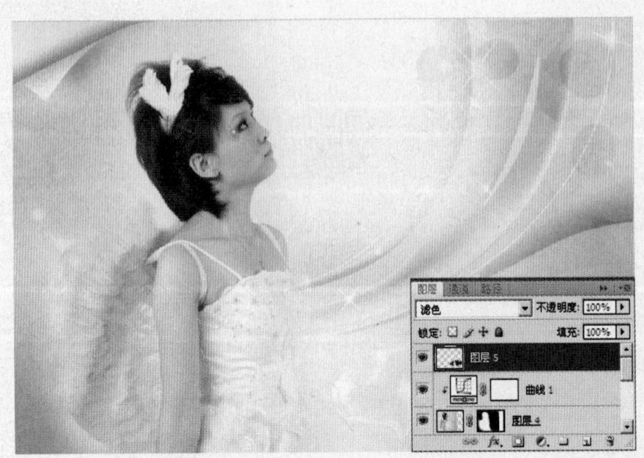

27 使"曲线1"呈操作状态，执行"文件"→"打开"命令，在弹出的"打开"对话框中选择随书光盘中的"素材7"文件，此时的图像效果和图层调板如图所示。

28 使用工具条中的"移动工具"，把"素材7"文件拖动到步骤1打开的文件中，生成"图层6"图层。按快捷键【Ctrl+T】，调出自由变换控制框，调整选框到如图所示的状态，按【Enter】键确认操作。

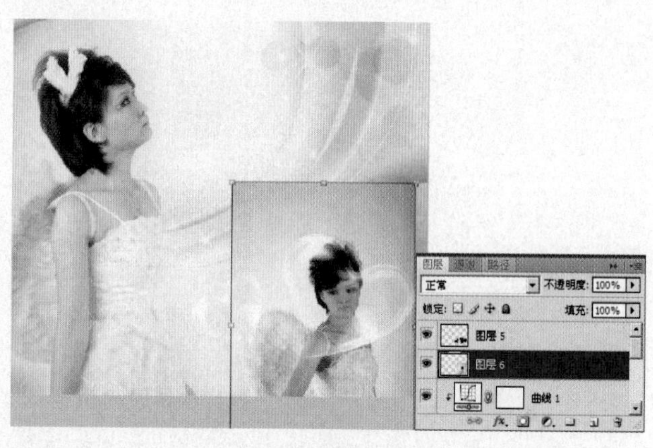

29 单击"添加图层蒙版"按钮，为"图层6"添加图层蒙版，设置前景色为黑色，使用"画笔工具"设置适当的画笔大小和透明度后，在画面中涂抹，如图所示。

30 单击"创建新的填充或调整图层"按钮，在弹出的菜单中选择"曲线"命令，设置弹出的对话框如图所示。

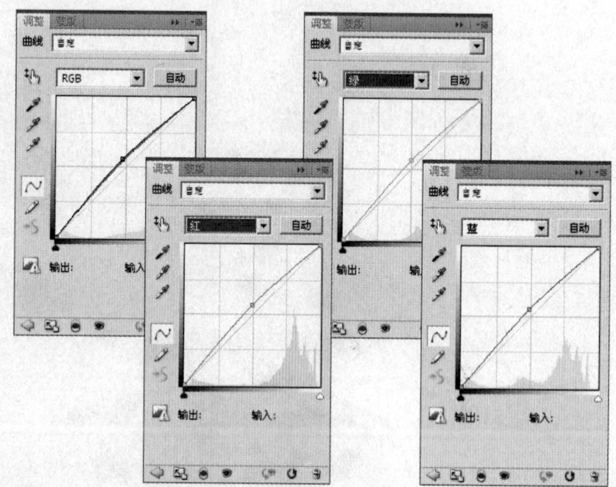

31 设置完"曲线"命令后，得到"曲线2"图层，按快捷键【Ctrl+Alt+G】执行"创建剪切蒙版"操作，可以看到图像调整后的效果如图所示。

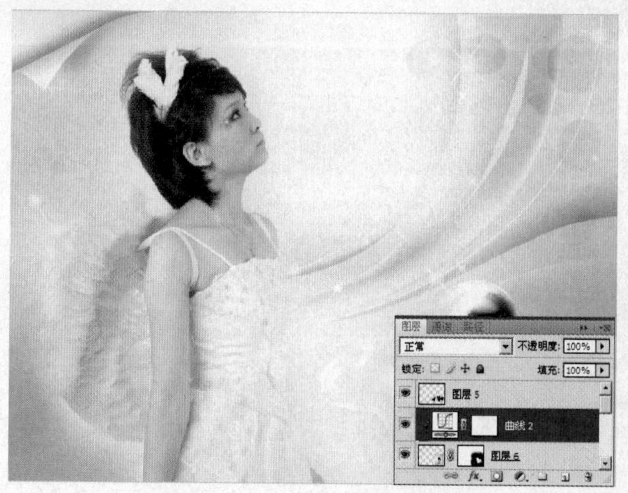

32 执行"文件"→"打开"命令，在弹出的"打开"对话框中选择随书光盘中的"素材8"文件，此时的图像效果和图层调板如图所示。

33 使用工具条中的“移动工具”，把“素材8”文件拖动到步骤1打开的文件中，生成“图层7”图层。按快捷键【Ctrl+T】，调出自由变换控制框，调整选框到如图所示的状态，按【Enter】键确认操作。

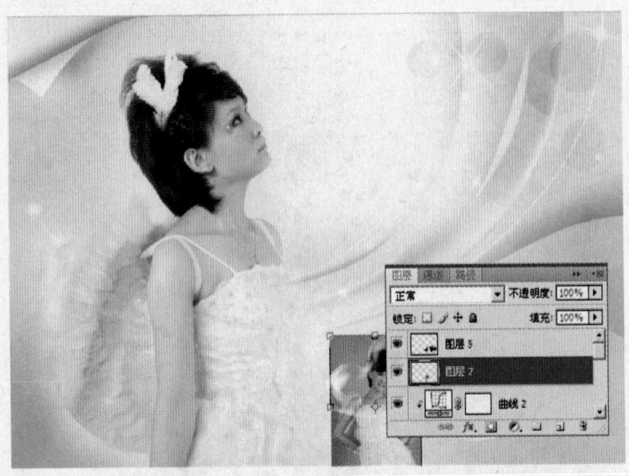

34 单击“添加图层蒙版”按钮，为“图层7”添加图层蒙版，设置前景色为黑色，使用“画笔工具”设置适当的画笔大小和透明度后，在画面中涂抹，如图所示。

35 单击“创建新的填充或调整图层”按钮，在弹出的菜单中选择“曲线”命令，设置弹出的对话框如图所示。

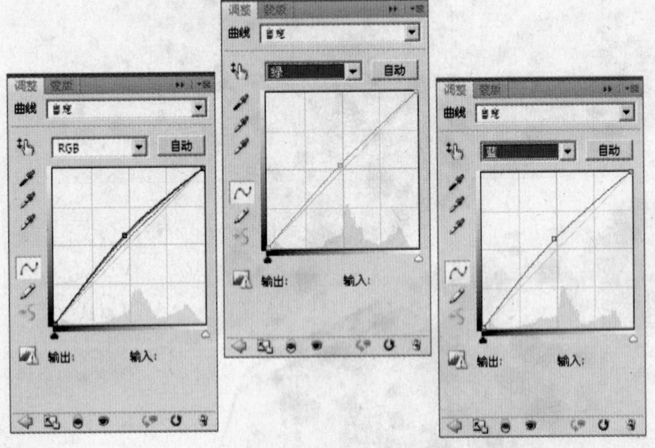

36 设置完“曲线”命令后，得到“曲线3”图层，按快捷键【Ctrl+Alt+G】执行“创建剪切蒙版”操作，可以看到图像调整后的效果如图所示。

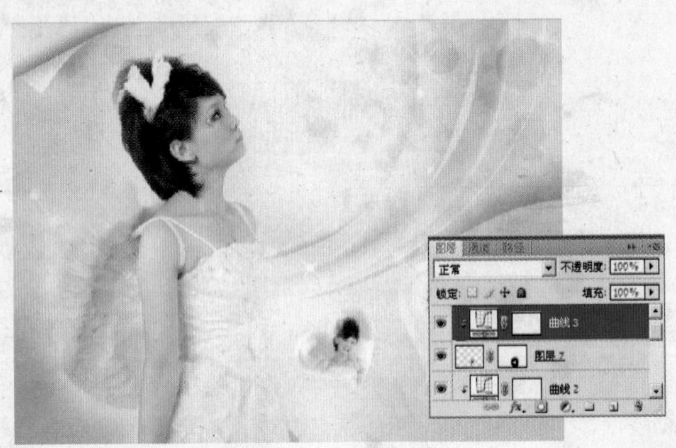

37 执行“文件”→“打开”命令，在弹出的“打开”对话框中选择随书光盘中的“素材9”文件，此时的图像效果和图层调板如图所示。

38 使用工具条中的“移动工具”，把“素材9”文件拖动到步骤1打开的文件中，生成“图层8”图层。按快捷键【Ctrl+T】，调出自由变换控制框，调整选框到如图所示的状态，按【Enter】键确认操作。

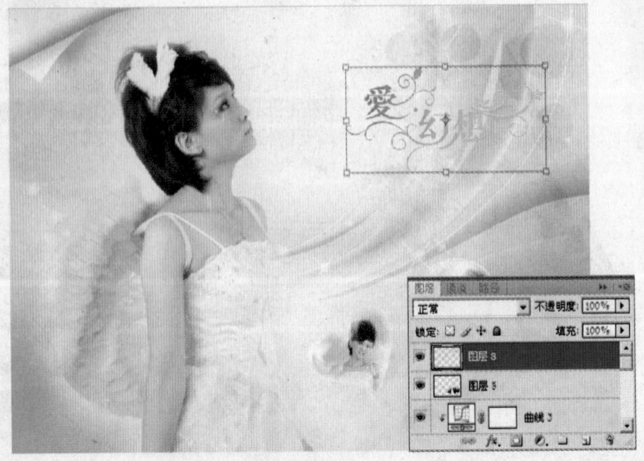

39 单击图层调板底部的“添加图层样式”按钮*fx*，在弹出的下拉菜单中选择“外发光”复选框，在弹出的对话框中进行如图所示的设置。

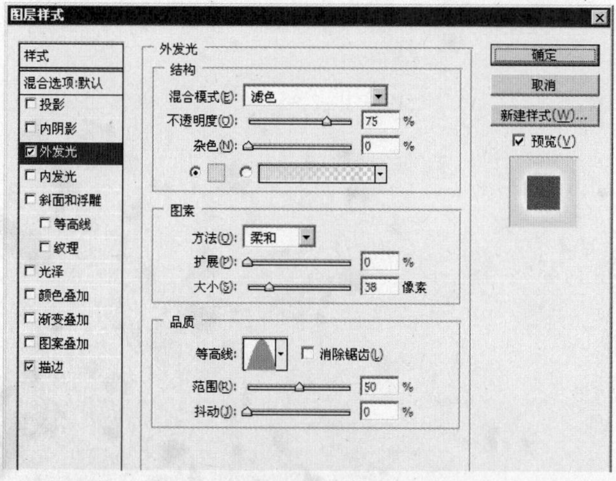

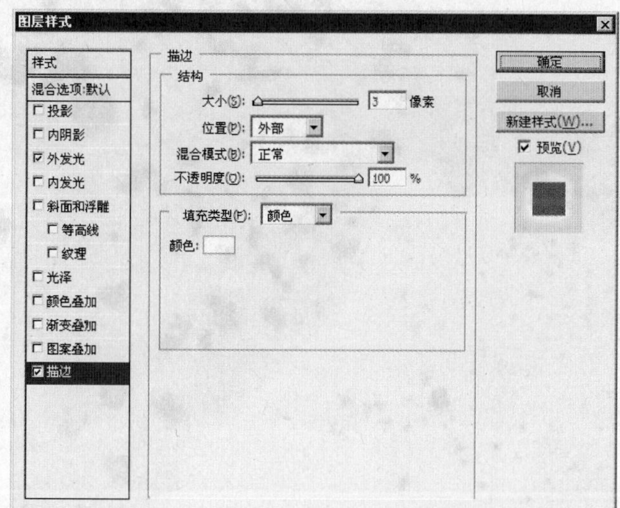

40 设置完“描边”面板后，单击【确定】按钮，即可为“图层8”中的图形添加外发光和描边的效果，如图所示。

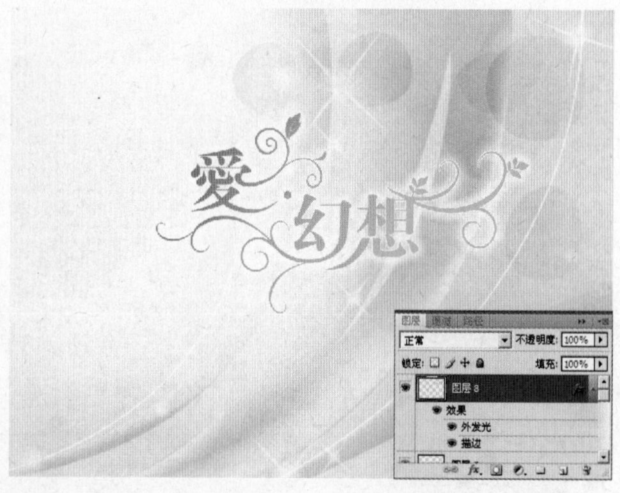

41 执行“文件”→“打开”命令，在弹出的“打开”对话框中选择随书光盘中的“素材10”文件，此时的图像效果和图层调板如图所示。

42 使用工具条中的“移动工具”，把“素材10”文件拖动到步骤1打开的文件中，生成“图层9”图层。按快捷键【Ctrl+T】，调出自由变换控制框，调整选框到如图所示的状态，按【Enter】键确认操作。

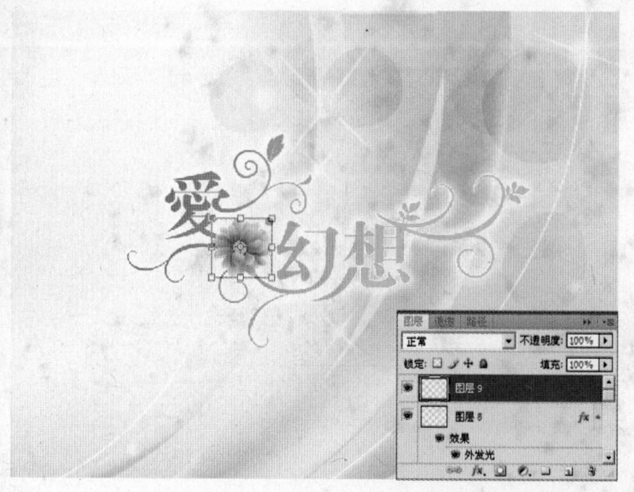

43 经过以上步骤的操作，最终完成了这张婚纱合成照片的制作，如图所示。

7.3 PART 7
柔情浪漫的婚纱照片设计

难易度

打造浪漫海景婚纱照片

使用调整图层的"色阶"命令、"曲线"命令、"色相/饱和度"命令、"通道混合器"命令，对婚纱照片进行调整，使照片提亮并变为冷色调。使用"应用图像"命令，对照片的色调进行调整，打造浪漫海景婚纱照片。

1 执行"文件"→"打开"命令，在弹出的"打开"对话框中选择随书光盘中的"素材 1"文件，此时的图像效果和图层调板如图所示。

2 新建图层，生成"图层1"图层，设置图层的混合模式为"柔光"，不透明度为"86%"。设置前景色为白色，使用"画笔工具"设置适当的画笔大小和透明度后，在人物的皮肤部位涂抹，得到如图所示的效果。

3 单击"创建新的填充或调整图层"按钮，在弹出的菜单中选择"曲线"命令，设置弹出的对话框如图所示。

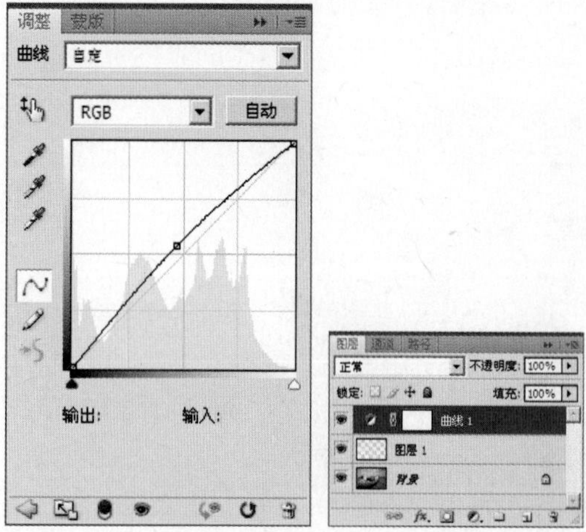

4 设置完"曲线"命令后，得到"曲线1"图层，可以看到图像调整后的效果如图所示。

5 单击"创建新的填充或调整图层"按钮，在弹出的菜单中选择"色相/饱和度"命令，设置弹出的对话框如图所示。

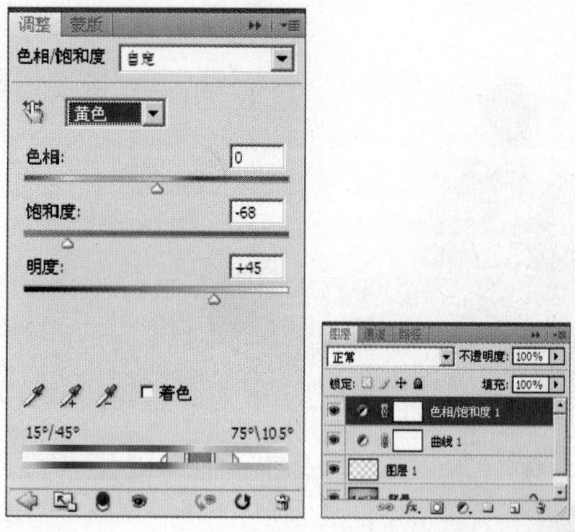

6 设置完"色相/饱和度"命令后，得到"色相/饱和度1"图层，可以看到图像调整后的效果如图所示。

7 单击"创建新的填充或调整图层"按钮，在弹出的菜单中选择"通道混合器"命令，设置弹出的对话框如图所示。

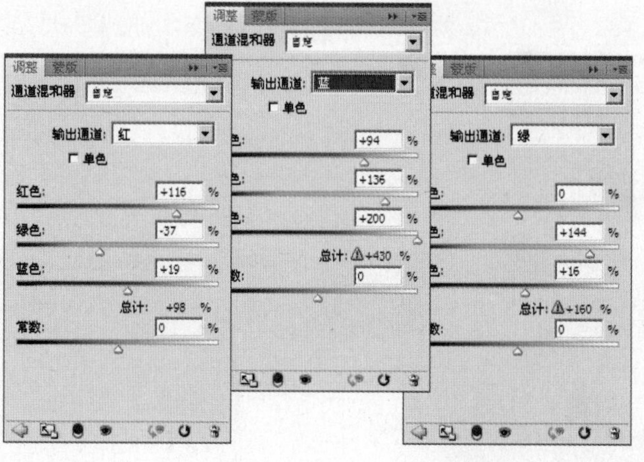

8 设置完"通道混合器"命令后，得到"通道混合器1"图层，可以看到图像调整后的效果如图所示。

9 在图层面板的顶部，设置图层的混合模式为“柔光”，得到如图所示的效果。

10 单击“通道混合器1”的图层蒙版缩览图，设置前景色为黑色，使用“画笔工具”，设置适当的画笔大小和透明度后，在皮肤的位置涂抹，其蒙版状态和图层面板如图所示。

11 单击“创建新的填充或调整图层”按钮，在弹出的菜单中选择“通道混合器”命令，设置弹出的对话框如图所示。

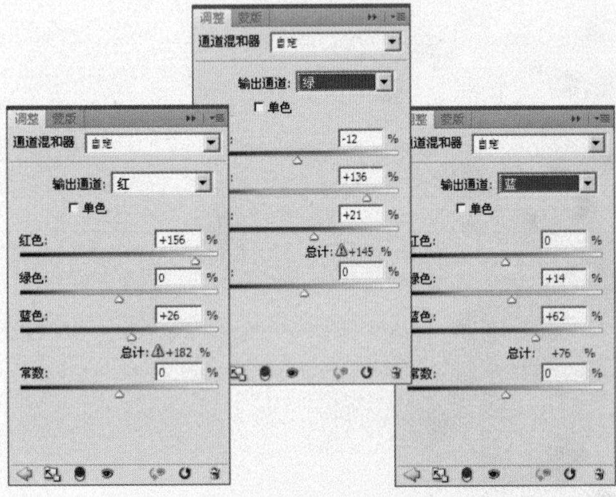

12 设置完“通道混合器”命令后，得到“通道混合器2”图层，可以看到图像调整后的效果如图所示。

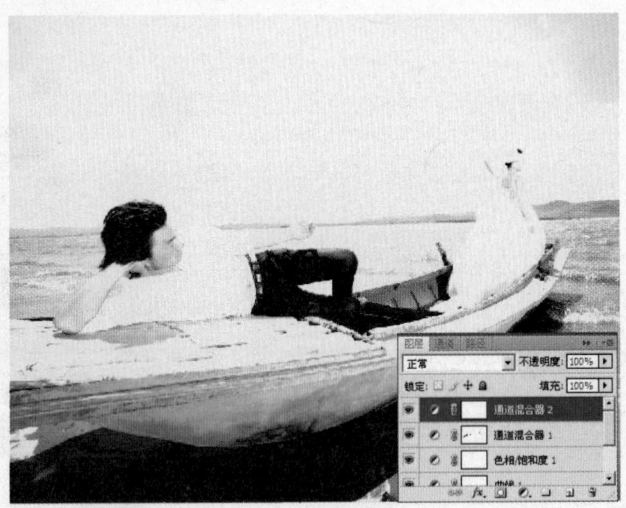

13 在图层面板的顶部，设置图层的混合模式为“柔光”，得到如图所示的效果。

14 单击“通道混合器2”的图层蒙版缩览图，设置前景色为黑色，使用“画笔工具”，设置适当的画笔大小和透明度后，在皮肤和衣服的位置涂抹，其蒙版状态和图层面板如图所示。

15 按快捷键【Ctrl+Alt+Shift+E】，执行“盖印图层”命令，得到“图层2”图层，如图所示。

16 执行菜单栏中的“滤镜”→“其他”→“高反差保留”命令，设置弹出的对话框中的参数后，单击【确定】按钮，设置后的效果如图所示。

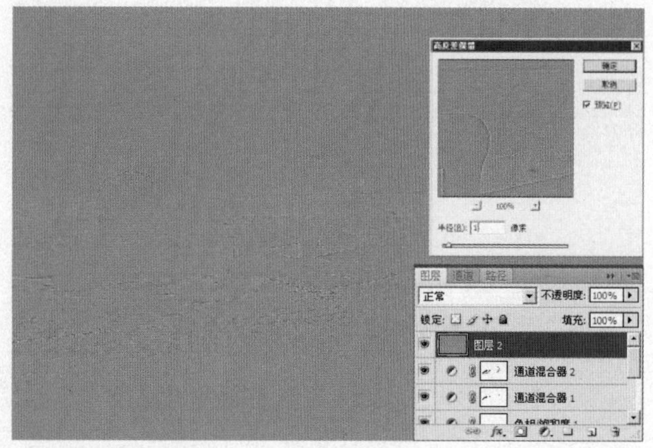

17 在图层面板的顶部，设置图层的混合模式为“叠加”，得到如图所示的效果。

18 按快捷键【Ctrl+Alt+Shift+E】，执行“盖印图层”命令，得到“图层3”图层。执行菜单栏中的“图像”→“应用图像”命令，设置弹出的对话框中的参数如图所示。

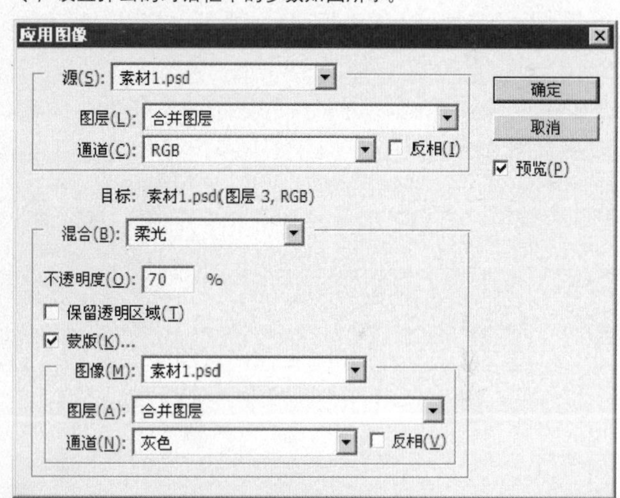

19 设置完对话框后，单击【确定】按钮，可以看到图像调整后的效果如图所示。

20 单击“添加图层蒙版”按钮，为“图层3”添加图层蒙版。设置前景色为黑色，使用“画笔工具”设置适当的画笔大小和透明度后，在嘴巴的位置涂抹，其蒙版状态和图层面板如图所示。

7.4 PART 7 柔情浪漫的婚纱照片设计

难易度

温柔序曲

使用“图层混合模式”使人物融入背景；使用调整图层的“曲线”命令、“色彩平衡”命令，为主体人物调色；使用一些漂亮的素材，制作出这幅合成照片。

1 执行“文件”→“打开”命令，在弹出的“打开”对话框中选择随书光盘中的“素材 1”文件，此时的图像效果和图层调板如图所示。

2 执行“文件”→“打开”命令，在弹出的“打开”对话框中选择随书光盘中的“素材2”文件，此时的图像效果和图层调板如图所示。

3 使用工具条中的“移动工具”，把“素材2”文件拖动到步骤1打开的文件中，生成“图层1”图层。按快捷键【Ctrl+T】，调出自由变换控制框，调整选框到如图所示的状态，按【Enter】键确认操作。

4 单击“添加图层蒙版”按钮，为“图层1”添加图层蒙版。设置前景色为黑色，使用“画笔工具”设置适当的画笔大小和透明度后，在画面中涂抹，其蒙版状态和图层面板如图所示。

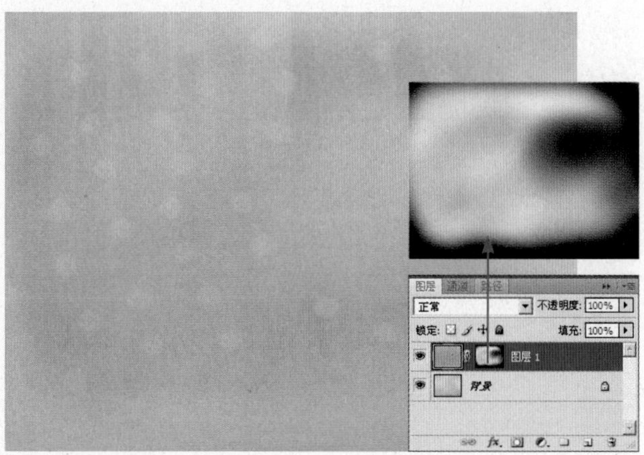

5 执行“文件”→“打开”命令，在弹出的“打开”对话框中选择随书光盘中的“素材3”文件，此时的图像效果和图层调板如图所示。

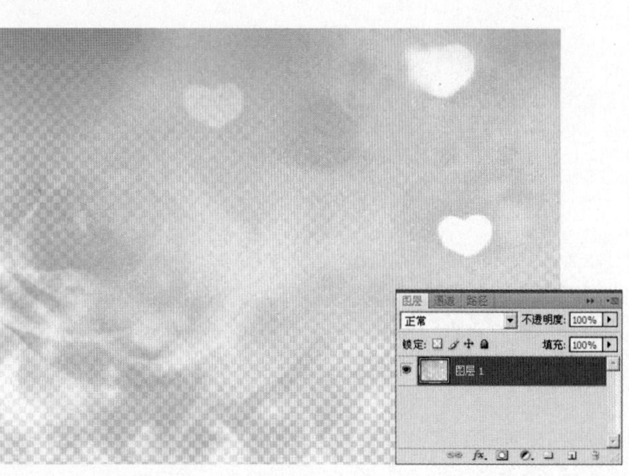

6 使用工具条中的“移动工具”，把“素材3”文件拖动到步骤1打开的文件中，生成“图层2”图层。按快捷键【Ctrl+T】，调出自由变换控制框，调整选框到如图所示的状态，按【Enter】键确认操作。

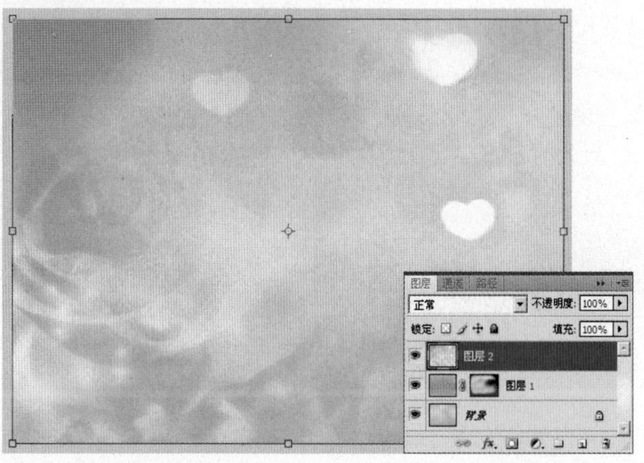

7 执行“文件”→“打开”命令，在弹出的“打开”对话框中选择随书光盘中的“素材4”文件，此时的图像效果和图层调板如图所示。

8 使用工具条中的“移动工具”，把“素材4”文件拖动到步骤1打开的文件中，生成“图层3”图层。按快捷键【Ctrl+T】，调出自由变换控制框，调整选框到如图所示的状态，按【Enter】键确认操作。

9 在图层面板的顶部，设置图层的混合模式为“柔光”，得到如图所示的效果。

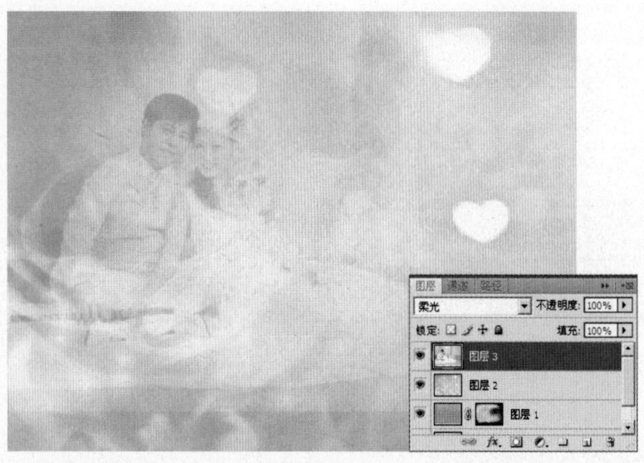

10 单击"添加图层蒙版"按钮，为"图层3"添加图层蒙版。设置前景色为黑色，使用"画笔工具"设置适当的画笔大小和透明度后，在画面的下部涂抹，其蒙版状态和图层面板如所示。

11 执行"文件"→"打开"命令，在弹出的"打开"对话框中选择随书光盘中的"素材5"文件，此时的图像效果和图层调板如图所示。

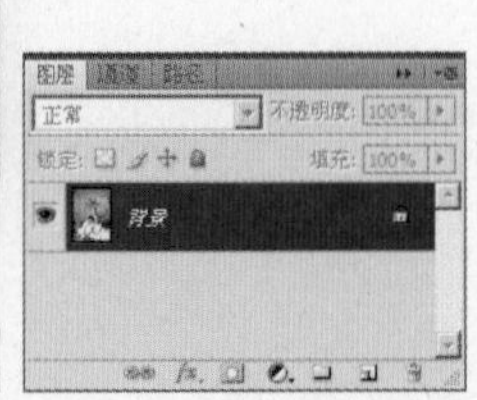

12 使用工具条中的"移动工具"，把"素材5"文件拖动到步骤1打开的文件中，生成"图层4"图层。按快捷键【Ctrl+T】，调出自由变换控制框，调整选框到如图所示的状态，按【Enter】键确认操作。

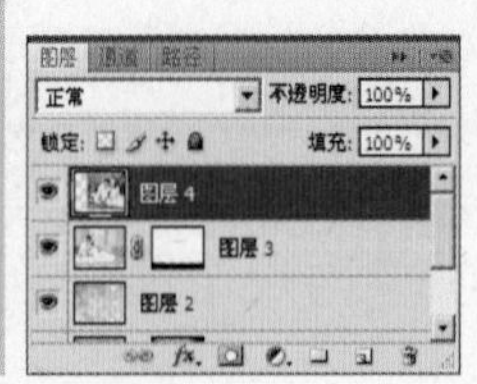

13 单击"添加图层蒙版"按钮，为"图层4"添加图层蒙版。设置前景色为黑色，使用"画笔工具"设置适当的画笔大小和透明度后，在人物周围的位置涂抹，其蒙版状态和图层面板如图所示。

14 单击"创建新的填充或调整图层"按钮，在弹出的菜单中选择"曲线"命令，设置弹出的对话框如图所示。

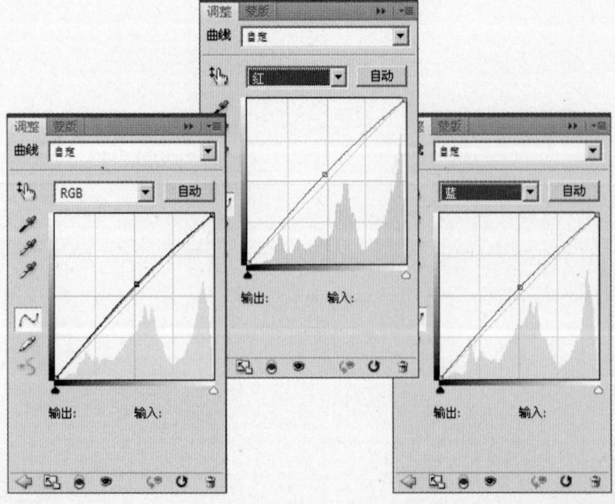

15 设置完"曲线"命令后，得到"曲线1"图层，按快捷键【Ctrl+Alt+G】执行"创建剪切蒙版"操作，可以看到图像调整后的效果如图所示。

16 单击"创建新的填充或调整图层"按钮，在弹出的菜单中选择"色彩平衡"命令，设置弹出的对话框如图所示。

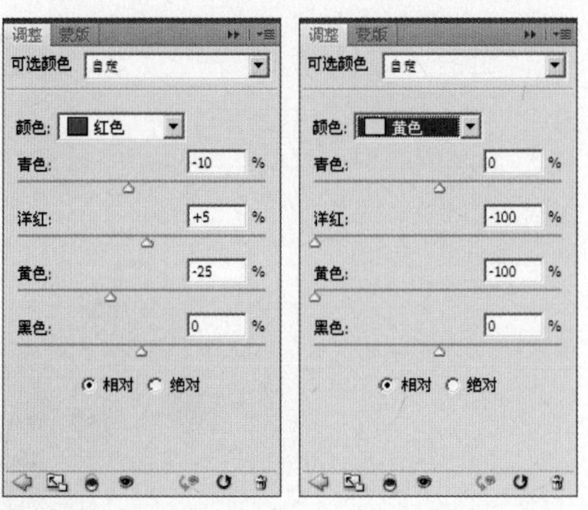

17 设置完"色彩平衡"命令后，得到"选取颜色1"图层，按快捷键【Ctrl+Alt+G】执行"创建剪切蒙版"操作，可以看到图像调整后的效果如图所示。

18 执行"文件"→"打开"命令，在弹出的"打开"对话框中选择随书光盘中的"素材6"文件，此时的图像效果和图层调板如图所示。

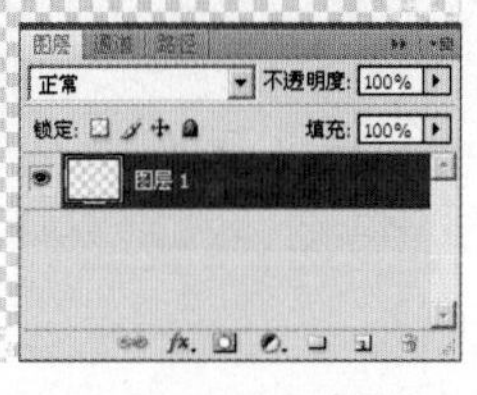

19 使用工具条中的"移动工具"，把"素材6"文件拖动到步骤1打开的文件中，生成"图层5"图层。按快捷键【Ctrl+T】，调出自由变换控制框，调整选框到如图所示的状态，按【Enter】键确认操作。

20 执行"文件"→"打开"命令，在弹出的"打开"对话框中选择随书光盘中的"素材7"文件，此时的图像效果和图层调板如图所示。

21 使用工具条中的"移动工具"，把"素材7"文件拖动到步骤1打开的文件中，生成"图层6"图层。按快捷键【Ctrl+T】，调出自由变换控制框，调整文字的大小并将文字移动到画面的左下方，按【Enter】键确认操作，完成这张合成照片的最终效果，如图所示。

7.5

PART 7
柔情浪漫的婚纱照片设计

难易度

芳香夏日

使用“图层混合模式”使人物融入背景；使用调整图层的“曲线”命令、“色阶”命令，调整主体人物的色调；使用一些漂亮的素材，制作出这幅芳香夏日的合成照片。

1 执行“文件”→“打开”命令，在弹出的“打开”对话框中选择随书光盘中的“素材 1”文件，此时的图像效果和图层调板如图所示。

2 执行“文件”→“打开”命令，在弹出的“打开”对话框中选择随书光盘中的“素材2”文件，此时的图像效果和图层调板如图所示。

3 使用工具条中的“移动工具”，把“素材2”文件拖动到步骤1打开的文件中，生成“图层1”图层。按快捷键【Ctrl+T】，调出自由变换控制框，调整选框到如图所示的状态，按【Enter】键确认操作。

4 单击“添加图层蒙版”按钮，为“图层1”添加图层蒙版。设置前景色为黑色，使用“画笔工具”设置适当的画笔大小和透明度后，在画面中涂抹，其蒙版状态和图层面板如图所示。

5 执行“文件”→“打开”命令，在弹出的“打开”对话框中选择随书光盘中的“素材3”文件，此时的图像效果和图层调板如图所示。

6 使用工具条中的“移动工具”，把“素材3”文件拖动到步骤1打开的文件中，生成“图层2”图层。按快捷键【Ctrl+T】，调出自由变换控制框，调整选框到如图所示的状态，按【Enter】键确认操作。

7 在图层面板的顶部，设置图层的混合模式为“柔光”，得到如图所示的效果。

8 拖动“图层2”到图层面板底部的“创建新图层”按钮，对图层进行复制操作，得到“图层2 副本”图层，如图所示。

9 在图层面板的顶部，设置图层的混合模式为"正常"，得到如图所示的效果。

10 单击"添加图层蒙版"按钮，为"图层2副本"添加图层蒙版。设置前景色为黑色，使用"画笔工具"设置适当的画笔大小和透明度后，在画面中涂抹，其蒙版状态和图层面板如图所示。

11 单击"创建新的填充或调整图层"按钮，在弹出的菜单中选择"曲线"命令，设置弹出的对话框如图所示。

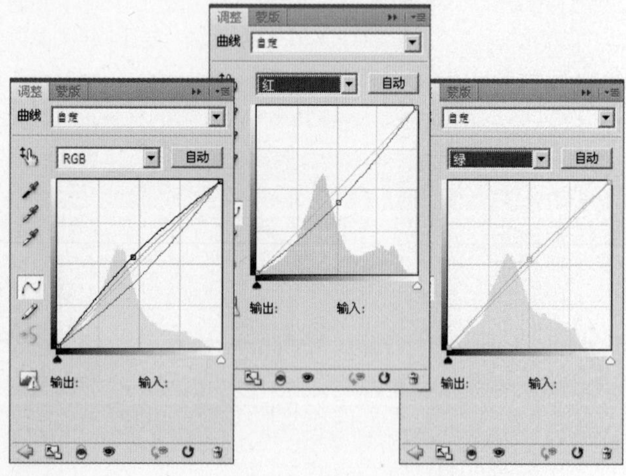

12 设置完"曲线"命令后，得到"曲线1"图层，按快捷键【Ctrl+Alt+G】执行"创建剪切蒙版"操作，可以看到图像调整后的效果如图所示。

13 单击"创建新的填充或调整图层"按钮，在弹出的菜单中选择"色阶"命令，设置弹出的对话框如图所示。

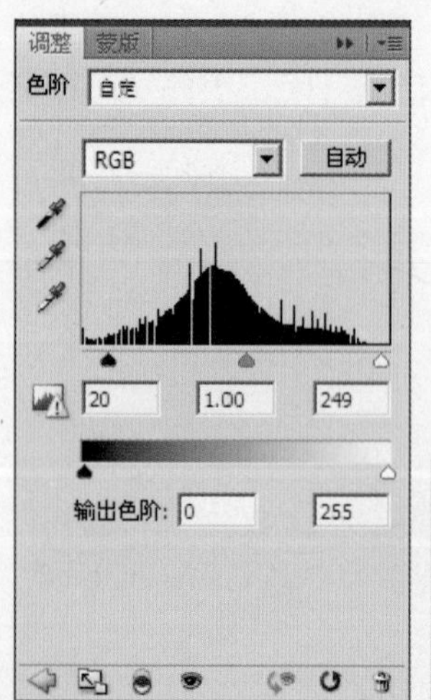

14 设置完"色阶"命令后，得到"色阶1"图层，按快捷键【Ctrl+Alt+G】执行"创建剪切蒙版"操作，可以看到图像调整后的效果如图所示。

15 单击“创建新的填充或调整图层”按钮，在弹出的菜单中选择“亮度/对比度”命令，设置弹出的对话框后，得到“亮度/对比度1”图层。按快捷键【Ctrl+Alt+G】执行“创建剪切蒙版”操作，可以看到图像调整后的效果如图所示。

16 新建图层，生成“图层3”图层。设置前景色为白色，使用“画笔工具”，设置适当的画笔大小，在画面中点涂，如图所示。

17 执行“文件”→“打开”命令，在弹出的“打开”对话框中选择随书光盘中的“素材4”文件，此时的图像效果和图层调板如图所示。

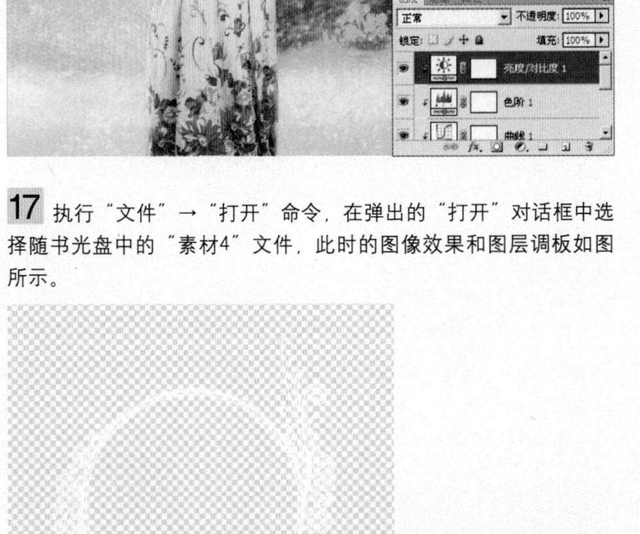

18 使用工具条中的“移动工具”，把“素材4”文件拖动到步骤1打开的文件中，生成“图层4”图层。按快捷键【Ctrl+T】，调出自由变换控制框，调整选框到如图所示的状态，按【Enter】键确认操作。

19 新建图层，生成“图层5”图层。使用“椭圆选框工具”，按住【Shift】键，绘制一个正圆形。按快捷键【Alt+Delete】对“图层2”图层进行填充，如图所示。按快捷键【Ctrl+D】，取消选区。

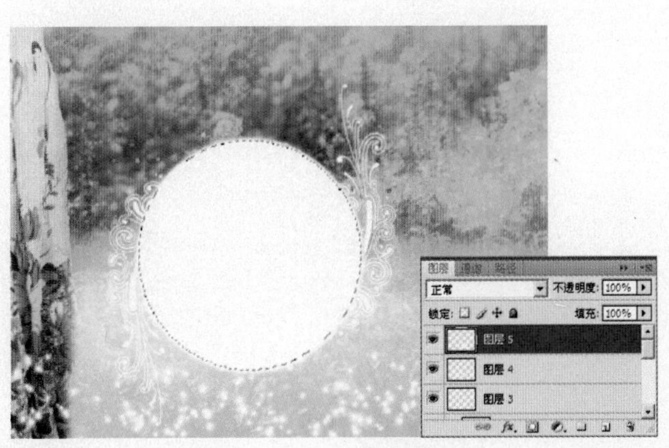

20 在图层面板的顶部，设置图层的不透明度为“30%”，得到如图所示的效果。

21 按住【Ctrl】键，单击“图层4”和“图层5”图层，将其都选中，按住【Alt】键向右拖动圆圈图像，对其进行复制，如图所示。

22 使“亮度/对比度1”呈操作状态，执行“文件”→“打开”命令，在弹出的“打开”对话框中选择随书光盘中的“素材5”文件，此时的图像效果和图层调板如图所示。

23 使用工具条中的“移动工具”，把“素材5”文件拖动到步骤1打开的文件中，生成“图层6”图层。按快捷键【Ctrl+T】，调出自由变换控制框，调整选框到如图所示的状态，按【Enter】键确认操作。

24 单击“添加图层蒙版”按钮，为“图层6”添加图层蒙版。设置前景色为黑色，使用“画笔工具”设置适当的画笔大小和透明度后，在画面中涂抹，其蒙版状态和图层面板如图所示。

25 单击“创建新的填充或调整图层”按钮，在弹出的菜单中选择“色阶”命令，得到“色阶2”图层，按快捷键【Ctrl+Alt+G】执行“创建剪切蒙版”操作，设置弹出的对话框如图所示。

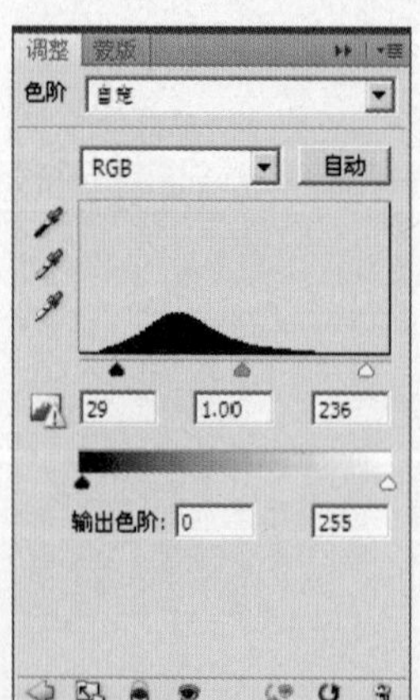

26 设置完“色阶”命令后，可以看到图像调整后的效果如图所示。

27 单击“创建新的填充或调整图层”按钮，在弹出的菜单中选择“曲线”命令，设置弹出的对话框如图所示。

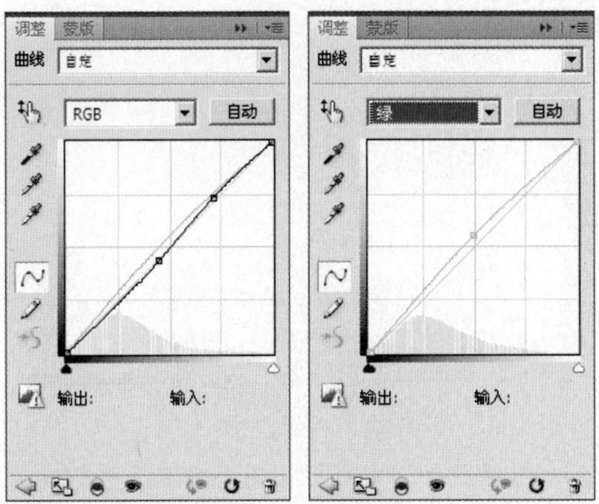

28 设置完“曲线”命令后，得到“曲线2”图层，按快捷键【Ctrl+Alt+G】执行“创建剪切蒙版”操作，可以看到图像调整后的效果如图所示。

29 单击“创建新的填充或调整图层”按钮，在弹出的菜单中选择“亮度/对比度”命令，得到“亮度/对比度2”图层。按快捷键【Ctrl+Alt+G】执行“创建剪切蒙版”操作，设置弹出的对话框如图所示。

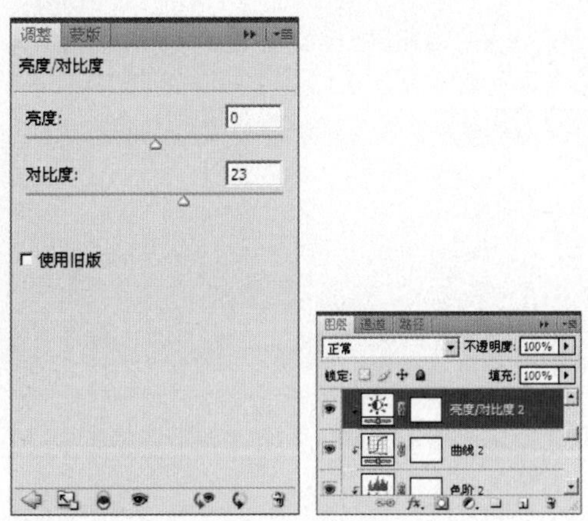

30 设置完“亮度/对比度”命令后，可以看到图像调整后的效果如图所示。

31 执行“文件”→“打开”命令，在弹出的“打开”对话框中选择随书光盘中的“素材6”文件，此时的图像效果和图层调板如图所示。

32 使用工具条中的“移动工具”，把“素材6”文件拖动到步骤1打开的文件中，生成“图层7”图层。按快捷键【Ctrl+T】，调出自由变换控制框，调整选框到如图所示的状态，按【Enter】键确认操作。

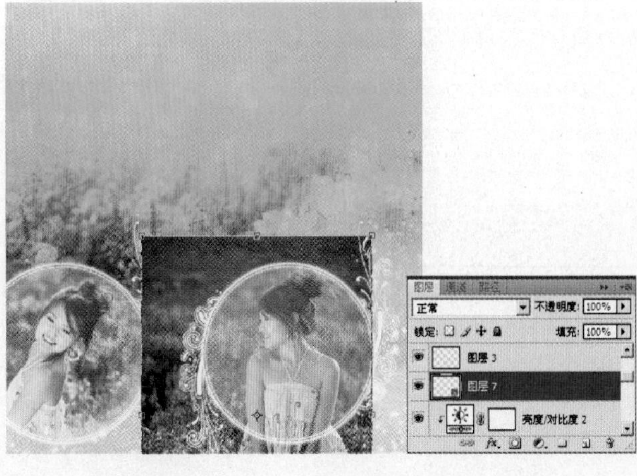

33 单击“添加图层蒙版”按钮，为“图层7”添加图层蒙版。设置前景色为黑色，使用“画笔工具”设置适当的画笔大小和透明度后，在画面中涂抹，其蒙版状态和图层面板如图所示。

34 单击“创建新的填充或调整图层”按钮，在弹出的菜单中选择“色阶”命令，设置弹出的对话框如图所示。

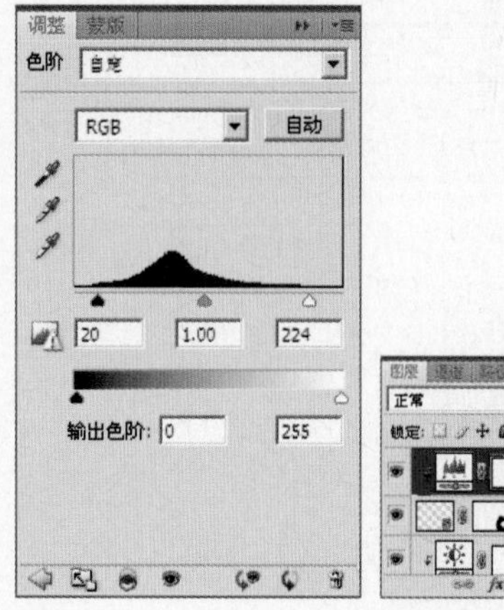

35 设置完“色阶”命令后，得到“色阶3”图层。按快捷键【Ctrl+Alt+G】执行“创建剪切蒙版”操作，可以看到图像调整后的效果如图所示。

36 单击“创建新的填充或调整图层”按钮，在弹出的菜单中选择“曲线”命令，设置弹出的对话框如图所示。

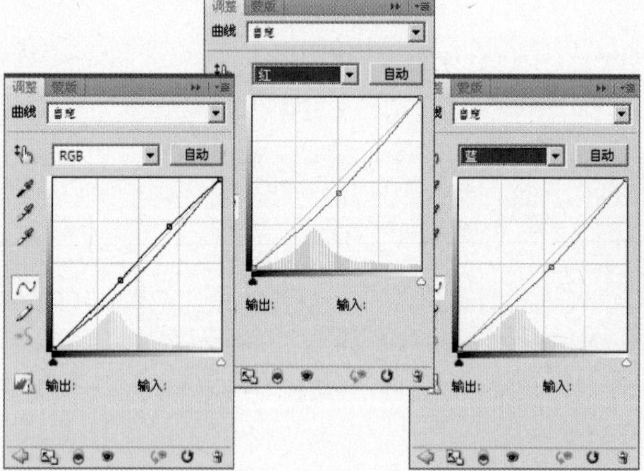

37 设置完“曲线”命令后，得到“曲线3”图层。按快捷键【Ctrl+Alt+G】执行“创建剪切蒙版”操作，可以看到图像调整后的效果如图所示。

38 单击“创建新的填充或调整图层”按钮，在弹出的菜单中选择“亮度/对比度”命令，得到“亮度/对比度3”图层。按快捷键【Ctrl+Alt+G】执行“创建剪切蒙版”操作，设置弹出的对话框如图所示。

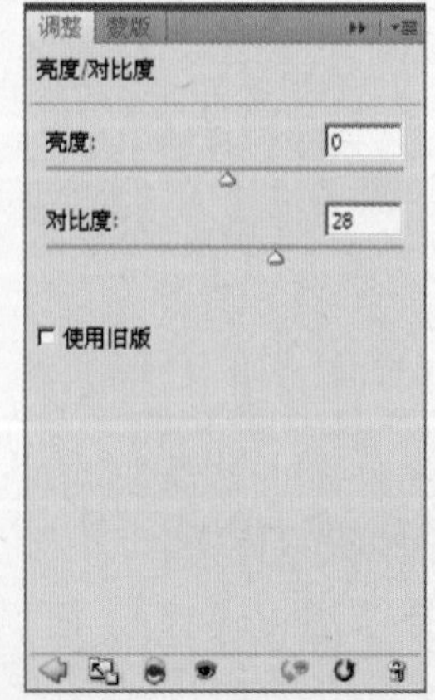

39 设置完“亮度/对比度”命令后，可以看到图像调整后的效果如图所示。

40 使“图层5 副本”呈操作状态，执行“文件”→“打开”命令，在弹出的“打开”对话框中选择随书光盘中的“素材7”文件，此时的图像效果和图层调板如图所示。

41 使用工具条中的“移动工具”，把“素材7”文件拖动到步骤1打开的文件中，生成“图层8”图层。按快捷键【Ctrl+T】，调出自由变换控制框，调整选框到如图所示的状态，按【Enter】键确认操作。

42 执行“文件”→“打开”命令，在弹出的“打开”对话框中选择随书光盘中的“素材8”文件，此时的图像效果和图层调板如图所示。

43 使用工具条中的“移动工具”，把“素材8”文件拖动到步骤1打开的文件中，生成“图层9”图层。按快捷键【Ctrl+T】，调出自由变换控制框，调整选框到如图所示的状态，按【Enter】键确认操作。

44 经过以上步骤的操作，完成了这张合成照片的最终效果，如图所示。

7.6 PART 7 柔情浪漫的婚纱照片设计

难易度

永远的爱人

使用"曲线命令，为背景调色；"使用"图层混合模式"使人物融入背景，使用调整图层的"曲线"命令、"色阶"命令、"亮度/对比度"命令为主体人物调色；使用一些漂亮的素材，制作出这幅合成照片。

1 执行"文件"→"打开"命令，在弹出的"打开"对话框中选择随书光盘中的"素材 1"文件，此时的图像效果和图层调板如图所示。

2 执行"文件"→"打开"命令，在弹出的"打开"对话框中选择随书光盘中的"素材2"文件，此时的图像效果和图层调板如图所示。

3 使用工具条中的“移动工具”，把“素材2”文件拖动到步骤1打开的文件中，生成“图层1”图层。按快捷键【Ctrl+T】，调出自由变换控制框，调整选框到如图所示的状态，按【Enter】键确认操作。

4 按住【Shift+Alt】快捷键水平拖动画面中的花纹素材图像，以复制一个图像，得到“图层1 副本”图层，如图所示。

5 单击“创建新的填充或调整图层”按钮，在弹出的菜单中选择“曲线”命令，得到“曲线1”图层。设置弹出的对话框后，可以看到图像调整后的效果如图所示。

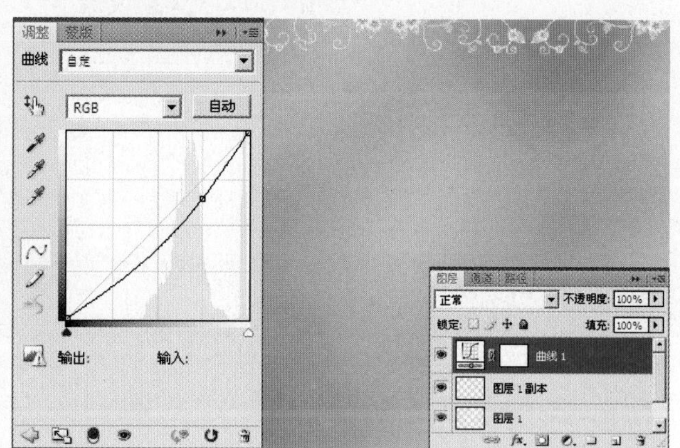

6 单击工具条的“渐变工具”，再单击操作面板左上角的“渐变工具条”，弹出“渐变编辑器”，设置弹出的对话框如图所示。

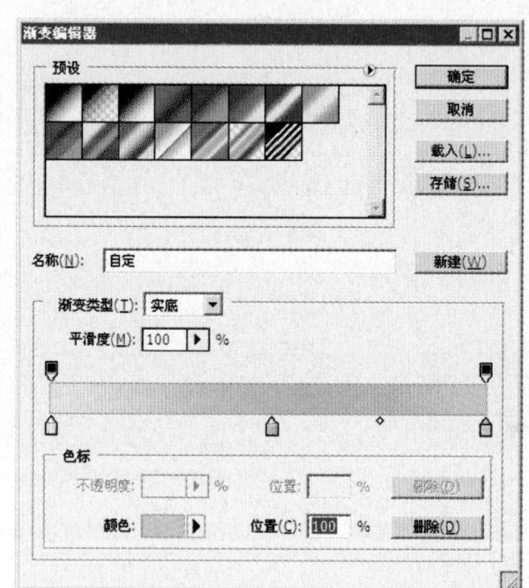

7 设置完对话框后，单击【确定】按钮，新建图层，生成“图层2”图层。选择“线性渐变”，在“图层2”中从左上角到右下角拖动鼠标，得到如图所示的效果。

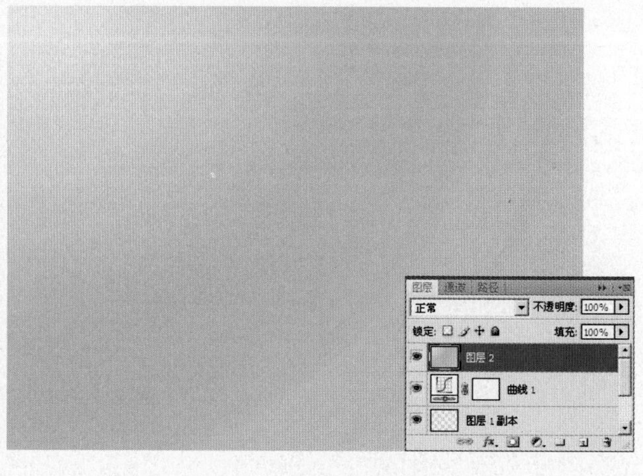

8 在图层面板的顶部，设置图层的混合模式为“色相”，得到如图所示的效果。

9 执行“文件”→“打开”命令，在弹出的“打开”对话框中选择随书光盘中的“素材3”文件，此时的图像效果和图层调板如图所示。

10 使用工具条中的“移动工具”，把“素材3”文件拖动到步骤1打开的文件中，生成“图层3”图层。按快捷键【Ctrl+T】，调出自由变换控制框，调整选框到如图所示的状态，按【Enter】键确认操作。

11 在图层面板的顶部，设置图层的混合模式为“柔光”，得到如图所示的效果。

12 单击“添加图层蒙版”按钮，为“图层3”添加图层蒙版。使用“渐变工具”，设置由白到黑的渐变条，单击“径向渐变”按钮后，在画面中从中间向外拖动鼠标，其蒙版状态和图层面板如图所示。

13 拖动“图层3”图层到图层面板底部的“创建新图层”按钮，对图层进行复制操作，得到“图层3 副本”图层，如图所示。

14 在图层面板的顶部，设置图层的混合模式为“正常”，得到如图所示的效果。

15 单击“图层3 副本”的蒙版缩览图，使用“渐变工具”，设置由白到黑的渐变条，单击“径向渐变”按钮后，在画面中从中间向外拖动鼠标，其蒙版状态和图层面板如图所示。

16 单击“创建新的填充或调整图层”按钮，在弹出的菜单中选择“色阶”命令，设置弹出的对话框后，得到“色阶1”图层。按快捷键【Ctrl+Alt+G】执行“创建剪切蒙版”操作，可以看到图像调整后的效果如图所示。

17 单击“创建新的填充或调整图层”按钮，在弹出的菜单中选择“曲线”命令，设置弹出的对话框如图所示。

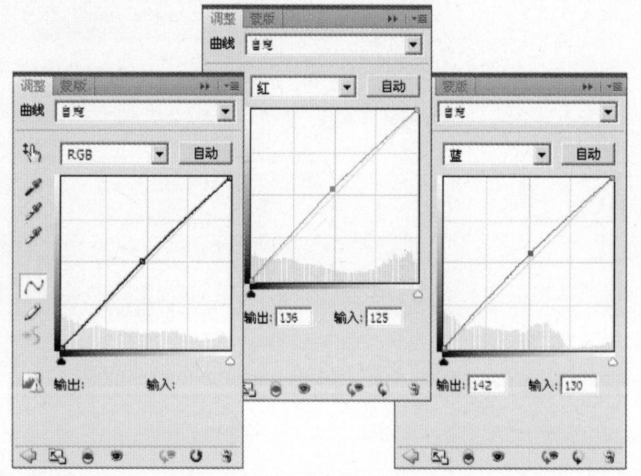

18 设置完“曲线”命令后，得到“曲线2”图层，按快捷键【Ctrl+Alt+G】执行“创建剪切蒙版”操作，可以看到图像调整后的效果如图所示。

19 单击“创建新的填充或调整图层”按钮，在弹出的菜单中选择“亮度/对比度”命令后，得到“亮度/对比度1”图层。按快捷键【Ctrl+Alt+G】执行“创建剪切蒙版”操作，可以看到图像调整后的效果如图所示。

20 新建图层，生成“图层4”图层。设置前景色为（R:253 G:255 B:233），使用“画笔工具”，选择尖角画笔，设置适当的画笔大小，在画面底部点涂，如图所示。

21 在图层面板的顶部，设置图层的混合模式为“叠加”，图层的不透明度为“50%”，得到如图所示的效果。

22 执行“文件”→“打开”命令，在弹出的“打开”对话框中选择随书光盘中的“素材4”文件，此时的图像效果和图层调板如图所示。

23 使用工具条中的“移动工具” ，把“素材4”文件拖动到步骤1打开的文件中，生成“图层4”图层，按快捷键【Ctrl+T】，调出自由变换控制框，调整选框到如图所示的状态，按【Enter】键确认操作。

24 在图层面板的顶部，设置图层的混合模式为“叠加”，图层的不透明度为“80%”，得到如图所示的效果。

25 单击图层调板底部的“添加图层样式”按钮 ，在弹出的下拉菜单中选择“外发光”复选框，在弹出的对话框中进行如图所示的设置。

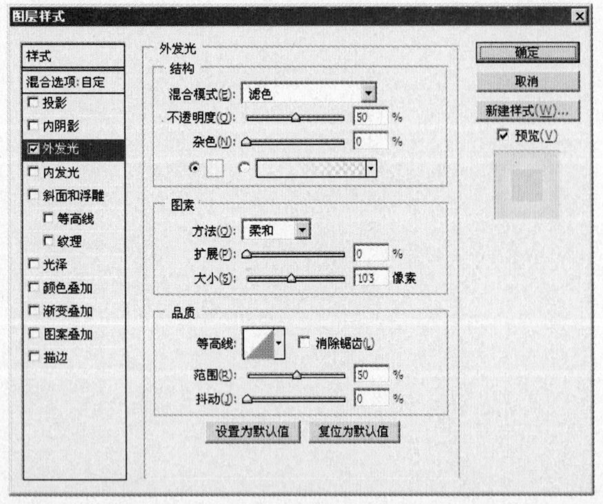

26 设置完“外发光”面板后，单击【确定】按钮，即可为“图层5”中的图形添加外发光的效果。

27 单击“添加图层蒙版”按钮，为“图层3”添加图层蒙版。使用“渐变工具”，设置由黑到白的渐变条，单击“线性渐变”按钮后，在画面中从下向上拖动鼠标，其蒙版状态和图层面板如图所示。

28 执行“文件”→“打开”命令，在弹出的“打开”对话框中选择随书光盘中的“素材5”文件，此时的图像效果和图层调板如图所示。

29 使用工具条中的“移动工具”，把“素材5”文件拖动到步骤1打开的文件中，生成“图层6”图层。按快捷键【Ctrl+T】，调出自由变换控制框，调整选框到如图所示的状态，按【Enter】键确认操作。

30 在图层面板的顶部，设置图层的混合模式为“明度”，得到如图所示的效果。

31 使“图层5”呈操作状态，新建图层，生成“图层7”图层。使用工具条中的“钢笔工具”，在工具选项条中单击“路径”按钮，绘制桃心形状的路径，如图所示。

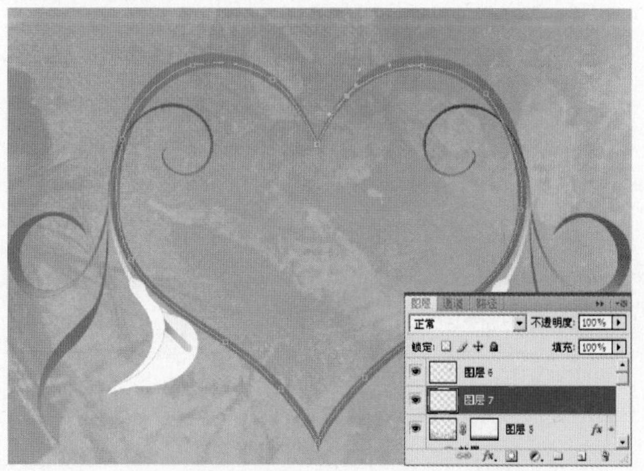

32 按【Ctrl+Enter】快捷键，将路径转换为选区，设置前景色为白色，按快捷键【Alt+Delete】对选区进行填充，得到如图所示的状态。然后按快捷键【Ctrl+D】，取消选区。

33 在图层面板的顶部，设置图层的混合模式为"柔光"，图层的不透明度为"40%"，得到如图所示的效果。

34 使"图层5"呈操作状态，执行"文件"→"打开"命令，在弹出的"打开"对话框中选择随书光盘中的"素材6"文件，此时的图像效果和图层调板如图所示。

35 使用工具条中的"移动工具"，把"素材6"文件拖动到步骤1打开的文件中，生成"图层8"图层。按快捷键【Ctrl+T】，调出自由变换控制框，调整选框到如图所示的状态，按【Enter】键确认操作。

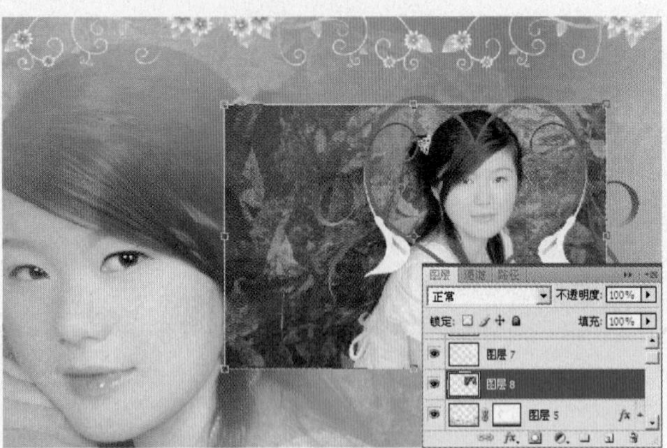

36 单击"添加图层蒙版"按钮，为"图层8"添加图层蒙版。设置前景色为黑色，使用"画笔工具"设置适当的画笔大小和透明度后，在照片边缘涂抹，其蒙版状态和图层面板如图所示。

37 单击"创建新的填充或调整图层"按钮，在弹出的菜单中选择"色阶"命令，设置弹出的对话框后，得到"色阶2"图层。按快捷键【Ctrl+Alt+G】执行"创建剪切蒙版"操作，可以看到图像调整后的效果如图所示。

38 单击"创建新的填充或调整图层"按钮，在弹出的菜单中选择"曲线"命令，设置弹出的对话框如图所示。

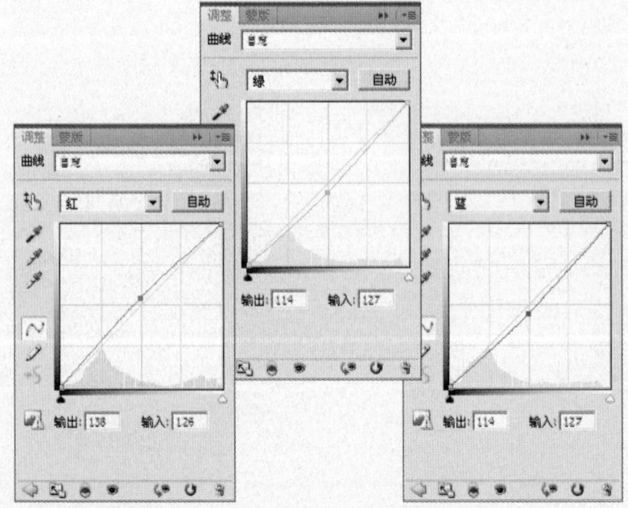

39 设置完“曲线”命令后，得到“曲线3”图层，按快捷键【Ctrl+Alt+G】执行“创建剪切蒙版”操作，可以看到图像调整后的效果如图所示。

40 使“图层6”呈操作状态，执行“文件”→“打开”命令，在弹出的“打开”对话框中选择随书光盘中的“素材7”文件，此时的图像效果和图层调板如图所示。

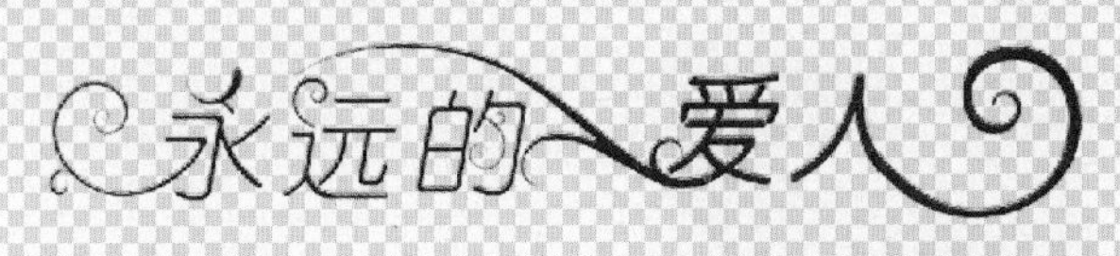

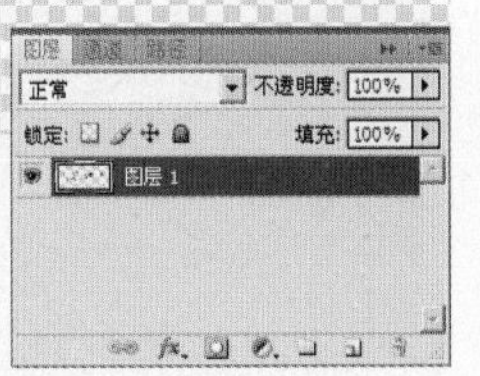

41 使用工具条中的“移动工具”，把“素材7”文件拖动到步骤1打开的文件中，生成“图层9”图层。按快捷键【Ctrl+T】，调出自由变换控制框，调整选框到如图所示的状态，按【Enter】键确认操作。

42 单击图层调板底部的“添加图层样式”按钮，在弹出的下拉菜单中选择“投影”复选框，在弹出的对话框中分别对“投影”、“外发光”和“渐变叠加”进行如图所示的设置。

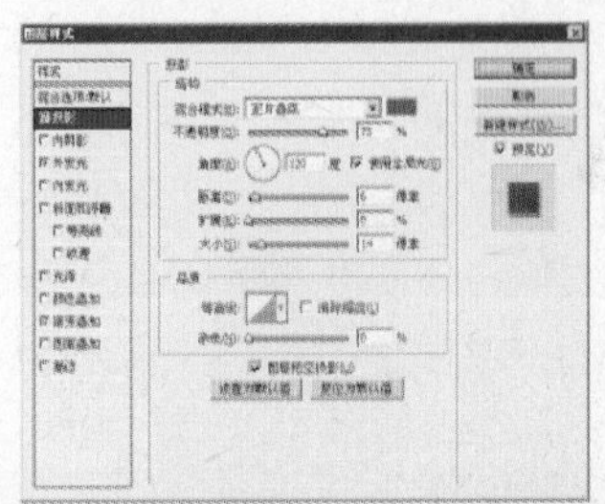

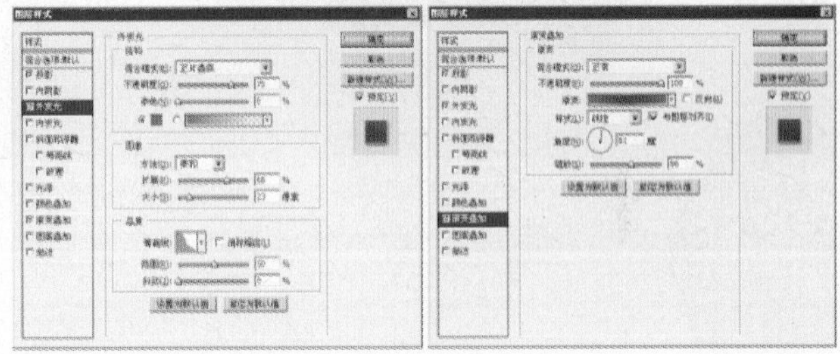

43 设置完“渐变叠加”面板后，单击【确定】按钮，为文字素材添加效果如图所示。

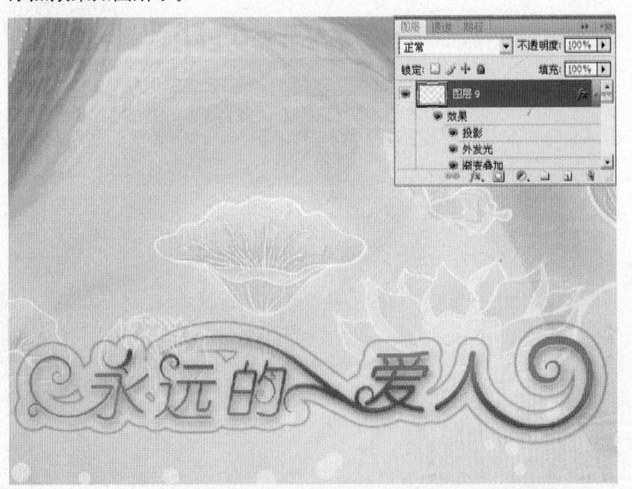

44 经过以上步骤的操作，最终完成了这张婚纱合成照片的制作，如图所示。

7.7

PART 7
柔情浪漫的婚纱照片设计

难易度

青色浪漫婚纱照

使用调整图层的"通道混合器"命令、"色彩平衡"命令，对婚纱照片进行调整，使照片提亮并变为冷色调；使用"Lab颜色"和"RGB模式"对照片的色调进行调整，打造出青色浪漫的婚纱照片。

1 执行"文件"→"打开"命令，在弹出的"打开"对话框中选择随书光盘中的"素材 1"文件，此时的图像效果和图层调板如图所示。

2 拖动"背景"图层到图层面板底部的"创建新图层"按钮，对图层进行复制操作，得到"背景 副本"图层。执行菜单栏中的"图像"→"模式"→"CMYK 颜色"命令，在弹出的对话框中单击"不拼合"按钮，如图所示。

3 运用本书通道磨皮的方法对人物进行磨皮处理，得到如图所示的效果。

4 单击“创建新的填充或调整图层”按钮，在弹出的菜单中选择“通道混合器”命令，设置弹出的对话框如图所示。

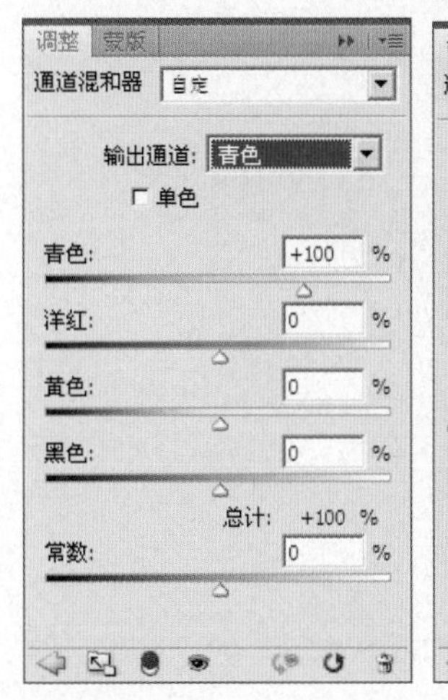

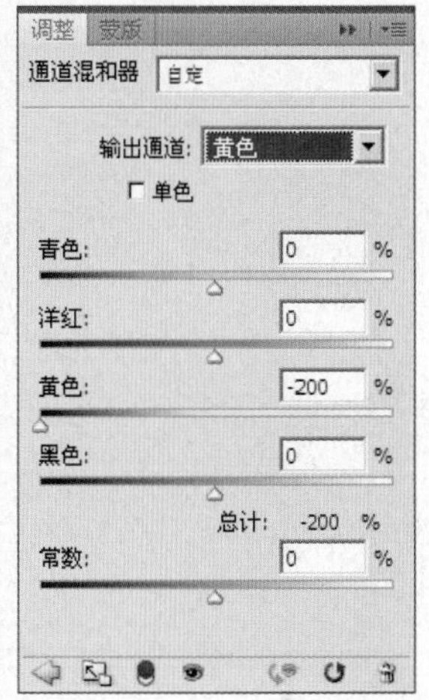

5 设置完“通道混合器”命令后，得到“通道混合器1”图层，可以看到图像调整后的效果如图所示。

6 按快捷键【Ctrl+Alt+Shift+E】，执行“盖印图层”命令，得到“图层1”图层，如图所示。

7 执行菜单栏中的“图像”→“模式”→“RGB 颜色”命令，在弹出的对话框中单击“不拼合”按钮，如图所示。

8 单击“创建新的填充或调整图层”按钮，在弹出的菜单中选择“色彩平衡”命令，设置弹出的对话框后，得到“色彩平衡1”图层，可以看到图像调整后的效果如图所示。

9 按快捷键【Ctrl+Alt+Shift+E】，执行“盖印图层”命令，得到“图层2”图层，隐藏“图层2”下面的3个图层，如图所示。

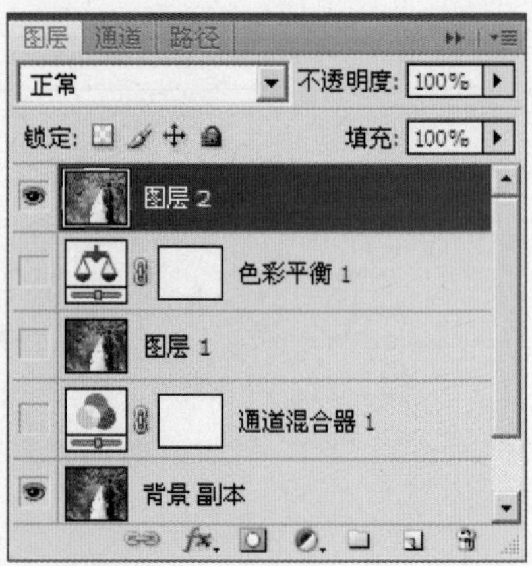

10 单击“添加图层蒙版”按钮，为“图层2”添加图层蒙版，设置前景色为黑色，使用“画笔工具”设置适当的画笔大小和透明度后，在皮肤的位置涂抹，其蒙版状态和图层面板如图所示。

11 执行菜单栏中的“图像”→“模式”→“Lab颜色”命令，在弹出的对话框后单击“拼合”按钮，如图所示。

12 拖动“背景”图层到图层面板底部的“创建新图层”按钮，对图层进行复制操作，得到“背景 副本”图层，如图所示。

13 执行菜单栏中的“图像”→“应用图像”命令，设置弹出的对话框中的参数如图所示。

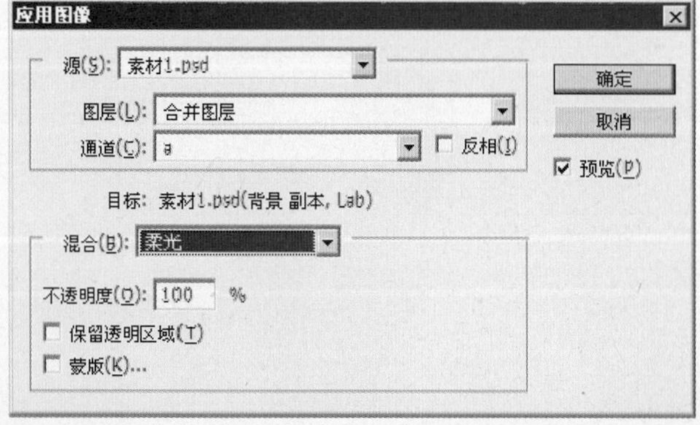

14 设置完对话框后，单击【确定】按钮，可以看到图像调整后的效果如图所示。

15 执行菜单栏中的"图像"→"模式"→"RGB 颜色"命令，在弹出的对话框中单击"不拼合"按钮，如图所示。

16 单击"创建新的填充或调整图层"按钮，在弹出的菜单中选择"色彩平衡"命令，设置弹出的对话框后，得到"色彩平衡1"图层，可以看到图像调整后的效果如图所示。

17 单击"色彩平衡1"添加图层蒙版，设置前景色为黑色，使用"画笔工具"设置适当的画笔大小和透明度后，在皮肤的位置涂抹，其蒙版状态和图层面板如图所示。

18 单击工具条的"渐变工具"，再单击操作面板左上角的"渐变工具条"，弹出"渐变编辑器"，设置弹出的对话框如图所示。

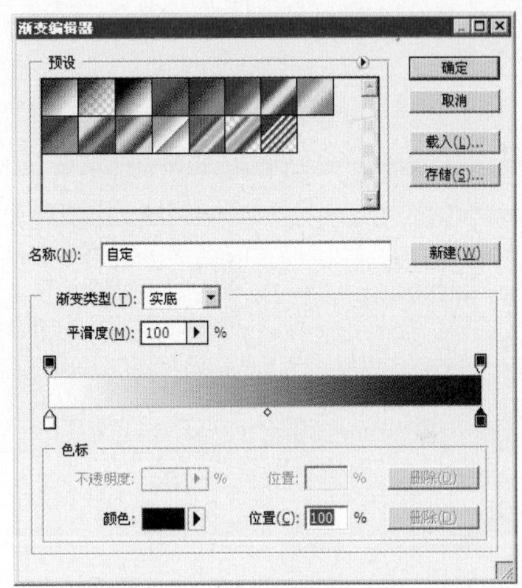

19 设置完对话框后，单击【确定】按钮，新建图层，生成"图层1"图层。选择"径向渐变"，在"图层1"图层中从中心拖动鼠标，得到如图所示的效果。

20 在图层面板的顶部，设置图层的混合模式为"正片叠底"，得到如图所示的效果。

21 单击“添加图层蒙版”按钮，为“图层1”添加图层蒙版，设置前景色为黑色，使用“画笔工具”设置适当的画笔大小和透明度后，在人物身上涂抹，其蒙版状态和图层面板如图所示。

22 按快捷键【Ctrl+Alt+Shift+E】，执行“盖印图层”命令，得到“图层2”图层，如图所示。

23 执行菜单栏中的“图像”→“应用图像”命令，设置弹出的对话框中的参数如图所示。

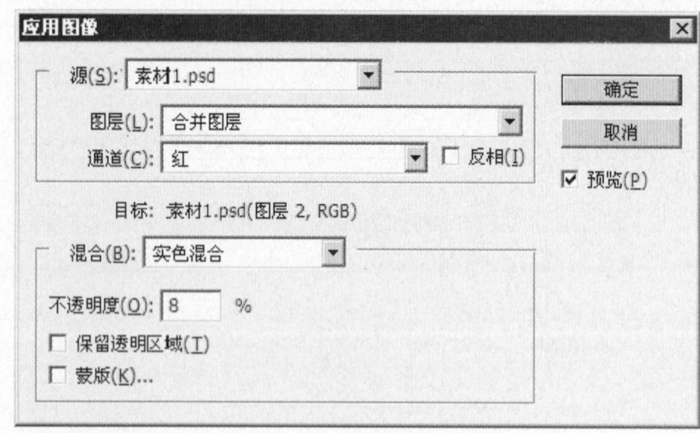

24 设置完对话框后，单击【确定】按钮，可以看到图像调整后的效果如图所示。

25 在图层面板的顶部，设置图层的不透明度为“70%”，得到如图所示的效果。

26 单击“创建新的填充或调整图层”按钮，在弹出的菜单中选择“曲线”命令，得到“曲线1”图层，设置弹出的对话框如图所示。

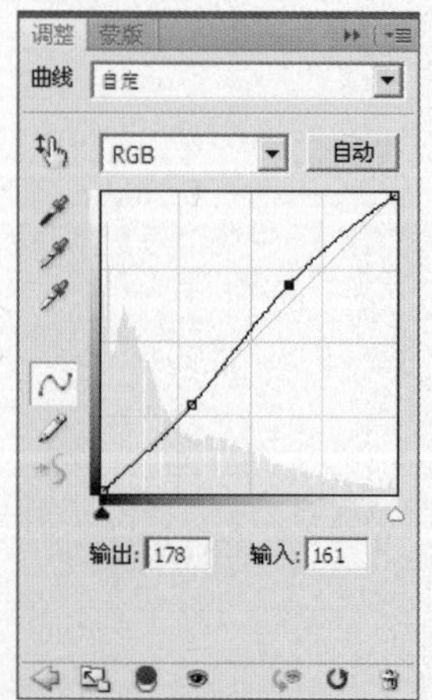

27 设置完“曲线”命令后，可以看到图像调整后的效果如图所示。

28 执行“文件”→“打开”命令，在弹出的“打开”对话框中选择随书光盘中的“素材2”文件，此时的图像效果和图层调板如图所示。

29 使用工具条中的“移动工具”，把“素材2”文件拖动到步骤1打开的文件中，生成“图层3”图层。按快捷键【Ctrl+T】，调出自由变换控制框，调整选框到如图所示的状态，按【Enter】键确认操作。

30 单击“添加图层样式”按钮，在弹出的菜单中选择“投影”复选框，在弹出的对话框中，对“投影”和“外发光”进行如图所示的设置。

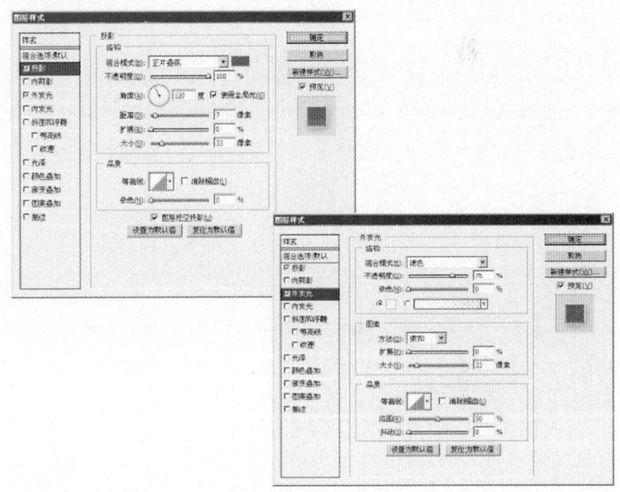

31 设置完“外发光”面板后，单击【确定】按钮，即可为“图层3”中的图像添加发光的效果，如图所示。

32 执行“文件”→“打开”命令，在弹出的“打开”对话框中选择随书光盘中的“素材3”文件，此时的图像效果和图层调板如图所示。

33 使用工具条中的"移动工具"，把"素材3"文件拖动到步骤1打开的文件中，生成"图层4"图层。按快捷键【Ctrl+T】，调出自由变换控制框，调整选框到如图所示的状态，按【Enter】键确认操作。

34 按住【Alt】键拖动"图层3"的"指示图层效果"按钮，到"图层4"上，使"图层4"中的图像也有了同样的效果，如图所示。

35 拖动"图层4"到图层面板底部的"创建新图层"按钮，对图层进行复制操作，得到"图层4 副本"图层，使用"移动工具"，将图像移动到如图所示的位置。

36 按快捷键【Ctrl+T】，调出自由变换控制框，调整选框到如图所示的状态，按【Enter】键确认操作。

37 使用工具条中的"横排文字工具"，设置适当的字体和字号，在画面下方输入文字，如图所示。

38 经过以上步骤的调整，得到了这张照片的最终效果，如图所示。

7.8 PART 7 柔情浪漫的婚纱照片设计 难易度

打造怀旧色调婚纱照

使用调整图层的“色阶”命令、“通道混合器”命令，对婚纱照片进行调整，使照片提亮并变为怀旧色调；使用“USM锐化”滤镜和“高斯模糊”滤镜，使照片变柔和，打造出怀旧色调的婚纱照片。

1 执行“文件”→“打开”命令，在弹出的“打开”对话框中选择随书光盘中的“素材 1”文件，此时的图像效果和图层调板如图所示。

2 单击“创建新的填充或调整图层”按钮，在弹出的菜单中选择“色阶”命令，得到“色阶 1”图层，设置弹出的对话框如图所示。

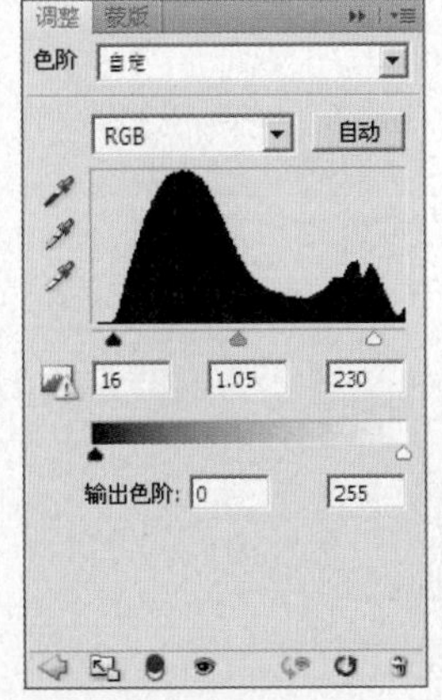

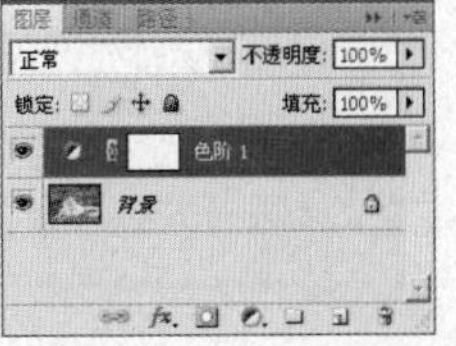

3 设置完“色阶”命令后，可以看到图像调整后的效果如图所示。

4 单击“创建新的填充或调整图层”按钮，在弹出的菜单中选择“通道混合器”命令，设置弹出的对话框如图所示。

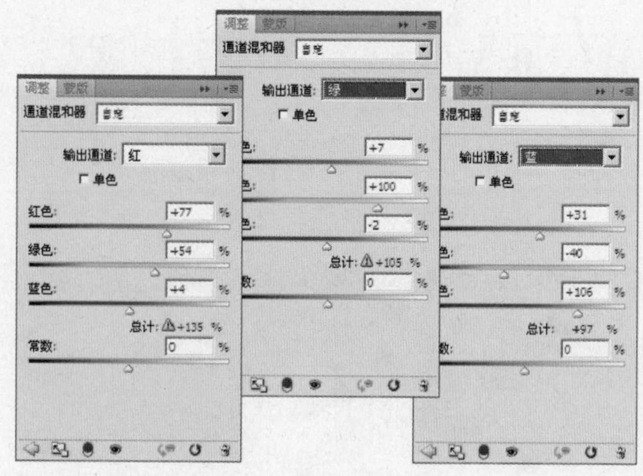

5 设置完“通道混合器”命令后，得到“通道混合器1”图层，可以看到“背景”图层调整后的效果如图所示。

6 按快捷键【Ctrl+Alt+Shift+E】，执行“盖印图层”命令，得到“图层1”图层。复制“图层1”得到“图层1 副本”，隐藏“图层1 副本”，如图所示。

7 使“图层1”呈操作状态，执行菜单栏中的“滤镜”→“模糊”→“高斯模糊”命令，设置弹出的对话框中的参数后，单击【确定】按钮，设置后的效果如图所示。

8 显示“图层1 副本”，使其呈操作状态，运用本书通道磨皮的方法对人物进行磨皮处理，得到如图所示的效果。

9 执行菜单栏中的"滤镜"→"锐化"→"USM锐化"命令，设置弹出的对话框中的参数后，单击【确定】按钮，设置后的效果如图所示。

10 在图层面板的顶部，设置图层的混合模式为"叠加"，其效果如图所示。

11 单击"创建新的填充或调整图层"按钮，在弹出的菜单中选择"色相/饱和度"命令，设置弹出的对话框如图所示。

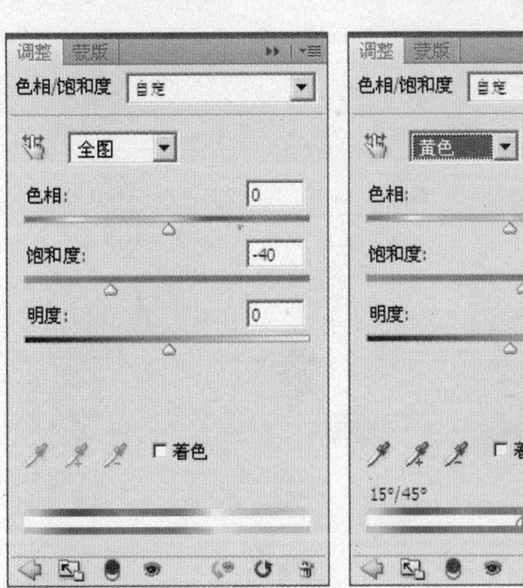

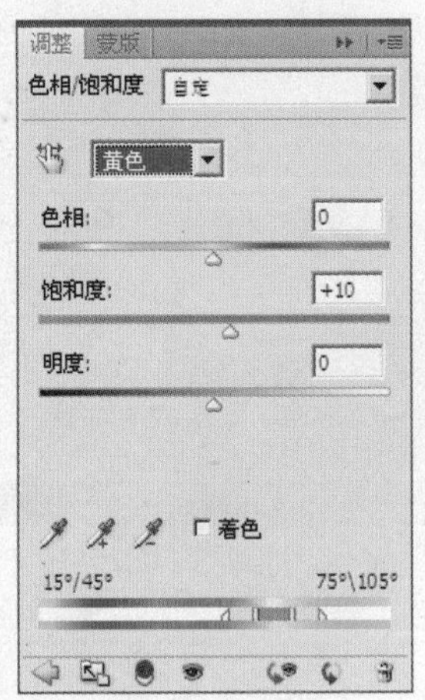

12 设置完"色相/饱和度"命令后，得到"色相/饱和度1"图层，可以看到图像调整后的效果如图所示。

13 复制"背景"图层，得到"背景 副本"图层，按快捷键【Ctrl+Shift+]】，把该图层至顶层，如图所示。

14 在图层面板的顶部，设置图层的混合模式为"正片叠底"，图层的不透明度为"34%"，其效果如图所示。

15 单击"添加图层蒙版"按钮，为"背景 副本"添加图层蒙版。设置前景色为黑色，使用"画笔工具"设置适当的画笔大小和透明度后，在除衣服外的部分涂抹，其蒙版状态和图层面板如图所示。

16 按快捷键【Ctrl+Alt+Shift+E】，执行"盖印图层"命令，得到"图层2"图层，如图所示。

17 使用工具条中的"仿制图章工具"，按住【Alt】键在人物有瑕疵的皮肤周围单击一下进行取样，然后在瑕疵上进行涂抹，将瑕疵修除，如图所示。

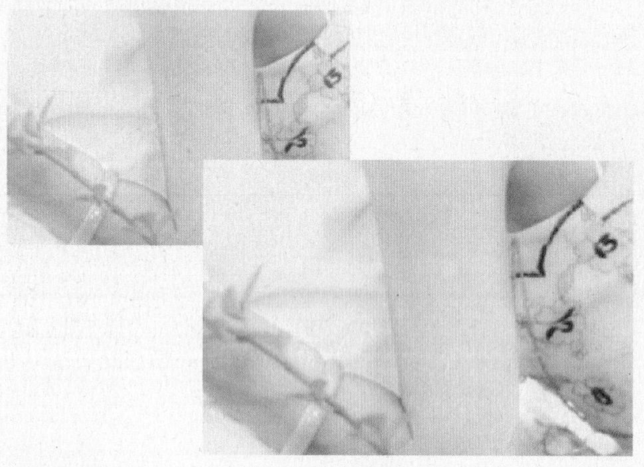

18 单击"创建新的填充或调整图层"按钮，在弹出的菜单中选择"色阶"命令，得到"色阶 2"图层，设置弹出的对话框如图所示。

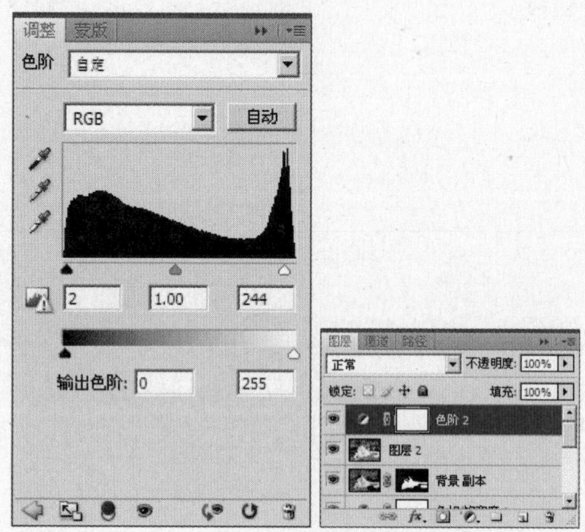

19 设置完"色阶"命令后，可以看到图像调整后的效果如图所示。

20 经过以上步骤的调整，得到了这张照片的最终效果，如图所示。

PART 8

打造另类时尚非主流照片

本章将具体讲解打造另类时尚非主流照片的知识，时下的年轻人都爱玩一些另类的非主流照片，来体现自己张扬的个性，或对时尚的捕捉力。我们使用一些非主流照片的拍摄技法，再加上Photoshop的后期处理，打造出流行的非主流照片。通过本章的学习，我们将掌握如何制作另类时尚非主流照片的方法。

8.1

PART 8
打造另类时尚非主流照片

难易度

妙用反转负冲制作偏黄非主流效果

本案例讲解的是如何制作反转负冲的非主流照片效果。我们使用通道磨皮的方法为人物磨皮后，再使用“应用图像”的命令为人物调整色调，从而制作出反转负冲的非主流照片的效果。

1 执行“文件”→“打开”命令，在弹出的“打开”对话框中选择随书光盘中的“素材 1”文件，此时的图像效果和图层调板如图所示。

2 拖动“背景”图层到图层面板底部的“创建新图层”按钮，对图层进行复制操作，得到“背景 副本”图层。然后打开通道面板，拖动“绿”通道到通道面板底部的“创建新通道”按钮，对通道进行复制操作，得到“绿 副本”通道，如图所示。

3 执行菜单栏中的“滤镜”→“其他”→“高反差保留”命令，设置弹出的对话框中的参数如图所示后，单击【确定】按钮，设置后的效果如图所示。

4 执行菜单栏中的“图像”→“计算”命令，设置弹出的对话框中的参数如图所示。

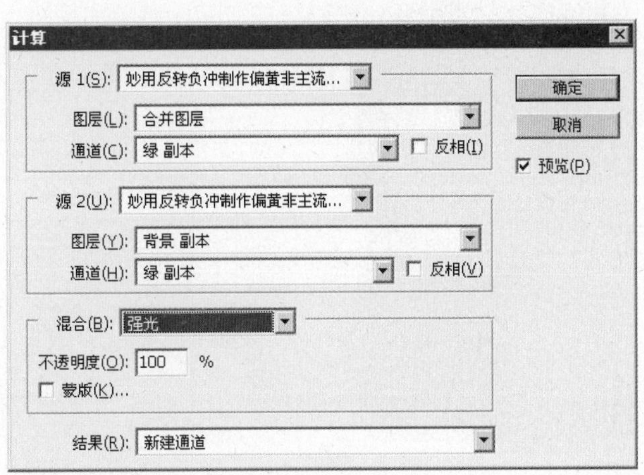

5 设置完对话框后，单击【确定】按钮，生成“Alpha 1”通道层，如图所示。

6 再重复两次“计算”命令，生成“Alpha 2”、“Alpha 3”通道层，如图所示。

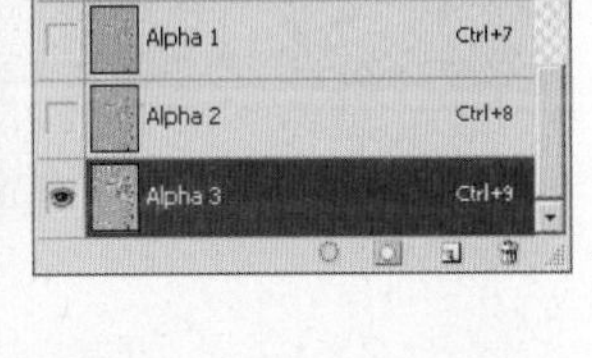

7 按住【Ctrl】键，在“Alpha 3”通道的缩览图上方单击，载入选区，按快捷键【Ctrl+Shift+I】，执行“反选选区”命令，得到如图所示的状态。

8 回到图层面板，按快捷键【Ctrl+M】，调出“曲线”对话框，在弹出的对话框中进行如图所示的设置。

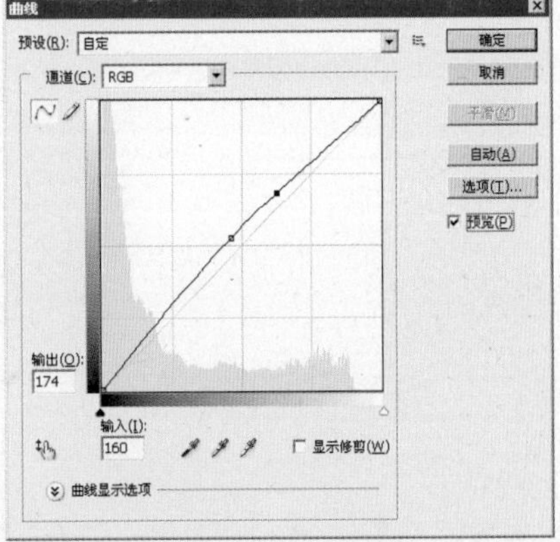

9 设置完后单击【确定】按钮，按快捷键【Ctrl+D】，取消选区。可以看到“背景 副本”调整后的效果如图所示。

10 执行菜单栏中的“滤镜”→“锐化”→“USM锐化”命令，设置弹出的对话框中的参数如图所示后，单击【确定】按钮，设置后的效果如图所示。

11 使用工具条中的“仿制图章工具”，按住【Alt】键在人物脸部有瑕疵的皮肤周围单击一下进行取样，然后在瑕疵上进行涂抹，将瑕疵修除，如图所示。

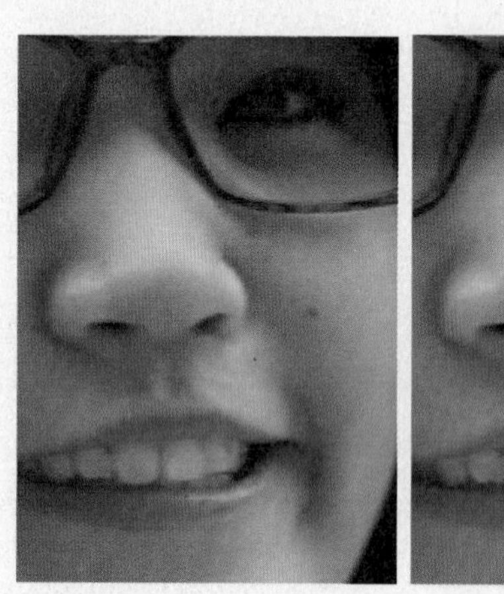

12 打开通道面板，选择图像较为清晰的“蓝”通道层，如图所示。

13 执行菜单栏中的“图像”→“应用图像”命令，设置弹出的对话框中的参数如图所示。

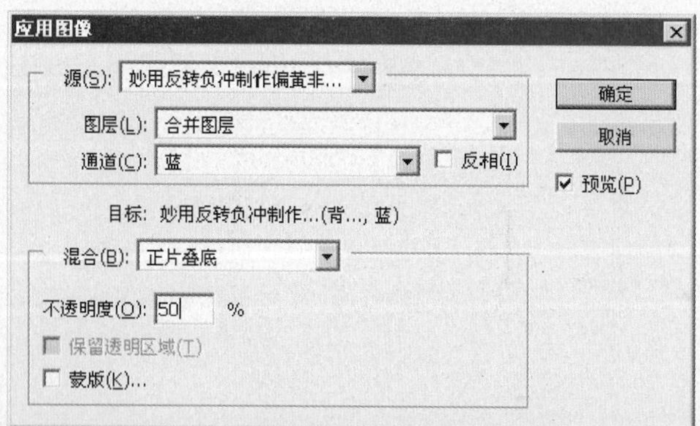

14 设置完对话框后，单击【确定】按钮，可以看到“蓝”通道层调整后的效果如图所示。

15 继续执行菜单栏中的“图像”→“应用图像”命令，设置弹出的对话框中的参数如图所示。

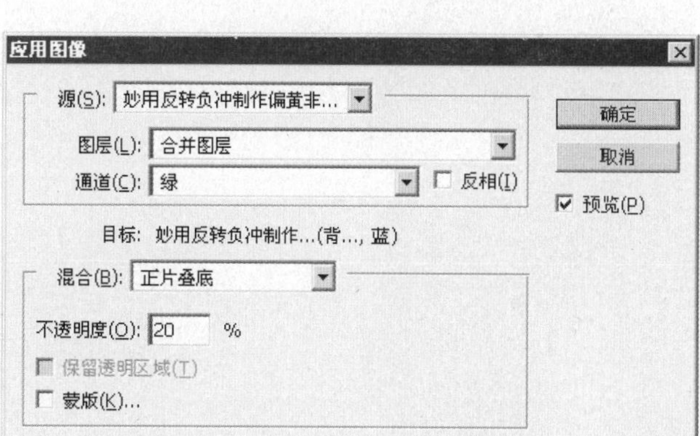

16 设置完对话框后，单击【确定】按钮，可以看到“蓝”通道层调整后的效果如图所示。

17 继续执行菜单栏中的“图像”→“应用图像”命令，设置弹出的对话框中的参数如图所示。

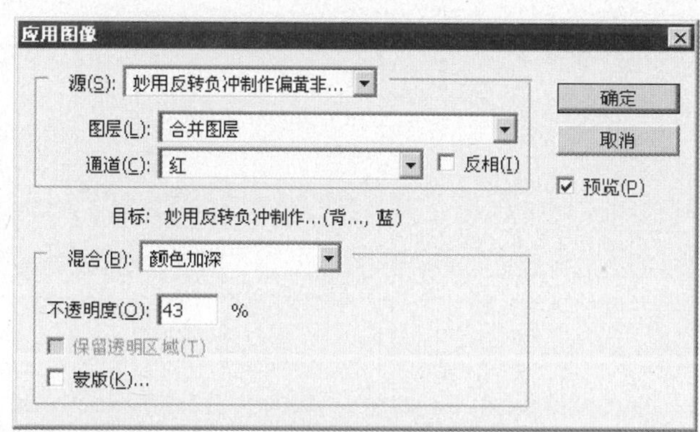

18 设置完对话框后，单击【确定】按钮，可以看到“蓝”通道层调整后的效果如图所示。

19 回到图层面板，可以看到“背景 副本”图层呈现如图所示的效果。

20 单击“创建新的填充或调整图层”按钮，在弹出的菜单中选择“色阶”命令，设置弹出的对话框如图所示。设置完“色阶”命令后，得到“色阶1”图层，如图所示。

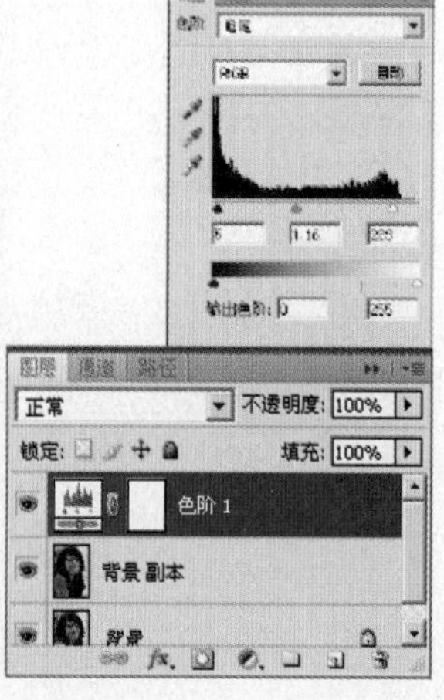

21 单击“创建新的填充或调整图层”按钮，在弹出的菜单中选择“曲线”命令，设置弹出的对话框如图所示。

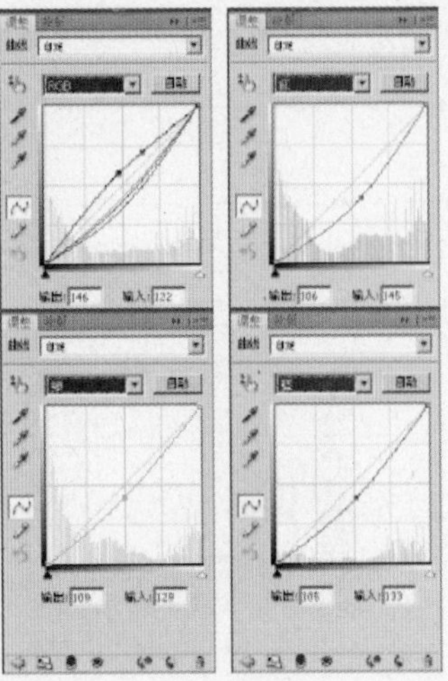

22 设置完“曲线”命令后，得到“曲线1”图层，可以看到“背景”图层调整后的效果如图所示。

23 单击“创建新的填充或调整图层”按钮，在弹出的菜单中选择“亮度/对比度”命令，设置弹出的对话框如图所示。设置完“亮度/对比度”命令后，得到“亮度/对比度1”图层，如图所示。

24 单击“创建新的填充或调整图层”按钮，在弹出的菜单中选择“色相/饱和度”命令，设置弹出的对话框如图所示。

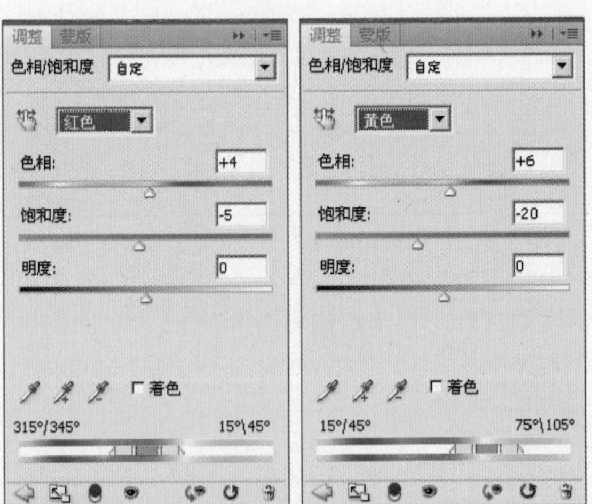

25 设置完“色相/饱和度”命令后，得到“色相/饱和度1”图层，可以看到“背景”图层调整后的效果如图所示。

26 经过以上步骤的调整，得到了这张照片的最终效果，如图所示。

8.2 PART 8 打造另类时尚非主流照片

难易度

制作梦幻紫色非主流效果

本案例讲解的是如何制作梦幻紫色非主流照片的效果。我们使用"曲线"命令和"色阶"命令，为人物调色，然后使用颜色填充图层和图层混合模式，调整画面的色调从而制作出梦幻紫色非主流照片的效果。

1 执行"文件"→"打开"命令，在弹出的"打开"对话框中选择随书光盘中的"素材 1"文件，此时的图像效果和图层调板如图所示。

2 拖动"背景"图层到图层面板底部的"创建新图层"按钮，对图层进行复制操作，得到"背景 副本"图层。然后打开通道面板，拖动"蓝"通道到通道面板底部的"创建新通道"按钮，对通道进行复制操作，得到"蓝 副本"通道，如图所示。

3 执行菜单栏中的“滤镜”→“其他”→“高反差保留”命令，设置弹出的对话框中的参数如图所示后，单击【确定】按钮，设置后的效果如图所示。

4 执行菜单栏中的“图像”→“计算”命令，设置弹出的对话框中的参数如图所示。

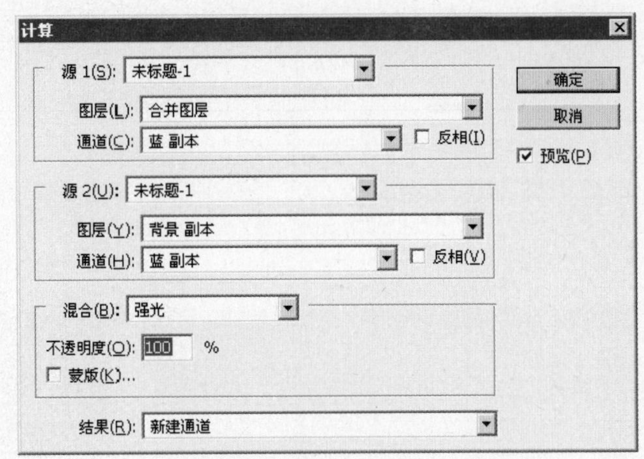

5 设置完对话框后，单击【确定】按钮，生成“Alpha 1”通道层，如图所示。

6 再重复两次“计算”命令，生成“Alpha 2”、“Alpha 3”通道层，如图所示。

7 按住【Ctrl】键，在Alpha 3”通道的缩览图上方单击，载入选区，按快捷键【Ctrl+Shift+I】，执行“反选选区”命令，得到如图所示的状态。

8 回到图层面板，按快捷键【Ctrl+M】，调出“曲线”对话框，在弹出的对话框中进行如图所示的设置。

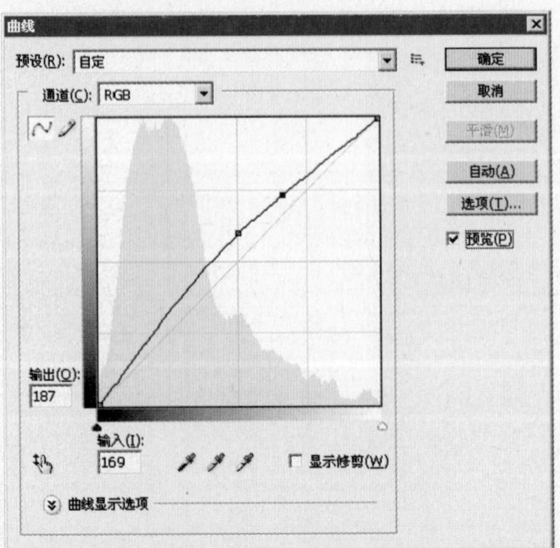

9 设置完后单击【确定】按钮，按快捷键【Ctrl+D】，取消选区。可以看到"背景 副本"调整后的效果如图所示。

10 单击"创建新的填充或调整图层"按钮，在弹出的菜单中选择"曲线"命令，设置弹出的对话框如图所示。

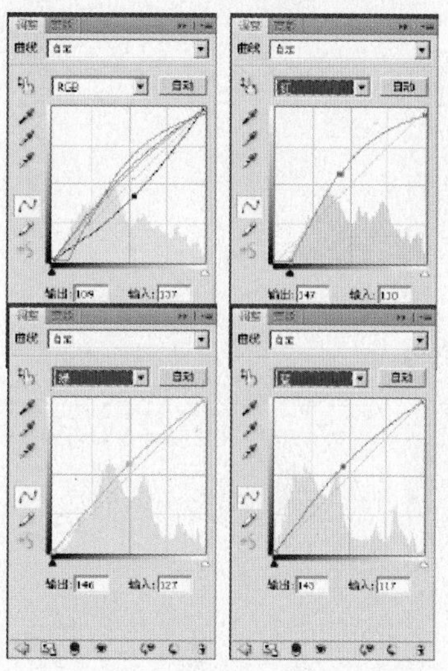

11 设置完"曲线"命令后，得到"曲线1"图层，可以看到"背景"图层调整后的效果如图所示。

12 单击"创建新的填充或调整图层"按钮，在弹出的菜单中选择"色阶"命令，设置弹出的对话框如图所示。设置完"色阶"命令后，得到"色阶1"图层，如图所示。

13 按快捷键【Ctrl+Alt+Shift+E】，执行"盖印图层"命令，得到"图层1"图层。拖动"图层1"图层到图层面板底部的"创建新图层"按钮，对图层进行复制操作，得到"图层1副本"图层，如图所示。

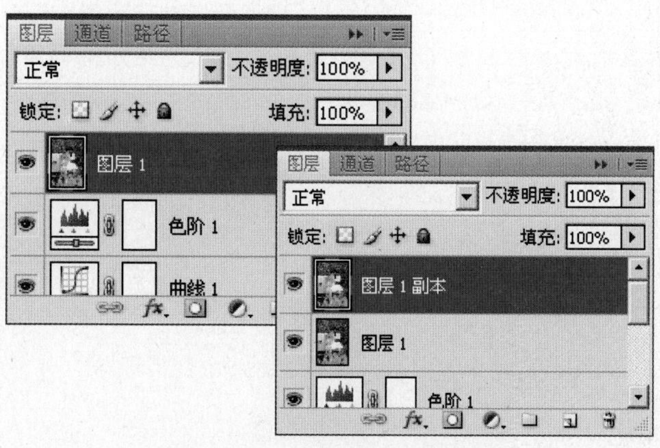

14 执行菜单栏中的"滤镜"→"模糊"→"高斯模糊"命令，设置弹出的对话框中的参数如图所示后，单击【确定】按钮，设置后的效果如图所示。

15 在图层面板的顶部，设置图层的混合模式为“柔光”，得到如图所示的效果。

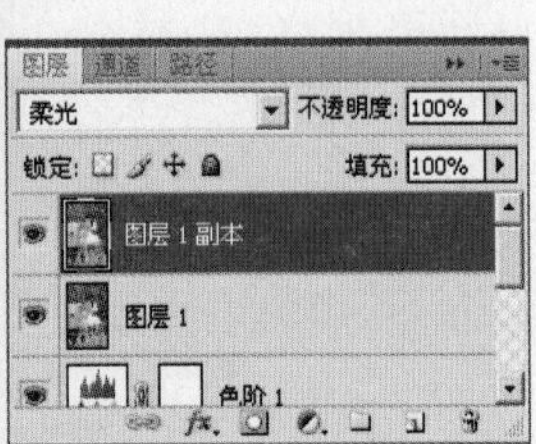

16 新建图层，生成“图层 2”图层，设置前景色为（R:255 G:106 B:132），按快捷键【Alt+Delete】对“图层 2”图层进行填充，其效果如图所示。

17 在图层面板的顶部，设置图层的混合模式为“变暗”，得到如图所示的效果。

18 按快捷键【Ctrl+Alt+Shift+E】，执行“盖印图层”命令，得到“图层3”图层，单击“图层2”图层前边的“小眼睛”，使“图层2”隐藏，如图所示。

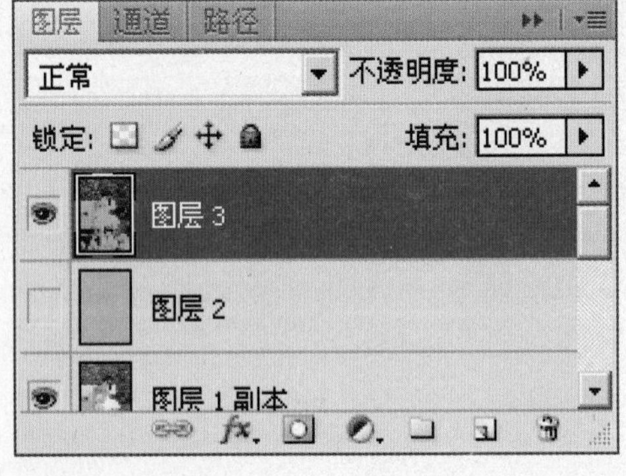

19 在图层面板的顶部，设置图层的混合模式为“色相”，得到如图所示的效果。

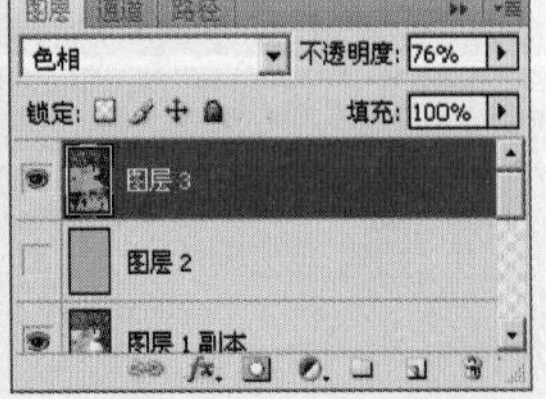

20 单击“创建新的填充或调整图层”按钮，在弹出的菜单中选择“色相/饱和度”命令，设置弹出的对话框如图所示。

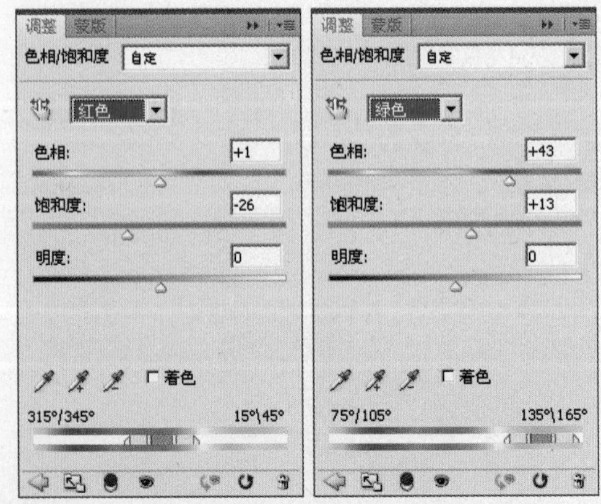

21 设置完“色相/饱和度”命令后，得到“色相/饱和度1”图层，可以看到“图层 3”图层调整后的效果如图所示。

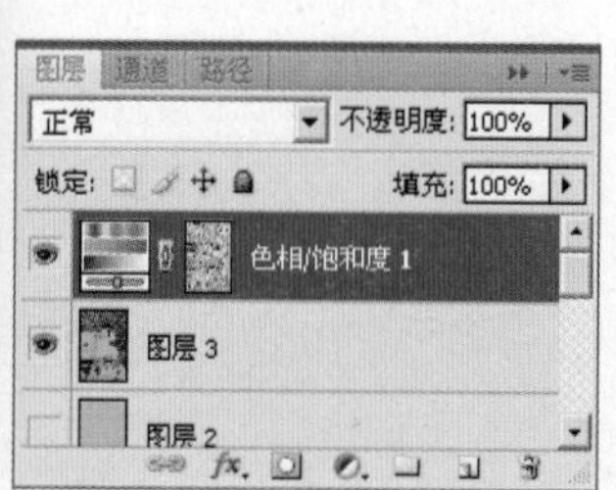

22 按快捷键【Ctrl+Alt+Shift+E】，执行“盖印图层”命令，得到“图层4”图层，如图所示。

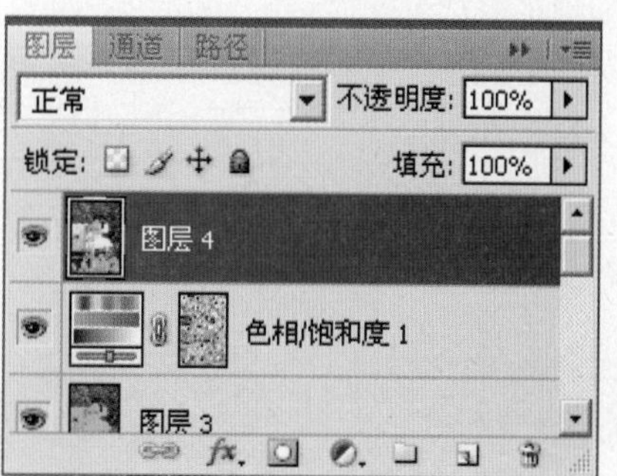

23 执行菜单栏中的“滤镜”→“模糊”→“动感模糊”命令，设置弹出的对话框中的参数如图所示后，单击【确定】按钮，设置后的效果如图所示。

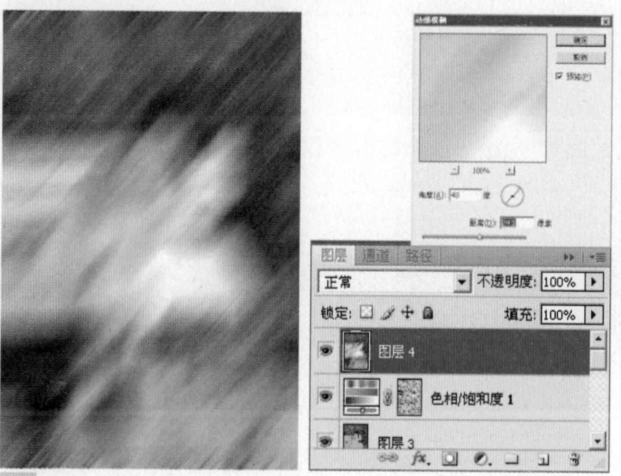

24 在图层面板的上部设置图层的混合模式为“变暗”，图层的不透明度为“70%”。

25 单击“添加图层蒙版”按钮，为“图层4”添加图层蒙版。设置前景色为黑色，使用“画笔工具”设置适当的画笔大小和透明度后，在嘴巴的位置涂抹，其蒙版状态和图层面板如图所示。

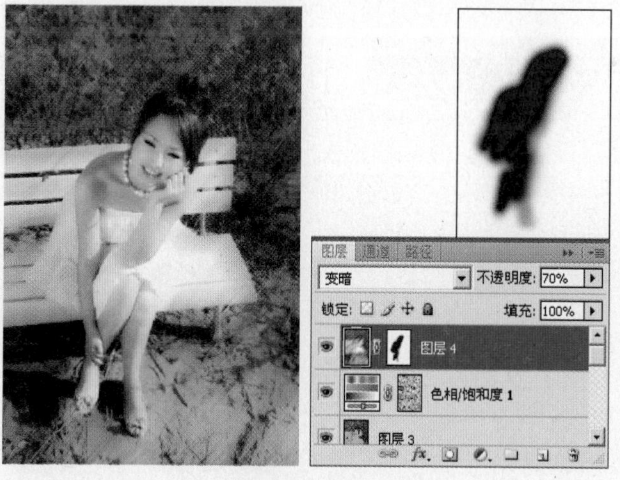

26 经过以上步骤的操作，得到这张照片的最终效果，如图所示。

8.3

PART 8
打造另类时尚非主流照片

难易度

制作色彩丰富的非主流效果

本案例讲解的是如何制作色彩丰富的非主流照片的效果。我们使用各种颜色填充图层和图层混合模式，调整画面的色调，然后使用“高斯模糊”滤镜使照片变柔和，从而制作色彩丰富的非主流照片的效果。

1 执行“文件”→“打开”命令，在弹出的“打开”对话框中选择随书光盘中的“素材 1”文件，此时的图像效果和图层调板如图所示。

2 单击“创建新的填充或调整图层”按钮，在弹出的菜单中选择“色阶”命令，设置弹出的对话框如图所示。设置完“色阶”命令后，得到“色阶1”图层，如图所示。

3 单击工具条的“渐变工具”，再单击操作面板的左上角的“渐变工具条”，弹出“渐变编辑器”，设置弹出的对话框如图所示。

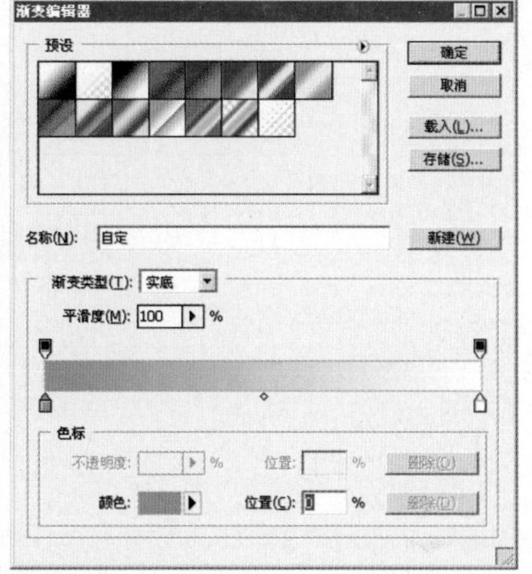

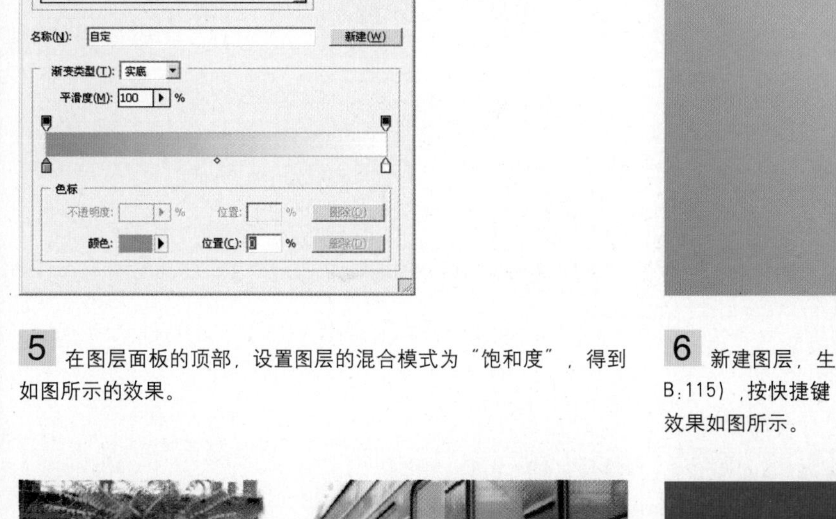

4 设置完对话框后，单击【确定】按钮，新建图层，生成“图层1”图层，选择“线性渐变”，在“图层1”图层中从左下角到右上角拖动鼠标，得到如图所示的效果。

5 在图层面板的顶部，设置图层的混合模式为“饱和度”，得到如图所示的效果。

6 新建图层，生成“图层 2”图层，设置前景色为（R:0 G:25 B:115），按快捷键【Alt+Delete】对“图层 2”图层进行填充，其效果如图所示。

7 在图层面板的顶部，设置图层的混合模式为“差值”，得到如图所示的效果。

8 新建图层，生成“图层 3”图层，设置前景色为（R:248 G:250 B:201），按快捷键【Alt+Delete】对“图层 3”图层进行填充，其效果如图所示。

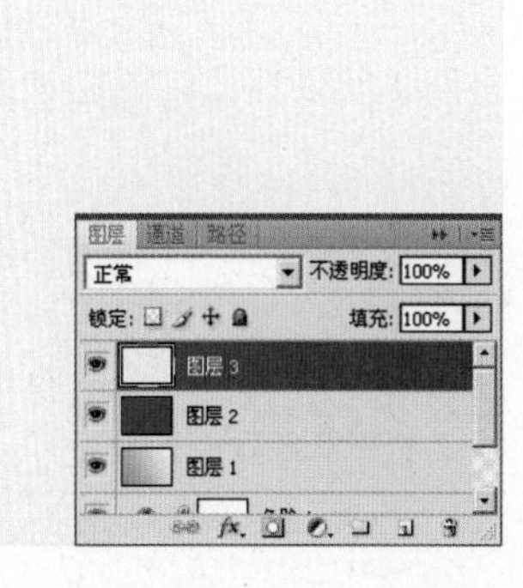

9 在图层面板的顶部，设置图层的混合模式为"正片叠底"，得到如图所示的效果。

10 按快捷键【Ctrl+Alt+Shift+E】，执行"盖印图层"命令，得到"图层 4"图层，如图所示。

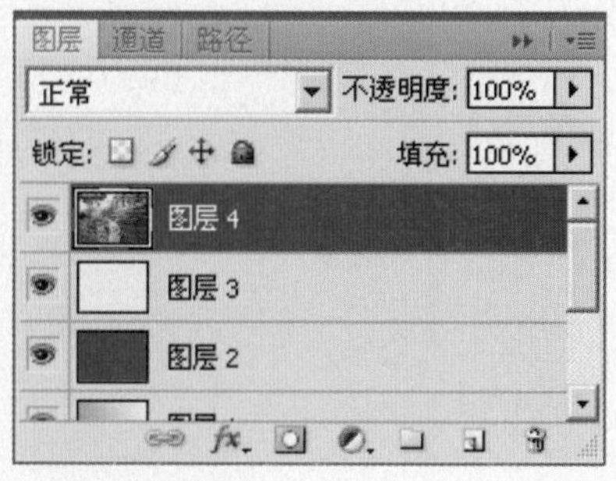

11 打开通道面板，选择"绿"通道按快捷键【Ctrl+A】全选，再按【Ctrl+C】复制内容，选择"蓝"通道按快捷键【Ctrl+V】粘贴内容，如图所示。

12 回到图层面板，按快捷键【Ctrl+D】，取消选区，可以看到"图层 4"图层呈现如图所示的效果。

13 单击"创建新的填充或调整图层"按钮，在弹出的菜单中选择"色相/饱和度"命令，设置弹出的对话框如图所示。

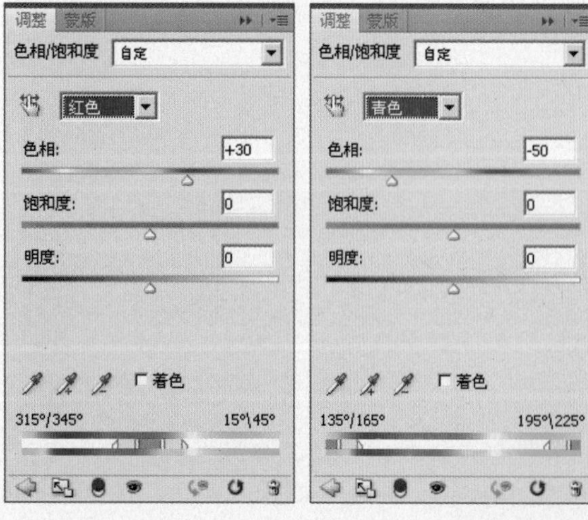

14 设置完"色相/饱和度"命令后，得到"色相/饱和度1"图层，可以看到"图层 4"调整后的效果如图所示。

15 新建图层，生成“图层 5”图层，设置前景色为（R:248 G:250 B:201），按快捷键【Alt+Delete】对“图层 5”图层进行填充，其效果如图所示。

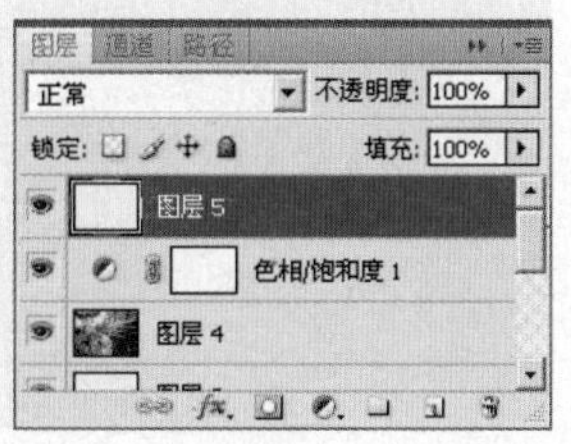

16 在图层面板的顶部，设置图层的混合模式为“差值”，得到如图所示的效果。

17 按快捷键【Ctrl+Alt+Shift+E】，执行“盖印图层”命令，得到“图层 6”图层，单击“图层5”图层前边的“小眼睛”，使“图层5”隐藏，如图所示。

18 在图层面板的顶部，设置“图层 6”图层的混合模式为“色相”，得到如图所示的效果。

19 单击“添加图层蒙版”按钮，为“图层 6”添加图层蒙版，设置前景色为黑色，使用“画笔工具”设置适当的画笔大小和透明度后，在人物的位置涂抹，其蒙版状态和图层面板如图所示。

20 按快捷键【Ctrl+Alt+Shift+E】，执行“盖印图层”命令，得到“图层 7”图层，如图所示。

PART 8 打造另类时尚非主流照片

21 执行菜单栏中的“滤镜”→“模糊”→“高斯模糊”命令，设置弹出的对话框中的参数如图所示后，单击【确定】按钮，设置后的效果如图所示。

22 在图层面板的顶部，设置“图层7”图层的混合模式为“叠加”，得到如图所示的效果。

23 按快捷键【Ctrl+Alt+Shift+E】，执行“盖印图层”命令，得到“图层8”图层，如图所示。

24 执行菜单栏中的“滤镜”→“模糊”→“高斯模糊”命令，设置弹出的对话框中的参数如图所示后，单击【确定】按钮，设置后的效果如图所示。

25 在图层面板的顶部，设置“图层8”图层的混合模式为“滤色”，得到如图所示的效果。

26 新建图层，生成“图层9”图层，按快捷键【Ctrl+Alt+2】，调出“图层 8”的高光选区，得到如图所示的状态。

27 设置前景色为（R：248　G：250　B：201），按快捷键【Alt+Delete】对"图层 9"图层进行填充，按快捷键【Ctrl+D】，取消选区，其效果如图所示。

28 在图层面板的顶部，设置"图层8"图层的混合模式为"颜色减淡"，得到如图所示的效果。

29 单击"创建新的填充或调整图层"按钮，在弹出的菜单中选择"亮度/对比度"命令，设置弹出的对话框如图所示。设置完"亮度/对比度"命令后，得到"亮度/对比度1"图层，如图所示。

30 按快捷键【Ctrl+Alt+Shift+E】，执行"盖印图层"命令，得到"图层10"图层，如图所示。

31 执行菜单栏中的"滤镜"→"锐化"→"USM锐化"命令，设置弹出的对话框中的参数如图所示后，单击【确定】按钮，设置后的效果如图所示。

32 经过以上步骤的调整，得到了这张照片的最终效果，如图所示。

8.4

PART 8
打造另类时尚非主流照片

难易度

制作淡色非主流效果

本案例讲解的是如何制作淡色非主流照片的效果。我们使用“曲线”命令，为人物调色，然后使用白色填充图层和图层混合模式，调整画面的亮度，再加上一些小的光束，从而制作出淡色非主流照片的效果。

1 执行“文件”→“打开”命令，在弹出的“打开”对话框中选择随书光盘中的“素材 1”文件，此时的图像效果和图层调板如图所示。

2 单击“创建新的填充或调整图层”按钮，在弹出的菜单中选择“曲线”命令，设置弹出的对话框如图所示。

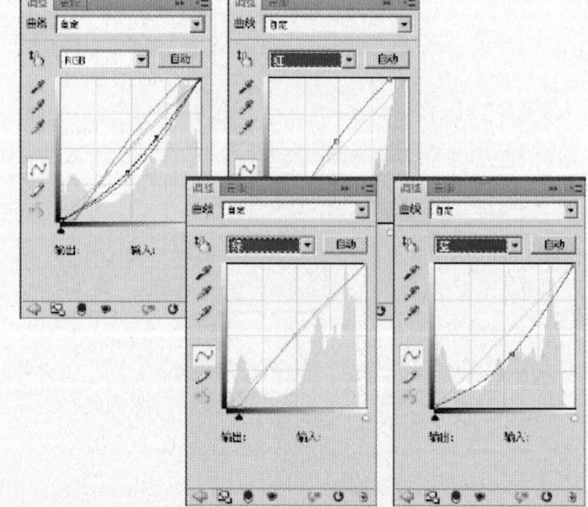

3 设置完“曲线”命令后，得到“曲线1”图层，可以看到“背景”图层调整后的效果如图所示。

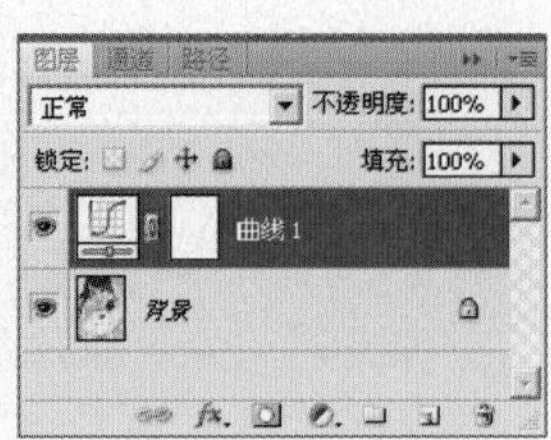

4 按快捷键【Ctrl+Alt+Shift+E】，执行“盖印图层”命令，得到“图层1”图层，如图所示。

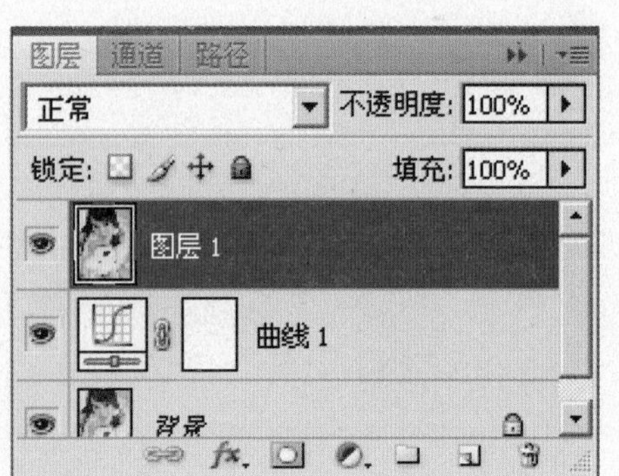

5 使用工具条中的“仿制图章工具”，按住【Alt】键在人物脸部有瑕疵的皮肤周围单击一下进行取样，然后在瑕疵上进行涂抹，将瑕疵修除，如图所示。

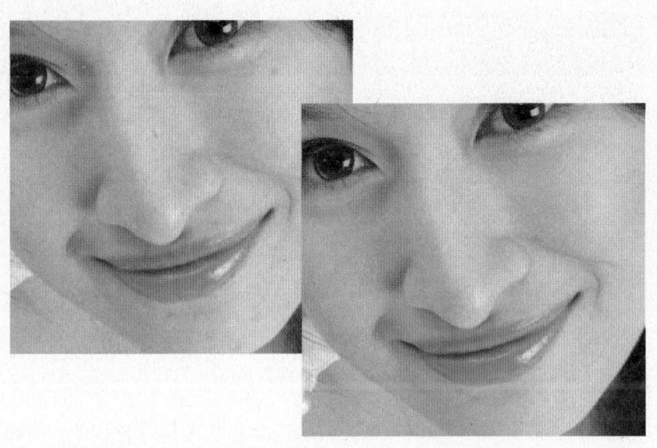

6 新建图层，生成“图层2”图层，按快捷键【Ctrl+Alt+2】，调出“图层 1”的高光选区，得到如图所示的状态。

7 设置前景色为白色，按快捷键【Alt+Delete】对“图层 2”图层进行填充，其效果如图所示。

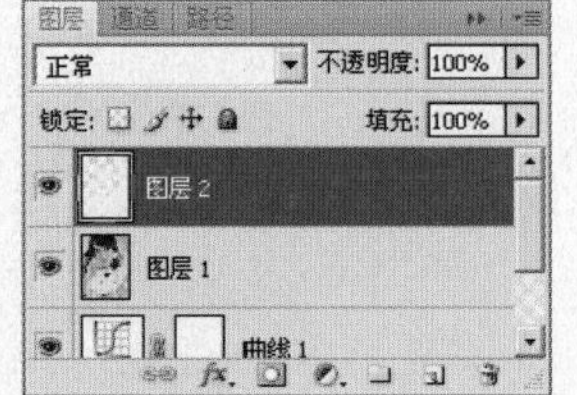

8 单击“创建新的填充或调整图层”按钮，在弹出的菜单中选择“色相/饱和度”命令，设置弹出的对话框如图所示。设置完“色相/饱和度”命令后，得到“色相/饱和度1”图层，如图所示。

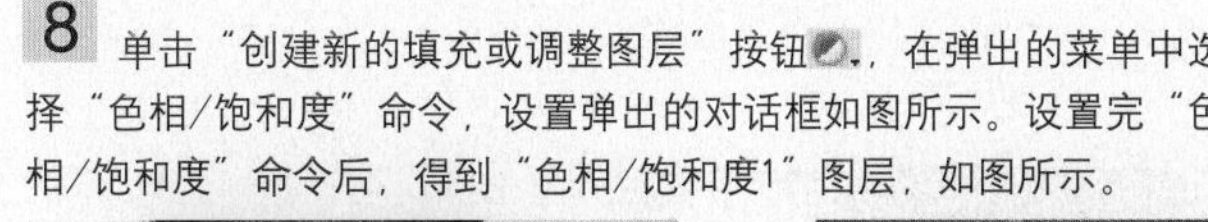

9 新建图层，生成"图层3"图层，设置前景色为（R:255 G:103 B:58），设置图层的混合模式为"柔光"，不透明度为"40%"，使用"画笔工具"，在嘴巴的位置涂抹，其效果如图所示。

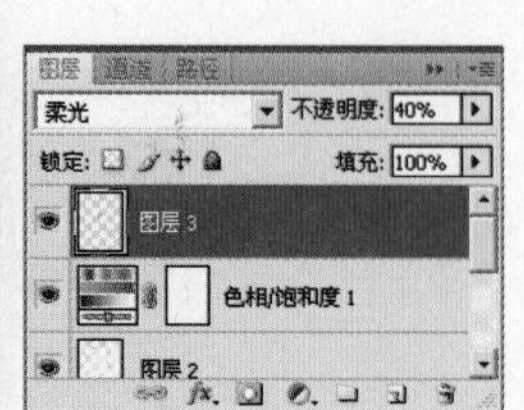

10 新建图层，生成"图层 4"图层，设置前景色为黑色，按快捷键【Alt+Delete】对"图层 4"图层进行填充，如图所示。

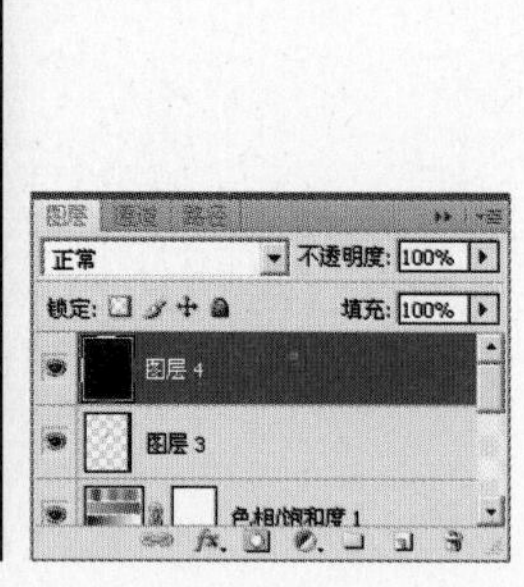

11 新建图层，生成"图层 5"图层，设置前景色为白色，使用"画笔工具"，设置适当的画笔大小和透明度后，在画面上点一些白点如图所示。

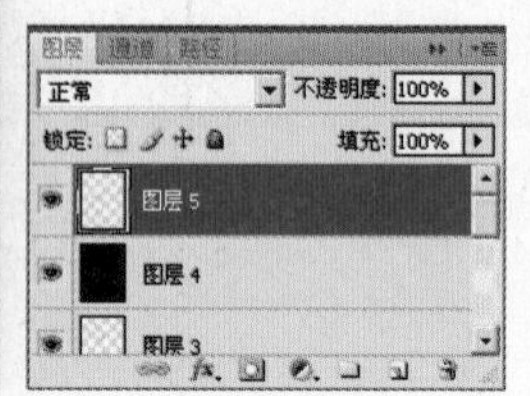

12 执行菜单栏中的"滤镜"→"模糊"→"动感模糊"命令，设置弹出的对话框中的参数如图所示后，单击【确定】按钮，设置后的效果如图所示。

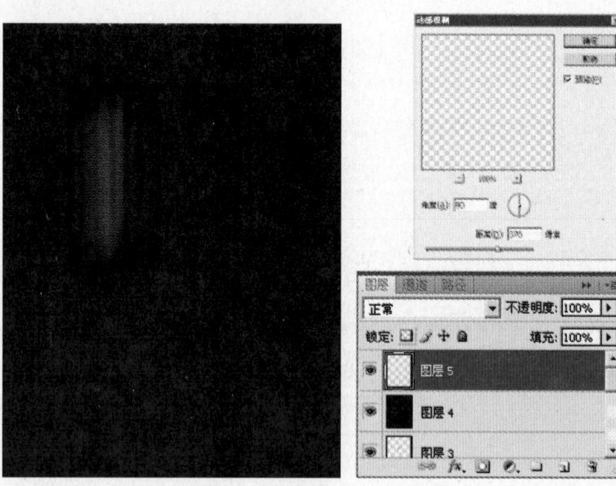

13 拖动"图层5"图层到图层面板底部的"创建新图层"按钮，对图层进行复制操作，得到"图层5 副本"图层，再复制两层，得到"图层5 副本3"图层，如图所示。

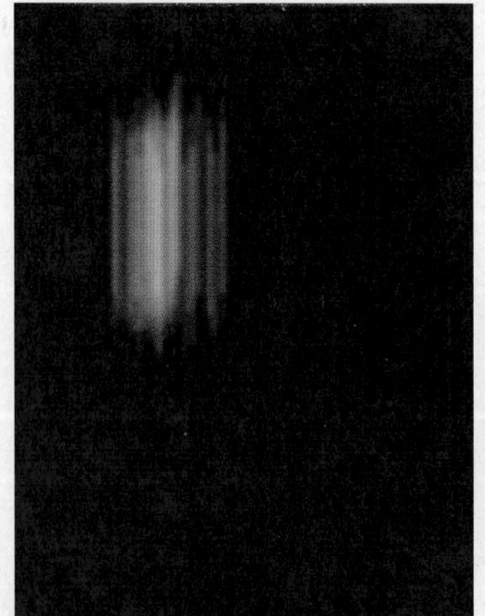

14 选中"图层5 副本3"，按住【Shift】键单击"图层5"图层，以将其中间的图层都选中，按【Ctrl+E】快捷键执行"合并图层"的操作，得到"图层5 副本3"图层，其图层面板的状态如图所示。

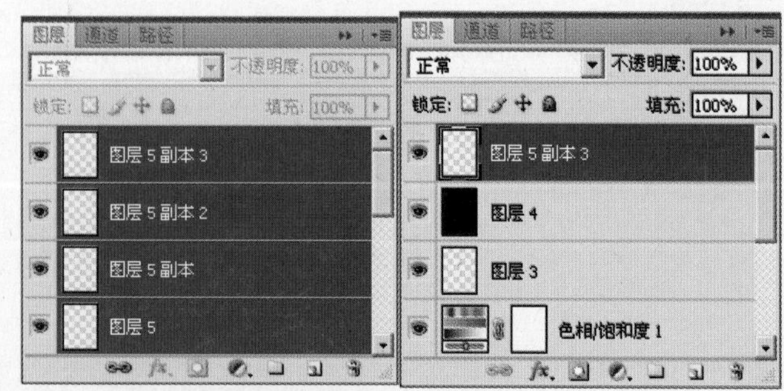

15 使用“移动工具” ，按快捷键【Ctrl+T】，调出自由变换控制框，按住【Ctrl】键调整控制点，得到如图所示的状态，按【Enter】键确认操作。

16 新建图层，生成“图层5”图层，设置前景色为（R:104 G:173 B:155），按快捷键【Alt+Delete】对“图层5”图层进行填充，其效果如图所示。

17 在图层面板的顶部，设置图层的混合模式为“柔光”，得到如图所示的效果。

18 经过以上步骤的调整，得到了这张照片的最终效果，如图所示。

8.5 PART 8 打造另类时尚非主流照片

难易度

把偏色照片处理成非主流效果

本案例讲解的是如何将偏色照片处理成非主流照片的效果。我们使用"应用图像"命令，为人物调色，然后使用颜色填充图层和图层混合模式，调整画面的颜色，从而将偏色照片处理成非主流照片的效果。

1 执行"文件"→"打开"命令，在弹出的"打开"对话框中选择随书光盘中的"素材 1"文件，此时的图像效果和图层调板如图所示。

2 拖动"背景"图层到图层面板底部的"创建新图层"按钮，对图层进行复制操作，得到"背景 副本"图层，如图所示。

3 打开通道面板，拖动"绿"通道到通道面板底部的"创建新通道"按钮，对通道进行复制操作，得到"绿 副本"通道，如图所示。

4 执行菜单栏中的"滤镜"→"其他"→"高反差保留"命令，设置弹出的对话框中的参数如图所示后，单击【确定】按钮，设置后的效果如图所示。

5 执行菜单栏中的"图像"→"计算"命令，设置弹出的对话框中的参数如图所示。

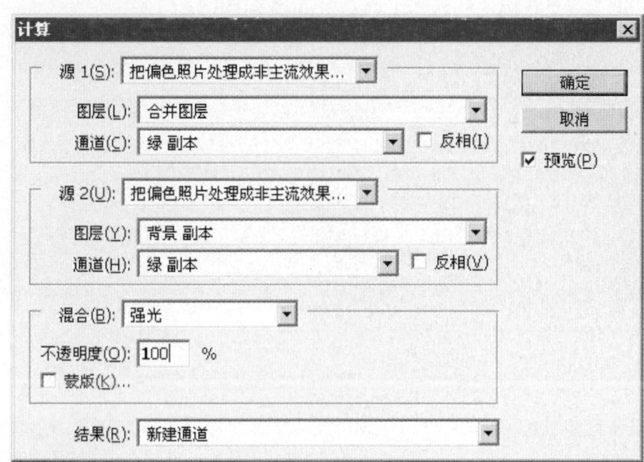

6 设置完对话框后，单击【确定】按钮，生成"Alpha 1"通道层，如图所示。

7 再重复两次"计算"命令，生成"Alpha 2"、"Alpha 3"通道层，如图所示。

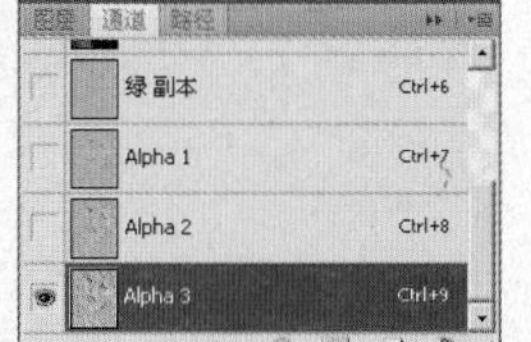

8 按住【Ctrl】键，在Alpha 3"通道的缩览图上方单击，载入选区，按快捷键【Ctrl+Shift+I】，执行"反选选区"命令，得到如图所示的状态。

9 回到图层面板，按快捷键【Ctrl+M】，调出“曲线”对话框，在弹出的对话框中进行如图所示的设置。

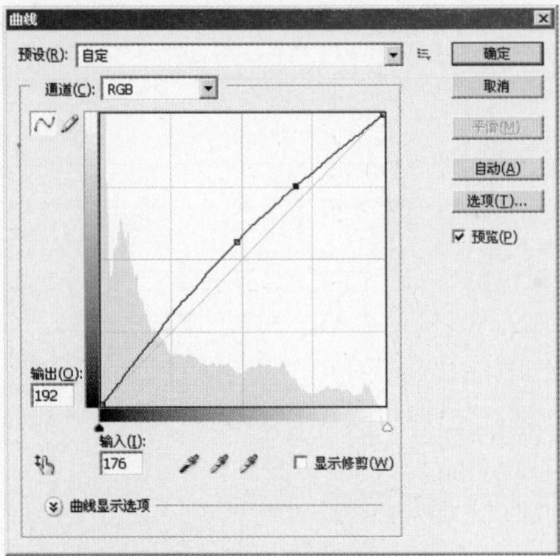

10 设置完后单击【确定】按钮，按快捷键【Ctrl+D】，取消选区。可以看到“背景 副本”调整后的效果如图所示。

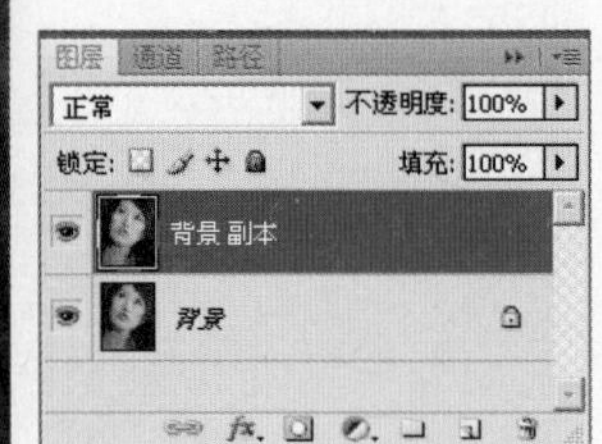

11 执行菜单栏中的“滤镜”→“锐化”→“USM锐化”命令，设置弹出的对话框中的参数如图所示后，单击【确定】按钮，设置后的效果如图所示。

12 单击“创建新的填充或调整图层”按钮，在弹出的菜单中选择“色阶”命令，设置弹出的对话框如图所示。设置完“色阶”命令后，得到“色阶1”图层，如图所示。

13 单击“创建新的填充或调整图层”按钮，在弹出的菜单中选择“曲线”命令，设置弹出的对话框如图所示。设置完“曲线”命令后，得到“曲线1”图层，如图所示。

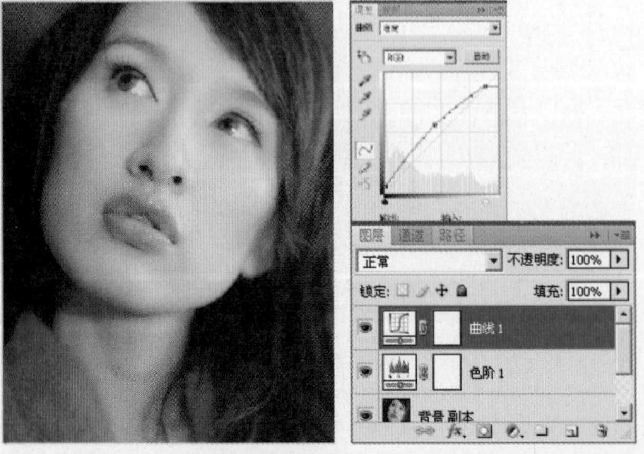

14 按快捷键【Ctrl+Alt+Shift+E】，执行“盖印图层”命令，得到“图层1”图层，如图所示。

15 执行菜单栏中的“图像”→“应用图像”命令，设置弹出的对话框中的参数如图所示。

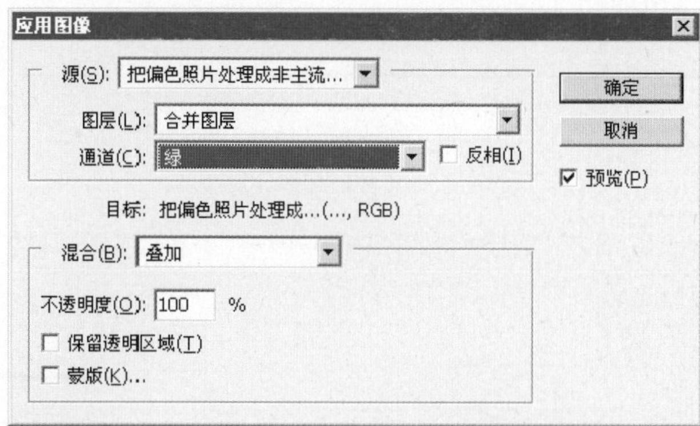

16 设置完对话框后，单击【确定】按钮，可以看到“图层 1”调整后的效果如图所示。

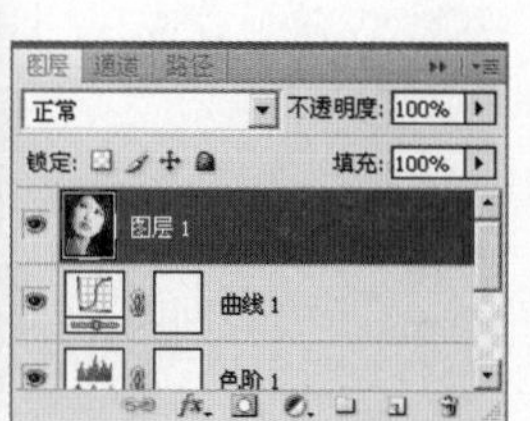

17 使用工具条中的“仿制图章工具”，按住【Alt】键在人物脸部有瑕疵的皮肤周围单击一下进行取样，然后在瑕疵上进行涂抹，将瑕疵修除，如图所示。

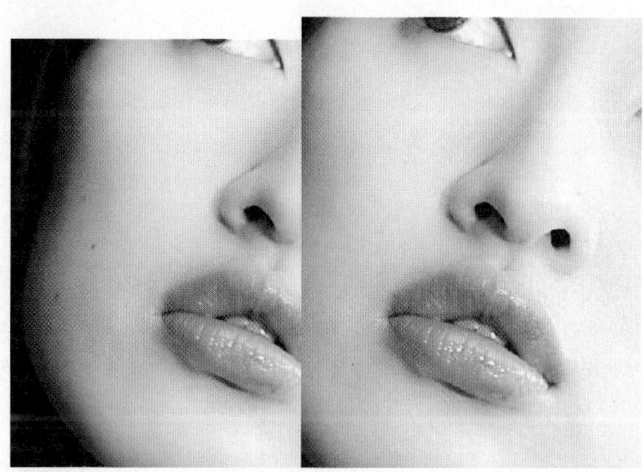

18 单击“创建新的填充或调整图层”按钮，在弹出的菜单中选择“渐变映射”命令，设置弹出的对话框如图所示。设置完“渐变映射”命令后，得到“渐变映射1”图层，如图所示。

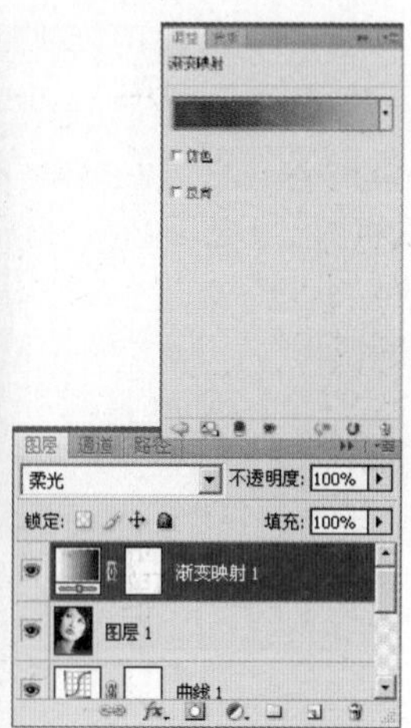

19 单击“创建新的填充或调整图层”按钮，在弹出的菜单中选择“曲线”命令，设置弹出的对话框如图所示。设置完“曲线”命令后，得到“曲线2”图层，如图所示。

20 新建图层，生成“图层 2”图层，设置前景色为（R:0 G:57 B:95），按快捷键【Alt+Delete】对“图层 2”图层进行填充，其效果如图所示。

21 在图层面板的顶部，设置图层的混合模式为“柔光”，设置图层的不透明度为“43%”，得到如图所示的效果。

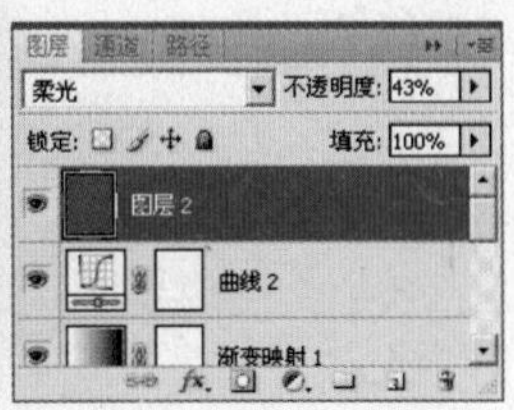

22 按快捷键【Ctrl+Alt+Shift+E】，执行“盖印图层”命令，得到“图层3”图层，如图所示。

23 单击“创建新的填充或调整图层”按钮，在弹出的菜单中选择“曲线”命令，设置弹出的对话框如图所示。

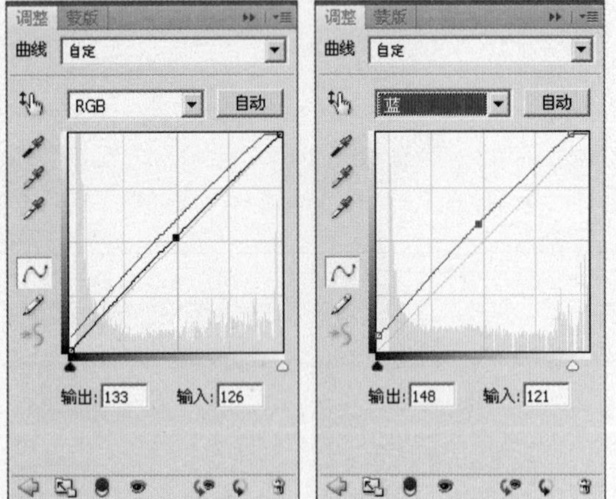

24 设置完“曲线”命令后，得到“曲线3”图层，可以看到“背景”图层调整后的效果如图所示。

25 单击“创建新的填充或调整图层”按钮，在弹出的菜单中选择“亮度/对比度”命令，设置弹出的对话框如图所示。

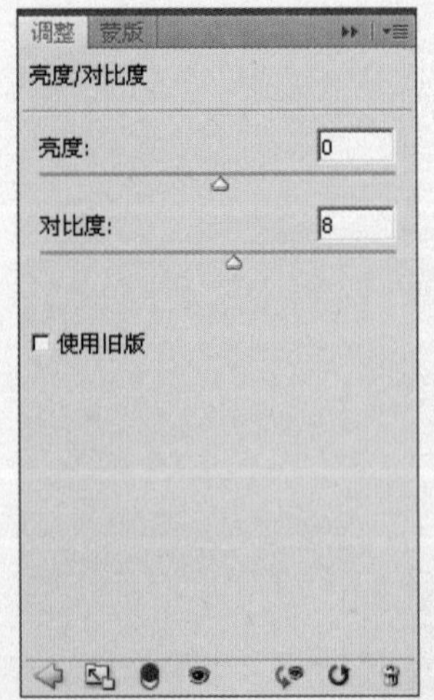

26 设置完“亮度/对比度”命令后，得到“亮度/对比度1”图层，得到图像的最终效果，如图所示。

PART 9

神奇的照片特效

本章将具体讲解神奇照片特效的制作知识，我们充分打开自我的想象力，使手中的一张普通数码照片，通过Photoshop的加工，变为一张神奇的视觉特效照片。通过本章的学习，我们将掌握如何制作神奇的特效照片。

难易度

仿真立体效果

本案例讲解的是如何制作仿真立体效果。我们使用的命令有色阶命令、曲线命令等，然后再使用图层蒙版等操作方法，制作出照片的立体效果。

1 执行“文件”→“打开”命令，在弹出的“打开”对话框中选择随书光盘中的“素材 1”文件。拖动“背景”图层到图层面板底部的“创建新图层”按钮，对图层进行复制操作，得到“背景副本”图层。

2 执行菜单栏中的“图像”→“画布大小”命令，设置弹出的对话框中的参数如图所示。

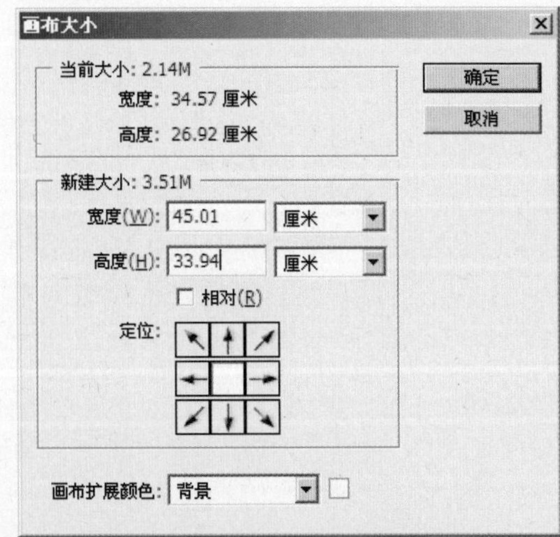

3 设置完对话框后，单击【确定】按钮，设置前景色为白色，按快捷键【Alt+Delete】对"背景"图层进行填充，可以看到图像调整后的效果如图所示。

4 使用工具条中的"钢笔工具"，在工具选项条中单击"路径"按钮，绘制矩形路径，打开路径面板，存储为"路径1"。

5 回到图层面板，按快捷键【Ctrl+T】，调出自由变换控制框，调整选框到如图所示的状态，按【Enter】键确认操作。

6 按【Ctrl+Enter】快捷键，将路径转换为选区，按【Ctrl+J】快捷键，复制选区内容到新的图层，生成"图层1"图层。

7 使"背景 副本"呈操作状态，使用工具条中的"钢笔工具"，在工具选项条中单击"路径"按钮，绘制矩形路径，打开路径面板，存储为"路径2"。

8 按快捷键【Ctrl+T】，调出自由变换控制框，调整选框到如图所示的状态，按【Enter】键确认操作。

9 按【Ctrl+Enter】快捷键，将路径转换为选区，按【Ctrl+J】快捷键，复制选区内容到新的图层，生成“图层2”图层。

10 单击“创建新的填充或调整图层”按钮，在弹出的菜单中选择“色相/饱和度”命令，设置弹出的对话框如图所示。

11 设置完“色相/饱和度”命令后，得到“色相/饱和度1”图层，按快捷键【Ctrl+Alt+G】执行“创建剪切蒙版”操作，可以看到图像调整后的效果如图所示。

12 单击“创建新的填充或调整图层”按钮，在弹出的菜单中选择“曲线”命令，设置弹出的对话框如图所示。

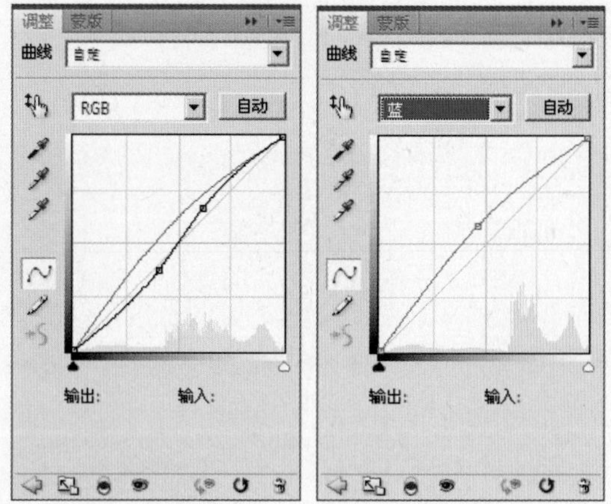

13 设置完“曲线”命令后，得到“曲线1”图层，按快捷键【Ctrl+Alt+G】执行“创建剪切蒙版”操作，可以看到图像调整后的效果如所示。

14 单击“创建新的填充或调整图层”按钮，在弹出的菜单中选择“色阶”命令，设置弹出的对话框如图所示。

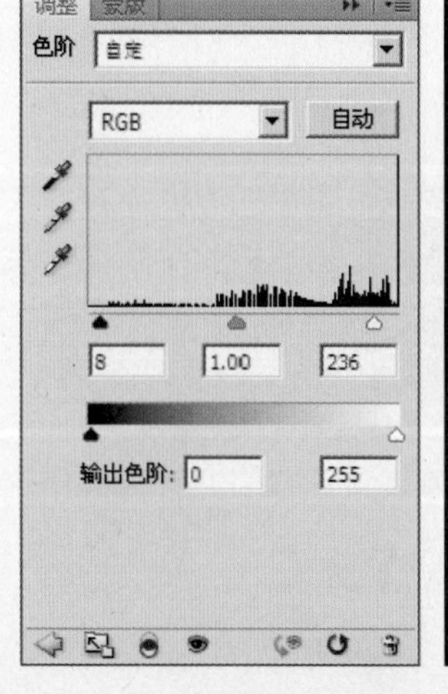

15 设置完“色阶”命令后，得到“色阶2”图层，按快捷键【Ctrl+Alt+G】执行“创建剪切蒙版”操作，可以看到图像调整后的效果如图所示。

16 新建图层，生成“图层3”图层，按住【Ctrl】键，在“图层2”通道的缩览图上方单击，载入选区。

17 设置前景色为（R:16 G:147 B:175），按快捷键【Alt+Delete】对选区进行填充，按快捷键【Ctrl+D】键，取消选区，其效果如图所示。

18 在图层面板的顶部，设置图层的混合模式为“滤色”，图层的不透明度为“29%”，得到如图所示的效果。

19 单击“创建新的填充或调整图层”按钮，在弹出的菜单中选择“照片滤镜”命令，设置弹出的对话框如图所示。

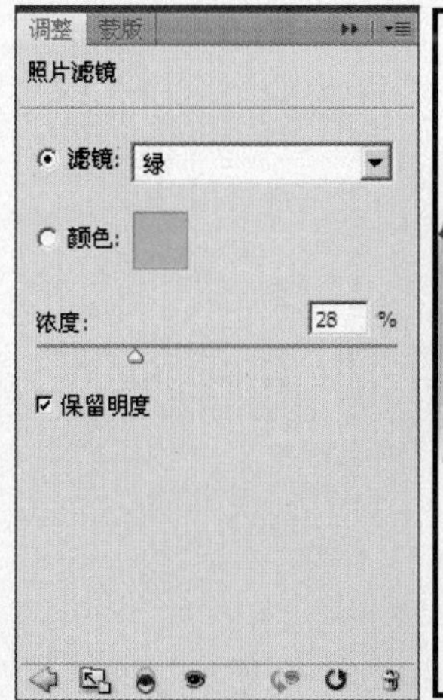

20 设置完“照片滤镜”命令后，得到“照片滤镜1”图层，按快捷键【Ctrl+Alt+G】执行“创建剪切蒙版”操作，可以看到图像调整后的效果如图所示。

21 选中“照片滤镜1”，按住【Shift】键单击“图层2”图层，以将其中间的图层都选中，按【Ctrl+E】键执行“合并图层”的操作，得到“照片滤镜1”图层，其图层面板的状态如图所示。

22 单击“创建新的填充或调整图层”按钮，在弹出的菜单中选择“色相/饱和度”命令，设置弹出的对话框如图所示。

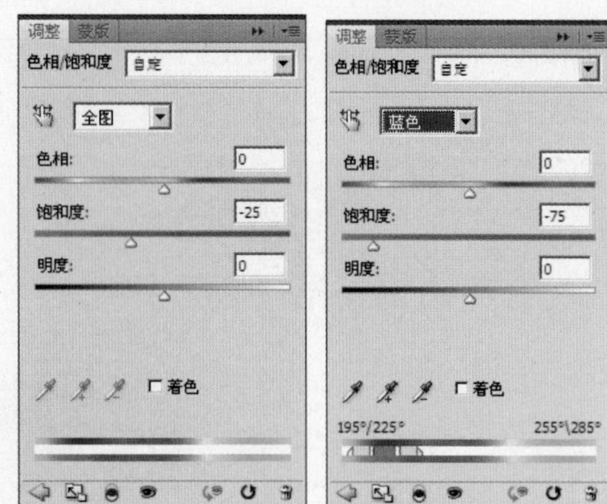

23 设置完“色相/饱和度”命令后，得到“色相/饱和度2”图层。按快捷键【Ctrl+Alt+G】执行“创建剪切蒙版”操作，可以看到图像调整后的效果如图所示。

24 单击“创建新的填充或调整图层”按钮，在弹出的菜单中选择“色阶”命令，设置弹出的对话框如图所示。

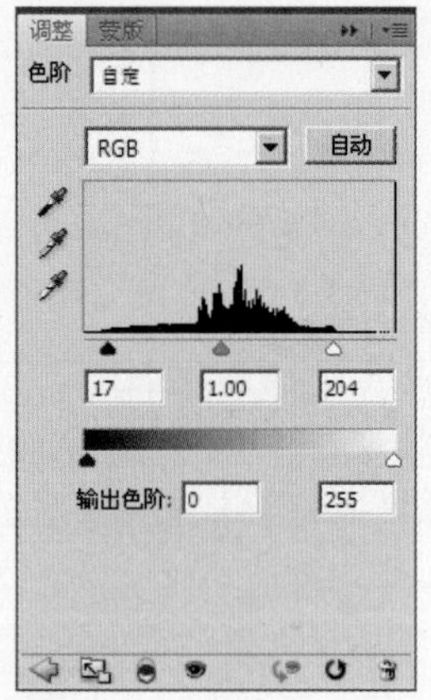

25 设置完“色阶”命令后，得到“色阶1”图层。按快捷键【Ctrl+Alt+G】执行“创建剪切蒙版”操作，可以看到图像调整后的效果如图所示。

26 单击“创建新的填充或调整图层”按钮，在弹出的菜单中选择“曲线”命令，设置弹出的对话框如图所示。

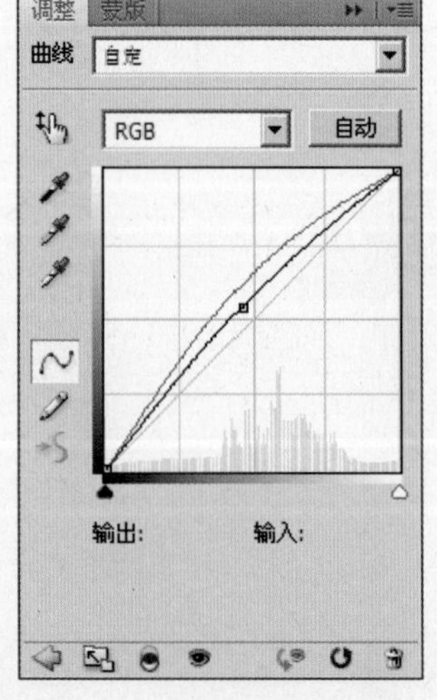

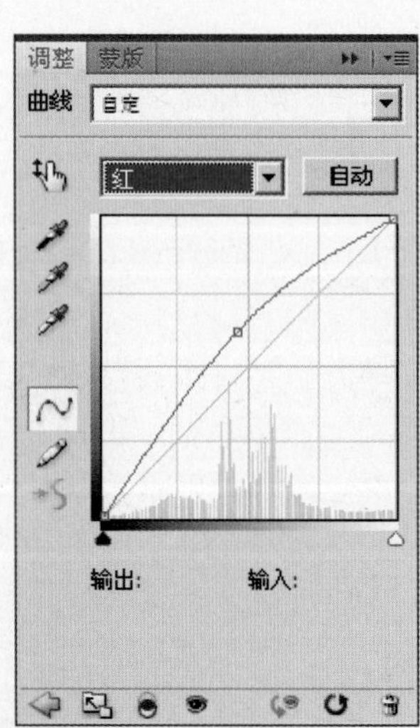

27 设置完“曲线”命令后，得到“曲线2”图层。按快捷键【Ctrl+Alt+G】执行“创建剪切蒙版”操作，可以看到图像调整后的效果如图所示。

28 新建图层，生成“图层2”图层。按住【Ctrl】键，在“图层2”通道的缩览图上方单击，载入选区。

29 设置前景色为（R：255 G：168 B：125），按快捷键【Alt+Delete】对选区进行填充，按快捷键【Ctrl+D】，取消选区，其效果如图所示。

30 在图层面板的顶部，设置图层的混合模式为“柔光”，得到如图所示的效果。

31 选中“图层2”，按住【Shift】键单击“图层1”图层，以将其中间的图层都选中，按【Ctrl+E】键执行“合并图层“的操作，得到“图层2”图层，其图层面板的状态如图所示。

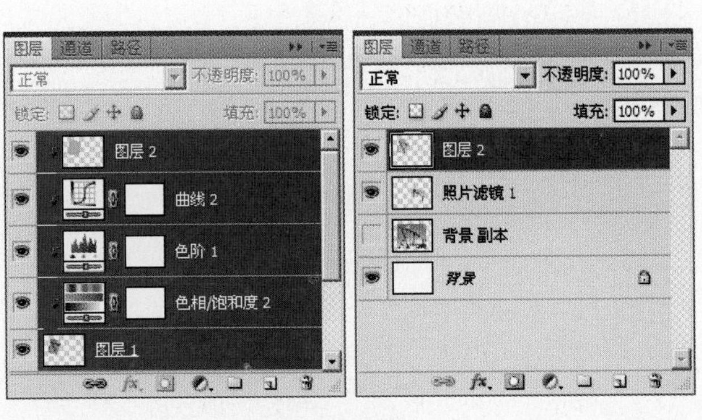

32 打开路径面板，选择“路径1”，按快捷键【Ctrl+T】，调出自由变换控制框，调整选框到如图所示的状态，按【Enter】键确认操作。

33 回到图层面板，使“照片滤镜1”呈操作状态，新建图层，生成“图层3”图层。

34 按【Ctrl+Enter】快捷键，将路径转换为选区，设置前景色为白色，按快捷键【Alt+Delete】对选区进行填充，其效果如图所示，然后按【Ctrl+D】快捷键，取消选区。

35 打开路径面板，选择“路径2”，按快捷键【Ctrl+T】，调出自由变换控制框，调整选框到如图所示的状态，按【Enter】键确认操作。

36 回到图层面板，使“背景 副本”呈操作状态，新建图层，生成“图层4”图层。

37 按【Ctrl+Enter】快捷键，将路径转换为选区，设置前景色为白色，按快捷键【Alt+Delete】对选区进行填充，其效果如图所示。然后按【Ctrl+D】快捷键，取消选区。

38 按住【Ctrl】键单击“照片滤镜1”图层和“图层4”图层，按【Ctrl+E】快捷键执行“合并图层“的操作，得到“照片滤镜1”图层，其图层面板的状态如图所示。

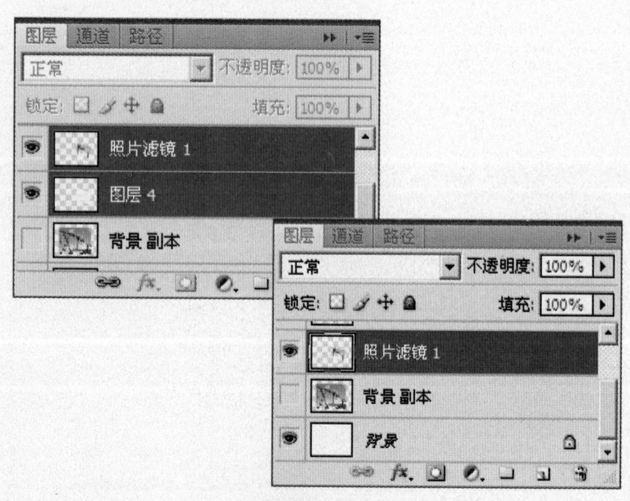

39 按住【Ctrl】键单击“图层2”图层和“图层3”图层，按【Ctrl+E】快捷键执行“合并图层“的操作，得到“图层2”图层，其图层面板的状态如图所示。

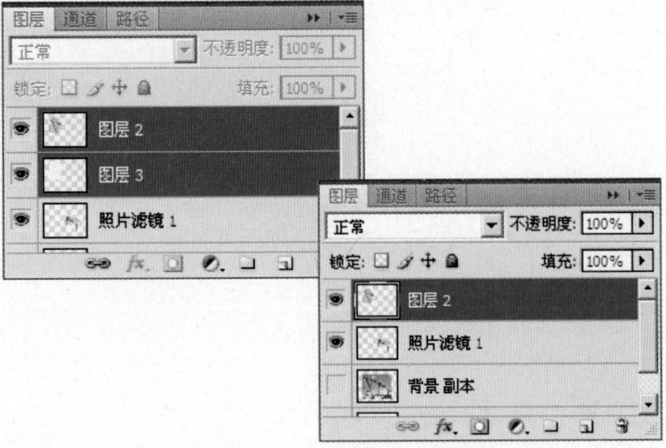

40 使“背景”图层呈操作状态，新建图层，生成“图层3”图层。设置前景色为（R：210 G：210 B：210），按快捷键【Alt+Delete】对“图层3”图层进行填充，其效果如图所示。

41 使“图层2”呈操作状态，按快捷键【Ctrl+T】，调出自由变换控制框，调整选框到如图所示的状态，按【Enter】键确认操作。

42 执行菜单栏中的“滤镜”→“扭曲”→“切变”命令，设置弹出的对话框中的参数如图所示。

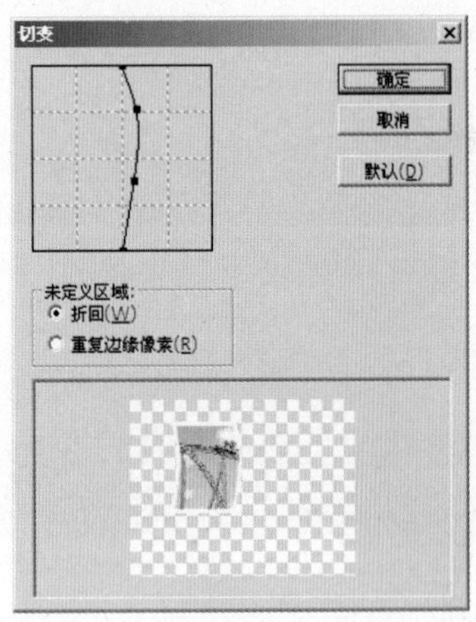

43 设置完对话框后，单击【确定】按钮，可以看到图像调整后的效果如图所示。

44 按快捷键【Ctrl+T】，调出自由变换控制框，调整选框到如图所示的状态，按【Enter】键确认操作。

45 使"照片滤镜1"呈操作状态，按快捷键【Ctrl+T】，调出自由变换控制框，调整选框到如图所示的状态，按【Enter】键确认操作。

46 执行菜单栏中的"滤镜"→"扭曲"→"切变"命令，设置弹出的对话框中的参数如图所示。

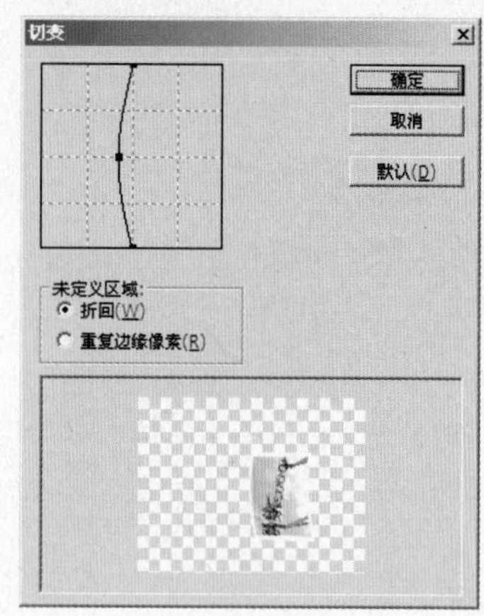

47 设置完对话框后，单击【确定】按钮，可以看到图像调整后的效果如图所示。

48 按快捷键【Ctrl+T】，调出自由变换控制框，调整选框到如图所示的状态，按【Enter】键确认操作。

49 使"背景 副本"图层呈操作状态，显示"背景 副本"图层，按快捷键【Ctrl+Shift+]】，使图层至顶层。

50 单击"添加图层蒙版"按钮，为"背景 副本"添加图层蒙版。设置前景色为黑色，使用"画笔工具"设置适当的画笔大小和透明度后，在除过山车以外的位置涂抹，其蒙版状态和图层面板如图所示。

51 按住【Ctrl】键，在"背景 副本"图层的图层蒙版缩览图上方单击，载入选区。

52 按快捷键【Ctrl+J】，复制选区内容到新的图层，生成"图层4"图层，然后隐藏"背景 副本"图层。

53 使用工具条中的"移动工具"，移动图像到如图所示的位置。

54 单击"添加图层蒙版"按钮，为"图层4"添加图层蒙版。设置前景色为黑色，使用"画笔工具"选择如图的画笔，设置适当的画笔大小和透明度后，在画面中涂抹，其蒙版状态和图层面板如图所示。

55 单击"创建新的填充或调整图层"按钮，在弹出的菜单中选择"曲线"命令，设置弹出的对话框如图所示。

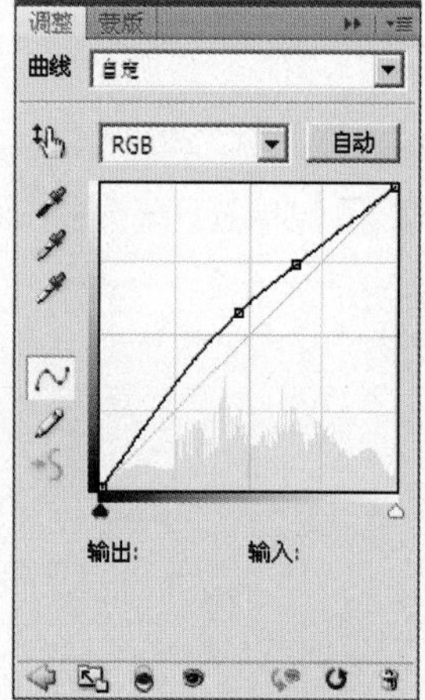

56 设置完"曲线"命令后，得到"曲线3"图层，按快捷键【Ctrl+Alt+G】执行"创建剪切蒙版"操作，可以看到图像调整后的效果如图所示。

57 单击“创建新的填充或调整图层”按钮，在弹出的菜单中选择“色阶”命令，设置弹出的对话框后得到“色阶3”图层。按快捷键【Ctrl+Alt+G】执行“创建剪切蒙版”操作，可以看到图像调整后的效果如图所示。

58 使“图层3”呈操作状态，新建图层，生成“图层5”图层，使用工具条中的“钢笔工具”，在工具选项条中单击“路径”按钮，绘制路径。

59 按【Ctrl+Enter】快捷键，将路径转换为选区，按【Shift+F6】键，羽化选区，设置弹出的对话框后，单击【确定】按钮，得到如图所示的状态。

60 设置前景色为（R:89 G:89 B:89），按快捷键【Alt+Delete】对“图层5”图层进行填充，然后按快捷键【Ctrl+D】，取消选区。

61 新建图层，生成“图层6”图层，使用工具条中的“钢笔工具”，在工具选项条中单击“路径”按钮，绘制路径。

62 按【Ctrl+Enter】快捷键，将路径转换为选区，按【Shift+F6】快捷键，羽化选区，设置弹出的对话框后，单击【确定】按钮，得到如图所示的状态。

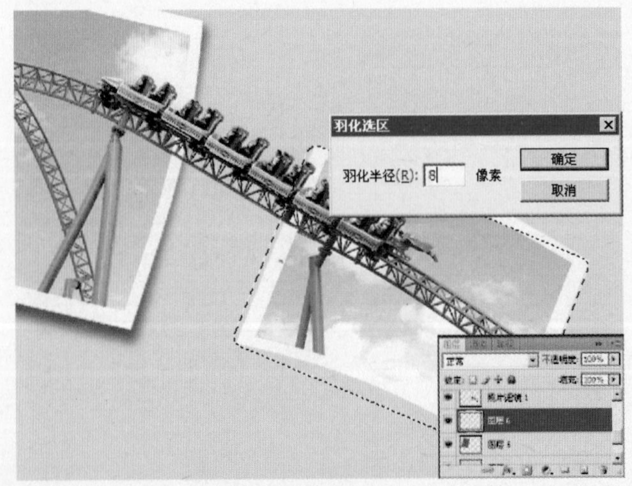

63 设置前景色为（R：89 G：89 B：89），按快捷键【Alt+Delete】对"图层5"图层进行填充，然后按快捷键【Ctrl+D】，取消选区。

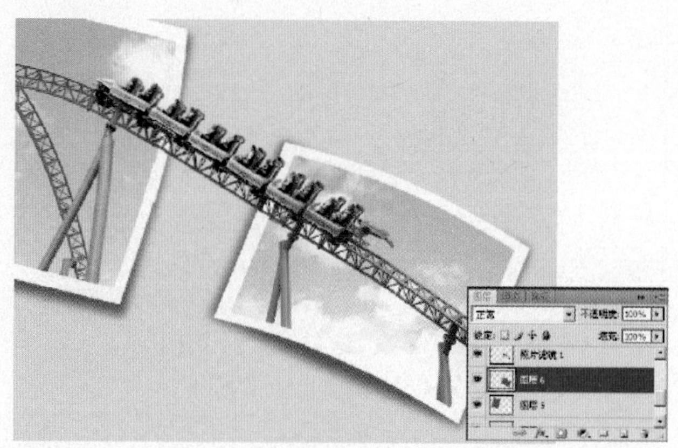

64 隐藏"图层3"图层，单击"添加图层蒙版"按钮，为"图层6"添加图层蒙版，按住【Ctrl】键，单击"图层6"的图层缩览图。

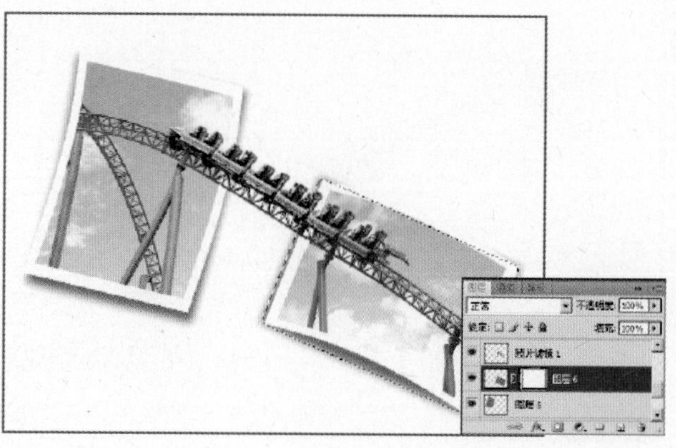

65 单击"图层6"的图层蒙版缩览图，单击工具条的"渐变工具"，再单击操作面板左上角的"渐变工具条"，弹出"渐变编辑器"，设置弹出的对话框如图所示。

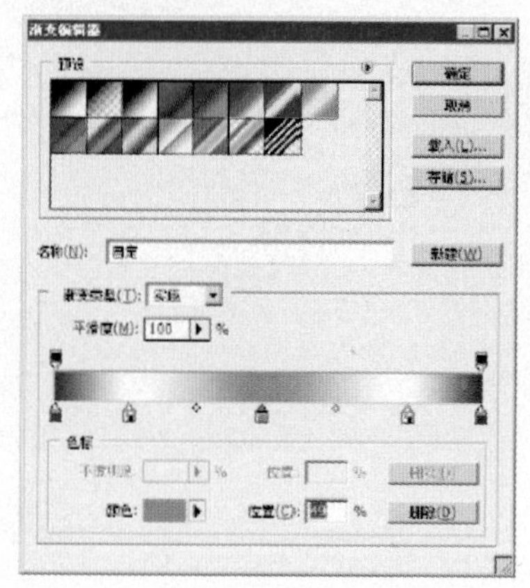

66 在选区中从左到右拖动鼠标，其蒙版状态和图层面板如图所示，然后按快捷键【Ctrl+D】，取消选区。

67 新建图层，生成"图层7"图层，按快捷键【Ctrl+Shift+]】，使图层至顶层，使用工具条中的"钢笔工具"，在工具选项条中单击"路径"按钮，绘制路径。

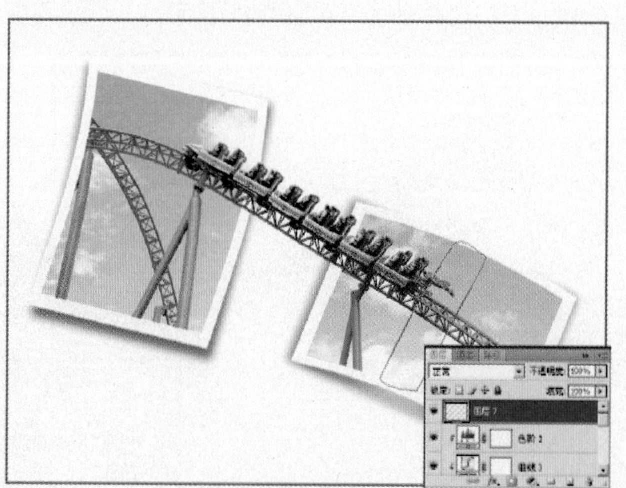

68 按【Ctrl+Enter】快捷键，将路径转换为选区，按【Shift+F6】快捷键，羽化选区，设置弹出的对话框后，单击【确定】按钮，得到如图所示的状态。

69 设置前景色为白色，按快捷键【Alt+Delete】对选区进行填充，然后按快捷键【Ctrl+D】，取消选区。

70 在图层面板的顶部，设置图层的混合模式为“柔光”，图层的不透明度为“56%”，得到如图所示的效果。

71 使“背景 副本”图层呈操作状态，新建图层，生成“图层8”图层，按住【Ctrl】键，在“图层4”图层的图层缩览图上方单击，载入选区。

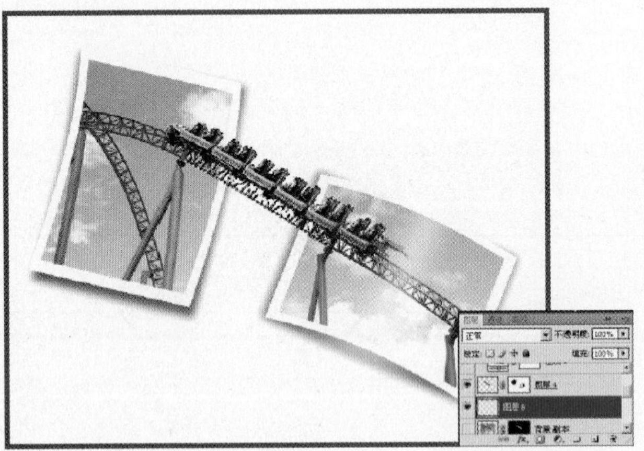

72 按【Shift+F6】快捷键，羽化选区，设置弹出的对话框后，单击【确定】按钮，得到如图所示的状态。

73 设置前景色为（R:89 G:89 B:89），按快捷键【Alt+Delete】对选区进行填充，然后按快捷键【Ctrl+D】，取消选区。

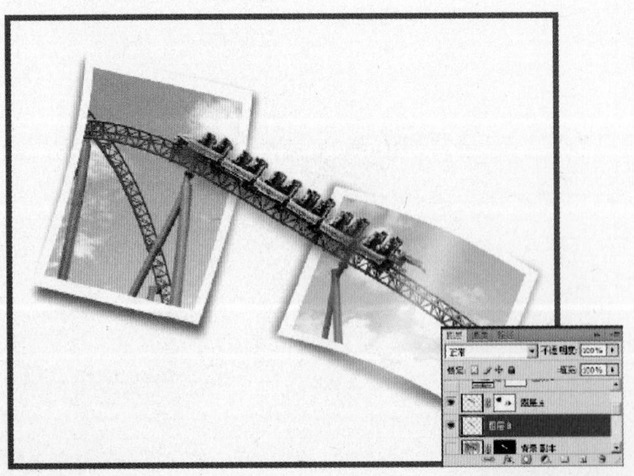

74 单击“添加图层蒙版”按钮，为“图层8”添加图层蒙版。使用“渐变工具”，选择由黑到透明的渐变，在需要渐隐的地方拖动。再使用“画笔工具”设置适当的画笔大小和透明度后，在图像中涂抹，其蒙版状态和图层面板如图所示。

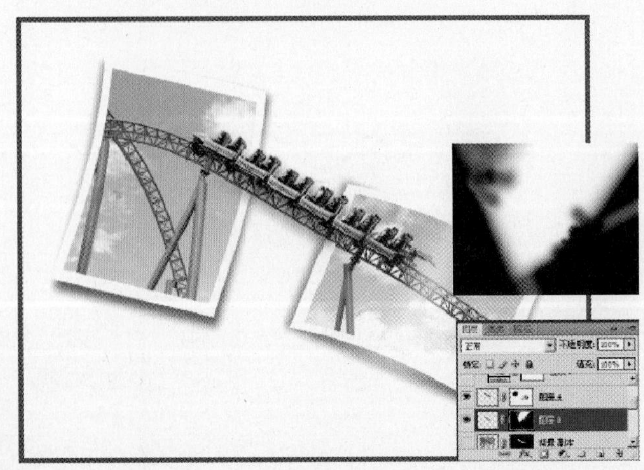

9.2 PART 9 神奇的照片特效

难易度

飞出画布

本案例讲解的是如何制作出图片飞出画布的效果。我们使用“色相/饱和度”命令、“曲线”命令等调整图片颜色，然后再使用蒙板将各个素材能很好地融合在一起，从而制作出这幅飞出画布的特效插画。

1 执行“文件”→“打开”命令，在弹出的“打开”对话框中选择随书光盘中的“素材 1”文件，此时的图像效果和图层调板如图所示。

2 单击“创建新的填充或调整图层”按钮，在弹出的菜单中选择“色相/饱和度”命令，设置弹出的对话框如图所示。

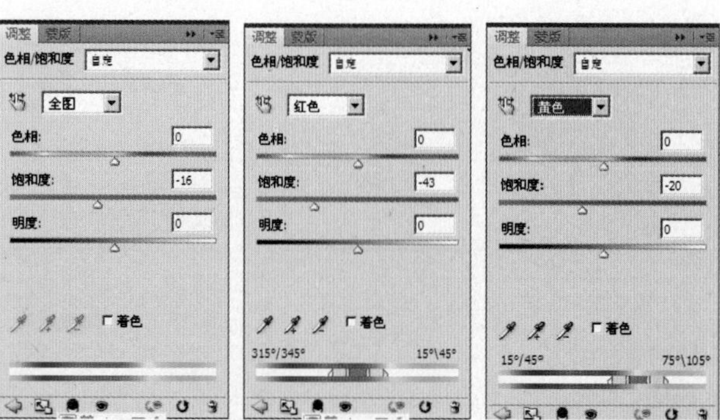

3 设置完“色相/饱和度”命令后，得到“色相/饱和度1”图层，可以看到图像调整后的效果如图所示。

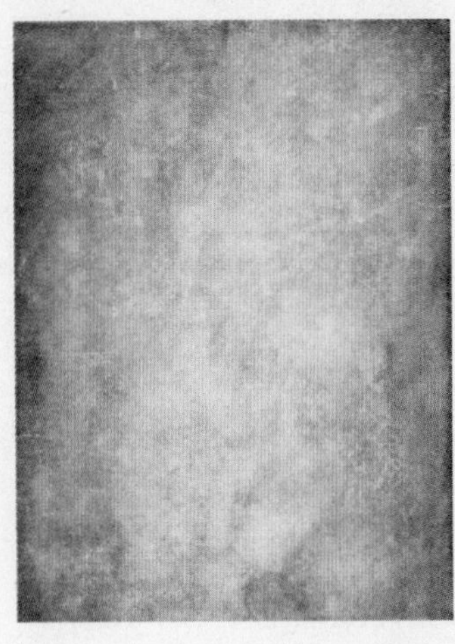

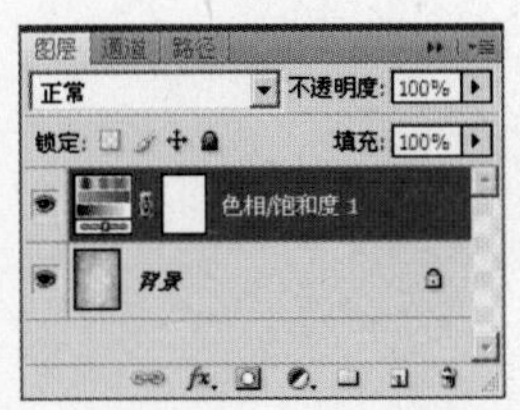

4 单击“创建新的填充或调整图层”按钮，在弹出的菜单中选择“曲线”命令，设置弹出的对话框，设置完“曲线”命令后，得到“曲线1”图层，可以看到图像调整后的效果如图所示。

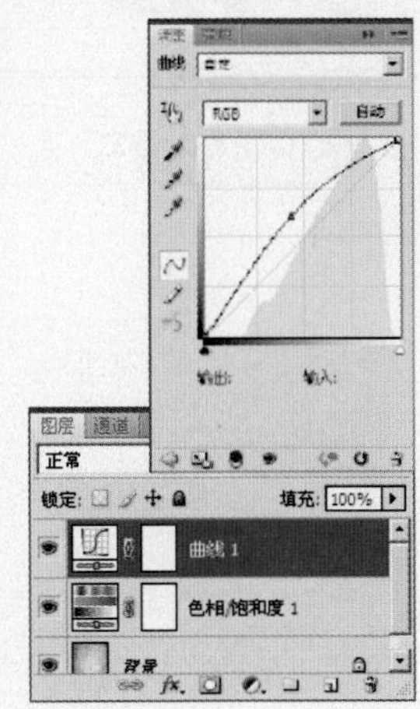

5 单击“曲线1”的图层蒙版缩览图，设置前景色为黑色，使用“画笔工具”设置适当的画笔大小和透明度后，在画布中间涂抹，其蒙版状态和图层面板如图所示。

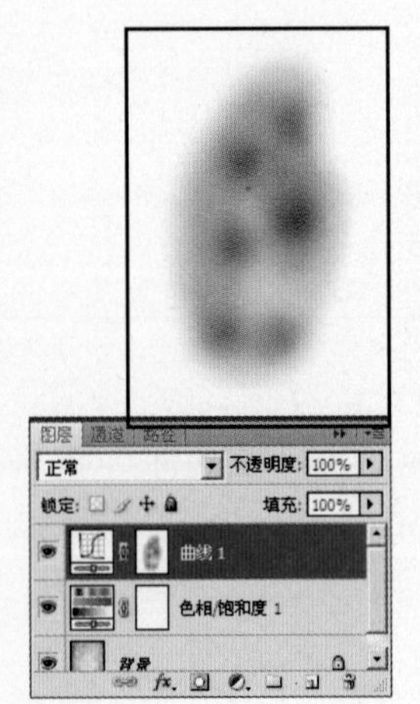

6 按快捷键【Ctrl+Alt+Shift+E】，执行“盖印图层”命令，得到“图层1”图层。

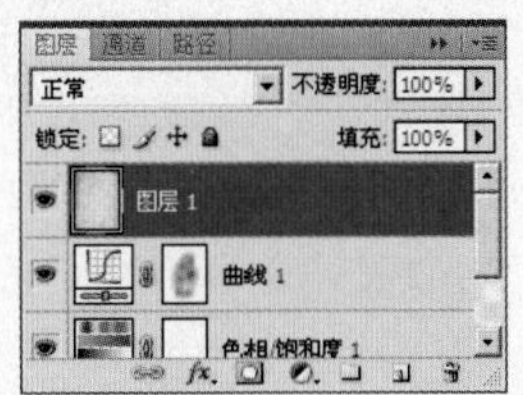

7 在图层面板的顶部，设置图层的混合模式为“柔光”，图层的不透明度为“35%”，得到如图所示的效果。

8 执行“文件”→“打开”命令，在弹出的“打开”对话框中选择随书光盘中的“素材2”文件，此时的图像效果和图层调板如图所示。

9 使用工具条中的"移动工具"，把"素材2"文件拖动到步骤1打开的文件中，生成"图层2"图层，按快捷键【Ctrl+T】，调出自由变换控制框，调整选框到如图所示的状态，按【Enter】键确认操作。

10 复制"图层2"图层，得到"图层2 副本"图层，隐藏"图层2副本"图层，使"图层2"呈操作状态。

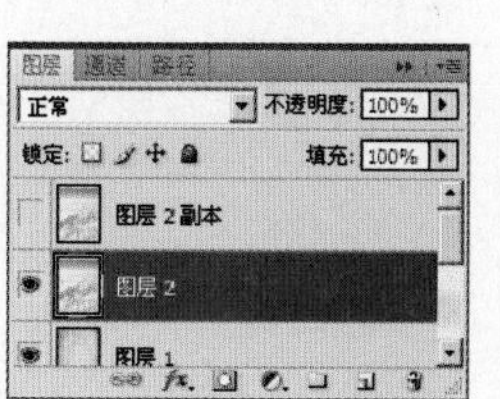

11 按【Ctrl+Shift+U】快捷键，执行"去色"命令，得到如图所示的效果。

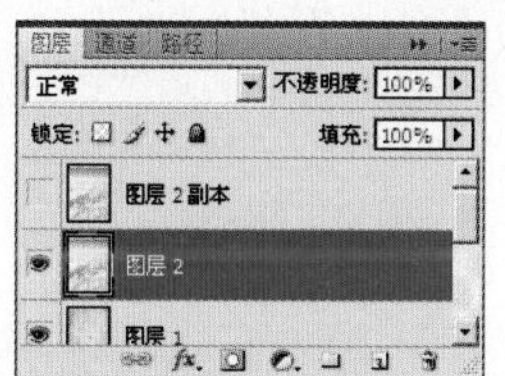

12 单击"添加图层蒙版"按钮，为"图层2"添加图层蒙版，设置前景色为黑色，使用"画笔工具"设置适当的画笔大小和透明度后，在画面中涂抹，其蒙版状态和图层面板如图所示。

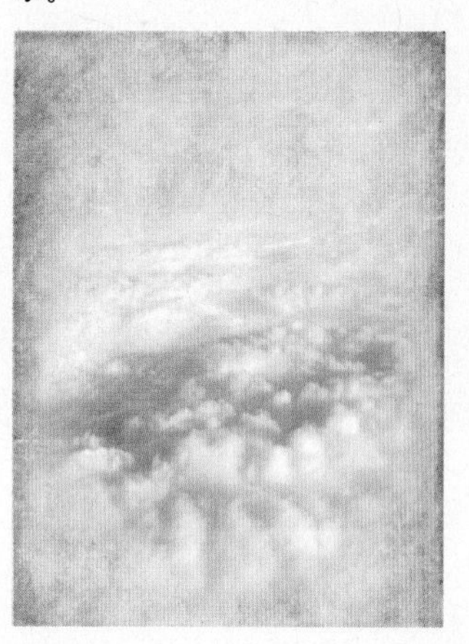

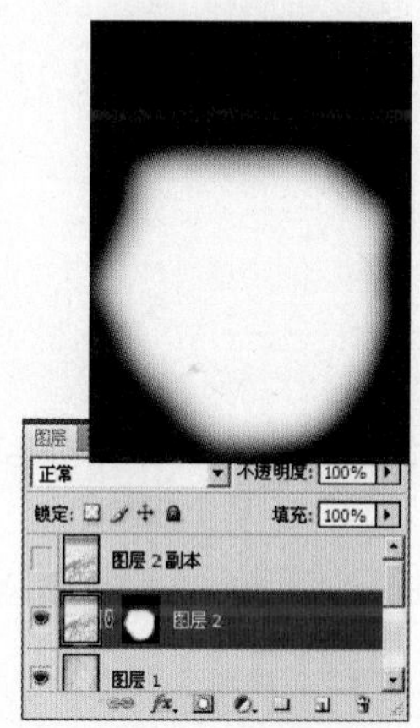

13 击"创建新的填充或调整图层"按钮，在弹出的菜单中选择"色相/饱和度"命令，设置弹出的对话框如图所示。

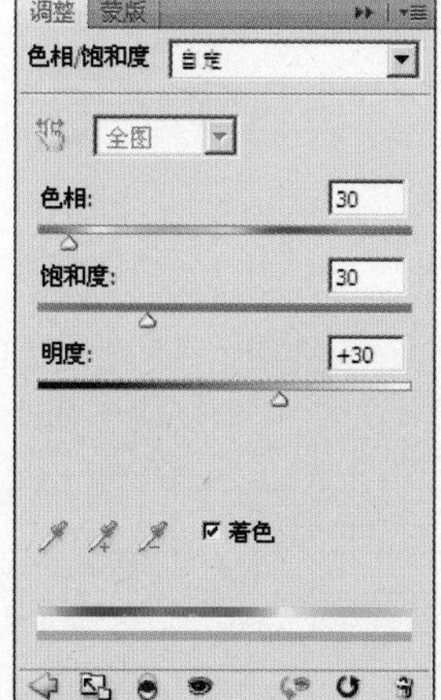

14 设置完"色相/饱和度"命令后，得到"色相/饱和度2"图层，可以看到图像调整后的效果如图所示。

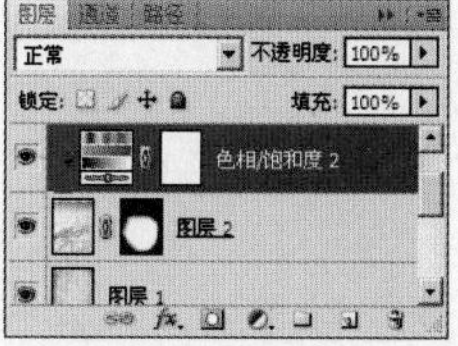

15 选中“色相/饱和度2”，按住【Ctrl】键单击“图层2”图层，然后按【Ctrl+Alt+E】快捷键执行“合并图层“的操作，得到“色相/饱和度2（合并）”图层，其图层面板的状态如图所示。

16 执行菜单栏中的“滤镜”→“画笔描边”→“阴影线”命令，设置弹出的对话框中的参数后，单击【确定】按钮，设置后的效果如图所示。

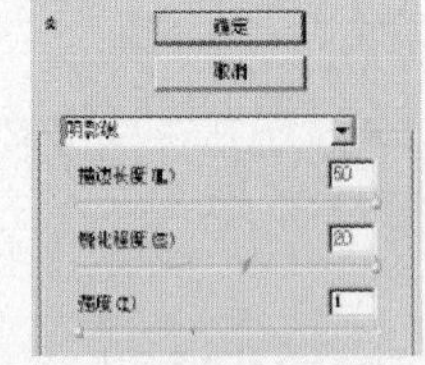

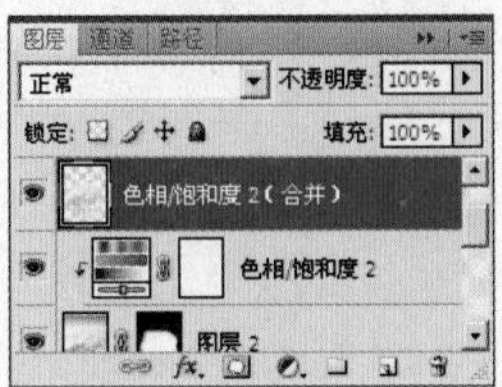

17 在图层面板的顶部，设置图层的混合模式为“线性加深”，得到如图所示的效果。

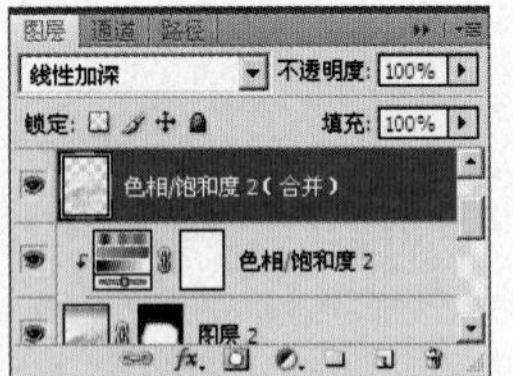

18 显示“图层2 副本”图层，使其呈操作状态，单击“添加图层蒙版”按钮，为“图层2 副本”添加图层蒙版，如图所示。

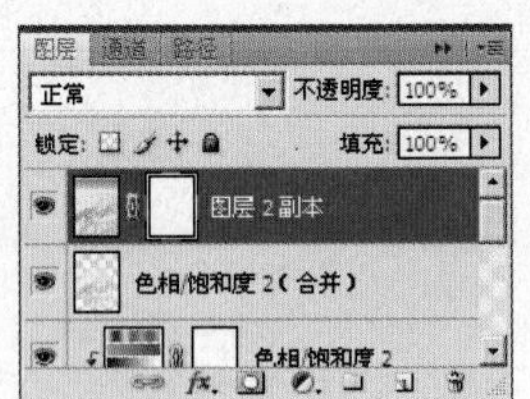

19 选择“画笔工具”，按【F5】键调出“画笔”调板，打开菜单栏单击“载入画笔”，载入随书光盘中的“素材3”文件，然后选择画笔，在蒙版中涂抹。

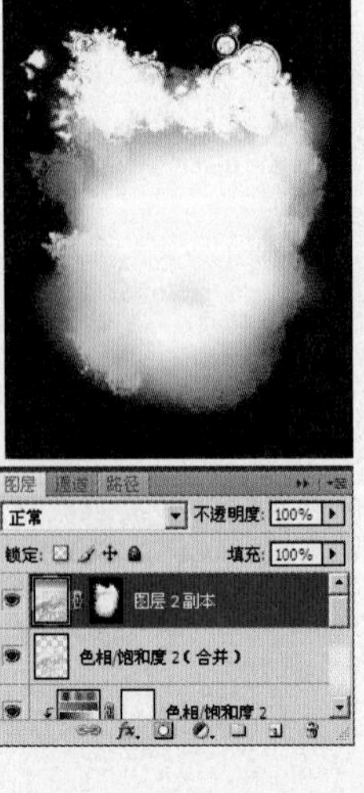

20 单击“创建新的填充或调整图层”按钮，在弹出的菜单中选择“色相/饱和度”命令，设置弹出的对话框如图所示。

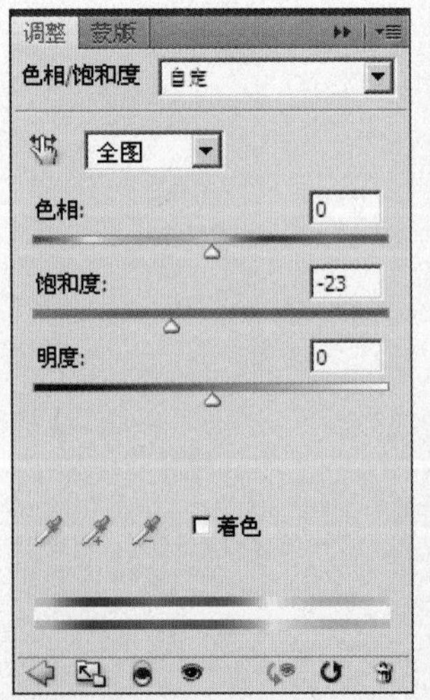

21 设置完“色相/饱和度”命令后，得到“色相/饱和度3”图层，可以看到图像调整后的效果如图所示。

22 选中“色相/饱和度3”，按住【Ctrl】键单击“图层2 副本”图层，然后按【Ctrl+Alt+E】快捷键执行“合并图层”的操作，得到“色相/饱和度3（合并）”图层，其图层面板的状态如图所示。

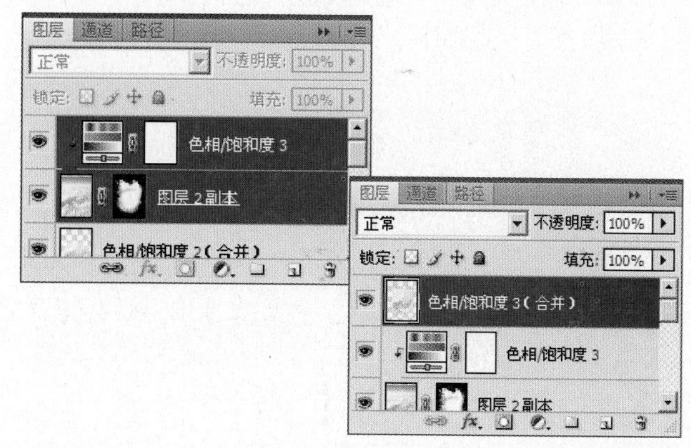

23 执行菜单栏中的“滤镜”→“艺术效果”→“涂抹棒”命令，设置弹出的对话框中的参数后，单击【确定】按钮，设置后的效果如图所示。

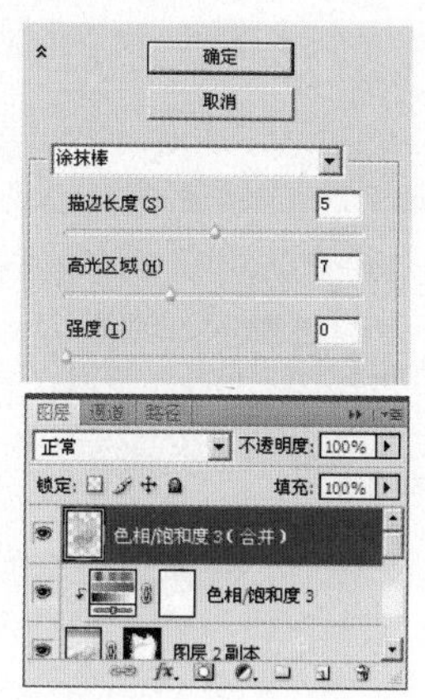

24 执行“文件”→“打开”命令，在弹出的“打开”对话框中选择随书光盘中的“素材4”文件，此时的图像效果和图层调板如图所示。

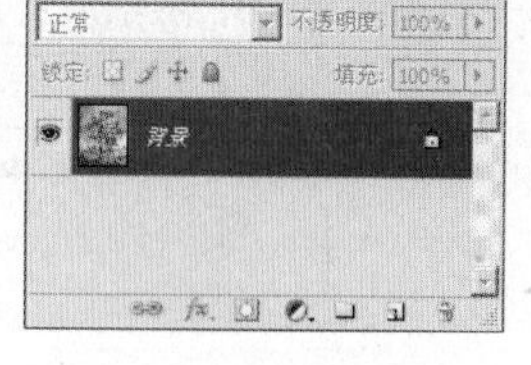

25 使用工具条中的“移动工具”，把“素材4”文件拖动到步骤1打开的文件中，生成“图层3”图层，按快捷键【Ctrl+T】，调出自由变换控制框，调整选框到如图所示的状态，按【Enter】键确认操作。

26 单击“添加图层蒙版”按钮，为“图层3”添加图层蒙版，设置前景色为黑色，使用“画笔工具”设置适当的画笔大小和透明度后，在树的周围涂抹，其蒙版状态和图层面板如图所示。

27 在图层面板的顶部，设置图层的混合模式为“正片叠底”，得到如图所示的效果。

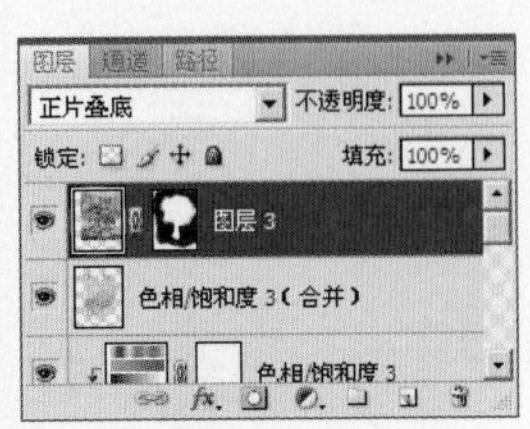

28 复制“图层3”图层，得到“图层3 副本”图层，设置图层的混合模式为“正常”。

29 单击“图层3 副本”的图层蒙版缩览图，设置前景色为黑色，使用“画笔工具” 设置适当的画笔大小和透明度后，在画面中涂抹，其蒙版状态和图层面板如图所示。

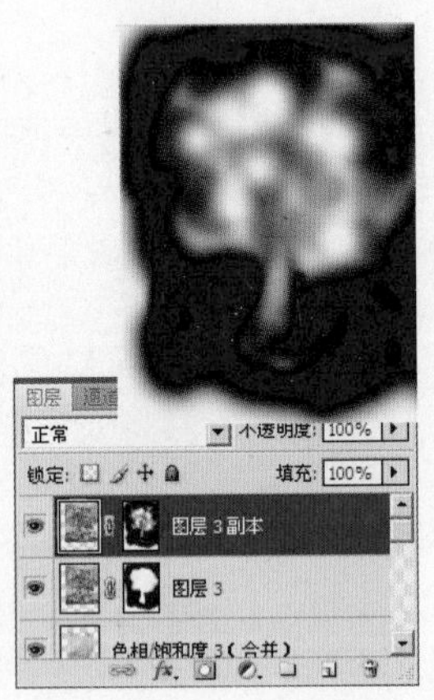

30 单击“创建新的填充或调整图层”按钮，在弹出的菜单中选择“色阶”命令，设置弹出的对话框如图所示。

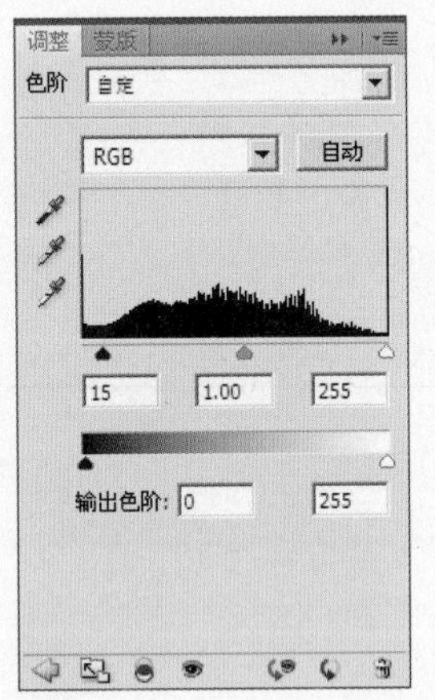

31 设置完“色阶”命令后，得到“色阶1”图层，按快捷键【Ctrl+Alt+G】执行“创建剪切蒙版”操作，可以看到图像调整后的效果如图所示。

32 执行“文件”→“打开”命令，在弹出的“打开”对话框中选择随书光盘中的“素材5”文件，此时的图像效果和图层调板如图所示。

33 使用工具条中的“移动工具”，把“素材5”文件拖动到步骤1打开的文件中，生成“图层4”图层。按快捷键【Ctrl+T】，调出自由变换控制框，调整选框到如图所示的状态，按【Enter】键确认操作。

34 单击“创建新的填充或调整图层”按钮，在弹出的菜单中选择“曲线”命令，设置弹出的对话框如图所示。

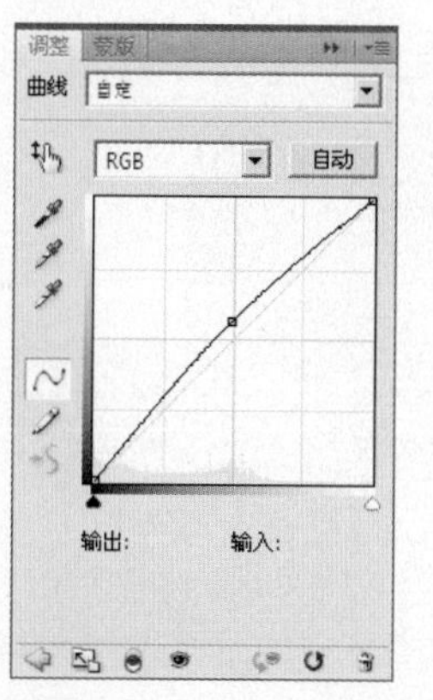

35 设置完“曲线”命令后，得到“曲线2”图层，按快捷键【Ctrl+Alt+G】执行“创建剪切蒙版”操作，可以看到图像调整后的效果如图所示。

36 单击“创建新的填充或调整图层”按钮，在弹出的菜单中选择“色阶”命令，设置弹出的对话框如图所示。

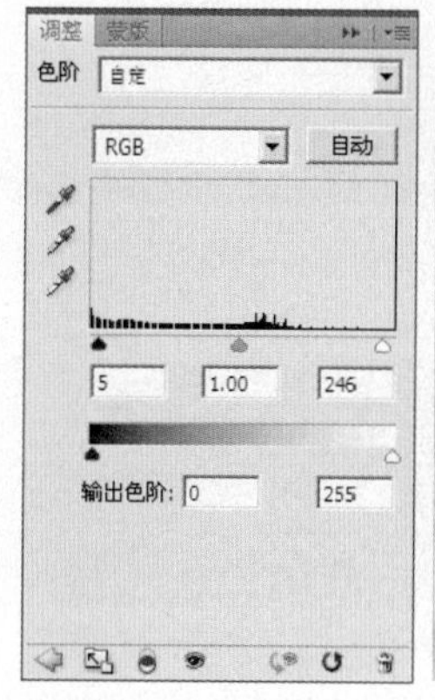

37 设置完“色阶”命令后，得到“色阶2”图层，按快捷键【Ctrl+Alt+G】执行“创建剪切蒙版”操作，可以看到图像调整后的效果如图所示。

38 使“色阶1”图层呈操作状态，新建图层，生成“图层5”图层。按住【Ctrl】键单击“图层4”的图层缩览图以载入选区，按【Shift+F6】快捷键，羽化选区，设置弹出的对话框后，单击【确定】按钮，得到如图所示的状态。

39 设置前景色为（R:87 G:87 B:87），按快捷键【Alt+Delete】对选区进行填充，按快捷键【Ctrl+D】，取消选区。

40 使用“移动工具”，将绘制好的阴影向下方移动一些，然后在图层面板的顶部，设置图层的不透明度为“63%”。

41 使“色阶2”图层呈操作状态，执行“文件”→“打开”命令，在弹出的“打开”对话框中选择随书光盘中的“素材6”文件，此时的图像效果和图层调板如图所示。

42 使用工具条中的“移动工具”，把“素材6”文件拖动到步骤1打开的文件中，生成“图层6”图层。按快捷键【Ctrl+T】，调出自由变换控制框，调整选框到如图所示的状态，按【Enter】键确认操作。

43 单击“添加图层蒙版”按钮，为“图层6”添加图层蒙版，设置前景色为黑色，使用“画笔工具”设置适当的画笔大小和透明度后，在飞机尾部涂抹，其蒙版状态和图层面板如图所示。

44 单击“创建新的填充或调整图层”按钮，在弹出的菜单中选择“色阶”命令，设置弹出的对话框如图所示。

45 设置完“色阶”命令后，得到“色阶3”图层，按快捷键【Ctrl+Alt+G】执行“创建剪切蒙版”操作，可以看到图像调整后的效果如图所示。

46 单击“创建新的填充或调整图层”按钮，在弹出的菜单中选择“色彩平衡”命令，设置弹出的对话框如图所示。

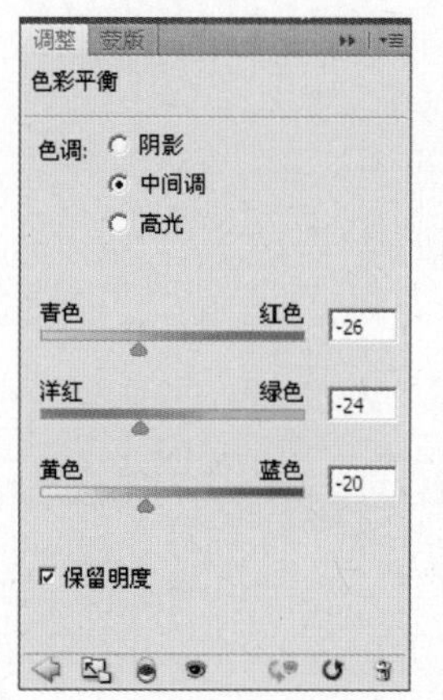

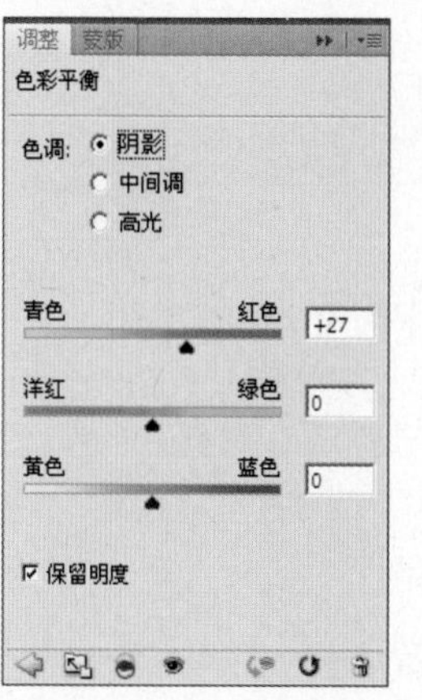

47 设置完“色彩平衡”命令后，得到“色彩平衡1”图层，按快捷键【Ctrl+Alt+G】执行“创建剪切蒙版”操作，可以看到图像调整后的效果如图所示。

48 使“色阶2”图层呈操作状态，新建图层，生成“图层7”图层。按住【Ctrl】键单击“图层6”的图层缩览图以载入选区，按【Shift+F6】快捷键，羽化选区，设置弹出的对话框后，单击【确定】按钮，得到如图所示的状态。

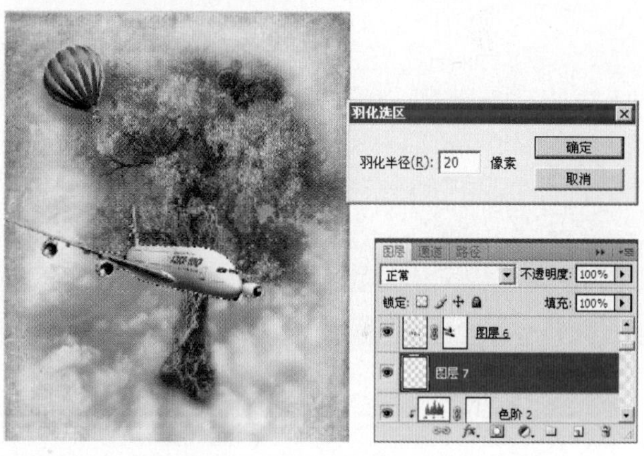

49 设置前景色为（R:87 G:87 B:87），按快捷键【Alt+Delete】对选区进行填充，按快捷键【Ctrl+D】，取消选区。

50 使用“移动工具”，将绘制好的阴影向下方移动一些，然后在图层面板的顶部，设置图层的不透明度为“55%”。

51 使“色彩平衡1”图层呈操作状态，执行“文件”→“打开”命令，在弹出的“打开”对话框中选择随书光盘中的“素材7”文件，此时的图像效果和图层调板如图所示。

52 使用工具条中的“移动工具”，把“素材7”文件拖动到步骤1打开的文件中，生成“图层8”图层。按快捷键【Ctrl+T】，调出自由变换控制框，调整选框到如图所示的状态，按【Enter】键确认操作。

53 单击“添加图层蒙版”按钮，为“图层8”添加图层蒙版。设置前景色为黑色，使用“画笔工具”设置适当的画笔大小和透明度后，在素材边缘涂抹，其蒙版状态和图层面板如图所示。

54 单击“创建新的填充或调整图层”按钮，在弹出的菜单中选择“曲线”命令，设置弹出的对话框如图所示。

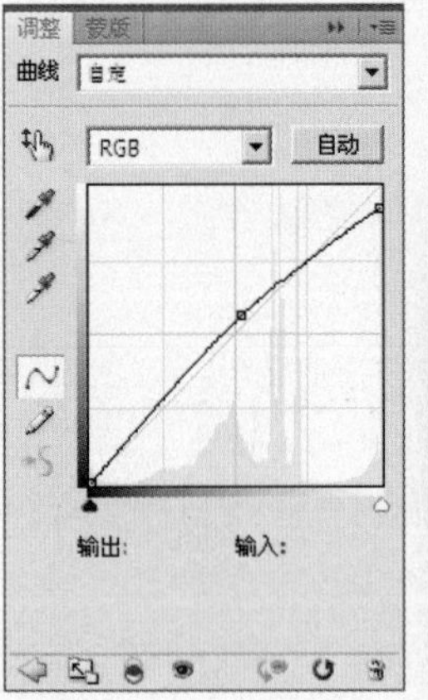

55 设置完“曲线”命令后，得到“曲线3”图层，按快捷键【Ctrl+Alt+G】执行“创建剪切蒙版”操作，可以看到图像调整后的效果如图所示。

56 使“曲线3”图层呈操作状态，执行“文件”→“打开”命令，在弹出的“打开”对话框中选择随书光盘中的“素材8”文件，此时的图像效果和图层调板如图所示。

57 使用工具条中的“移动工具” ，把“素材8”文件拖动到步骤1打开的文件中，生成“图层9”图层。按快捷键【Ctrl+T】，调出自由变换控制框，调整选框到如图所示的状态，按【Enter】键确认操作。

58 单击“创建新的填充或调整图层”按钮，在弹出的菜单中选择“曲线”命令，设置弹出的对话框如图所示。

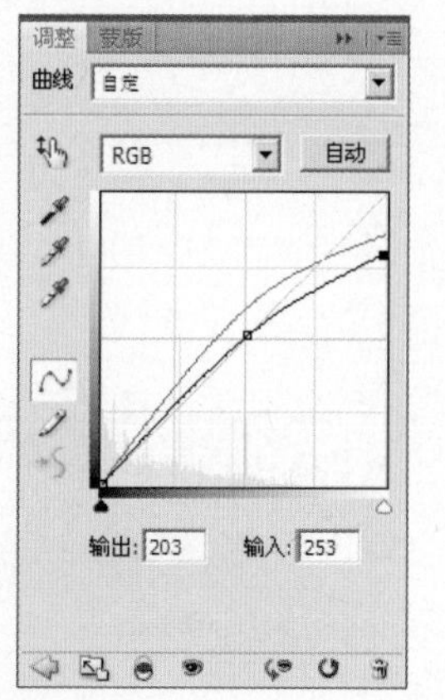
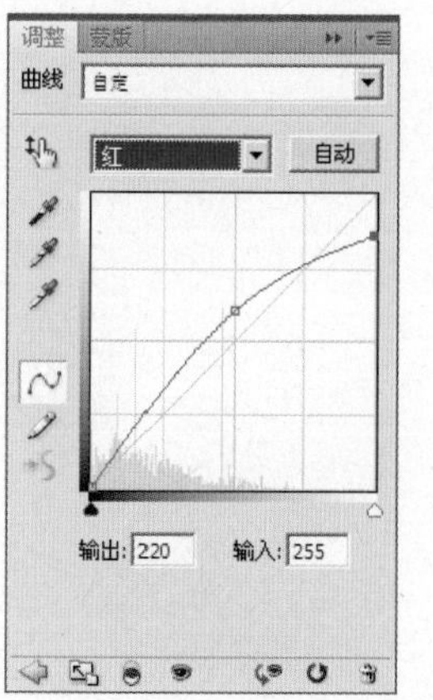

59 设置完“曲线”命令后，得到“曲线4”图层，按快捷键【Ctrl+Alt+G】执行“创建剪切蒙版”操作，可以看到图像调整后的效果如图所示。

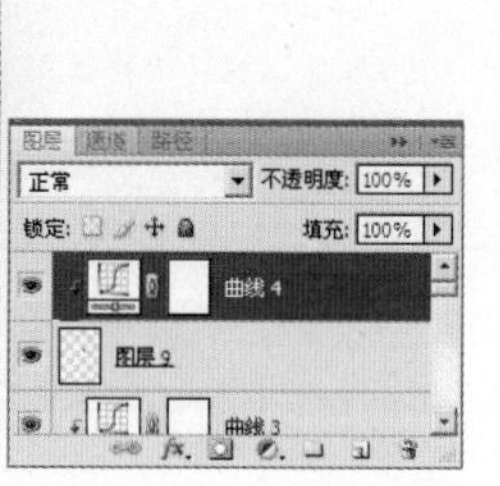

60 新建图层，生成“图层10”图层。设置前景色为黑色，选择“画笔工具” ，按【F5】键调出“画笔”调板，选择适当的画笔，在画面中进行涂抹。

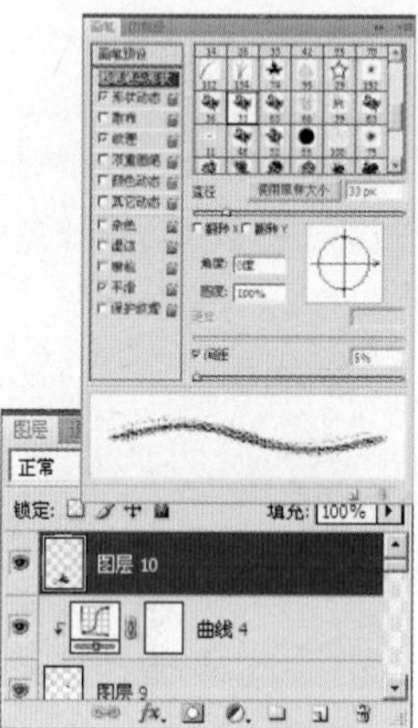

61 单击“添加图层蒙版”按钮，为“图层10”添加图层蒙版。设置前景色为黑色，使用“画笔工具” 设置适当的画笔大小和透明度后，在画面中涂抹，其蒙版状态和图层面板如图所示。

62 执行“文件”→“打开”命令，在弹出的“打开”对话框中选择随书光盘中的“素材9”文件，此时的图像效果和图层调板如图所示。

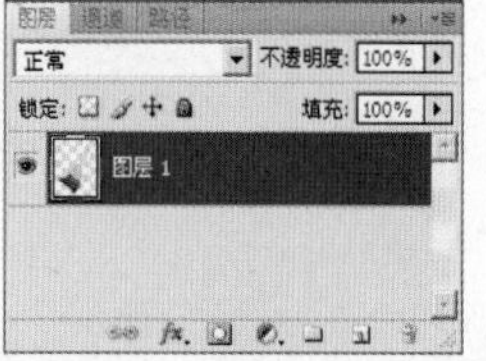

63 使用工具条中的“移动工具” ，把“素材9”文件拖动到步骤1打开的文件中，生成“图层11”图层。按快捷键【Ctrl+T】，调出自由变换控制框，调整选框到如图所示的状态，按【Enter】键确认操作。

64 单击“创建新的填充或调整图层”按钮 ，在弹出的菜单中选择“曲线”命令，设置弹出的对话框。设置完“曲线”命令后，得到“曲线5”图层。按快捷键【Ctrl+Alt+G】执行“创建剪切蒙版”操作，可以看到图像调整后的效果如图所示。

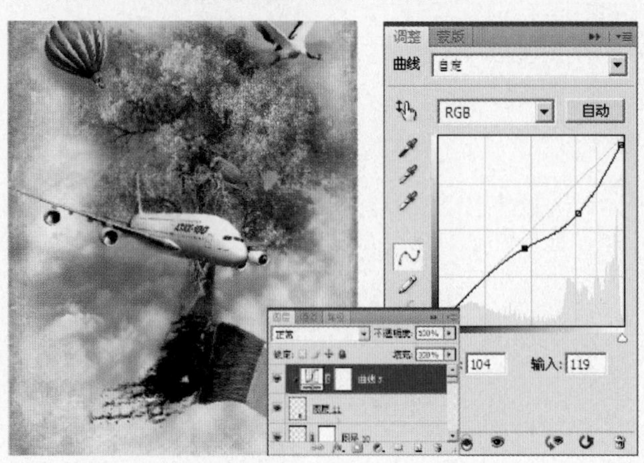

65 使“图层10”图层呈操作状态，新建图层，生成“图层12”图层。按住【Ctrl】键单击“图层11”的图层缩览图以载入选区，按【Shift+F6】快捷键，羽化选区。设置弹出的对话框后，单击【确定】按钮，得到如图所示的状态。

66 设置前景色为（R:87 G:87 B:87），按快捷键【Alt+Delete】对选区进行填充，按快捷键【Ctrl+D】，取消选区。

67 使用“移动工具” ，按快捷键【Ctrl+T】，调出自由变换控制框，按住【Ctrl】键调整控制点到如图所示的状态，按【Enter】键确认操作。

68 在图层面板的顶部，设置图层的不透明度为“49%”，得到如图所示的效果。

9.3

PART 9
神奇的照片特效

难易度

空中楼阁

本案例中，我们使用钢笔工具，从背景中把主体大楼抠出，然后再使用钢笔工具把楼的部分抠出，并摆放在合适的位置上，便可以制作出这幅空中楼阁的特效插画。

1 执行“文件”→“打开”命令，在弹出的“打开”对话框中选择随书光盘中的“素材 1”文件，此时的图像效果和图层调板如图所示。

2 使用工具条中的“钢笔工具”，在工具选项条中单击“路径”按钮，绘制大厦的轮廓路径。

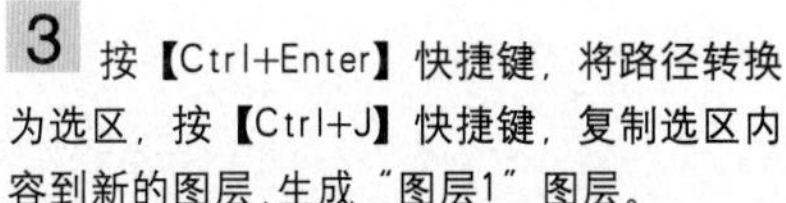

3 按【Ctrl+Enter】快捷键，将路径转换为选区，按【Ctrl+J】快捷键，复制选区内容到新的图层，生成“图层1”图层。

4 使“背景”图层呈操作状态，执行“文件”→“打开”命令，在弹出的“打开”对话框中选择随书光盘中的“素材2”文件，此时的图像效果和图层调板如图所示。

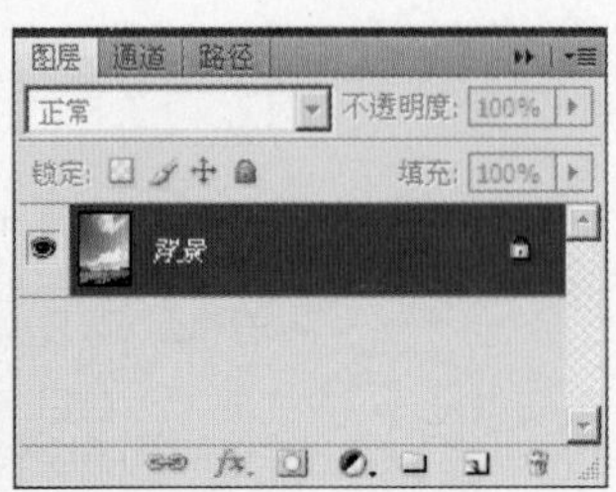

5 使用“移动工具”，将图像拖动到“步骤1”新建的文件中生成“图层2”图层。按快捷键【Ctrl+T】，调出自由变换控制框，缩小选框得到如图所示的状态，按【Enter】键确认操作。

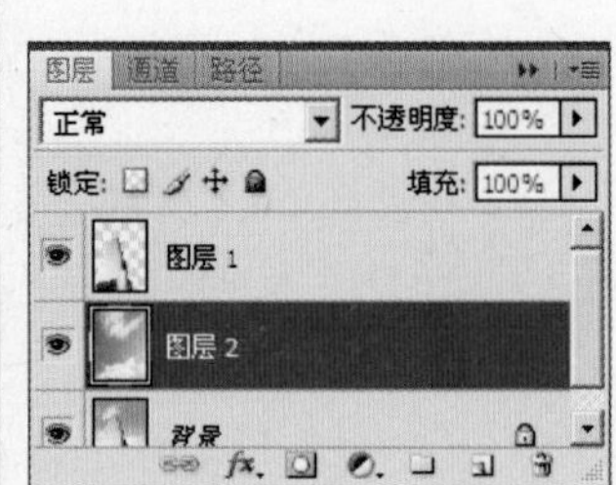

6 单击工具条的“渐变工具”，再单击操作面板左上角的“渐变工具条”，弹出“渐变编辑器”，设置弹出的对话框如图所示。

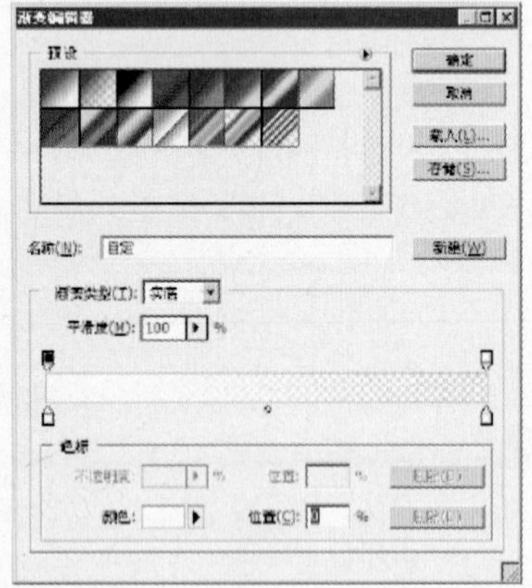

7 设置完对话框后，单击【确定】按钮。新建图层，生成“图层3”图层，选择“线性渐变”，在“图层3”图层中从下向上拖动鼠标，得到如图所示的效果。

8 使用工具条中的“钢笔工具”，在工具选项条中单击“路径”按钮，绘制多条直线路径作为拆分楼房的辅助线，打开路径面板，存储路径为“路径2”。

9 回到图层面板，使“图层1”呈操作状态，使用“多边形套索工具”，在图像中绘制选区。

10 使用工具条中的“移动工具”，向上拖动选区到如图所示的位置。

11 按快捷键【Ctrl+J】，复制选区内容到新的图层，生成“图层4”图层。

12 打开路径面板，在路径面板的空白地方单击，取消“路径2”的显示状态。在回到图层面板，按住【Ctrl】键，在“图层4”的图层缩览图上方单击，载入选区。

13 使“图层1”呈操作状态，按【Delete】键删除选区内容，再按快捷键【Ctrl+D】，取消选区。

14 打开路径面板，单击“路径2”图层，使“路径2”呈显示状态。

15 回到图层面板，使“图层1”呈操作状态，使用“多边形套索工具”，在图像中绘制选区。

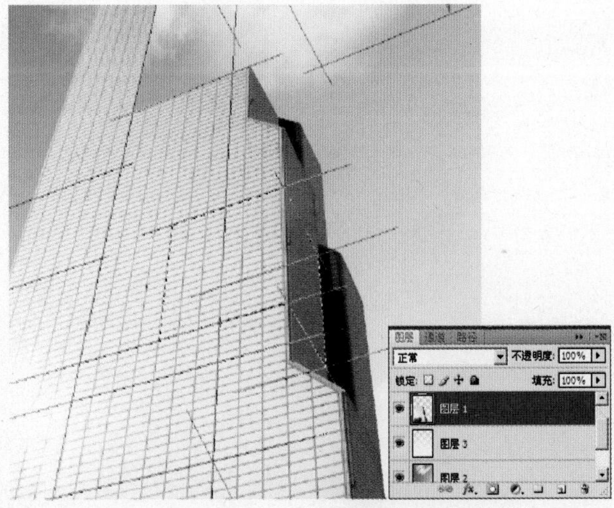

16 使用工具条中的“移动工具” ，向右拖动选区到如图所示的位置。

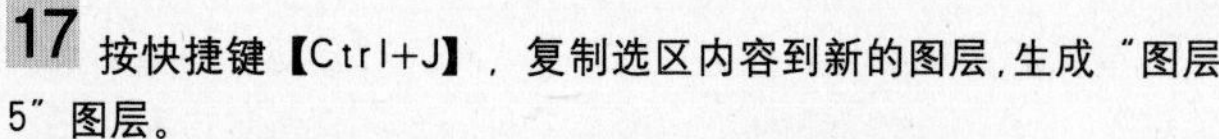

17 按快捷键【Ctrl+J】，复制选区内容到新的图层，生成“图层5”图层。

18 打开路径面板，在路径面板的空白地方单击，取消“路径2”的显示状态。回到图层面板，按住【Ctrl】键，在“图层5”的图层缩览图上方单击，载入选区。

19 使“图层1”呈操作状态，按【Delete】键删除选区内容，再按快捷键【Ctrl+D】，取消选区。

20 使“图层5”呈操作状态，按快捷键【Ctrl+T】，调出自由变换控制框，变换选框到如图所示的状态，按【Enter】键确认操作。

21 新建图层，生成“图层6”图层，使用“多边形套索工具” 在图像中绘制选区。

22 单击工具条的“渐变工具” ，再单击操作面板左上角的“渐变工具条”，弹出“渐变编辑器”，设置弹出的对话框如图所示。

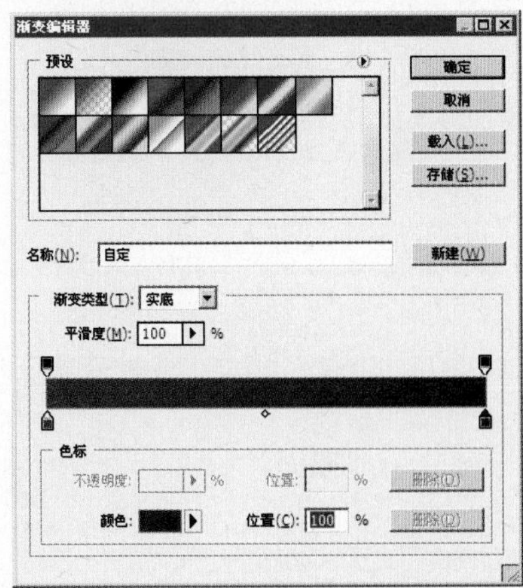

23 设置完对话框后，单击【确定】按钮，选择“线性渐变” ，在选区中从左上角到右下角拖动鼠标，得到如图所示的效果，然后再按快捷键【Ctrl+D】，取消选区。

24 使“图层1”呈操作状态，使用“多边形套索工具” ，在图像中绘制选区。

25 按快捷键【Ctrl+J】，复制选区内容到新的图层，生成“图层7”图层，然后在图层面板中，拖动“图层7”图层到“图层6”图层的上层。

26 按快捷键【Ctrl+T】，调出自由变换控制框，向上移动选框，然后按住【Ctrl】键调整控制点使选框变形，得到如图所示的状态后，按【Enter】键确认操作。

27 在图层面板的顶部，设置图层的混合模式为“颜色加深”，得到如图所示的效果。

PART 9 神奇的照片特效

28 按快捷键【Ctrl+Alt+G】执行“创建剪切蒙版”操作，使图像置入，得到如图所示的效果。

29 新建图层，生成“图层8”图层，使用“多边形套索工具”在图像中绘制选区。

30 单击工具条的“渐变工具”，再单击操作面板左上角的“渐变工具条”，弹出“渐变编辑器”，设置弹出的对话框如图所示。

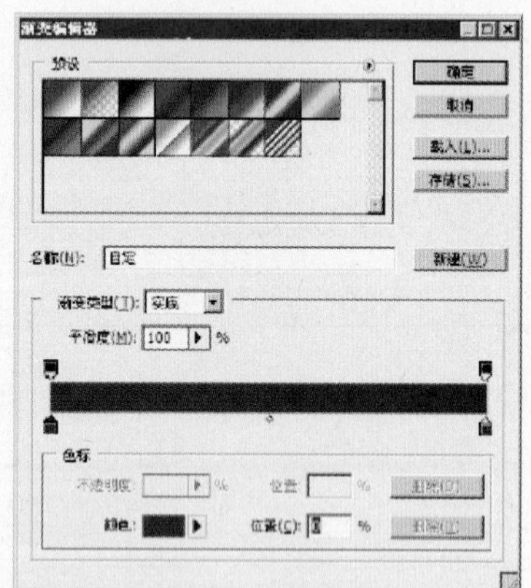

31 设置完对话框后，单击【确定】按钮，选择“线性渐变”，在选区中从左上角到右下角拖动鼠标，得到如图所示的效果，然后再按快捷键【Ctrl+D】，取消选区。

32 使用“移动工具”，在图像中按住【Alt】键向下拖动鼠标到如图的位置，复制图形，得到“图层7 副本”图层，然后按快捷键【Ctrl+Alt+G】取消“剪切蒙版”的操作。

33 在图层面板中，拖动“图层7 副本”图层到“图层8”图层的上层，按快捷键【Ctrl+Alt+G】执行“创建剪切蒙版”操作。

34 按快捷键【Ctrl+T】，调出自由变换控制框，按住【Ctrl】键调整控制点使选框变形，得到如图所示的状态后，按【Enter】键确认操作。

35 打开路径面板，单击“路径2”图层，使“路径2”呈显示状态。

36 回到图层面板，新建图层，生成“图层9”图层，使用“多边形套索工具”，在图像中绘制选区。

37 打开路径面板，在路径面板的空白地方单击，取消“路径2”的显示状态。回到图层面板，设置前景色为（R:60 G:95 B:135），按快捷键【Alt+Delete】对选区进行填充，其效果如图所示。

38 使“图层5”呈操作状态，使用“多边形套索工具”，在图像中绘制选区。

39 按快捷键【Ctrl+J】，复制选区内容到新的图层，生成“图层10”图层。

40 使用工具条中的“移动工具”，向上移动图像，然后在图层面板中，拖动“图层10”图层到“图层9”图层的上层。

41 按快捷键【Ctrl+T】，调出自由变换控制框，按住【Ctrl】键调整控制点使选框变形，得到如图所示的状态后，按【Enter】键确认操作。

42 使用“移动工具”，在图像中按住【Alt】键向下拖动鼠标到如图的位置，复制图形，得到“图层10 副本”图层。

43 单击“添加图层蒙版”按钮，为“图层10 副本”添加图层蒙版。设置前景色为黑色，使用“画笔工具”设置适当的画笔大小和透明度后，在边缘的位置涂抹，其蒙版状态和图层面板如图所示。

44 使用“移动工具”，在图像中按住【Alt】键向右拖动鼠标到如图的位置，复制图形，得到“图层10 副本2”图层。按快捷键【Ctrl+T】，调出自由变换控制框，调整选框到如图所示的状态，按【Enter】键确认操作。

45 单击“图层10 副本2”的图层蒙版缩览图，设置前景色为黑色，使用“画笔工具”设置适当的画笔大小和透明度后，在边缘的位置涂抹，其蒙版状态和图层面板如图所示。

46 使“图层3”呈操作状态，新建图层，生成“图层11”图层，使用“多边形套索工具”，在图像中绘制选区。

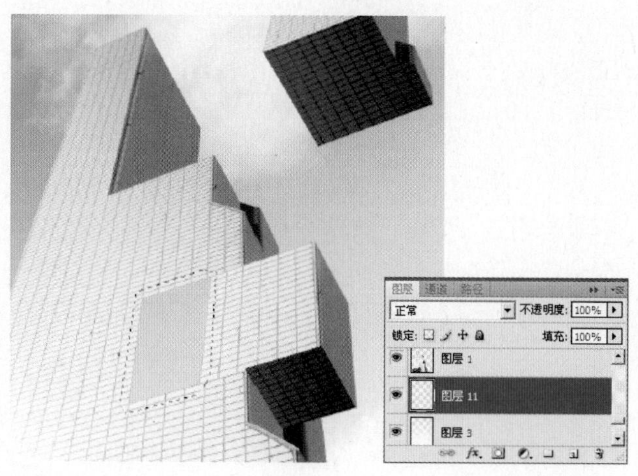

47 设置前景色为（R:10 G:32 B:43），按快捷键【Alt+Delete】对选区进行填充，按快捷键【Ctrl+D】，取消选区。

48 新建图层，生成“图层12”图层，使用“多边形套索工具”，在图像中绘制选区。

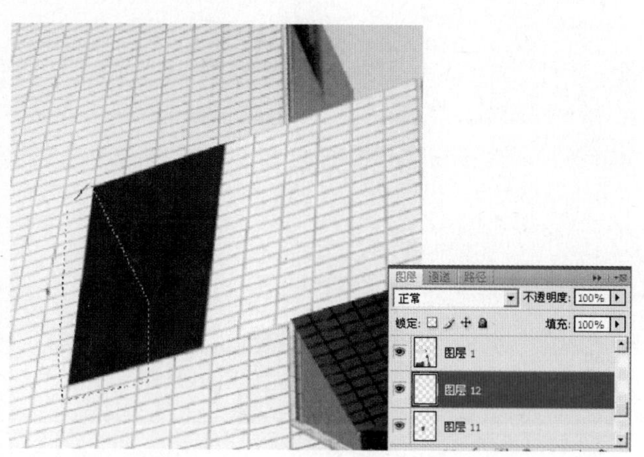

49 单击工具条的“渐变工具”，再单击操作面板左上角的“渐变工具条”，弹出“渐变编辑器”，设置弹出的对话框如图所示。

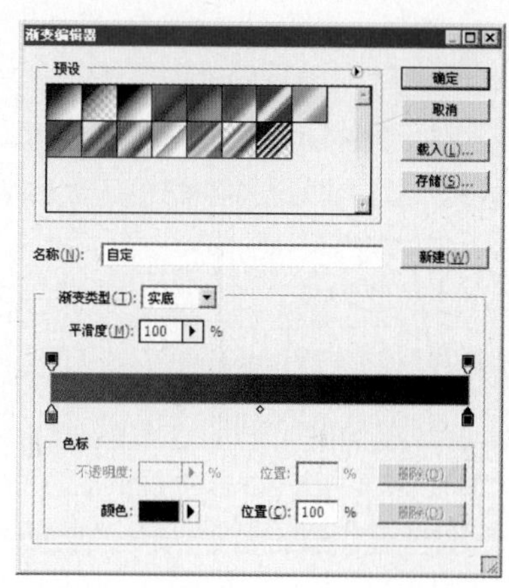

50 设置完对话框后，单击【确定】按钮，选择“线性渐变”，在选区中从左上角到右下角拖动鼠标，得到如图所示的效果，然后再按快捷键【Ctrl+D】，取消选区。

51 新建图层，生成“图层13”图层，使用“多边形套索工具”，在图像中绘制选区。

52 设置前景色为（R:3 G:18 B:25），按快捷键【Alt+Delete】对选区进行填充，按快捷键【Ctrl+D】，取消选区。

53 打开路径面板，单击“路径2”图层，使“路径2”呈显示状态。

54 回到图层面板，使“图层1”呈操作状态，使用“多边形套索工具”，在图像中绘制选区。

55 使用工具条中的“移动工具”，向左拖动选区，打开路径面板，在路径面板的空白地方单击，取消“路径2”的显示状态。

56 回到图层面板，按快捷键【Ctrl+J】，复制选区内容到新的图层，生成“图层14”图层。

57 按住【Ctrl】键，在“图层14”的图层缩览图上方单击，载入选区，使“图层1”呈操作状态，按【Delete】键删除选区内容，再按快捷键【Ctrl+D】，取消选区。

58 使“图层14”呈操作状态，在图层面板中，拖动“图层14”图层到“图层1”图层的下层，使用“移动工具”，移动图像到如图所示的位置。

59 使用工具条中的“多边形套索工具”，在图像中绘制选区。

60 单击工具条的“渐变工具”，再单击操作面板左上角的“渐变工具条”，弹出“渐变编辑器”，设置弹出的对话框如图所示。

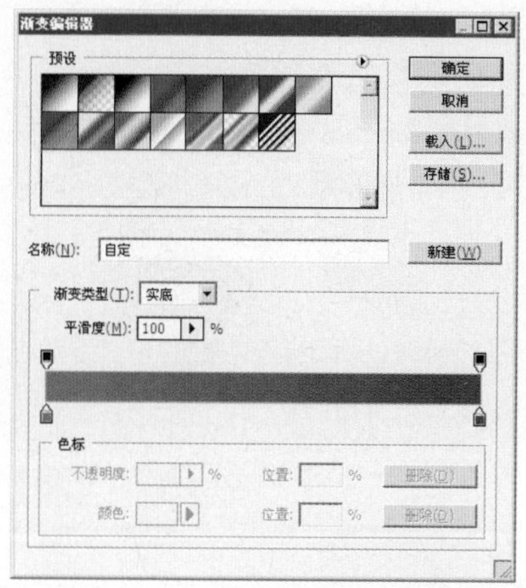

61 设置完对话框后，单击【确定】按钮。新建图层，生成“图层15”图层。选择“线性渐变”，在选区中从左上角到右下角拖动鼠标，得到如图所示的效果。再按快捷键【Ctrl+D】，取消选区。

62 打开路径面板，单击“路径2”图层，使“路径2”呈显示状态。

63 回到图层面板，使“图层1”呈操作状态，使用“多边形套索工具”，在图像中绘制选区。

64 使用工具条中的“移动工具”，向右拖动选区，按快捷键【Ctrl+J】，复制选区内容到新的图层，生成“图层16”图层。

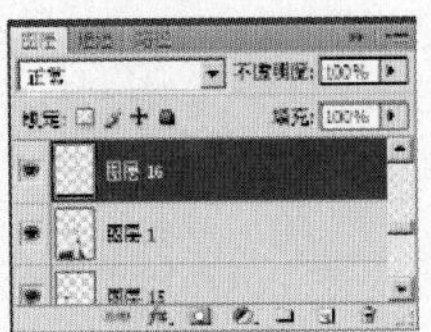

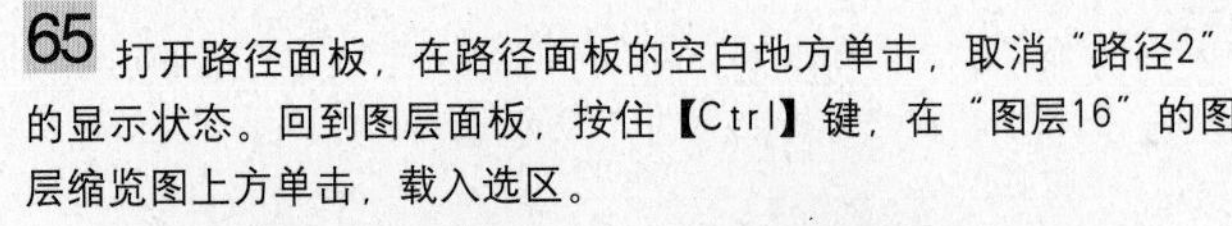

65 打开路径面板，在路径面板的空白地方单击，取消“路径2”的显示状态。回到图层面板，按住【Ctrl】键，在“图层16”的图层缩览图上方单击，载入选区。

66 使“图层1”呈操作状态，按【Delete】键删除选区内容，再按快捷键【Ctrl+D】，取消选区。

67 使“图层16”呈操作状态，在图层面板中，使用“移动工具”，移动图像到如图所示的位置。

68 使“图层1”呈操作状态，新建图层，生成“图层17”图层，使用“多边形套索工具”，在图像中绘制选区。

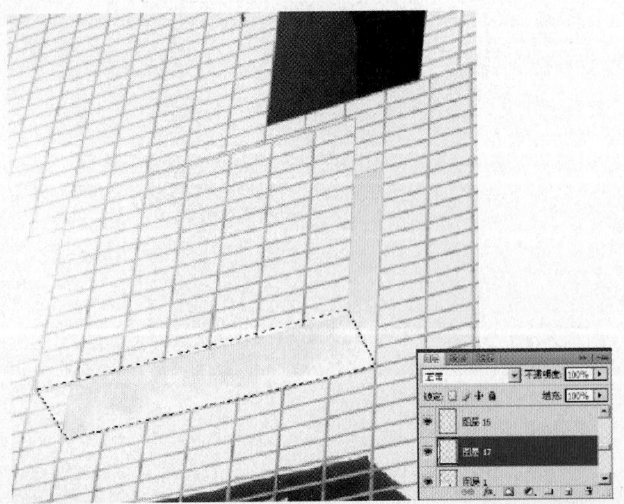

69 单击工具条的“渐变工具”，再单击操作面板左上角的“渐变工具条”，弹出“渐变编辑器”，设置弹出的对话框如图所示。

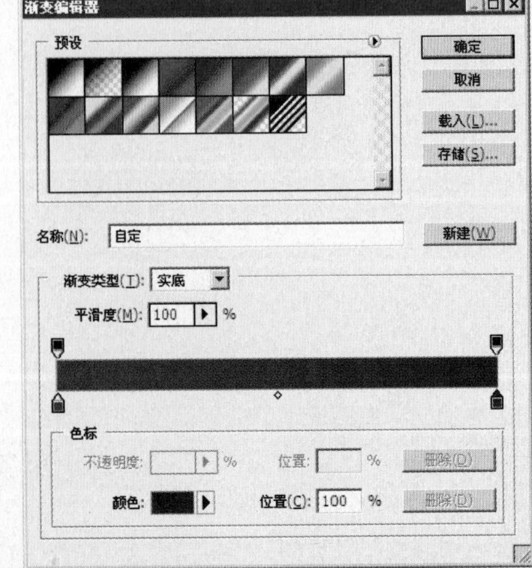

70 设置完对话框后，单击【确定】按钮，选择“线性渐变”，在选区中从左上角到右下角拖动鼠标，得到如图所示的效果。然后再按快捷键【Ctrl+D】，取消选区。

71 使“图层7 副本”呈操作状态，使用“移动工具”，在图像中按住【Alt】键向下拖动鼠标到如图的位置，复制图形，得到“图层7 副本2”图层，然后按快捷键【Ctrl+Alt+G】取消“剪切蒙版”的操作。

72 在图层面板中，拖动“图层7 副本2”图层到“图层17”图层的上层，按快捷键【Ctrl+Alt+G】执行“创建剪切蒙版”操作。

73 按快捷键【Ctrl+T】，调出自由变换控制框，按住【Ctrl】键调整控制点使选框变形，得到如图所示的状态后，按【Enter】键确认操作。

74 使“图层1”呈操作状态，新建图层，生成“图层18”图层，使用“多边形套索工具”，在图像中绘制选区。

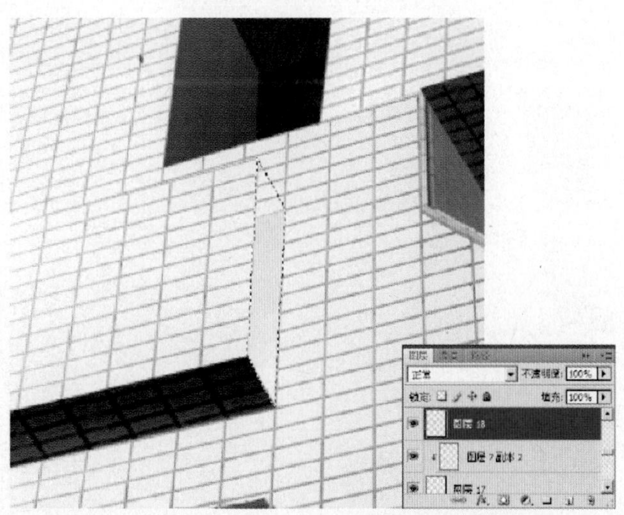

75 单击工具条的“渐变工具”，再单击操作面板左上角的“渐变工具条”，弹出“渐变编辑器”，设置弹出的对话框如图所示。

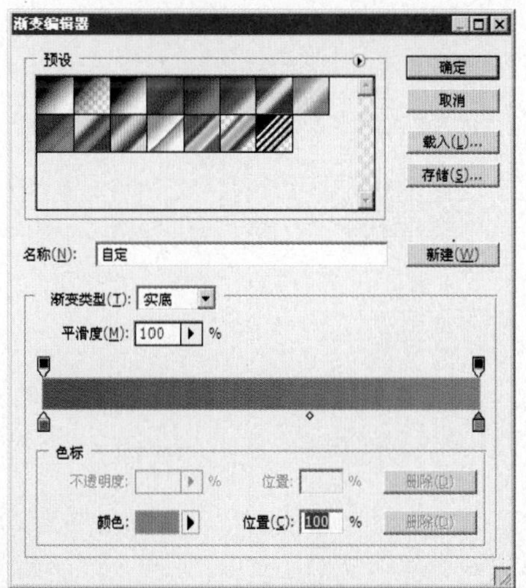

76 设置完对话框后，单击【确定】按钮，选择“线性渐变”，在选区中从左上角到右下角拖动鼠标，得到如图所示的效果，然后再按快捷键【Ctrl+D】，取消选区。

77 使“图层5”呈操作状态，新建图层，生成“图层19”图层，使用工具条中的“钢笔工具”，在工具选项条中单击“路径”按钮，绘制轮廓路径。

78 设置前景色为灰色，选择“画笔工具”，在工具选项栏的“画笔”面板中进行设置。

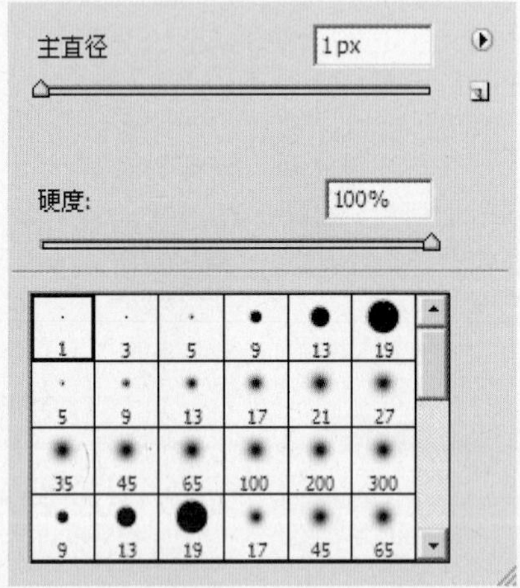

79 选择“钢笔工具”，在路径上单击鼠标右键，选择“描边路径”，进行设置后单击【确定】按钮，得到如图所示的效果。

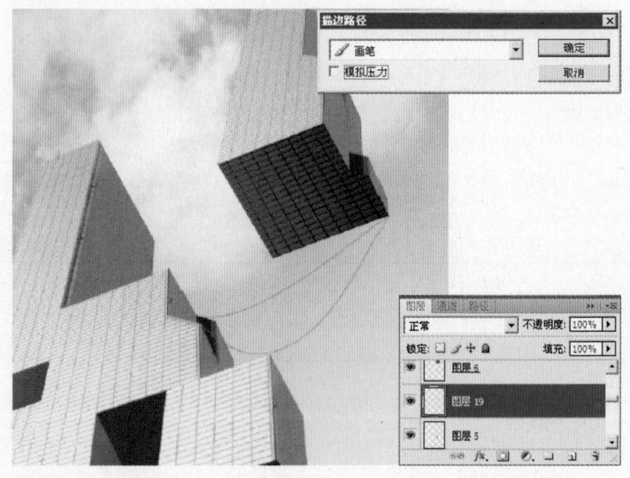

80 使用工具条中的“钢笔工具”，在工具选项条中单击“路径”按钮，绘制轮廓路径。

81 设置前景色为灰色，选择“画笔工具”，在工具选项栏的“画笔”面板中进行设置。选择“钢笔工具”，在路径上单击鼠标右键，选择“描边路径”，进行设置后单击【确定】按钮，得到如图所示的效果。

82 使“背景”图层呈操作状态，执行“文件”→“打开”命令，在弹出的“打开”对话框中选择随书光盘中的“素材3”文件，此时的图像效果和图层调板如图所示。

83 使用“移动工具”将图像拖动到“步骤1”新建文件中生成“图层20”图层。按快捷键【Ctrl+T】，调出自由变换控制框，缩小选框得到如图所示的状态，按【Enter】键确认操作。

84 使用“移动工具”，在图像中按住【Alt】键向左拖动鼠标到如图的位置，复制图形，得到“图层20 副本”图层。按快捷键【Ctrl+T】，调出自由变换控制框，调整选框到如图所示的状态，按【Enter】键确认操作。

85 经过以上步骤的操作，得到了这张空中楼阁图片的最终效果图。

9.4 PART 9 神奇的照片特效

难易度

天空之城

本案例讲解的是如何制作出天空之城的奇特效果。我们使用通道抠出云层的图案，然后再使用蒙板对各个素材进行调整，使用“曲线”命令、“色阶”命令对素材的颜色进行调整，使它们都能够很好地融合在一起，便可以制作出这幅天空之城的奇特插画。

1 执行菜单“文件”→“新建”命令（或按【Ctrl+N】快捷键），设置弹出的“新建”命令对话框如图所示，单击【确定】按钮，即可创建一个新的空白文档。

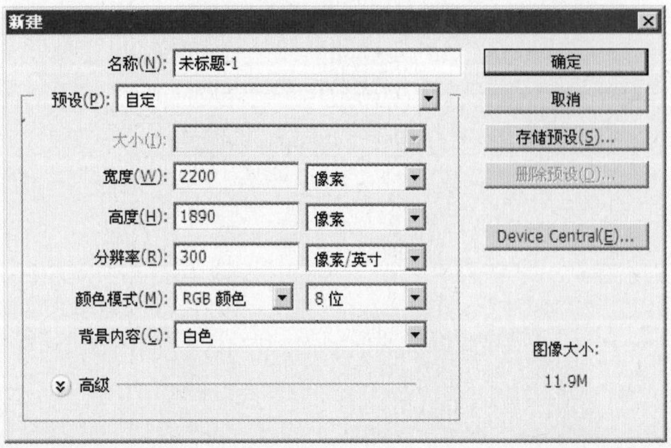

2 单击工具条的“渐变工具”，再单击操作面板左上角的“渐变工具条”，弹出“渐变编辑器”，设置弹出的对话框。设置完对话框后，单击【确定】按钮，选择“线性渐变”，在画布中从上到下拖动鼠标，得到如图所示的效果。

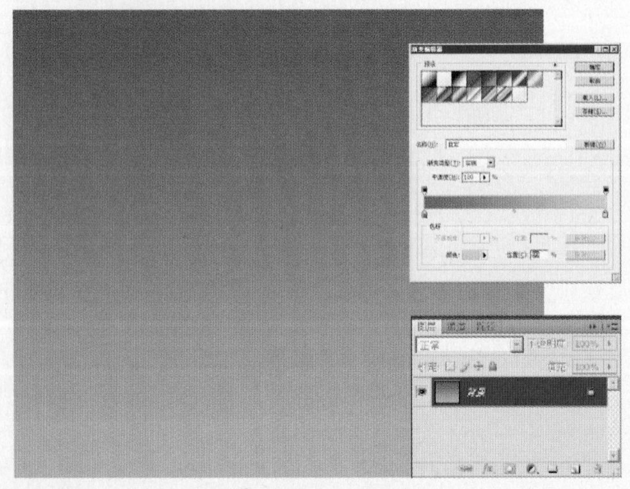

3 执行“文件”→“打开”命令，在弹出的“打开”对话框中选择随书光盘中的“素材 1”文件，此时的图像效果和图层调板如图所示。

4 打开通道面板，复制“红”通道，得到“红 副本”通道。

5 按快捷键【Ctrl+L】，调出“色阶”对话框，在弹出的对话框中进行如图所示的设置。

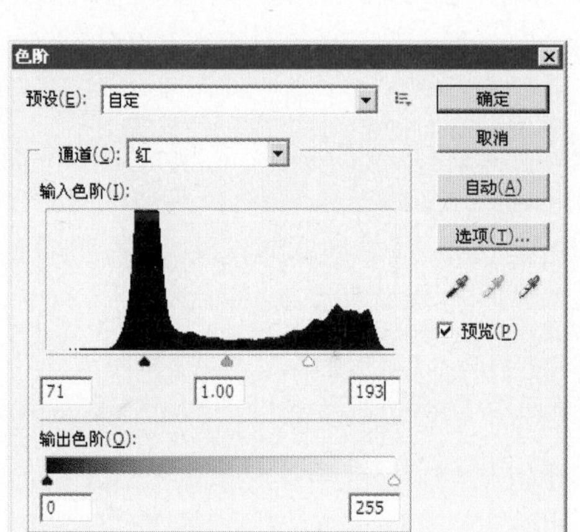

6 设置完后单击【确定】按钮，可以看到图像调整后的效果如图所示。

7 按住【Ctrl】键，在“红 副本”通道的缩览图上方单击，载入选区。回到图层面板，按【Ctrl+J】快捷键，复制选区内容到新的图层，生成“图层1”图层。

8 使用工具条中的“移动工具”，把抠好的云彩图像拖动到步骤1打开的文件中，生成“图层1”图层。按快捷键【Ctrl+T】，调出自由变换控制框，调整选框到如图所示的状态，按【Enter】键确认操作。

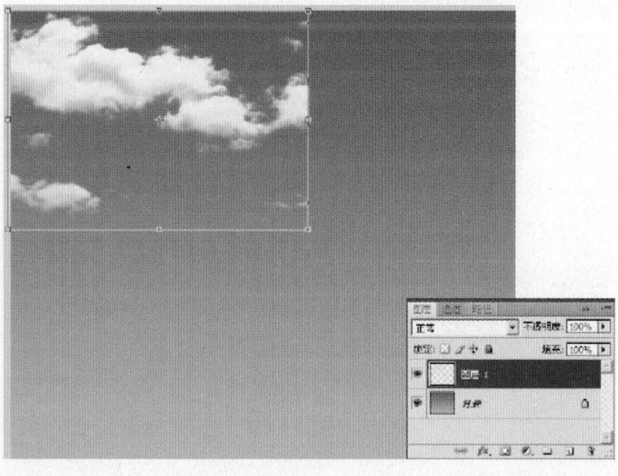

9 单击“添加图层蒙版”按钮，为“图层1”添加图层蒙版。设置前景色为黑色，使用“画笔工具”设置适当的画笔大小和透明度后，在画面中涂抹，其蒙版状态和图层面板如图所示。

10 在图层面板的顶部，设置图层的不透明度为“80%”，得到如图所示的效果。

11 拖动“图层1”图层到图层面板底部的“创建新图层”按钮，对图层进行复制操作，得到“图层1 副本”图层。

12 在图层面板的顶部，设置图层的混合模式为“线性加深”，图层的不透明度为“59%”，得到如图所示的效果。

13 单击“图层1 副本”的图层蒙版缩览图，设置前景色为黑色，使用“画笔工具”设置适当的画笔大小和透明度后，在画面中涂抹，其蒙版状态和图层面板如图所示。

14 单击“创建新的填充或调整图层”按钮，在弹出的菜单中选择“曲线”命令，设置弹出的对话框如图所示。

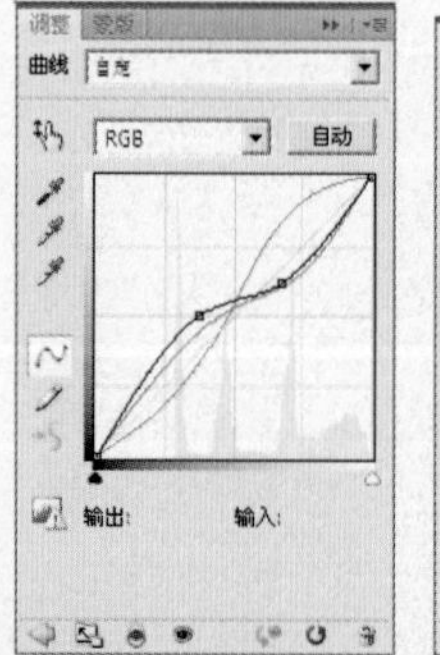

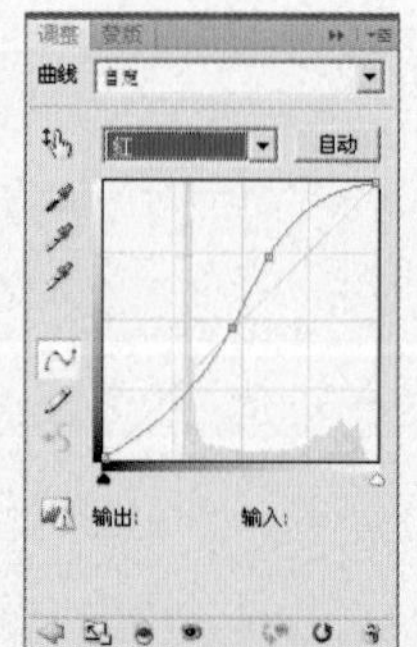

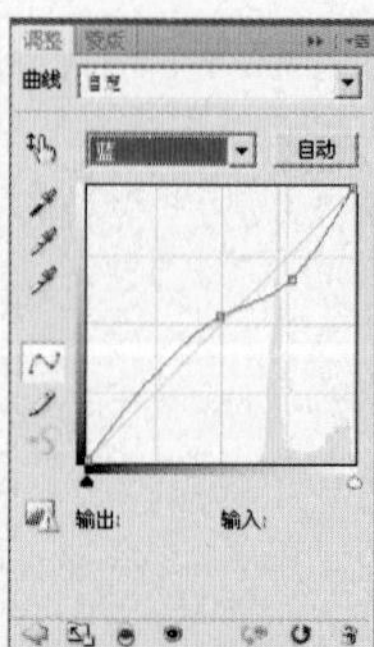

15 设置完“曲线”命令后，得到“曲线1”图层，按快捷键【Ctrl+Alt+G】执行“创建剪切蒙版”操作，可以看到图像调整后的效果如图所示。

16 复制“图层1”图层，得到“图层1 副本2”图层，按【Ctrl+Shift+]】快捷键，将图层置于顶层。

17 设置图层的不透明度为“66%”，单击“图层1 副本2”的图层蒙版缩览图，设置前景色为黑色，使用“画笔工具”设置适当的画笔大小和透明度后，在画面中涂抹，其蒙版状态和图层面板如图所示。

18 拖动“图层1”图层到图层面板底部的“创建新图层”按钮，对图层进行复制操作，得到“图层1 副本3”图层，如图所示。

19 在图层面板的顶部，设置图层的混合模式为“线性加深”，得到如图所示的效果。

20 单击“图层1 副本3”的图层蒙版缩览图，设置前景色为黑色，使用“画笔工具”设置适当的画笔大小和透明度后，在画面中涂抹，其蒙版状态和图层面板如图所示。

21 单击“创建新的填充或调整图层”按钮，在弹出的菜单中选择“曲线”命令，设置弹出的对话框如图所示。

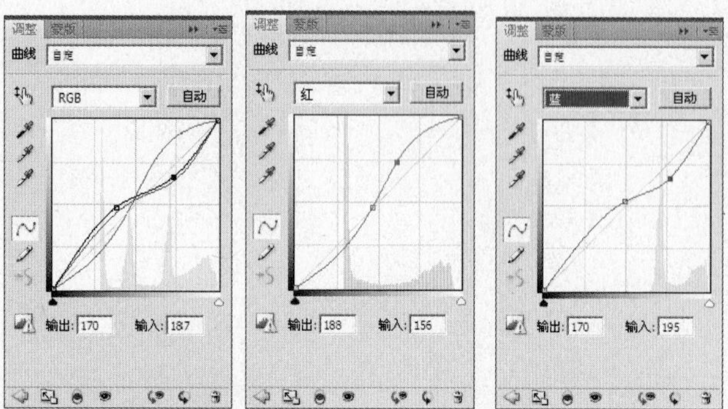

22 设置完“曲线”命令后，得到“曲线2”图层，按快捷键【Ctrl+Alt+G】执行“创建剪切蒙版”操作，可以看到图像调整后的效果如图所示。

23 单击“创建新的填充或调整图层”按钮，在弹出的菜单中选择“渐变映射”命令，设置弹出的对话框如图所示。

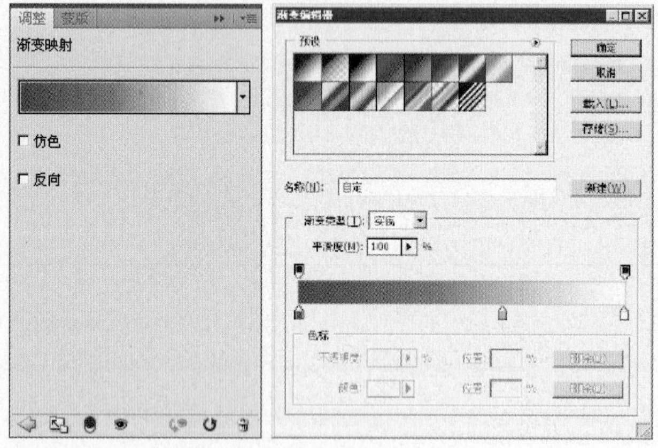

24 设置完“渐变映射”命令后，得到“渐变映射1”图层，可以看到图像调整后的效果如图所示。

25 新建图层，生成“图层2”图层。使用工具条中的“钢笔工具”，在工具选项条中单击“路径”按钮，绘制不规则的轮廓路径。

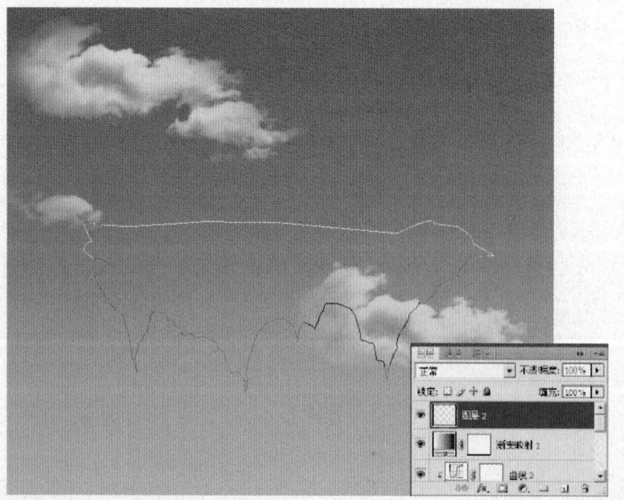

26 按【Ctrl+Enter】快捷键，将路径转换为选区，设置前景色为白色，按快捷键【Alt+Delete】对选区进行填充，如图所示。按快捷键【Ctrl+D】，取消选区。

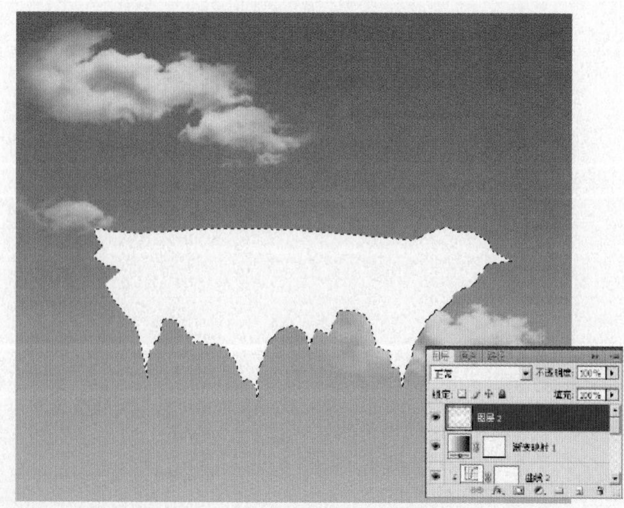

27 执行“文件”→“打开”命令，在弹出的“打开”对话框中选择随书光盘中的“素材2”文件，此时的图像效果和图层调板如图所示。

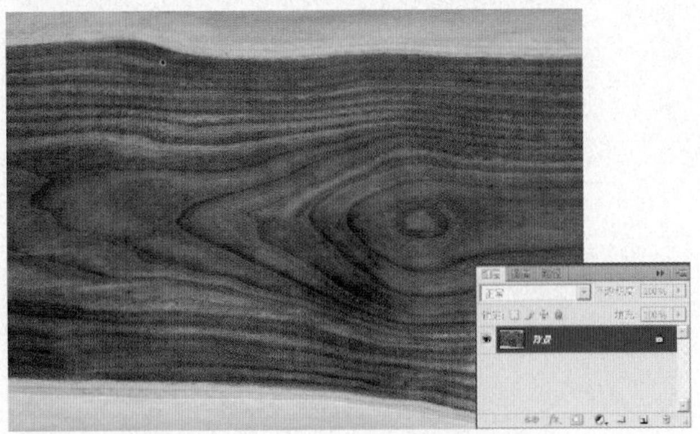

28 使用工具条中的“移动工具”，把“素材2”文件拖动到步骤1打开的文件中，生成“图层3”图层。按快捷键【Ctrl+T】，调出自由变换控制框，调整选框到如图所示的状态，按【Enter】键确认操作。

29 按快捷键【Ctrl+Alt+G】，执行“创建剪切蒙版”操作，得到如图所示的效果。

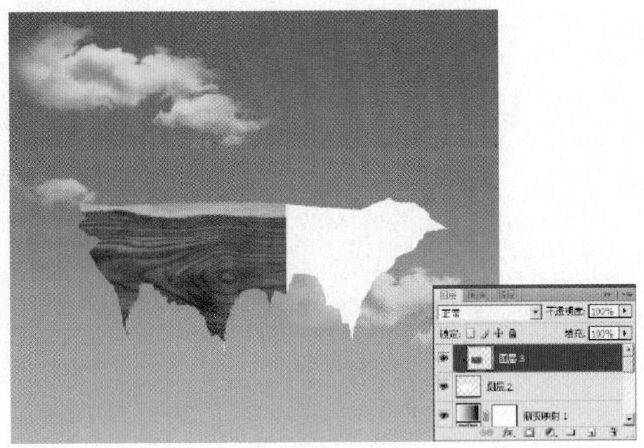

30 按住【Alt】键在画面中向右拖动木纹素材，进行复制操作，得到“图层3 副本”图层。

31 执行“文件”→“打开”命令，在弹出的“打开”对话框中选择随书光盘中的“素材3”文件，此时的图像效果和图层调板如图所示。

32 使用工具条中的“移动工具”，把“素材3”文件拖动到步骤1打开的文件中，生成“图层4”图层。按快捷键【Ctrl+T】，调出自由变换控制框，调整选框到如图所示的状态，按【Enter】键确认操作。

33 按快捷键【Ctrl+Alt+G】执行“创建剪切蒙版”操作，得到如图所示的效果。

34 在图层面板的顶部，设置图层的混合模式为“滤色”，图层的不透明度为“57%”，得到如图所示的效果。

35 执行“文件”→“打开”命令，在弹出的“打开”对话框中选择随书光盘中的“素材4”文件，此时的图像效果和图层调板如图所示。

36 使用工具条中的“移动工具”，把“素材4”文件拖动到步骤1打开的文件中，生成“图层5”图层。按快捷键【Ctrl+T】，调出自由变换控制框，调整选框到如图所示的状态，按【Enter】键确认操作。

37 使用工具条中的“钢笔工具”，在工具选项条中单击“路径”按钮，绘制山脉的轮廓路径。

38 单击“添加图层蒙版”按钮，为“图层5”添加图层蒙版，使选区转化为图层蒙版中的白色部分。

39 执行菜单栏中的“滤镜”→“锐化”→“USM锐化”命令，设置弹出的对话框中的参数如图所示后，单击【确定】按钮，设置后的效果如图所示。

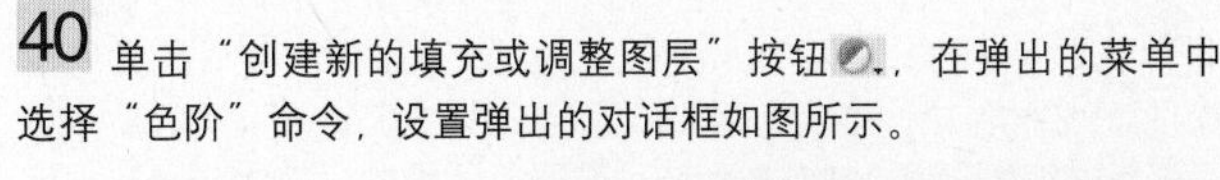

40 单击“创建新的填充或调整图层”按钮，在弹出的菜单中选择“色阶”命令，设置弹出的对话框如图所示。

41 设置完“色阶”命令后，得到“色阶1”图层，按快捷键【Ctrl+Alt+G】执行“创建剪切蒙版”操作，可以看到图像调整后的效果如图所示。

42 单击“创建新的填充或调整图层”按钮，在弹出的菜单中选择“曲线”命令，设置弹出的对话框如图所示。

43 设置完“曲线”命令后，得到“曲线3”图层，按快捷键【Ctrl+Alt+G】执行“创建剪切蒙版”操作，可以看到图像调整后的效果如图所示。

44 执行“文件”→“打开”命令，在弹出的“打开”对话框中选择随书光盘中的“素材5”文件，此时的图像效果和图层调板如图所示。

45 使用工具条中的“移动工具”，把“素材5”文件拖动到步骤1打开的文件中，生成“图层6”图层。按快捷键【Ctrl+T】，调出自由变换控制框，调整选框到如图所示的状态，按【Enter】键确认操作。

46 单击“添加图层蒙版”按钮，为“图层6”添加图层蒙版。设置前景色为黑色，使用“画笔工具”设置适当的画笔大小和透明度后，在画面中涂抹，其蒙版状态和图层面板如图所示。

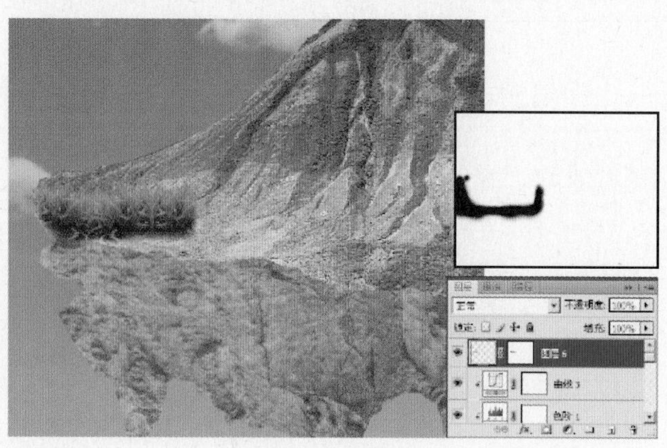

47 按住【Alt】键向右拖动小草图像，进行复制操作，复制多个图像。

48 新建图层，生成“图层7”图层。使用“画笔工具”，设置前景色为黑色，设置适当的画笔大小和透明度后，在山脉底部涂抹。

49 按住【Ctrl】键，在“图层2”的图层缩览图上方单击，载入选区，使用“画笔工具”，设置适当的画笔大小和透明度后，在选区内涂抹。

50 单击“添加图层蒙版”按钮，为“图层7”添加图层蒙版。设置前景色为黑色，使用“画笔工具”设置适当的画笔大小和透明度后，在画面中涂抹，其蒙版状态和图层面板如图所示。

51 执行“文件”→“打开”命令，在弹出的“打开”对话框中选择随书光盘中的“素材6”文件，此时的图像效果和图层调板如图所示。

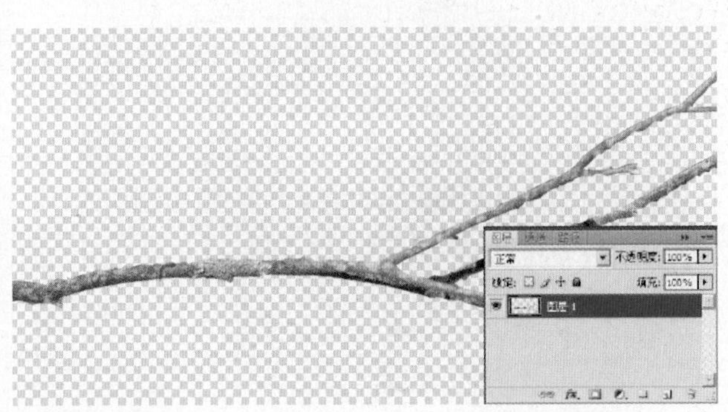

52 使用工具条中的“移动工具”，把“素材6”文件拖动到步骤1打开的文件中，生成“图层8”图层。按快捷键【Ctrl+T】，调出自由变换控制框，调整选框到如图所示的状态，按【Enter】键确认操作。

53 按快捷键【Ctrl+M】，调出“曲线”对话框，在弹出的对话框中进行如图所示的设置。

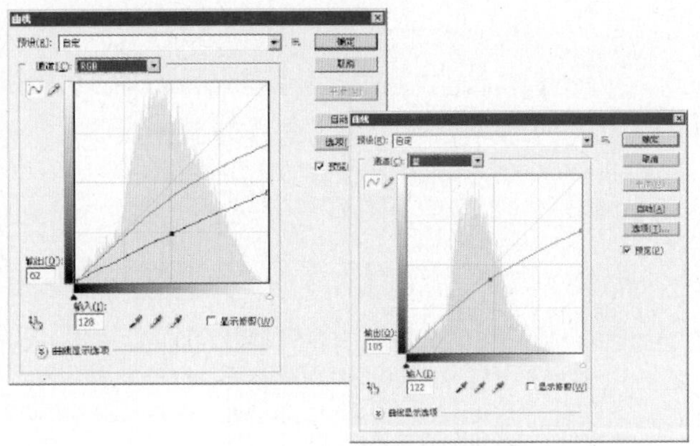

54 设置完后单击【确定】按钮，可以看到调整后的树枝图像变暗了许多。

55 单击“添加图层蒙版”按钮，为“图层8”添加图层蒙版。设置前景色为黑色，使用“画笔工具”设置适当的画笔大小和透明度后，在画面中涂抹，其蒙版状态和图层面板如图所示。

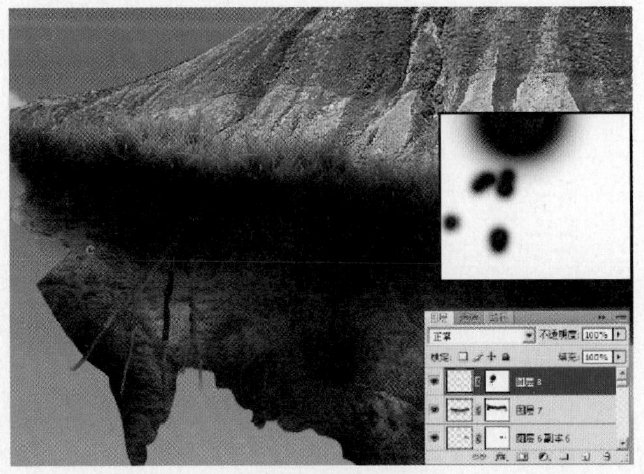

56 按住【Alt】键向右拖动树枝图像，进行复制操作。按快捷键【Ctrl+T】，调出自由变换控制框，调整选框到如图所示的状态，按【Enter】键确认操作。

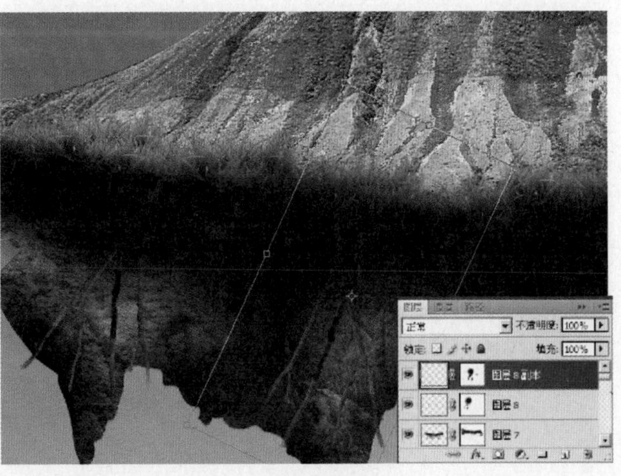

57 单击"图层8 副本"的图层蒙版缩览图，设置前景色为黑色，使用"画笔工具" 设置适当的画笔大小和透明度后，在适当的位置涂抹，其蒙版状态和图层面板如图所示。

58 使用以上相同的方法，对树枝图像进行复制操作，并调整为合适的角度。

59 执行"文件"→"打开"命令，在弹出的"打开"对话框中选择随书光盘中的"素材7"文件，此时的图像效果和图层调板如图所示。

60 使用工具条中的"移动工具" ，将"素材6"文件中的"图层1"中的图像拖动到步骤1打开的文件中，生成"图层9"图层。按快捷键【Ctrl+T】，调出自由变换控制框，调整选框到如图所示的状态，按【Enter】键确认操作。

61 继续使用工具条中的"移动工具" ，分别将其他的素材也导入进来，并调整到合适的大小。

62 单击"创建新的填充或调整图层"按钮 ，在弹出的菜单中选择"曲线"命令，设置弹出的对话框如图所示。

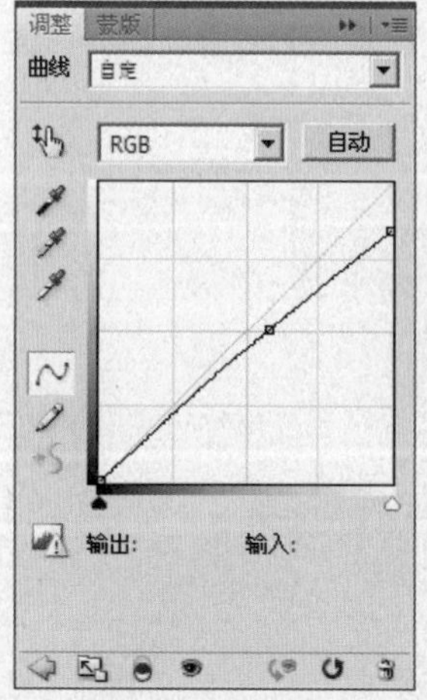

63 设置完“曲线”命令后，得到“曲线3”图层，按快捷键【Ctrl+Alt+G】执行“创建剪切蒙版”操作，可以看到图像调整后的效果如图所示。

64 新建图层，生成“图层14”图层。使用”套索工具“，按住【Shift】键，在山脉底下绘制多个选区。

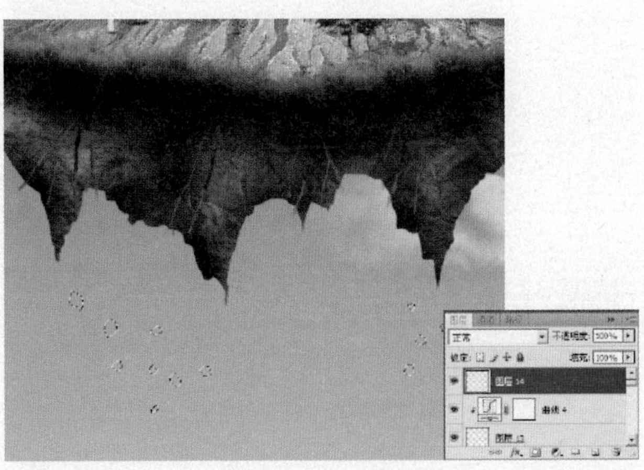

65 设置前景色为黑色，按快捷键【Alt+Delete】对选区进行填充，按快捷键【Ctrl+D】，取消选区。

66 单击“添加图层蒙版”按钮，为“图层14”添加图层蒙版。设置前景色为黑色，使用“画笔工具”设置适当的画笔大小和透明度后，在画面中涂抹，其蒙版状态和图层面板如图所示。

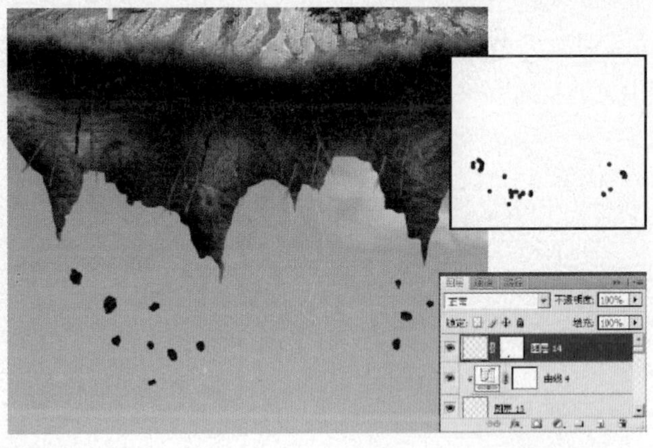

67 拖动“图层14”到图层面板底部的“创建新图层”按钮，对图层进行复制操作，得到“图层14 副本”图层。

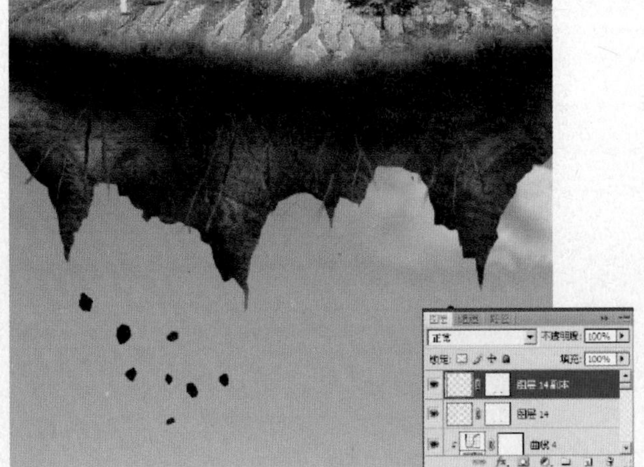

68 执行菜单栏中的“滤镜”→“模糊”→“动感模糊”命令，设置弹出的对话框中的参数后，单击【确定】按钮，设置后的效果如图所示。

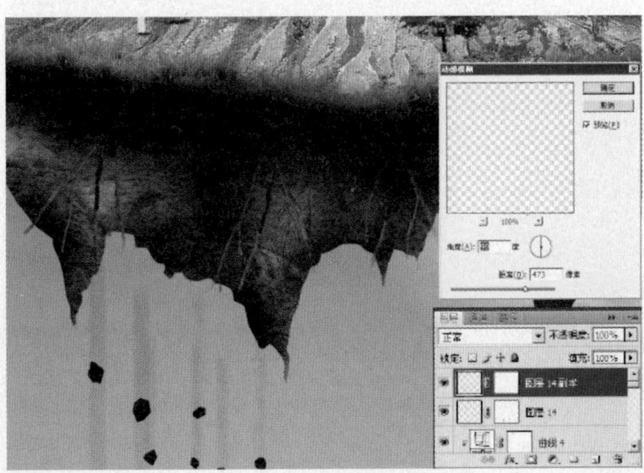

69 单击“图层14 副本”的图层蒙版缩览图，设置前景色为黑色，使用“画笔工具” 设置适当的画笔大小和透明度后，在画面中涂抹，其蒙版状态和图层面板如图所示。

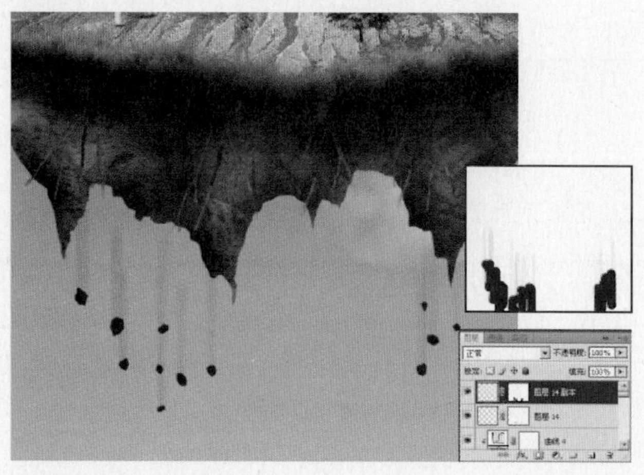

70 单击“创建新的填充或调整图层”按钮，在弹出的菜单中选择“色阶”命令，设置弹出的对话框如图所示。

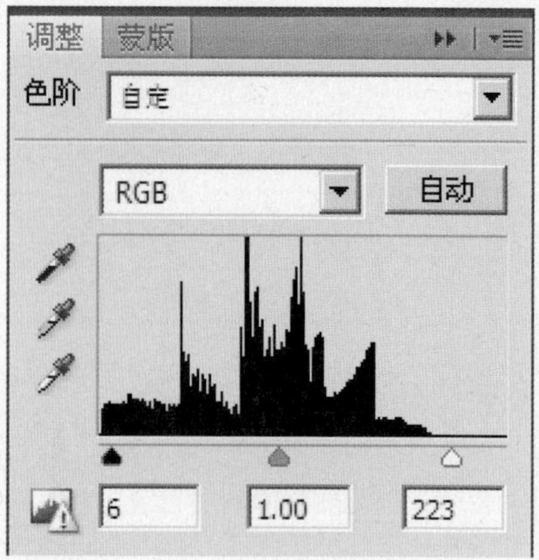

71 设置完“色阶”命令后，得到“色阶2”图层，可以看到图像调整后的效果如图所示。

PART 10

炫酷插画艺术

本章将具体讲解制作炫酷的插画艺术的知识。插画是当下比较流行的一种绘画形式，我们发挥自己的创意，通过Photoshop软件的高级技法处理，也能将一张普通的数码照片，变为一张炫酷而时尚的插画。通过本章的学习，我们将掌握如何将照片制作成炫酷插画的方法。

10.1 PART 10 炫酷插画艺术

难易度

打造斑驳机理效果人物插画

本案例讲解的是如何制作斑驳机理的人物插画效果。我们使用色阶命令、曲线命令等调整人物，然后再使用一些特殊画笔的机理效果，来为人物照片打造斑驳机理的背景效果，再使用蒙版将二者融为一体，便可以制作出这幅插画。

1 执行“文件”→“打开”命令，在弹出的“打开”对话框中选择随书光盘中的“素材 1”文件，此时的图像效果和图层调板如图所示。

2 复制“背景”图层，得到“背景 副本”图层。在图层面板的顶部，设置图层的混合模式为“滤色”，得到如图所示的效果。

3 单击“创建新的填充或调整图层”按钮，在弹出的菜单中选择“色阶”命令，设置弹出的对话框如图所示。设置完“色阶”命令后，得到“色阶1”图层，如图所示。

4 按快捷键【Ctrl+Alt+Shift+E】，执行“盖印图层”命令，得到“图层1”图层，运用本书通道磨皮的方法对人物进行磨皮处理，得到如图所示的效果。

5 执行菜单栏中的“滤镜”→“锐化”→“USM锐化”命令，设置弹出的对话框中的参数后，单击【确定】按钮，设置后的效果如图所示。

6 使用工具条中的“仿制图章工具”，按住【Alt】键在人物脸部有瑕疵的皮肤周围单击一下进行取样，然后在瑕疵上进行涂抹，将瑕疵修除，如图所示。

7 新建图层，生成“图层2”图层，按快捷键【Ctrl+Alt+2】，调出图像的高光选区，得到如图所示的状态。

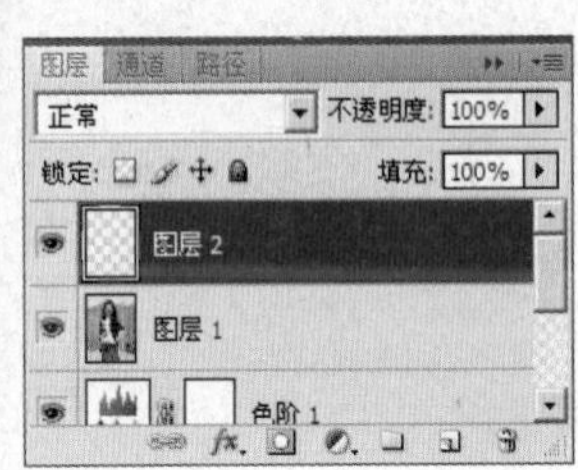

8 设置前景色为白色，按快捷键【Alt+Delete】对选区进行填充，按快捷键【Ctrl+D】，取消选区，如图所示。

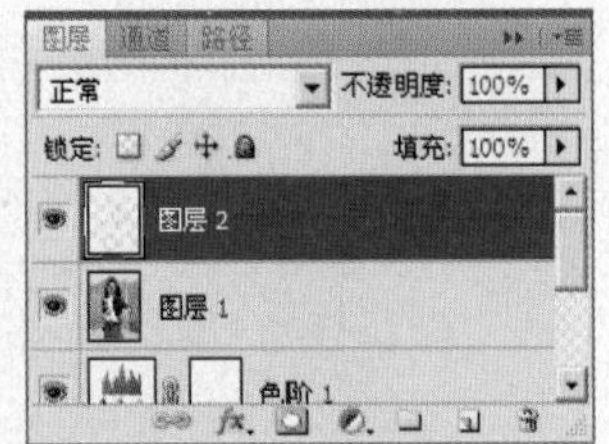

9 在图层面板的顶部，设置图层的混合模式为“柔光”，得到如图所示的效果。

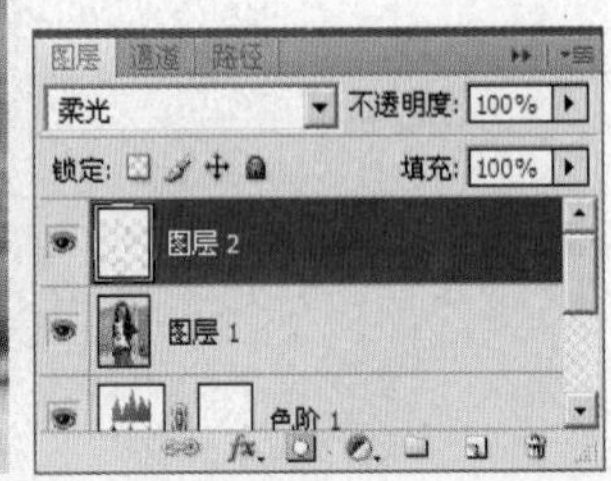

10 单击“创建新的填充或调整图层”按钮，在弹出的菜单中选择“色相/饱和度”命令，设置弹出的对话框如图所示。

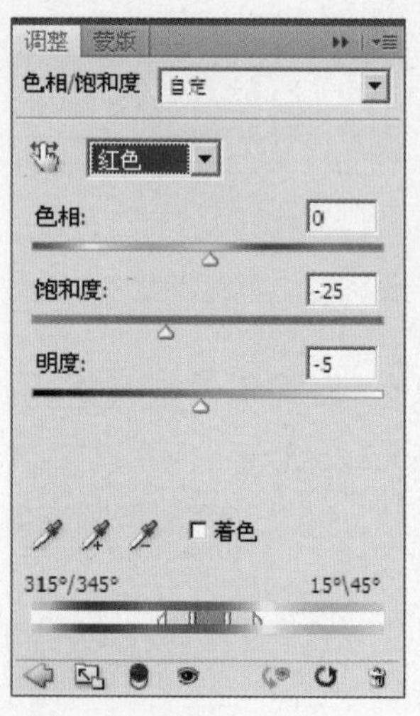

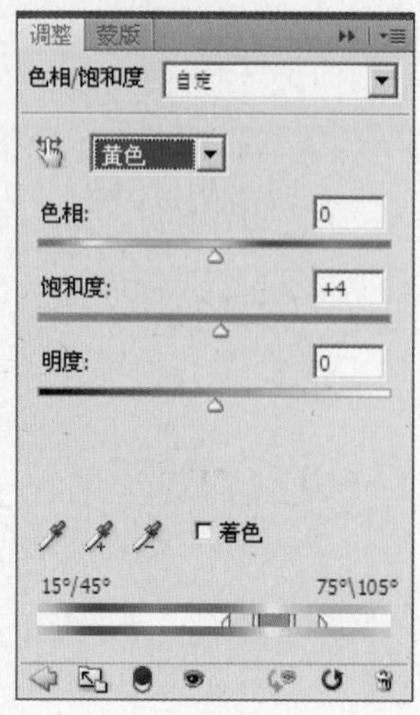

11 设置完“色相/饱和度”命令后，得到“色相/饱和度1”图层，可以看到图像调整后的效果如图所示。

12 按快捷键【Ctrl+Alt+Shift+E】，执行“盖印图层”命令，得到“图层3”图层，如图所示。

13 使用工具条中的“钢笔工具”，在工具选项条中单击“路径”按钮，绘制人物的轮廓路径，如图所示。

14 按【Ctrl+Enter】快捷键，将路径转换为选区，按【Ctrl+J】快捷键，复制选区内容到新的图层，生成“图层4”图层，如图所示。

15 新建图层，生成“图层5”图层。设置前景色为白色，按快捷键【Alt+Delete】对“图层5”图层进行填充，按快捷键【Ctrl+[】键下移图层，如图所示。

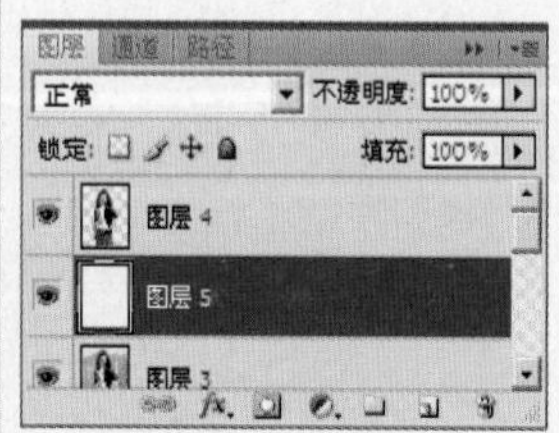

16 使“图层4”呈操作状态，使用工具条中的“钢笔工具”，在工具选项条中单击“路径”按钮，在胳膊和身体的空隙位置绘制路径，如图所示。

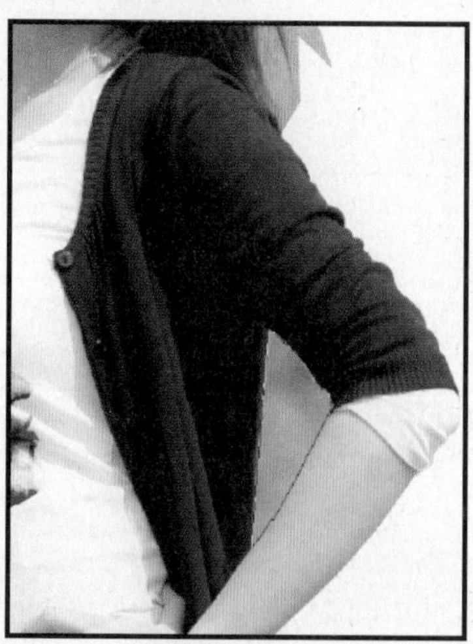

17 按【Ctrl+Enter】快捷键，将路径转换为选区，按【Delete】键删除选区内容，按快捷键【Ctrl+D】，取消选区。

18 使“图层4”呈操作状态，使用工具条中的“钢笔工具”，在工具选项条中单击“路径”按钮，在胳膊和身体的空隙位置绘制路径，如图所示。

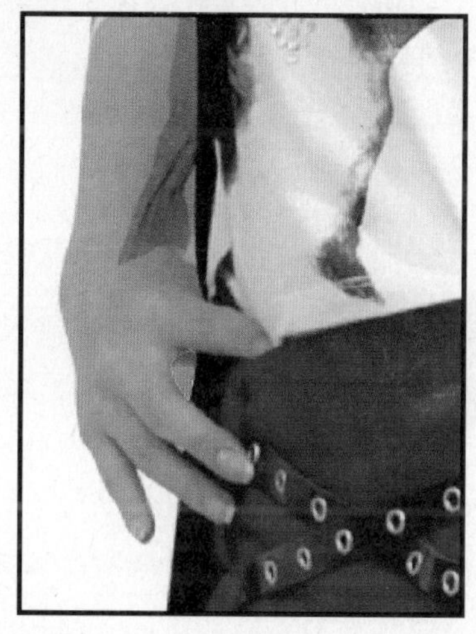

19 按【Ctrl+Enter】快捷键，将路径转换为选区，按【Delete】键删除选区内容，按快捷键【Ctrl+D】，取消选区，如图所示。

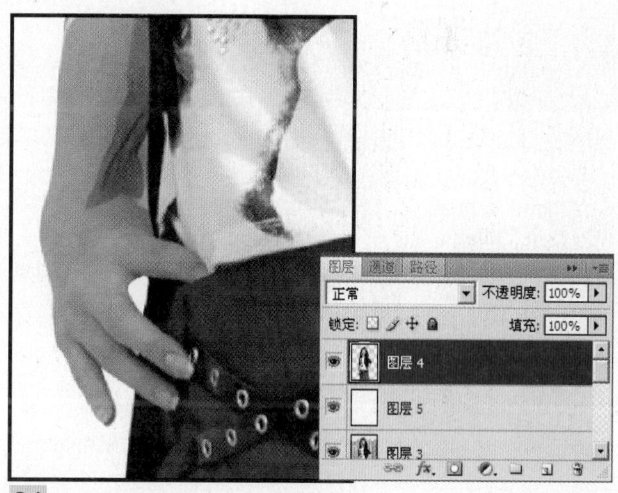

20 打开通道面板，复制“红”通道，得到“红 副本”通道，如图所示。

21 按快捷键【Ctrl+I】，执行“反相”命令，得到如图所示的效果。

22 按快捷键【Ctrl+L】，调出“色阶”对话框，在弹出的对话框中进行如图所示的设置。

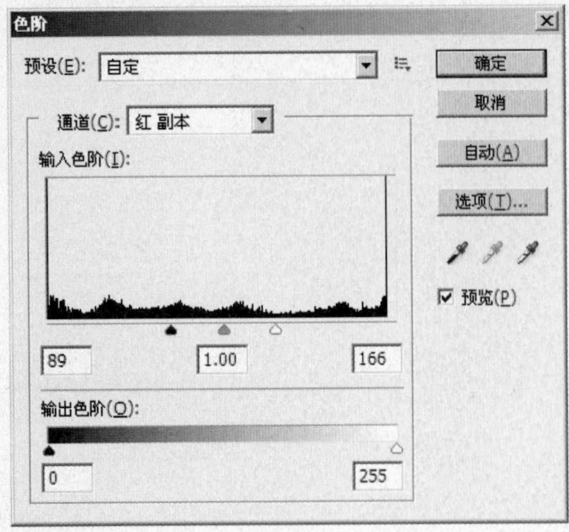

23 设置完后单击【确定】按钮，可以看到“红 副本”通道调整后的效果如图所示。

24 设置前景色为白色，使用工具条中的“画笔工具”，设置适当的画笔大小，在人物的头部涂抹。

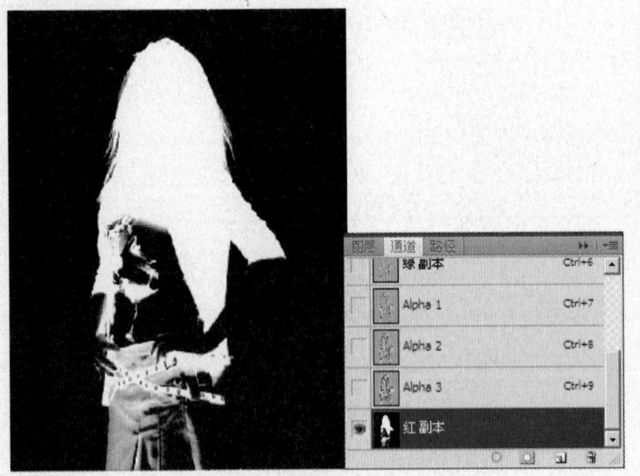

25 按住【Ctrl】键，在“红 副本”通道的缩览图上方单击，载入选区，得到如图所示的状态。

26 回到图层面板，按【Ctrl+J】快捷键，复制图层，生成“图层6”图层。

27 使用工具条中的“矩形选框工具”，在人物头部拖出如图所示的矩形选区。

28 使“图层4”呈操作状态，按【Delete】键删除选区内容，按快捷键【Ctrl+D】，取消选区。

29 选中“图层4”，按住【Shift】键单击“图层6”图层，按【Ctrl+Alt+E】快捷键执行“盖印图层“的操作，得到“图层6（合并）”图层，其图层面板的状态如图所示。

30 执行菜单栏中的“文件”→“新建”命令，设置弹出的对话框中的参数后，单击【确定】按钮。

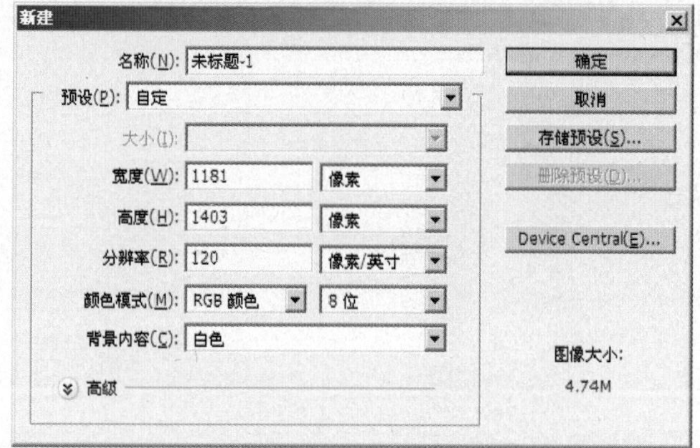

31 使用工具条中的“移动工具”，把刚才抠出的人物拖动到新建的文件中。

32 修改图层的名字为“图层1”，按快捷键【Ctrl+T】，调出自由变换控制框，缩小人物到如图所示的状态，按【Enter】键确认操作。

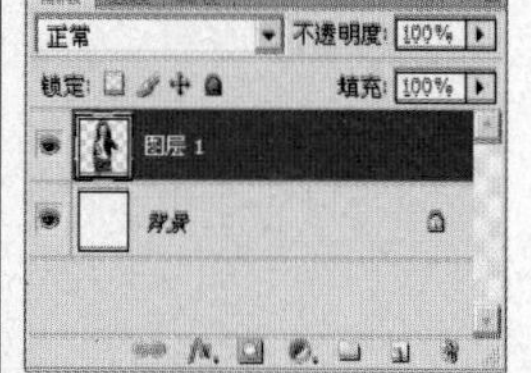

33 复制“图层1”图层，得到“图层1 副本”图层，在图层面板的顶部，设置图层的混合模式为“线性加深”，图层的不透明度为“77%”，得到如图所示的效果。

34 单击“添加图层蒙版”按钮，为“图层1 副本”添加图层蒙版。设置前景色为黑色，使用“画笔工具”设置适当的画笔大小和透明度后，在头发和衣服的位置涂抹，其蒙版状态和图层面板如图所示。

35 复制“图层1 副本”图层，得到“图层1 副本2”图层，在图层蒙版缩览图上单击鼠标右键，选择“删除图层蒙版”。

36 在图层面板的顶部，设置图层的混合模式为“滤色”，图层的不透明度为“100%”，得到如图所示的效果。

37 单击“添加图层蒙版”按钮，为“图层1 副本2”添加图层蒙版。设置前景色为黑色，使用“画笔工具”设置适当的画笔大小和透明度后，在皮肤和衣服的位置涂抹，其蒙版状态和图层面板如图所示。

38 单击“创建新的填充或调整图层”按钮，在弹出的菜单中选择“黑白”命令，设置弹出的对话框如图所示。设置完“黑白”命令后，得到“黑白1”图层。

39 在图层面板的顶部，设置图层的不透明度为“54%”，得到如图所示的效果。

40 单击“黑白1”的图层蒙版缩览图，设置前景色为黑色，使用“画笔工具” 设置适当的画笔大小和透明度后，在皮肤的位置涂抹，其蒙版状态和图层面板如图所示。

41 单击“创建新的填充或调整图层”按钮，在弹出的菜单中选择“曲线”命令，设置弹出的“曲线”命令对话框后，得到“曲线1”图层。

42 按快捷键【Ctrl+Alt+Shift+E】键，执行“盖印图层”命令，得到“图层2”图层。

43 新建图层，生成“图层3”图层。使用“画笔工具”，打开“画笔预设“选取器，选择图示画笔，设置前景色为黑色，设置适当的画笔大小和透明度，在画面中绘制。

44 新建图层，生成“图层4”图层。使用“画笔工具”，打开“画笔预设“选取器，选择图示画笔，设置前景色为黑色，设置适当的画笔大小和透明度，在画面中绘制。

45 按住【Ctrl】键单击“图层3”和“图层4”，按【Ctrl+E】快捷键执行“合并图层“的操作，得到“图层4”图层，其图层面板的状态如图所示。

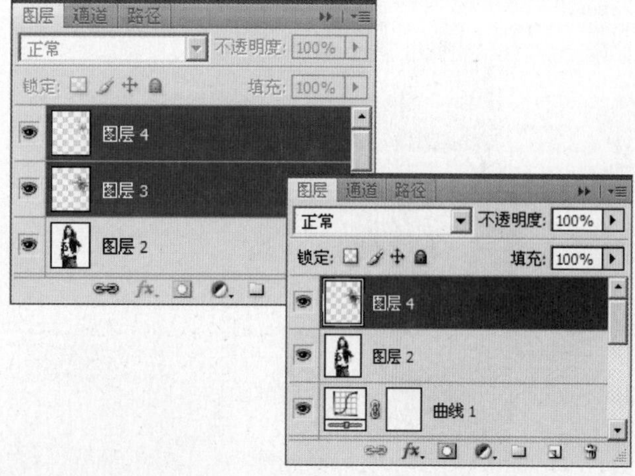

46 按快捷键【Ctrl+I】，执行“反相”命令，得到如图所示的效果。

47 按快捷键【Ctrl+Alt+Shift+E】，执行“盖印图层”命令，得到“图层5”图层，隐藏“图层5”和“背景”之间的图层。

48 单击“添加图层蒙版”按钮，为“图层5”添加图层蒙版。设置前景色为黑色，使用“画笔工具”选择如图的画笔，设置适当的画笔大小和透明度后，在画面中涂抹，其蒙版状态和图层面板如图所示。

49 新建图层，生成“图层6”图层。使用“画笔工具”，打开“画笔预设“选取器，选择图示画笔，设置前景色为黑色，设置适当的画笔大小和透明度，在画面中绘制，如图所示。

50 单击“添加图层蒙版”按钮，为“图层2”添加图层蒙版。设置前景色为黑色，使用“画笔工具”选择如图的画笔，设置适当的画笔大小和透明度后，在画面中涂抹，其蒙版状态和图层面板如图所示。

51 新建图层，生成“图层7”图层。使用“画笔工具”，打开“画笔预设“选取器，选择图示画笔，设置前景色为黑色，设置适当的画笔大小和透明度，在画面中绘制。

52 新建图层，生成“图层8”图层。使用“画笔工具”，打开“画笔预设“选取器，选择图示画笔，设置前景色为黑色，设置适当的画笔大小和透明度，在画面中绘制。

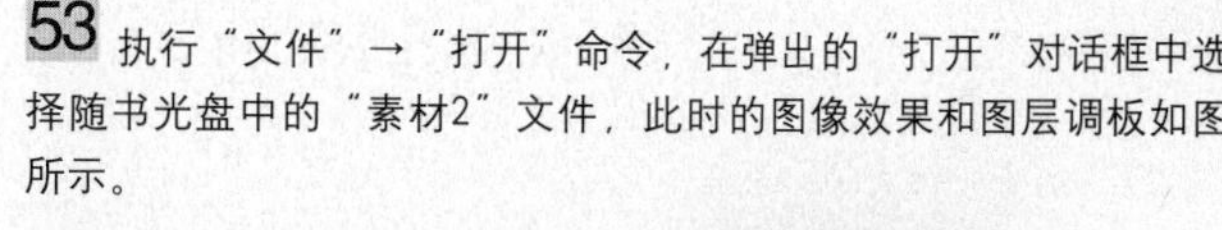

53 执行“文件”→“打开”命令，在弹出的“打开”对话框中选择随书光盘中的“素材2”文件，此时的图像效果和图层调板如图所示。

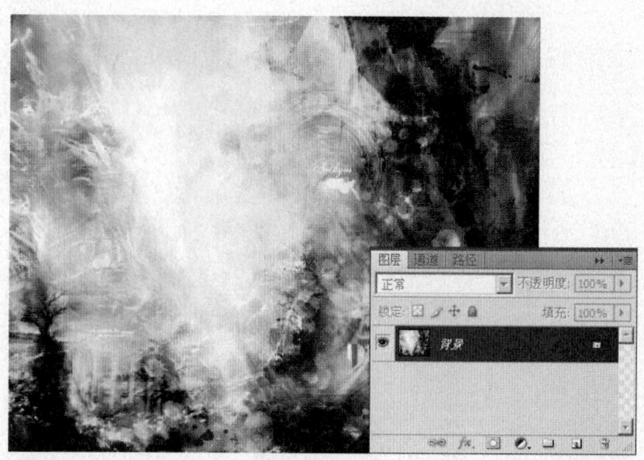

54 使用工具条中的“移动工具”，把“素材2”文件拖动到步骤1打开的文件中，按快捷键【Ctrl+T】，调出自由变换控制框，调整选框到如图所示的状态，按【Enter】键确认操作。

55 在图层面板的顶部，设置图层的混合模式为“滤色”，得到如图所示的效果。

56 单击“添加图层蒙版”按钮，为“图层1 副本”添加图层蒙版。设置前景色为黑色，使用“画笔工具”设置适当的画笔大小和透明度后，在人物的位置涂抹，其蒙版状态和图层面板如图所示。

57 新建图层，生成“图层10”图层。设置图层混合模式为“柔光”，设置前景色为（R:110 G:127 B:83），使用“画笔工具”在画面中绘制，其效果如图所示。

58 新建图层,生成"图层11"图层,设置图层混合模式为"柔光"。设置前景色为(R:110 G:127 B:83),使用"画笔工具"在画面中绘制,其效果如图所示。

59 新建图层,生成"图层12"图层,设置图层混合模式为"柔光"。设置前景色为(R:223 G:149 B:210),使用"画笔工具"在画面中绘制,其效果如图所示。

60 新建图层,生成"图层13"图层,设置图层混合模式为"颜色"。设置前景色为(R:124 G:126 B:121),使用"画笔工具"在画面中绘制,其效果如图所示。

61 经过以上对人物图像的精心调整和添加适当的机理效果后,得到这幅插画的最终效果。

10.2 PART 10 炫酷插画艺术

难易度

快速把人像转为黑白素描画

本案例讲解的是如何快速制作出人像素描画效果。我们使用的命令有色阶命令、通道混合器命令等，然后再使用滤镜制作一些特殊效果。使用高斯模糊滤镜为人物制作柔和的画面效果，再使用纹理化滤镜制作出素描画的纹理效果来。

1 执行“文件”→“打开”命令，在弹出的“打开”对话框中选择随书光盘中的“素材 1”文件，此时的图像效果和图层调板如图所示。

2 单击“创建新的填充或调整图层”按钮，在弹出的菜单中选择“通道混合器”命令，设置弹出的“通道混合器”命令对话框后，得到“通道混合器1”图层，如图所示。

3 按快捷键【Ctrl+Alt+Shift+E】，执行“盖印图层”命令，得到“图层1”图层。

4 执行菜单栏中的“滤镜”→“模糊”→“动感模糊”命令，设置弹出的对话框中的参数后，单击【确定】按钮，设置后的效果如图所示。

5 单击“添加图层蒙版”按钮，为“图层1”添加图层蒙版。设置前景色为黑色，使用“画笔工具”设置适当的画笔大小和透明度后，在五官的位置涂抹，其蒙版状态和图层面板如图所示。

6 单击“创建新的填充或调整图层”按钮，在弹出的菜单中选择“色阶”命令，设置弹出的“色阶”命令对话框后，得到“色阶1”图层，如图所示。

7 单击工具条的“渐变工具”，再单击操作面板左上角的“渐变工具条”，弹出“渐变编辑器”，设置弹出的对话框如图所示。

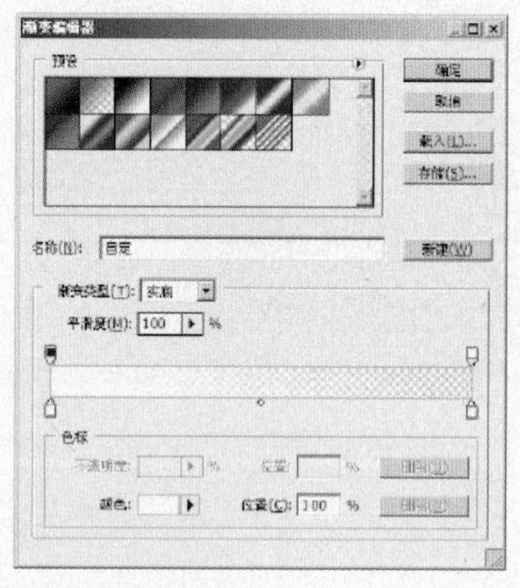

8 设置完对话框后，单击【确定】按钮。新建图层，生成“图层2”图层。选择“线性渐变”，在“图层2”中从下向上拖动鼠标，得到如图所示的效果。

9 单击“添加图层蒙版”按钮，为“图层2”添加图层蒙版。设置前景色为黑色，使用“画笔工具”设置适当的画笔大小和透明度后，在头发稍的位置涂抹，其蒙版状态和图层面板如图所示。

10 新建图层，生成“图层3”图层。设置前景色为白色，使用“画笔工具”设置适当的画笔大小，在衣服的地方涂抹，如图所示。

11 单击“添加图层蒙版”按钮，为“图层3”添加图层蒙版。设置前景色为黑色，使用“画笔工具”设置适当的画笔大小和透明度后，在头发稍的位置涂抹，其蒙版状态和图层面板如图所示。

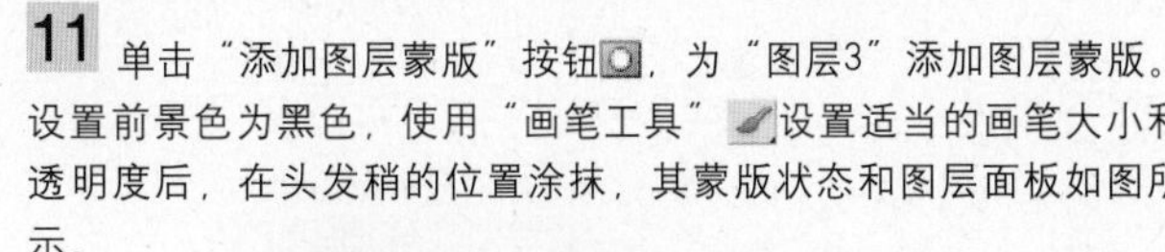

12 按快捷键【Ctrl+Alt+Shift+E】，执行“盖印图层”命令，得到“图层4”图层，如图所示。

13 执行菜单栏中的“滤镜”→“纹理”→“纹理化”命令，设置弹出的对话框中的参数后，单击【确定】按钮，设置后的效果如图所示。

14 使用工具条中的“横排文字工具”，设置适当的字体和字号，在画面下方输入文字，如图所示。

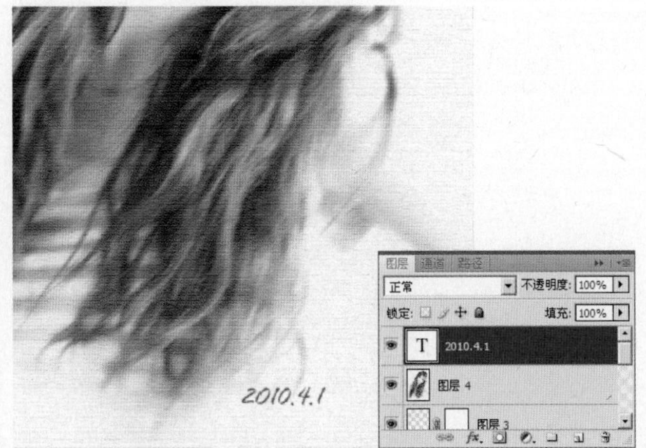

15 经过以上对人物照片的调整步骤，得到了这张照片的最终效果图。

10.3

PART 10
炫酷插画艺术

难易度

梦幻天使

本案例讲解的是如何将人物照片制作出天使的效果。我们使用的命令有色阶命令、通道混合器命令等，使用特殊画笔为人物添加漂亮的翅膀。

1 执行"文件"→"打开"命令，在弹出的"打开"对话框中选择随书光盘中的"素材 1"文件，此时的图像效果和图层调板如图所示。

2 单击"创建新的填充或调整图层"按钮，在弹出的菜单中选择"曲线"命令，设置弹出的对话框如图所示。

3 设置完"曲线"命令后，得到"曲线1"图层，可以看到图像调整后的效果如图所示。

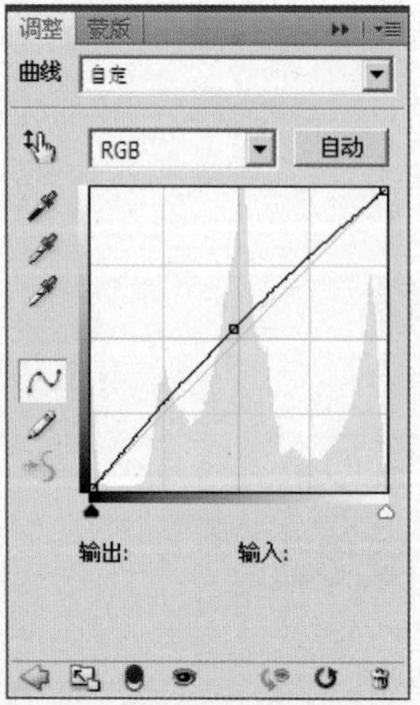

4 单击"曲线1"的图层蒙版缩览图，设置前景色为黑色，使用"画笔工具"设置适当的画笔大小和透明度后，在衣服的位置涂抹，其蒙版状态和图层面板如图所示。

5 单击"创建新的填充或调整图层"按钮，在弹出的菜单中选择"色阶"命令，设置弹出的对话框如图所示。

6 设置完"色阶"命令后，得到"色阶1"图层，可以看到图像调整后的效果如图所示。

7 单击"色阶1"的图层蒙版缩览图，设置前景色为黑色，使用"画笔工具"设置适当的画笔大小和透明度后，在衣服的位置涂抹，其蒙版状态和图层面板如图所示。

8 按快捷键【Ctrl+Alt+Shift+E】，执行"盖印图层"命令，得到"图层1"图层，如图所示。

9 运用本书通道磨皮的方法对人物进行磨皮处理，得到如图所示的效果。

10 使用工具条中的“仿制图章工具”，按住【Alt】键在人物脸部有瑕疵的皮肤周围单击一下进行取样，然后在瑕疵上进行涂抹，将瑕疵修除，如图所示。

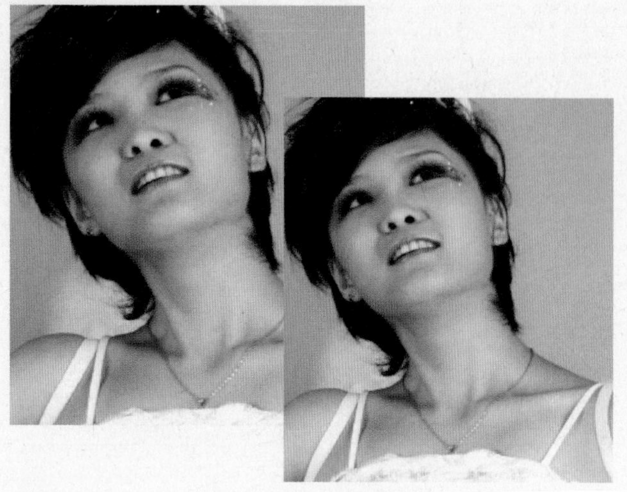

11 使用工具条中的“钢笔工具”，在工具选项条中单击“路径”按钮，绘制人物的轮廓路径，如图所示。

12 按【Ctrl+Enter】快捷键，将路径转换为选区，按【Ctrl+J】快捷键，复制选区内容到新的图层，生成“图层2”图层，如图所示。

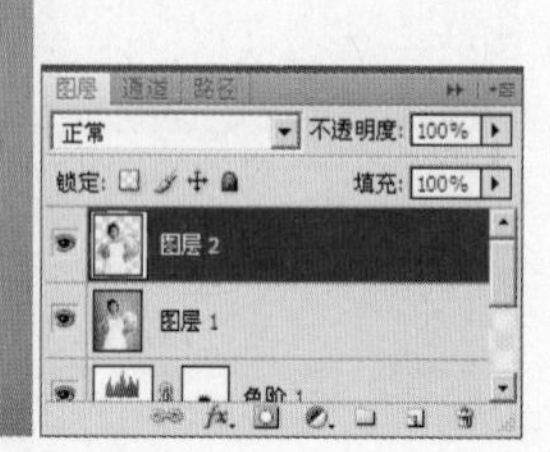

13 隐藏除“图层2”以外的所有图层，得可以看到“图层2”现在的状态，如图所示。

14 打开通道面板，复制“蓝”通道，得到“蓝 副本”通道图层，如图所示。

15 按快捷键【Ctrl+I】，执行“反相”命令，得到如图所示的效果。

16 按快捷键【Ctrl+L】，调出“色阶”对话框，在弹出的对话框中进行如图所示的设置。

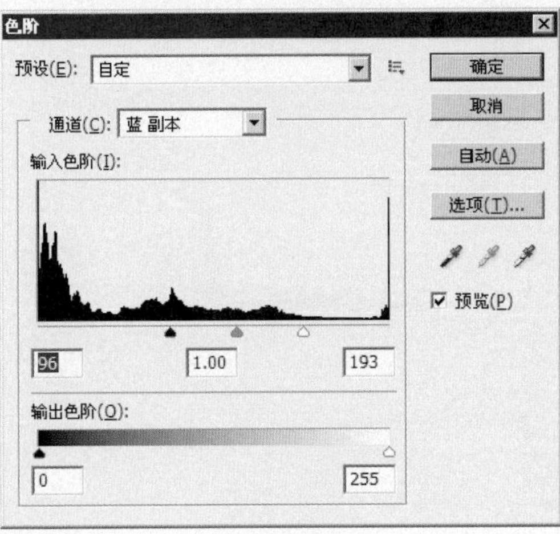

17 设置完“色阶”对话框后，单击【确定】按钮，可以看到图像调整后的效果如图所示。

18 设置前景色为白色，使用“画笔工具” 设置适当的画笔大小，在人物的头部涂抹，如图所示。

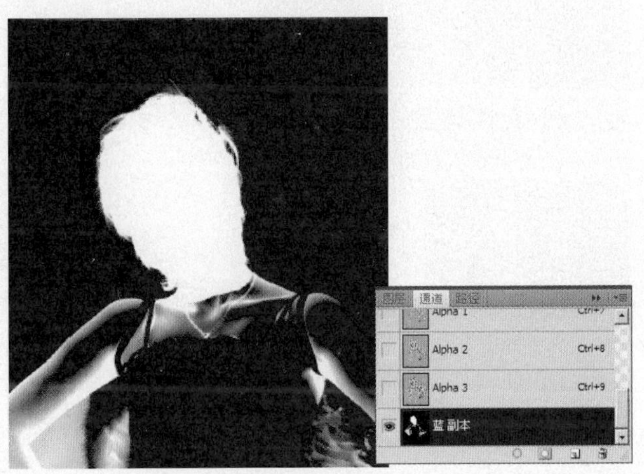

19 按住【Ctrl】键，在“蓝 副本”通道的缩览图上方单击，载入选区，回到图层面板，如图所示。

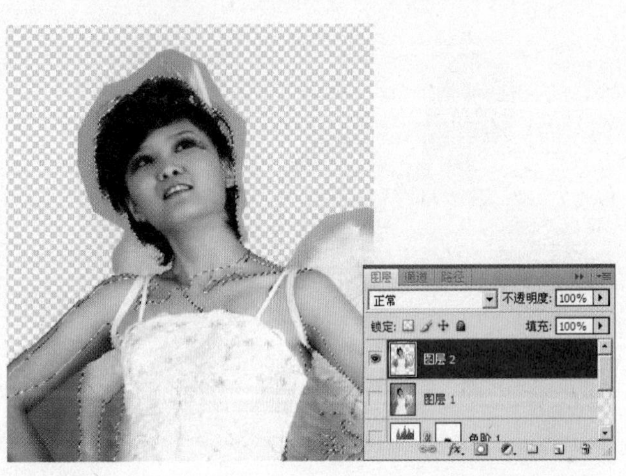

20 按【Ctrl+J】快捷键，复制选区内容到新的图层，生成“图层3”图层，如图所示。

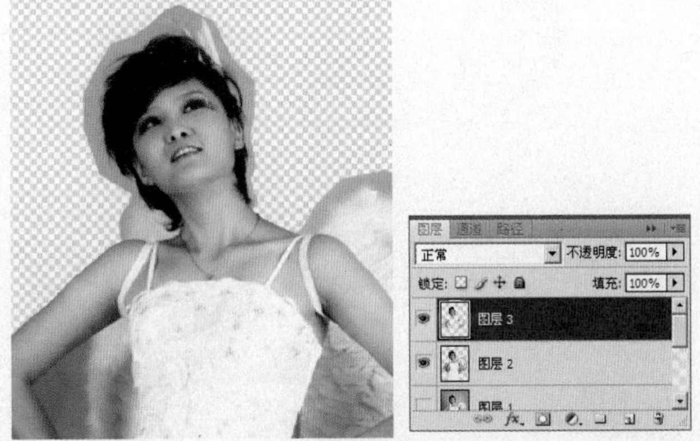

21 使“图层2”呈操作状态，单击“添加图层蒙版”按钮，为“图层2”添加图层蒙版。设置前景色为黑色，使用“画笔工具” 设置适当的画笔大小和透明度后，在头发的位置涂抹，其蒙版状态和图层面板如图所示。

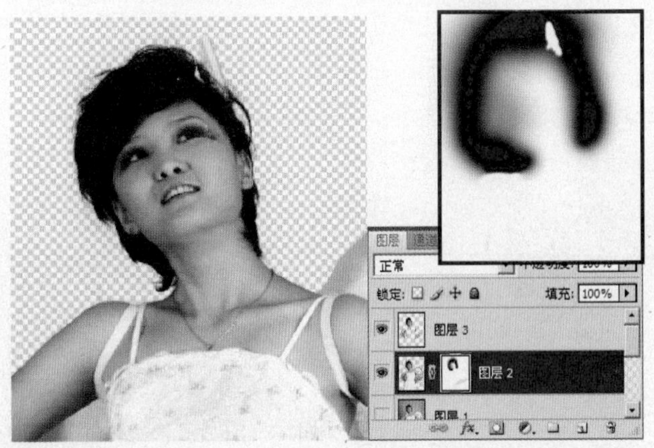

22 打开通道面板，复制“绿”通道，得到“绿 副本2”通道图层，如图所示。

23 按快捷键【Ctrl+L】，调出“色阶”对话框，在弹出的对话框中进行如图所示的设置。

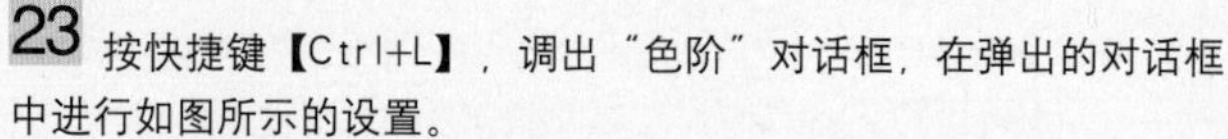

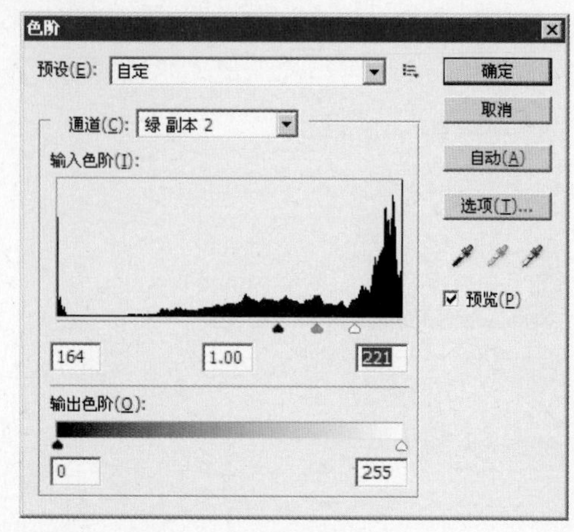

24 设置完“色阶”对话框后，单击【确定】按钮，可以看到图像调整后的效果如图所示。

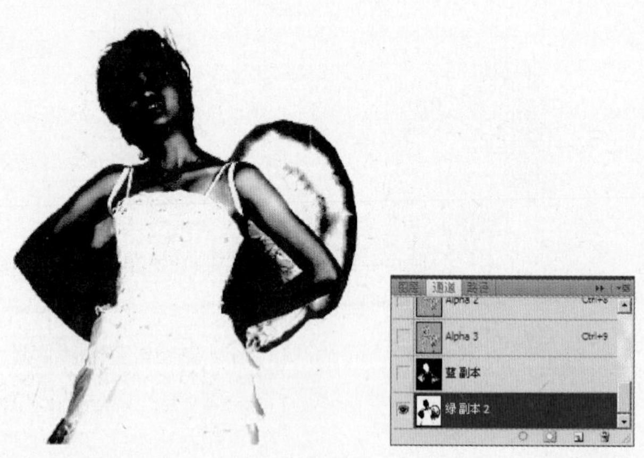

25 设置前景色为黑色，使用“画笔工具”设置适当的画笔大小，在人物的头部涂抹。

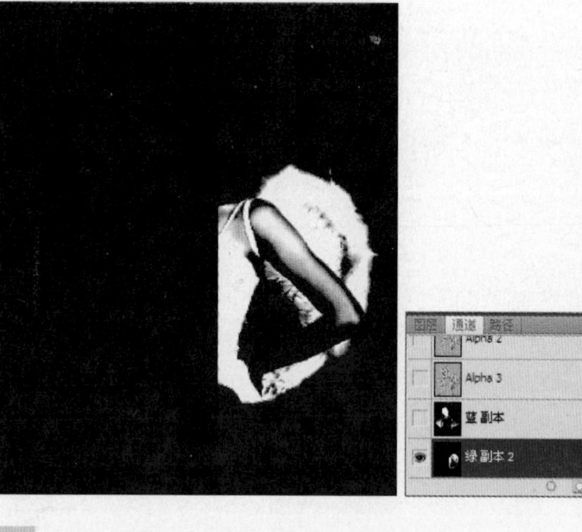

26 按住【Ctrl】键，在“蓝 副本”通道的缩览图上方单击，载入选区，回到图层面板。

27 按【Ctrl+J】快捷键，复制选区内容到新的图层，生成“图层4”图层。

28 使“图层2”呈操作状态，单击“图层2”的图层蒙版缩览图，设置前景色为黑色，使用“画笔工具”设置适当的画笔大小和透明度后，在翅膀的位置涂抹，其蒙版状态和图层面板如图所示。

29 使用工具条中的“魔棒工具”，在胳膊下方单击，选出如图所示的区域。

30 按【Delete】键，删除选区中的内容，按快捷键【Ctrl+D】键，取消选区。

31 使“图层2”呈操作状态，单击“图层2”的图层蒙版缩览图，设置前景色为黑色，使用“画笔工具”设置适当的画笔大小和透明度后，在翅膀的位置涂抹，其蒙版状态和图层面板如图所示。

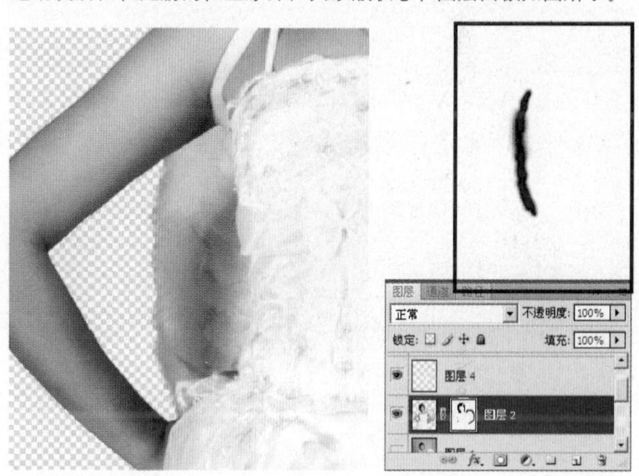

32 选中“图层3”，按住【Shift】键单击“图层2”图层，以将其中间的图层都选中，按【Ctrl+E】键执行“合并图层“的操作，得到“图层3”图层，其图层面板的状态如图所示。

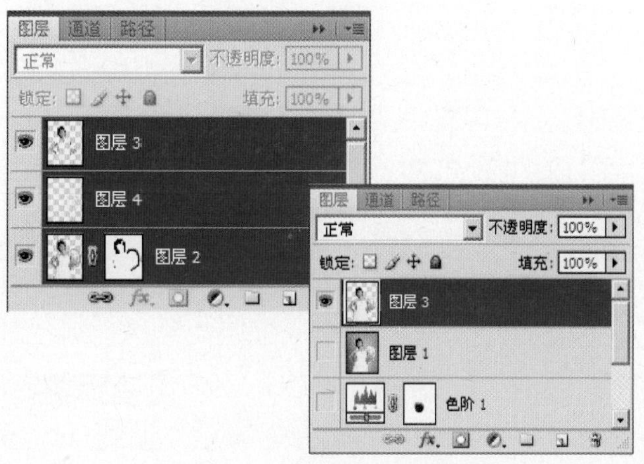

33 执行“文件”→“打开”命令，在弹出的“打开”对话框中选择随书光盘中的“素材2”文件，此时的图像效果和图层调板如图所示。

34 使用工具条中的"移动工具"，把刚才抠好的人物拖动到"素材2"的文件中，生成"图层1"图层。按快捷键【Ctrl+T】，调出自由变换控制框，调整选框到如图所示的状态，按【Enter】键确认操作。

35 隐藏"图层1"图层，复制"背景"图层，得到"背景 副本"图层。

36 执行菜单栏中的"滤镜"→"模糊"→"高斯模糊"命令，设置弹出对话框中的参数后，单击【确定】按钮，设置后的效果如图所示。

37 在图层面板的顶部，设置图层的混合模式为"柔光"，图层的不透明度为"65%"，得到如图所示的效果。

38 单击"创建新的填充或调整图层"按钮，在弹出的菜单中选择"色相/饱和度"命令，设置弹出的对话框如图所示。

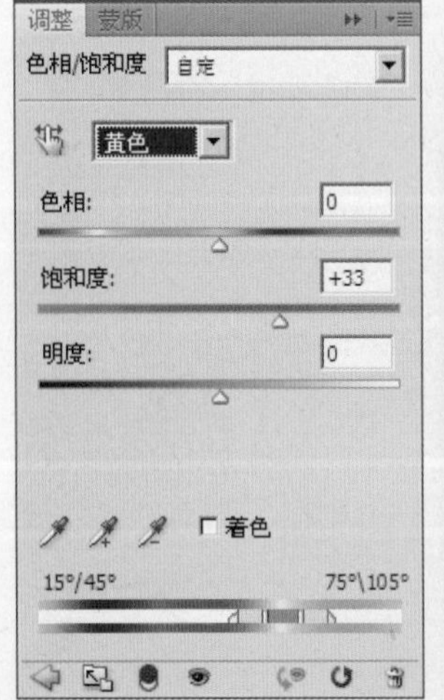

39 设置完"色相/饱和度"命令后，得到"色相/饱和度1"图层，可以看到图像调整后的效果如图所示。

40 单击“创建新的填充或调整图层”按钮，在弹出的菜单中选择“色阶”命令，设置弹出的对话框如图所示。

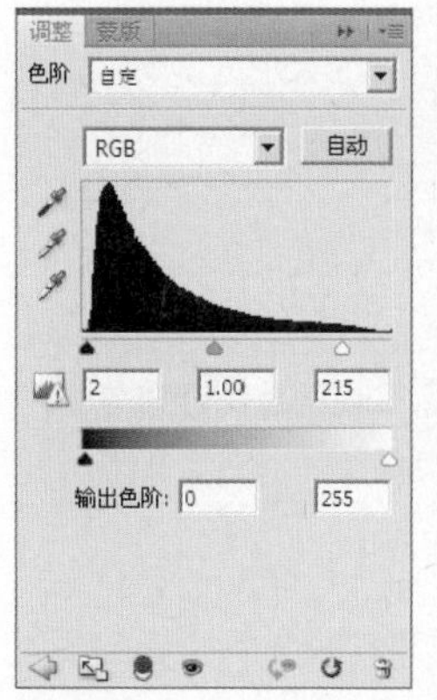

41 设置完“色阶”命令后，得到“色阶1”图层，可以看到图像调整后的效果如图所示。

42 新建图层，生成“图层2”图层，设置前景色为（R:255 G:197 B:1），按快捷键【Alt+Delete】对“图层2”图层进行填充，其效果如图所示。

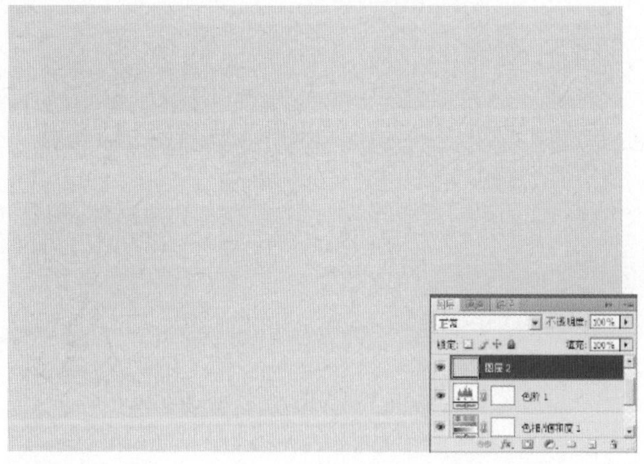

43 在图层面板的顶部，设置图层的混合模式为“柔光”，图层的不透明度为“24%”，得到如图所示的效果。

44 按快捷键【Ctrl+Alt+Shift+E】，执行“盖印图层”命令，得到“图层3”图层。

45 在图层面板的顶部，设置图层的混合模式为“亮光”，图层的不透明度为“55%”，得到如图所示的效果。

46 单击“添加图层蒙版”按钮，为“图层3”添加图层蒙版，使用“渐变工具”，设置由黑到白的渐变，从下到上拖动鼠标，其蒙版状态和图层面板如图所示。

47 单击“创建新的填充或调整图层”按钮，在弹出的菜单中选择“曲线”命令，设置弹出的对话框如图所示。

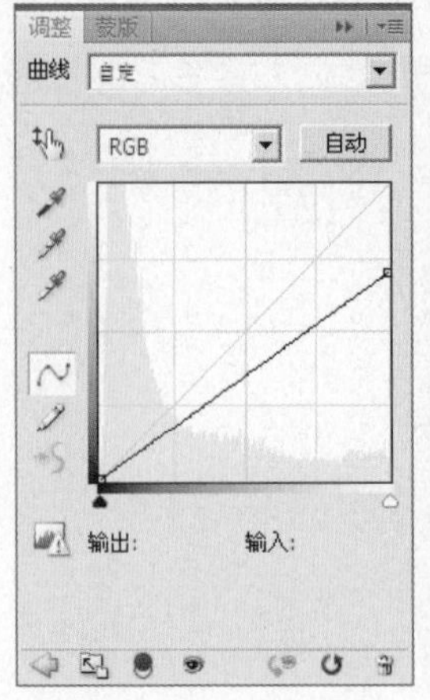

48 设置完“曲线”命令后，得到“曲线1”图层，可以看到图像调整后的效果如图所示。

49 单击“曲线1”的图层蒙版缩览图，设置前景色为黑色，使用“画笔工具”设置适当的画笔大小和透明度后，在衣服的位置涂抹，其蒙版状态和图层面板如图所示。

50 显示“图层1”图层，可以看到人物在画面中的显示，如图所示。

51 执行菜单栏中的“滤镜”→“锐化”→“USM锐化”命令，设置弹出的对话框中的参数后，单击【确定】按钮，设置后的效果如图所示。

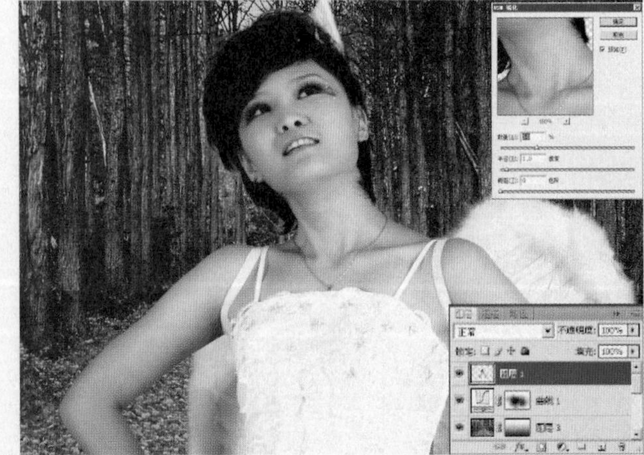

52 单击“创建新的填充或调整图层”按钮，在弹出的菜单中选择“色彩平衡”命令，设置弹出的对话框如图所示。

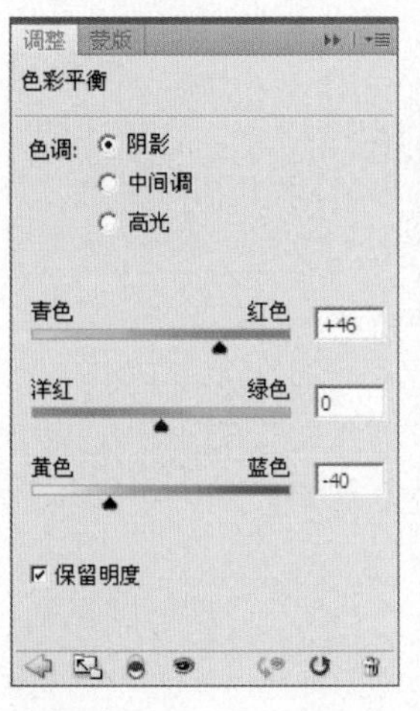

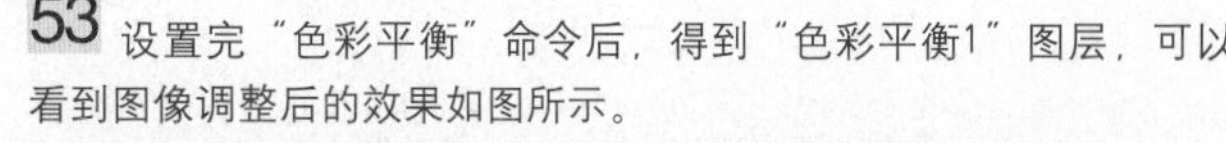

53 设置完“色彩平衡”命令后，得到“色彩平衡1”图层，可以看到图像调整后的效果如图所示。

54 按住【Ctrl】键单击“色彩平衡1”和“图层5”图层，按【Ctrl+Alt+E】快捷键执行“盖印图层“的操作，得到“色彩平衡1（合并）”图层，其图层面板的状态如图所示。

55 在图层面板的顶部，设置图层的混合模式为“柔光”，图层的不透明度为“47%”，得到如图所示的效果。

56 拖动“色彩平衡1（合并）”图层到图层面板底部的“创建新图层”按钮，对图层进行复制操作，得到“色彩平衡1（合并） 副本”图层，如图所示。

57 在图层面板的顶部，设置图层的混合模式为“滤色”，图层的不透明度为“50%”，得到如图所示的效果。

58 单击"添加图层蒙版"按钮，为"色彩平衡1（合并） 副本"添加图层蒙版。设置前景色为黑色，使用"画笔工具"设置适当的画笔大小和透明度后，在嘴巴的位置涂抹，其蒙版状态和图层面板如图所示。

59 使"曲线1"图层呈操作状态，新建图层，生成"图层4"图层。按住【Ctrl】键，在"图层1"的缩览图上方单击，载入选区，如图所示。

60 按【Shift+F6】快捷键，羽化选区，设置弹出的对话框后，单击【确定】按钮，如图所示。

61 设置前景色为白色,按快捷键【Alt+Delete】对选区进行填充，按快捷键【Ctrl+D】，取消选区，如图所示。

62 单击"添加图层蒙版"按钮，为"图层4"添加图层蒙版。设置前景色为黑色，使用"画笔工具"设置适当的画笔大小和透明度后，在画面中涂抹，其蒙版状态和图层面板如图所示。

63 使"色彩平衡1（合并） 副本"图层呈操作状态，新建图层，生成"图层5"图层，使用工具条中的"钢笔工具"，在工具选项条中单击"路径"按钮，绘制路径，如图所示。

64 单击工具条的“渐变工具”，再单击操作面板左上角的“渐变工具条”，弹出“渐变编辑器”，设置弹出的对话框如图所示。

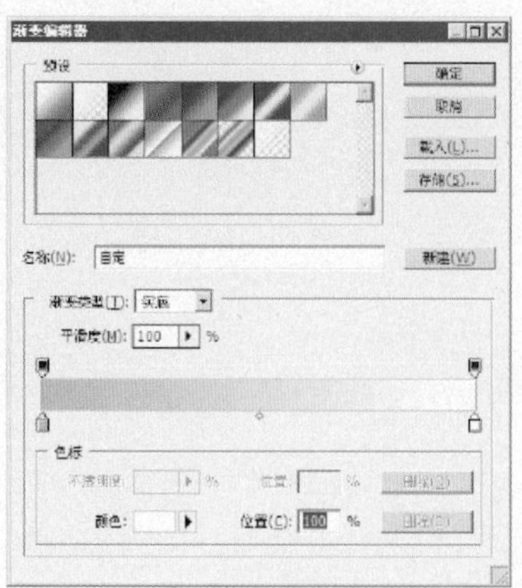

65 设置完对话框后，单击【确定】按钮，选择“线性渐变”，按【Ctrl+Enter】快捷键，将路径转换为选区，在选区中从右上角到左下角拖动鼠标，如图所示，按快捷键【Ctrl+D】，取消选区。

66 在图层面板的顶部，设置图层的混合模式为“柔光”，图层的不透明度为“85%”，得到如图所示的效果。

67 拖动“图层5”图层到图层面板底部的“创建新图层”按钮，对图层进行复制操作，得到“图层5 副本”图层，如图所示。

68 按快捷键【Ctrl+T】，调出自由变换控制框，按住【Ctrl】键调整控制点到如图所示的状态，按【Enter】键确认操作。

69 新建图层，生成“图层6”图层。使用工具条中的“钢笔工具”，在工具选项条中单击“路径”按钮，绘制路径，如图所示。

70 单击工具条的“渐变工具”，再单击操作面板左上角的“渐变工具条”，弹出“渐变编辑器”，设置弹出的对话框如图所示。

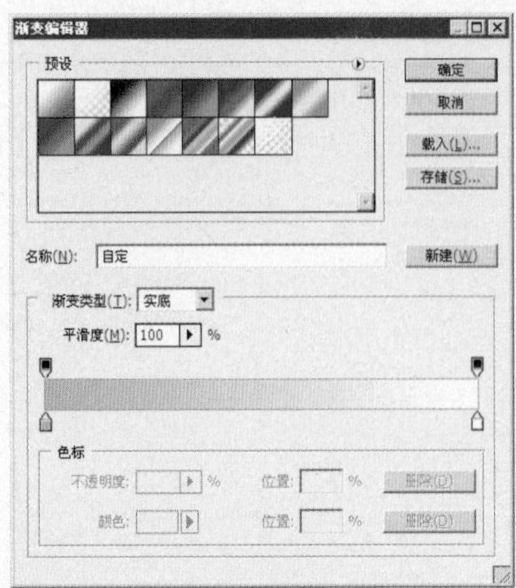

71 设置完对话框后，单击【确定】按钮。选择“线性渐变”，按【Ctrl+Enter】快捷键，将路径转换为选区，在选区中从右上角到左下角拖动鼠标，按快捷键【Ctrl+D】，取消选区。

72 在图层面板的顶部，设置图层的混合模式为“柔光”，图层的不透明度为“85%”，得到如图所示的效果。

73 新建图层，生成“图层7”图层。设置前景色为（R:206 G:73 B:74），使用“画笔工具”设置柔性画笔设置适当的画笔大小，在画面中涂抹。

74 在图层面板的顶部，设置图层的混合模式为“柔光”，得到如图所示的效果。

75 新建图层，生成“图层8”图层。设置前景色为（R:164 G:205 B:73），使用“画笔工具”设置柔性画笔设置适当的画笔大小，在画面中涂抹。

76 在图层面板的顶部，设置图层的混合模式为“柔光”，得到如图所示的效果。

77 新建图层，生成“图层9”图层。设置前景色为（R：207 G：99 B：73），使用“画笔工具”设置柔性画笔设置适当的画笔大小，在画面中涂抹。

78 在图层面板的顶部，设置图层的混合模式为“柔光”，得到如图所示的效果。

79 选择“画笔工具”，按【F5】键调出“画笔”调板，打开面板的菜单栏，选择“载入画笔”，载入配套光盘中的“素材3”“素材4”画笔，选择翅膀画笔。

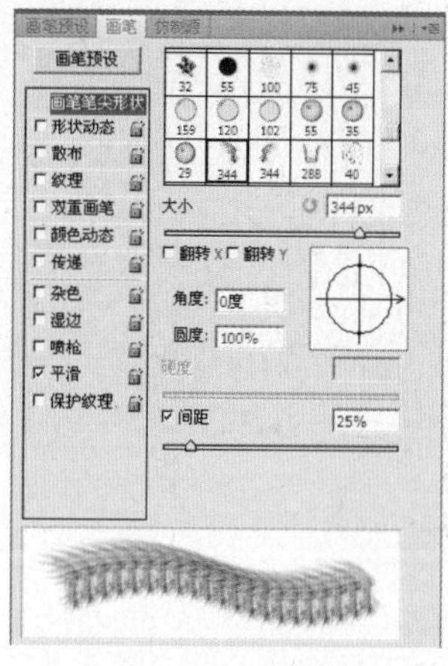

80 使“曲线1”呈操作状态，新建图层，生成“图层10”图层，设置前景色为白色，在画面中点出如图所示的翅膀。

81 按快捷键【Ctrl+T】，调出自由变换控制框，按住【Ctrl】键调整控制点到如图所示的状态，按【Enter】键确认操作。

82 选择"画笔工具"，按【F5】键调出"画笔"调板，打开面板的菜单栏，选择右边翅膀画笔。新建图层，生成"图层11"图层。设置前景色为白色，在画面中点出如图所示的翅膀。

83 选择"画笔工具"，按【F5】键调出"画笔"调板，打开面板的菜单栏，选择泡泡画笔。新建图层，生成"图层12"图层。设置前景色为白色，调整适当的画笔透明度和画笔大小，在画面中点出如图所示的泡泡图案。

84 选择"画笔工具"，按【F5】键调出"画笔"调板，打开面板的菜单栏，选择泡泡画笔。新建图层，生成"图层13"图层。设置前景色为白色，调整适当的画笔透明度和画笔大小，在画面中点出如图所示的泡泡图案。

85 使"图层9"呈操作状态，单击工具条的"渐变工具"，再单击操作面板左上角的"渐变工具条"，弹出"渐变编辑器"，设置弹出的对话框如图所示。

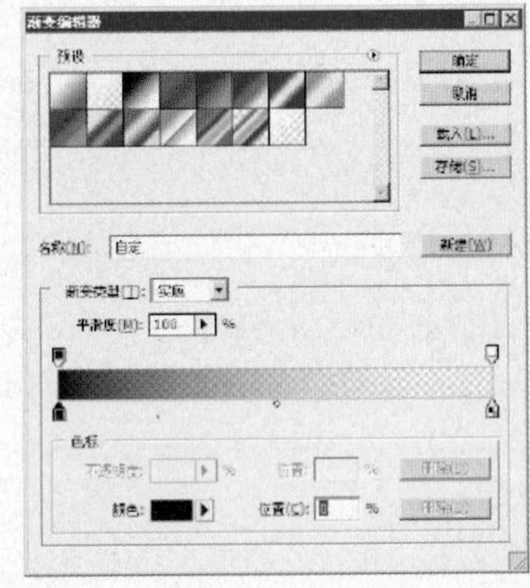

86 设置完对话框后，单击【确定】按钮。新建图层，生成"图层14"图层。单击"径向渐变"，在"图层1"中从中心向外拖动鼠标，得到如图所示的效果。

87 在图层面板的顶部，设置图层的混合模式为"柔光"，图层的不透明度为"80%"，得到如图所示的效果。

10.4 PART 10 炫酷插画艺术

难易度

秋日之歌

本案例讲解的是如何快速制作出人像水彩画的效果。我们使用钢笔工具抠取人物，使人物和背景分开，然后分别对它们进行特殊效果的处理，最终可以得到人像水彩画的效果来。

1 执行“文件”→“打开”命令，在弹出的“打开”对话框中选择随书光盘中的“素材 1”文件，此时的图像效果和图层调板如图所示。

2 使用工具条中的“钢笔工具”，在工具选项条中单击“路径”按钮，绘制人物的轮廓路径。

3 按【Ctrl+Enter】快捷键，将路径转换为选区，按【Ctrl+J】快捷键，复制选区内容到新的图层，生成“图层1”图层。

4 使“背景”图层呈操作状态，新建图层，生成“图层2”图层，填充白色。

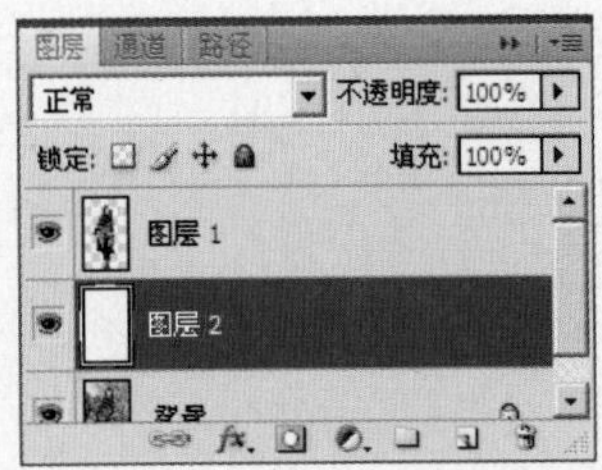

5 使“图层1”呈操作状态，用“魔棒工具”在胳膊肘中间的空隙位置单击以产生选区，然后按【Deletel】键删除选区内容。然后按【Ctrl+D】快捷键，取消选区。

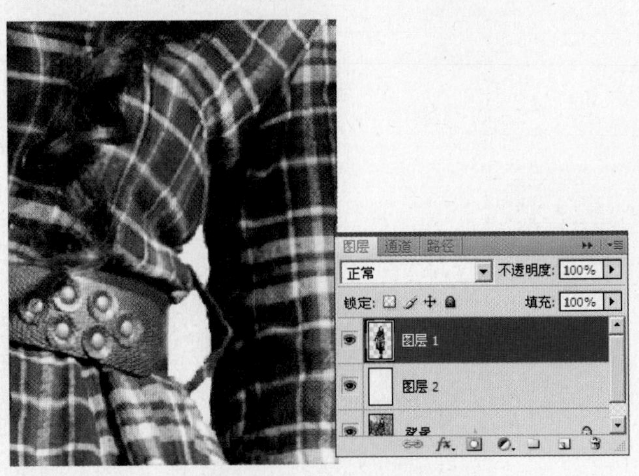

6 复制“背景”图层，得到“背景 副本”图层，按【Ctrl+Shift+]】快捷键，将图层置于顶层。按【Ctrl+Shift+U】快捷键，执行“去色”命令。

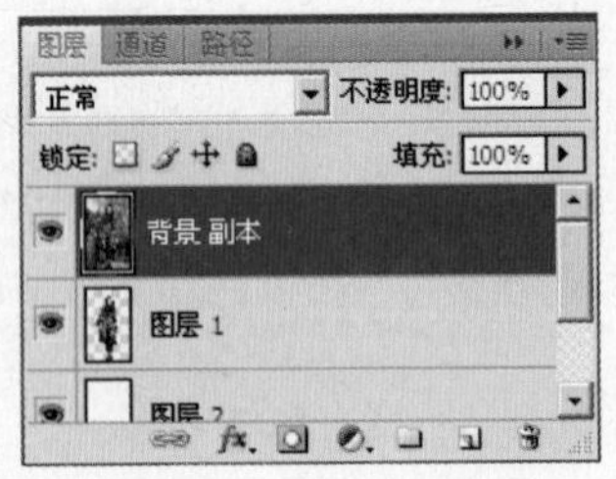

7 执行菜单栏中的“滤镜”→“素描”→“绘图笔”命令，设置弹出的对话框中的参数后，单击【确定】按钮，设置后的效果如图所示。

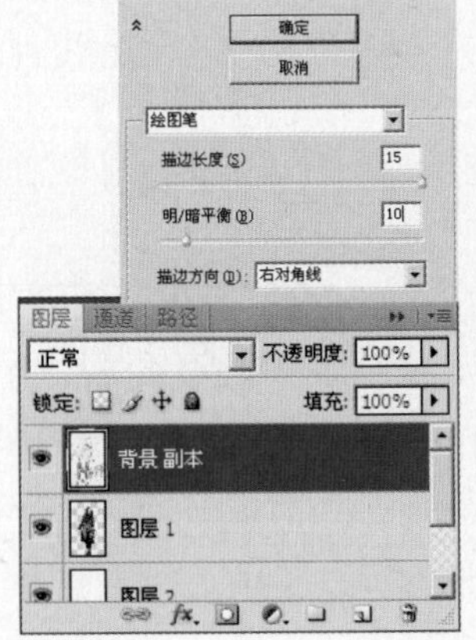

8 复制“背景”图层，得到“背景 副本2”图层，按【Ctrl+Shift+]】快捷键，将图层置于顶层。执行菜单栏中的“滤镜”→“素描”→“炭笔”命令，设置弹出的对话框中的参数后，单击【确定】按钮，设置后的效果如图所示。

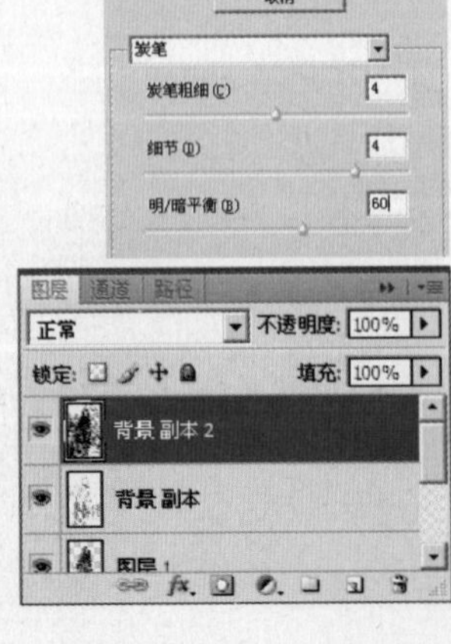

9 在图层面板的顶部，设置图层的混合模式为“叠加”，得到如图所示的效果。

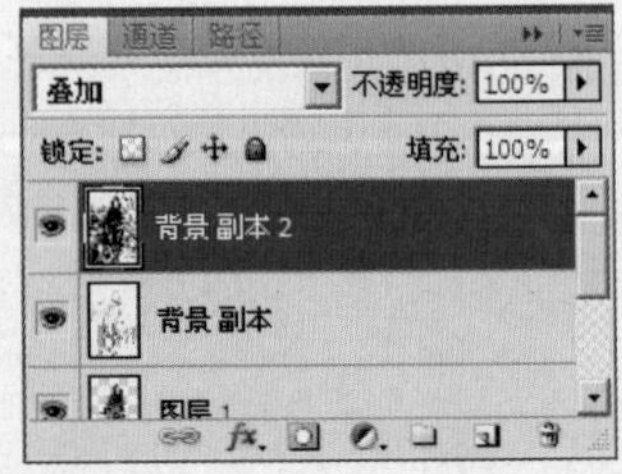

10 按住【Ctrl】键，单击“背景 副本”图层和“背景 副本2”图层。按快捷键【Ctrl+G】键，执行“群组”命令，得到“组1”，设置组的图层混合模式为“强光”。

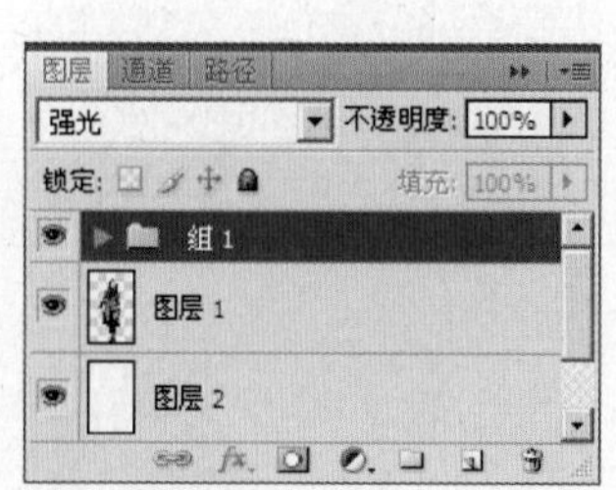

11 新建图层，生成“图层3”图层。设置前景色为（R:244 G:216 B:162），按快捷键【Alt+Delete】对“图层3”图层进行填充，如图所示。

12 在图层面板的顶部，设置图层的混合模式为“变暗”，图层的不透明度为“30%”，得到如图所示的效果。

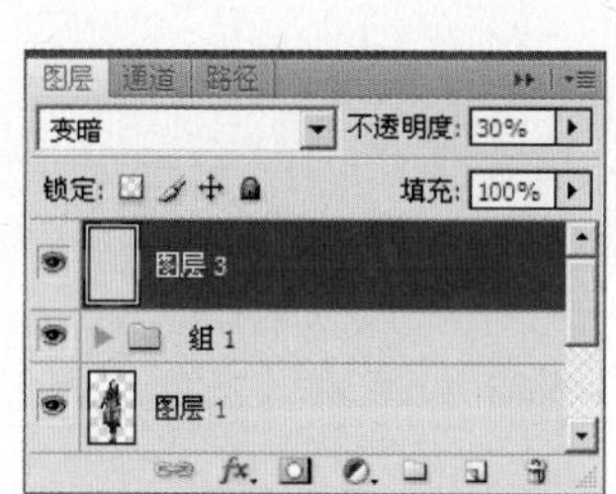

13 新建图层，生成“图层4”图层。设置前景色为（R:252 G:243 B:227），设置背景色为（R:202 G:193 B:177），执行“滤镜”→“渲染”→“云彩”命令，渲染出云彩效果。

14 在图层面板的顶部，设置图层的混合模式为“正片叠底”，图层的不透明度为“42%”，得到如图所示的效果。

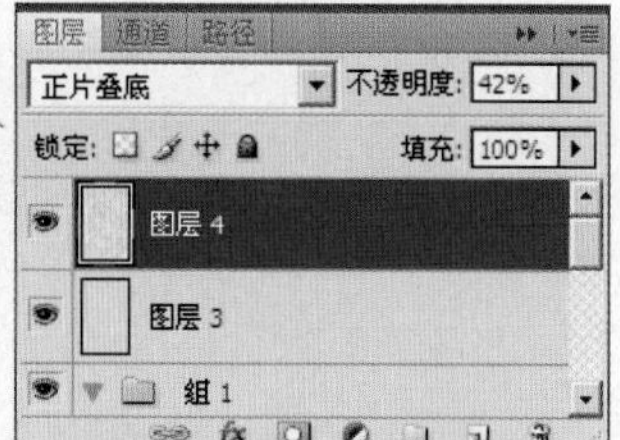

15 复制“背景”图层，得到“背景 副本3”图层，按【Ctrl+Shift+]】快捷键，将图层置于顶层。按【Ctrl+Shift+U】快捷键，执行“去色”命令。

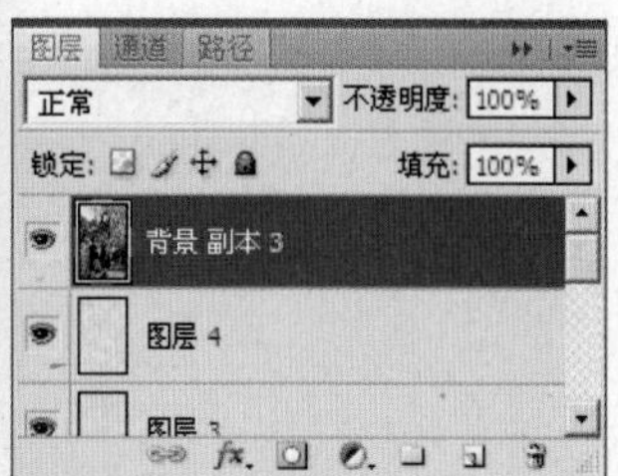

16 按快捷键【Ctrl+L】，调出“色阶”对话框，在弹出的对话框中进行如图所示的设置。设置完后单击【确定】按钮，可以看到图像调整后的效果如图所示。

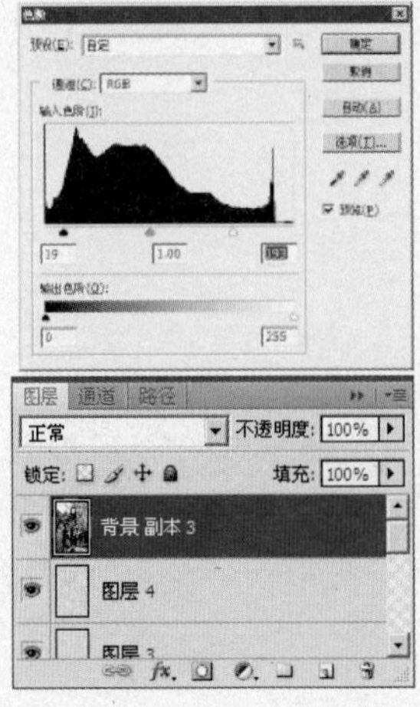

17 执行菜单栏中的“滤镜”→“风格化”→“照亮边缘”命令，设置弹出的对话框中的参数后，单击【确定】按钮，设置后的效果如图所示。

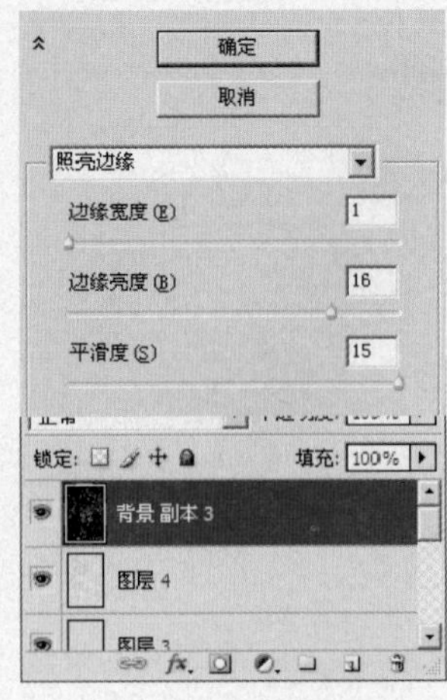

18 按快捷键【Ctrl+L】，调出“色阶”对话框，在弹出的对话框中进行如图所示的设置。设置完后单击【确定】按钮，可以看到图像调整后的效果如图所示。

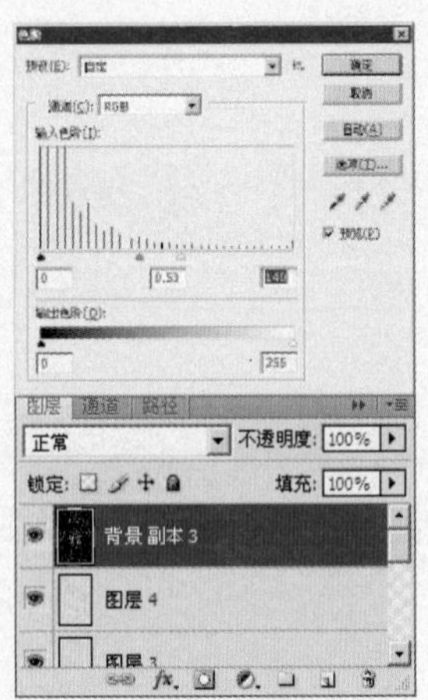

19 按快捷键【Ctrl+I】，执行“反相”命令，得到如图所示的效果。

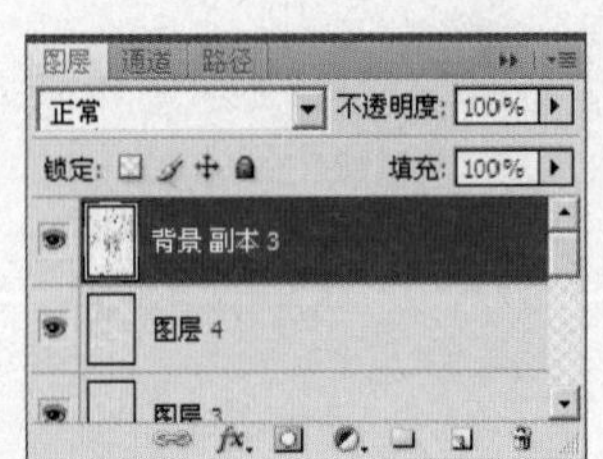

20 设置前景色为白色，使用“画笔工具”设置适当的画笔大小和透明度后，在画面中涂抹。

21 在图层面板的顶部，设置图层的混合模式为“正片叠底”，得到如图所示的效果。

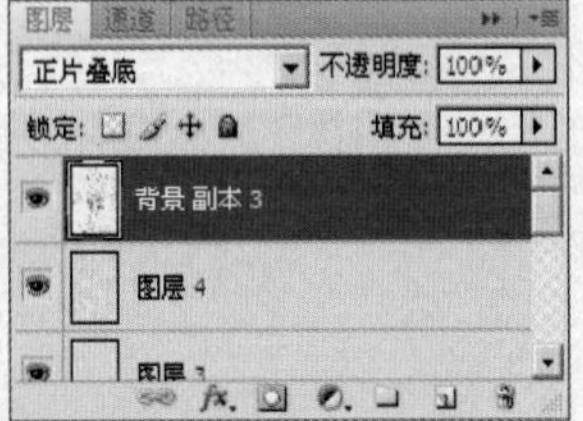

22 复制“图层1”图层，得到“图层1 副本”图层，按【Ctrl+Shift+]】快捷键，将图层置于顶层。

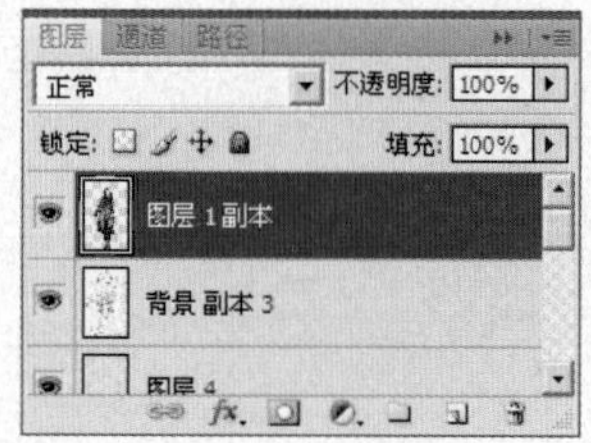

23 执行菜单栏中的“滤镜”→“艺术效果”→“涂抹棒”命令，设置弹出的对话框中的参数后，单击【确定】按钮，设置后的效果如图所示。

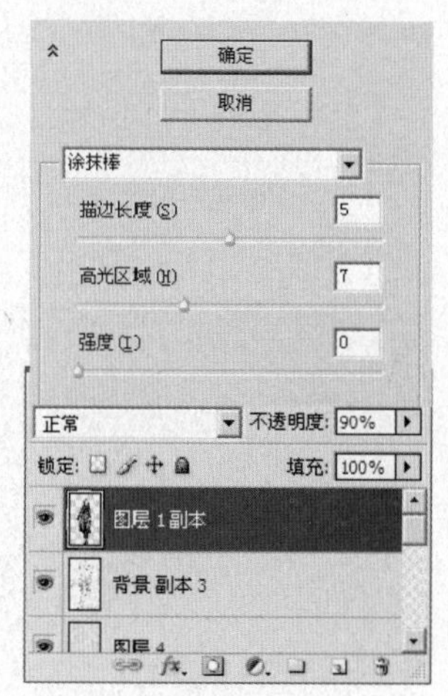

24 复制“背景”图层，得到“背景 副本4”图层，按【Ctrl+Shift+]】快捷键，将图层置于顶层。

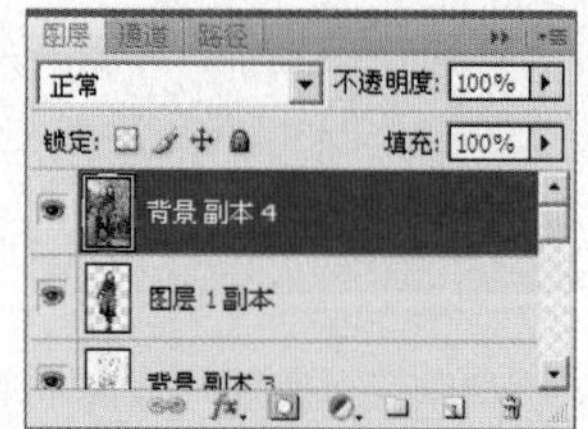

25 执行菜单栏中的“滤镜”→“模糊”→“高斯模糊”命令，设置弹出的对话框中的参数后，单击【确定】按钮，设置后的效果如图所示。

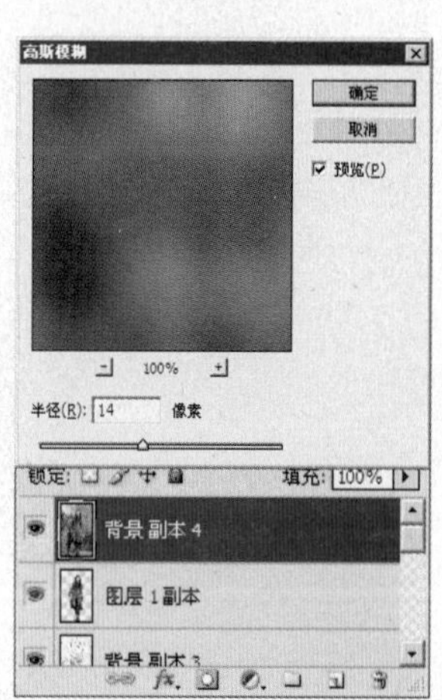

26 在图层面板的顶部，设置图层的混合模式为“强光”，图层的不透明度为“30%”，得到如图所示的效果。

27 单击“添加图层蒙版”按钮，为“背景 副本4”添加图层蒙版。设置前景色为黑色，使用“画笔工具”设置适当的画笔大小和透明度后，在人物身上涂抹，其蒙版状态和图层面板如图所示。

10.5

PART 10
炫酷插画艺术

难易度

时尚插画

本案例讲解的是如何制作美女时尚描画效果。我们使用的命令有色阶命令、USM锐化命令等调整主体人物，然后再使用钢笔工具，在画面中绘制漂亮的形状，添加时尚的渐变颜色，制作出插画的背景图案。

1 执行“文件”→“打开”命令，在弹出的“打开”对话框中选择随书光盘中的“素材 1”文件，此时的图像效果和图层调板如图所示。

2 单击“创建新的填充或调整图层”按钮，在弹出的菜单中选择“色阶”命令，设置弹出的对话框如图所示。

3 设置完“色阶”命令后，得到“色阶 1”图层，可以看到图像调整后的效果如图所示。

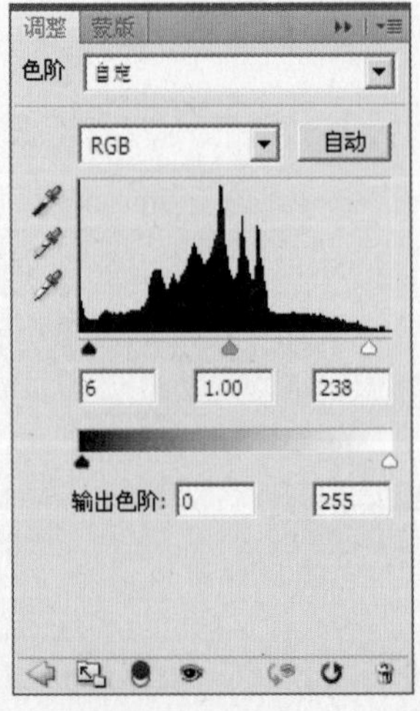

4 按快捷键【Ctrl+Alt+Shift+E】，执行"盖印图层"命令，得到"图层1"图层，运用本书通道磨皮的方法对人物进行磨皮处理，得到如图所示的效果。

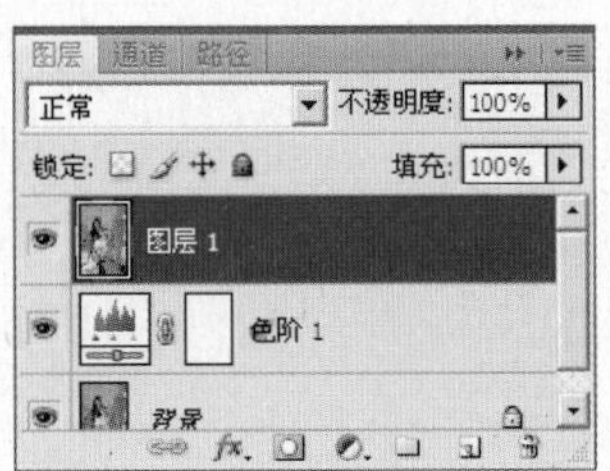

5 使用工具条中的"仿制图章工具"，按住【Alt】键在人物脸部有瑕疵的皮肤周围单击一下进行取样，然后在瑕疵上进行涂抹，将瑕疵修除。

6 使用工具条中的"钢笔工具"，在工具选项条中单击"路径"按钮，绘制人物的轮廓路径。

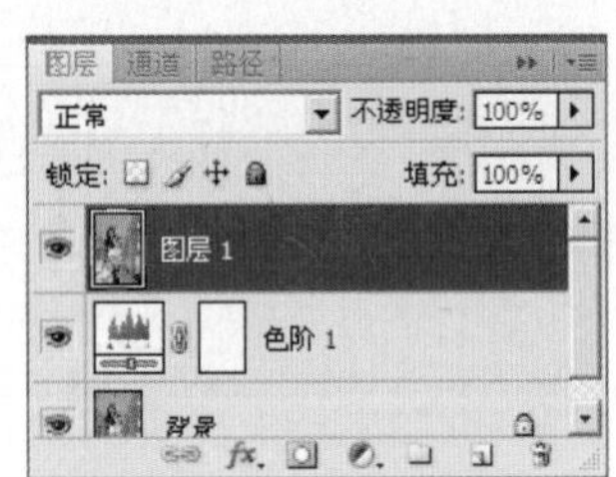

7 按【Ctrl+Enter】快捷键，将路径转换为选区；按【Shift+F6】键，羽化选区，设置弹出的对话框后单击【确定】按钮。再按快捷键【Ctrl+Shift+I】，执行"反选选区"命令，按【Delete】键删除选区内容，然后按快捷键【Ctrl+D】键，取消选区。

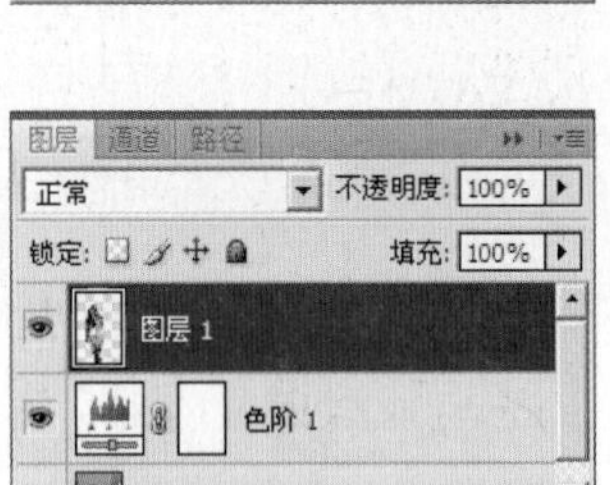

8 隐藏"图层1"下边的所有图层，执行菜单栏中的"滤镜"→"锐化"→"USM锐化"命令，设置弹出的对话框中的参数后，单击【确定】按钮，设置后的效果如图所示。

9 执行菜单"文件"→"新建"命令(或按【Ctrl+N】快捷键)，设置弹出的"新建"对话框后，单击【确定】按钮，创建一个新的空白文档。

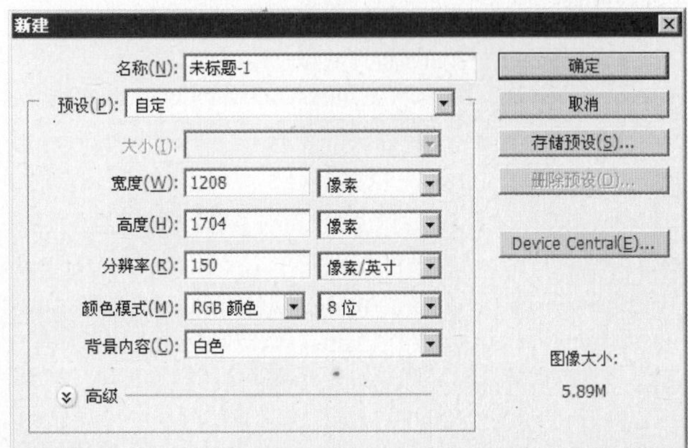

10 设置前景色为（R:69 G:37 B:0），按快捷键【Alt+Delete】对"背景"图层进行填充。

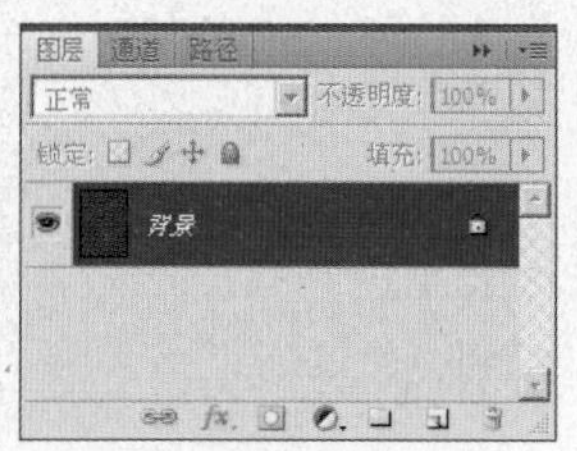

11 选择"钢笔工具"，在工具选项条中单击"形状图层"按钮，在画面的中绘制不规则形状，得到"形状1"图层，设置图层的填充度为"0%"。

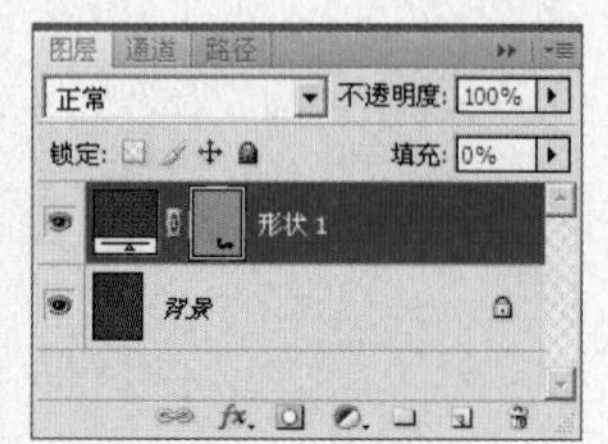

12 单击图层调板底部的"添加图层样式"按钮，在弹出的下拉菜单中选择"渐变叠加"命令，在弹出的对话框中进行如图所示的设置。

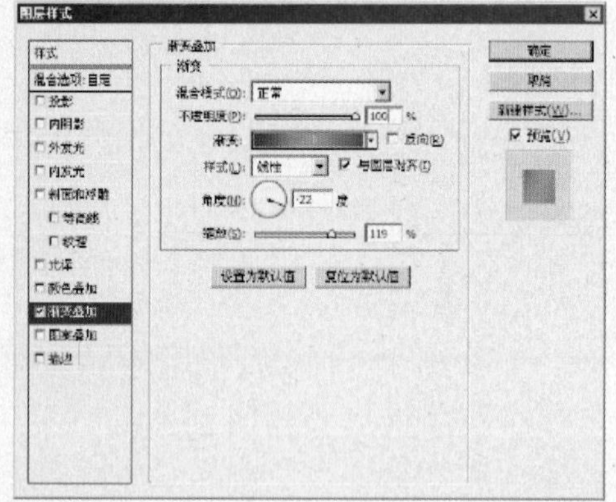

13 设置完"渐变叠加"面板后，单击【确定】按钮，即可为"形状1"图层中的图形添加渐变叠加的效果，如图所示。

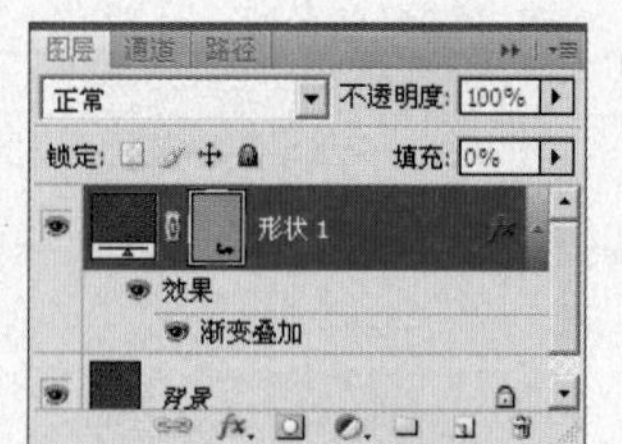

14 选择"钢笔工具"，在工具选项条中单击"形状图层"按钮，在画面的中绘制不规则形状，得到"形状2"图层，设置图层的填充度为"0%"。

15 单击图层调板底部的"添加图层样式"按钮，在弹出的下拉菜单中选择"渐变叠加"复选框，在弹出的对话框中进行如图所示的设置。

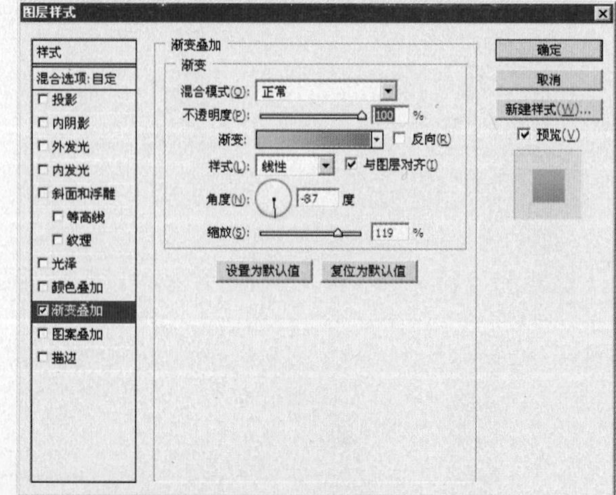

16 设置完“渐变叠加”面板后，单击【确定】按钮，即可为“形状2”图层中的图形添加渐变叠加的效果，如图所示。

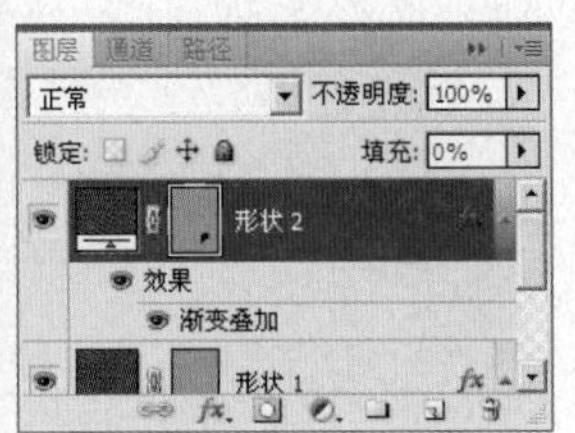

17 设置前景色为（R:233 G:224 B:43），选择“钢笔工具”，在工具选项条中单击“形状图层”按钮，在画面的中绘制不规则形状，得到“形状3”图层。

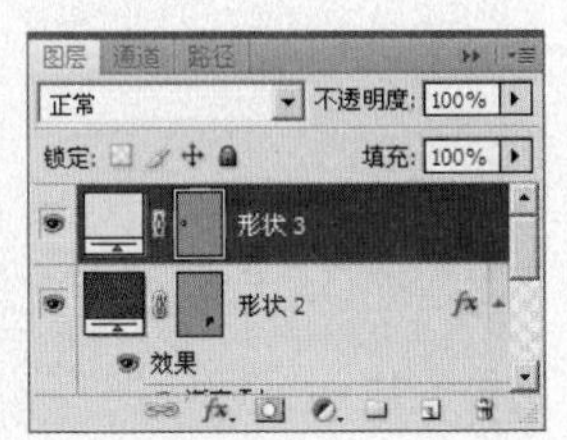

18 使用“移动工具”，按住【Alt】键不放在画面中向右下方拖动“形状2”图形，按快捷键【Ctrl+T】，调出自由变换控制框，调整选框到如图所示的状态，按【Enter】键确认操作。

19 双击“形状3 副本”的“图层缩览图”，在弹出的“拾取实色”对话框中修改颜色为（R:159 G:140 B:46）后，单击【确定】按钮。

20 使用以上相同的方法，继续绘制花纹图案，并调整合适的颜色。

21 选中“形状13 副本2”，按住【Shift】键单击“形状1”图层，以将其中间的图层都选中，按【Ctrl+G】键执行“编组”的操作，得到“组1”，其图层面板的状态如图所示。

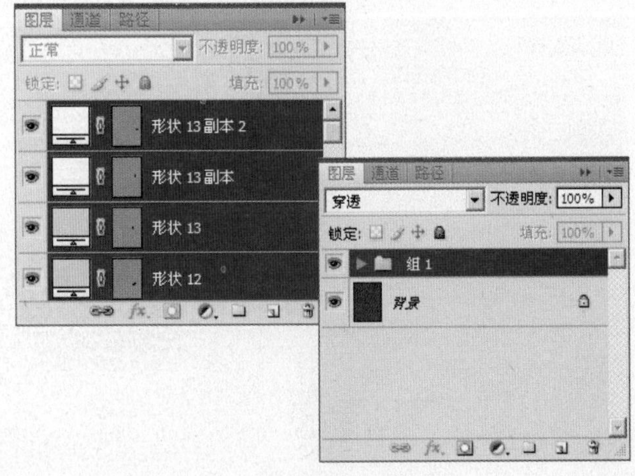

22 设置前景色为（R:230 G:128 B:18），选择"自定义形状工具"，点开工具栏的"自定义形状"拾色器，在弹出的"形状类型选择框"中选择如图的形状。按住【Shift】键在画面中拖动鼠标，绘制如图所示的形状。

23 使用"移动工具"，按住【Alt】键不放在画面中向下方拖动"形状15"图形，得到"形状15 副本"。按快捷键【Ctrl+T】，调出自由变换控制框，调整选框到如图所示的状态，按【Enter】键确认操作。

24 双击"形状15 副本"的"图层缩览图"，在弹出的"拾取实色"对话框中，修改颜色为（R:252 G:154 B:47）后，单击【确定】按钮。

25 继续复制变换形状得到"形状15 副本2"，修改颜色为（R:187 G:237 B:2）。

26 使用"移动工具"，按住【Alt】键不放在画面中向上方拖动"形状15 副本2"图形，得到"形状15 副本3"。按快捷键【Ctrl+T】，调出自由变换控制框，按住【Ctrl】键调整控制点到如图所示的状态，按【Enter】键确认操作。

27 双击"形状15 副本"的"图层缩览图"，在弹出的"拾取实色"对话框中修改颜色为（R:214 G:242 B:36）后，单击【确定】按钮。

28 使用以上相同的方法，继续绘制蝴蝶图案，并调整合适的颜色和大小。

29 选中“形状15 副本3”，按住【Shift】键并单击“形状15”图层，以将其中间的图层都选中，按【Ctrl+G】键执行“编组”的操作，得到“组2”，其图层面板的状态如图所示。

30 设置前景色为（R:251 G:209 B:210），选择“自定形状工具”，点开工具栏的“自定义形状”拾色器，在弹出的“形状类型选择框”中选择如图的形状。按住【Shift】键在画面中拖动鼠标，绘制如图所示的形状。

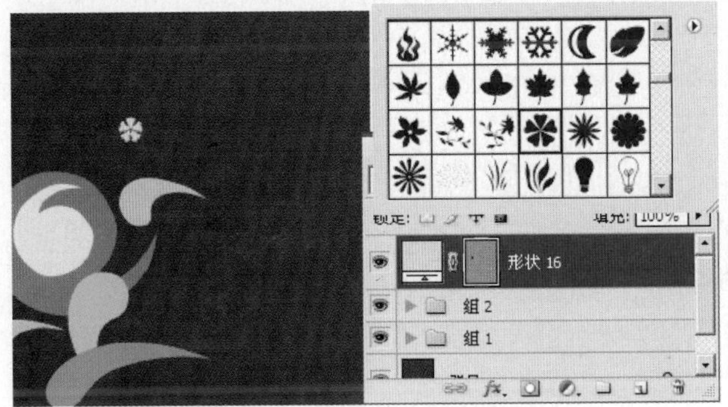

31 设置前景色为白色，选择“椭圆工具”，在工具选项条中单击“形状图层”按钮，按住【Shift】键在画面中绘制多个圆形，得到“形状17”图层。

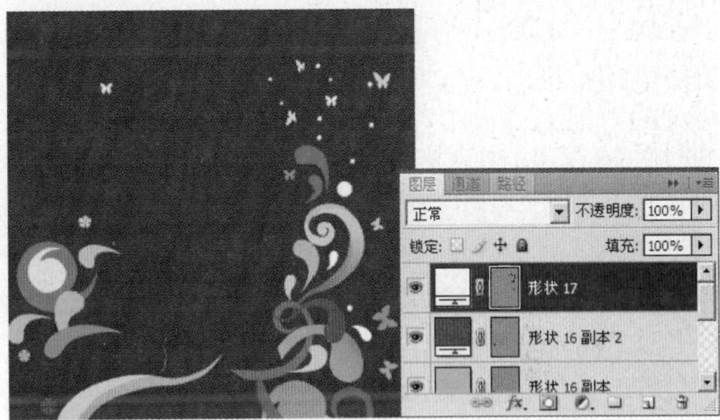

32 继续复制变换出两个花朵图形，并调整适当的颜色和大小。

33 设置前景色为（R:254 G:249 B:230），继续使用“椭圆工具”，在工具选项条中单击“形状图层”按钮，按住【Shift】键在画面中绘制多个圆形，得到“形状18”图层。

34 设置前景色为白色，继续使用"椭圆工具"，在工具选项条中单击"形状图层"按钮，按住【Shift】键在画面中绘制多个圆形，得到"形状19"图层。

35 选中"形状16"，按住【Shift】键单击"形状19"图层，以将其中间的图层都选中，按【Ctrl+G】键执行"编组"的操作，得到"组3"，其图层面板的状态如图所示。

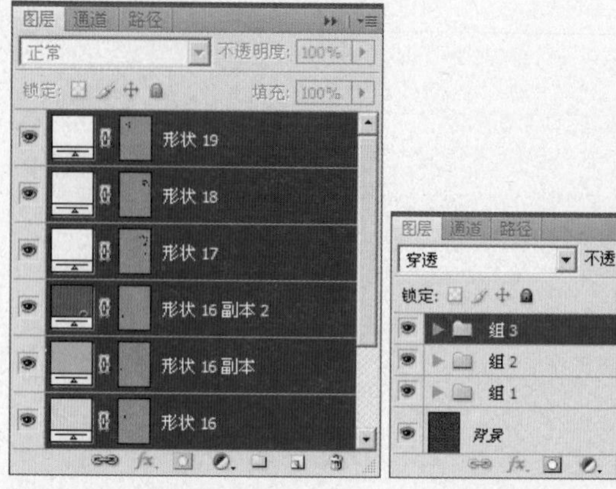

36 打开步骤8抠好的人物图，使用工具条中的"移动工具"，将其拖动到步骤9新建的文件中，生成"图层1"图层。按快捷键【Ctrl+T】，调出自由变换控制框，调整选框到如图所示的状态，按【Enter】键确认操作。

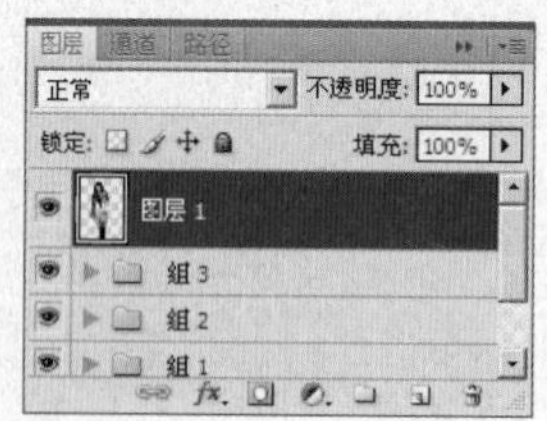

37 复制"图层1"，得到"图层1 副本"图层。使"图层1"呈操作状态，执行菜单栏中的"滤镜"→"模糊"→"径向模糊"命令，设置弹出的对话框中的参数后，单击【确定】按钮，设置后的效果如图所示。

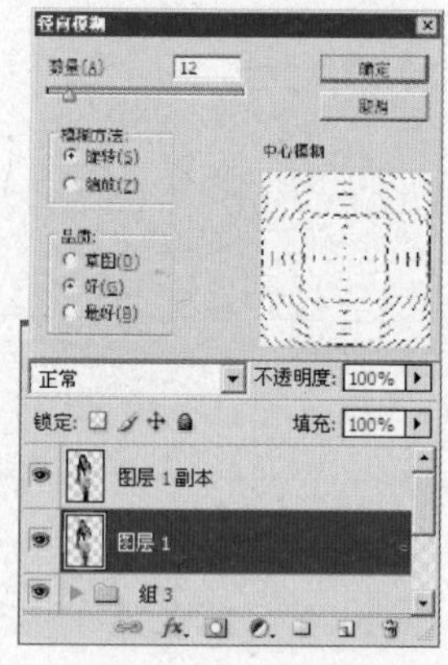

38 单击"添加图层蒙版"按钮，为"图层1"添加图层蒙版。设置前景色为黑色，使用"画笔工具"设置适当的画笔大小和透明度后，在画面中涂抹，其蒙版状态和图层面板如图所示。

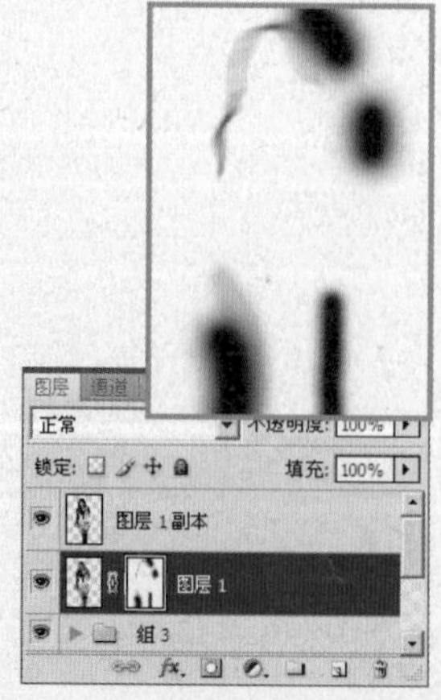

39 使"背景"图层呈操作状态，打开步骤8抠好的图，使用工具条中的"移动工具"，将"背景"图层拖进来，生成"图层2"图层。按快捷键【Ctrl+T】，调出自由变换控制框，调整选框到如图所示的状态，按【Enter】键确认操作。

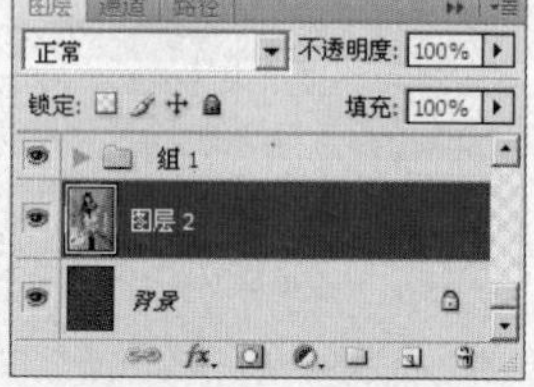

40 单击"添加图层蒙版"按钮，为"图层2"添加图层蒙版。设置前景色为黑色，使用"画笔工具"设置适当的画笔大小和透明度后，在边缘位置涂抹，其蒙版状态和图层面板如图所示。

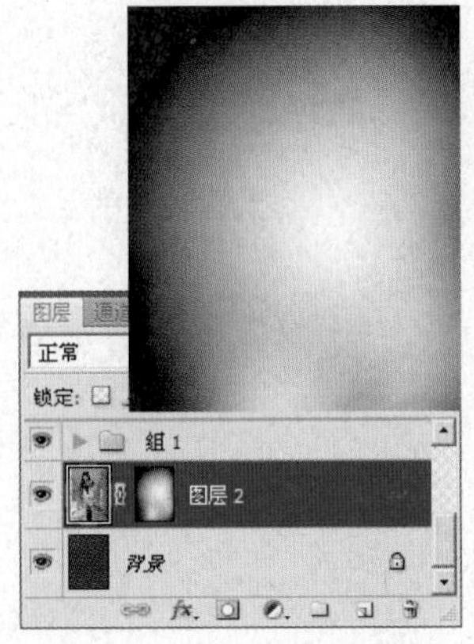

41 单击"创建新的填充或调整图层"按钮，在弹出的菜单中选择"色阶"命令，设置弹出的对话框如图所示。

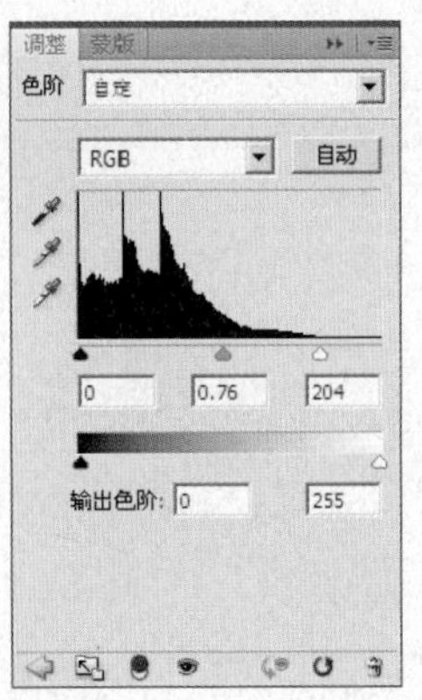

42 设置完"色阶"命令后，得到"色阶1"图层，可以看到图像调整后的效果如图所示。

43 新建图层，生成"图层3"图层。按【Ctrl+Shift+]】快捷键，将图层置于顶层。设置前景色为（R:171 G:214 B:11），使用"画笔工具"，选择柔角画笔设置适当的画笔大小和透明度，在画面中点一下。

44 在图层面板的顶部，设置图层的不透明度为"28%"，得到如图所示的效果。

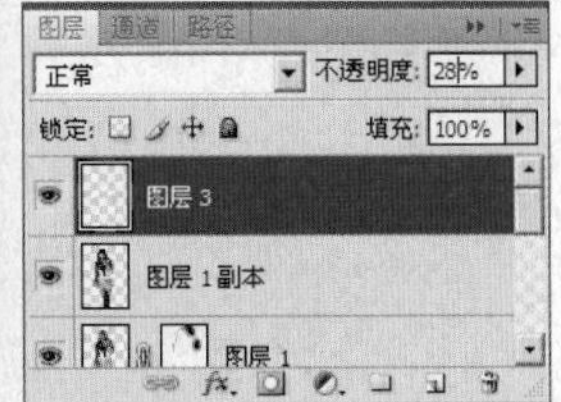

45 使用"移动工具"，按住【Alt】键不放，在画面中向左拖动"图层3"中的图形，得到"图层3 副本"图层，在图层面板的顶部，设置图层的不透明度为"24%"。

46 新建图层，生成“图层4”图层。按【Ctrl+Shift+]】快捷键，将图层置于顶层。设置前景色为（R:241 G:252 B:113），使用“画笔工具”，选择柔角画笔设置适当的画笔大小和透明度，在画面中点一下。

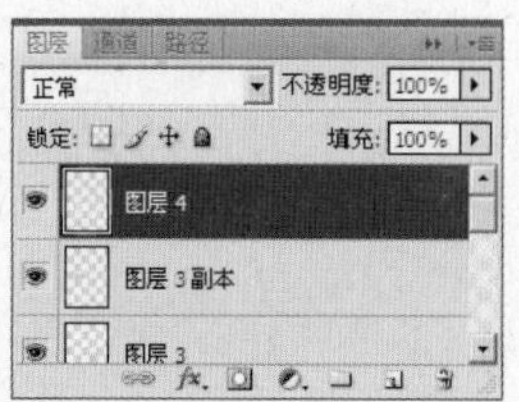

48 新建图层，生成“图层5”图层。使用”椭圆选框工具“，按住【Shift】键，绘制一个正圆形。

50 在图层面板的顶部，设置图层的不透明度为“36%”，得到如图所示的效果。

47 在图层面板的顶部，设置图层的不透明度为“57%”，得到如图所示的效果。

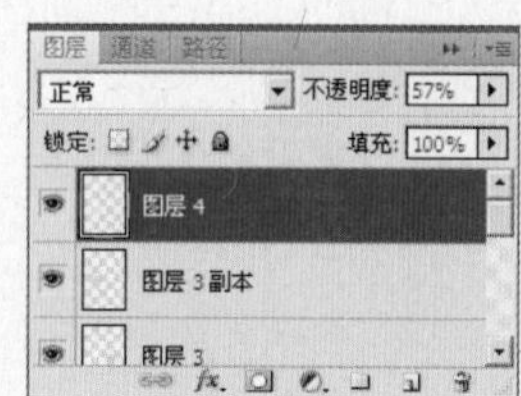

49 执行菜单栏中的“编辑”→“描边”命令，设置弹出的对话框中的参数后，单击【确定】按钮，得到如图所示的状态。按快捷键【Ctrl+D】，取消选区。

51 新建图层，生成“图层6”图层。按【Ctrl+Shift+]】快捷键，将图层置于顶层。设置前景色为白色，使用“画笔工具”，选择柔角画笔设置适当的画笔大小和透明度，在画面中点一下。

52 在图层面板的顶部，设置图层的不透明度为"81%"，得到如图所示的效果。

53 选中"图层4 副本"，按住【Shift】键，单击"图层6 副本"图层，以将其中间的图层都选中，按住【Alt】键不放拖动画面中的光芒到人物的肩膀位置，得到相应的图层。

54 按快捷键【Ctrl+T】，调出自由变换控制框，缩小选框到如图所示的状态，按【Enter】键确认操作。

55 经过以上步骤的操作，完成了这张时尚插画的制作，其最终效果如图所示。

难易度

甜美的微笑

本案例讲解的是如何制作出人像底板画效果。我们使用色阶命令调整人物，然后再使用滤镜制作一些特殊效果，最终制作出精美的卡片效果。

1 新建文档。执行菜单“文件”→“新建”命令(或按【Ctrl+N】快捷键)，设置弹出的“新建”命令对话框如图所示，单击【确定】按钮即可创建一个新的空白文档。

2 设置前景色为（R：230 G：262 B：166），按快捷键【Alt+Delete】为“背景”图层填充颜色，其效果如图所示。

3 执行“文件”→“打开”命令，在弹出的“打开”对话框中选择随书光盘中的“素材1”文件，此时的图像效果和图层调板如图所示。

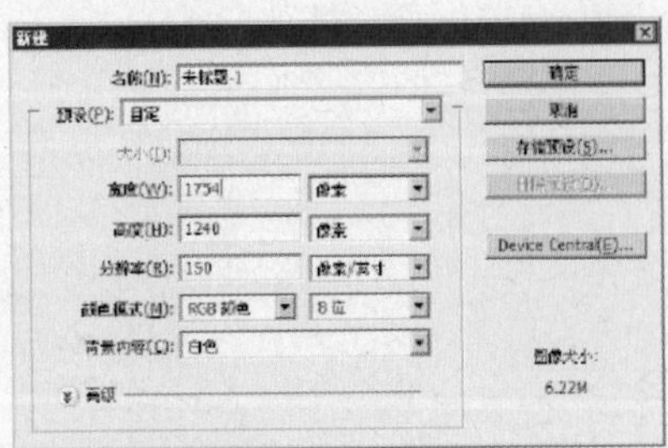

4 使用工具条中的“移动工具”，把刚才抠好的人物拖动到“素材1”的文件中，生成“图层1”图层。按快捷键【Ctrl+T】，调出自由变换控制框，调整选框到如图所示的状态，按【Enter】键确认操作。

5 单击“创建新的填充或调整图层”按钮，在弹出的菜单中选择“色阶”命令，设置弹出的对话框如图所示。

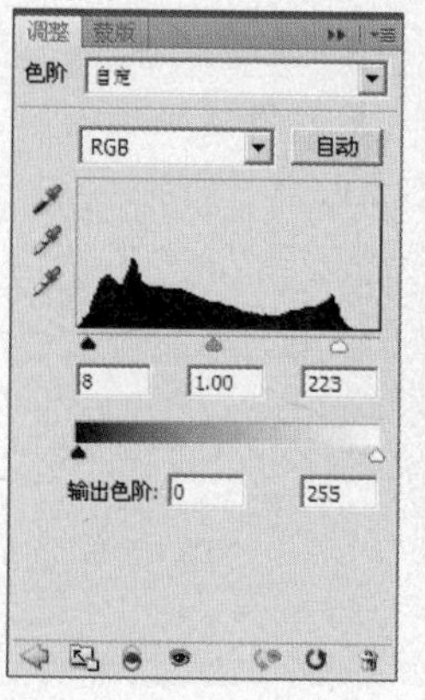

6 设置完“色阶”命令后，得到“色阶1”图层。按快捷键【Ctrl+Alt+G】执行“创建剪切蒙版”操作，可以看到图像调整后的效果如图所示。

7 按住【Ctrl】键，单击“图层1”图层和“色阶1”图层，将其选中，按【Ctrl+Alt+E】快捷键执行“合并图层”的操作，得到“色阶1（合并）”图层，其图层面板的状态如图所示。

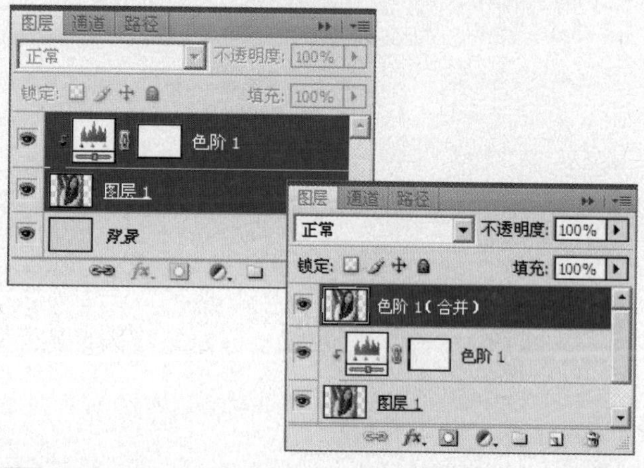

8 运用本书通道磨皮的方法对人物进行磨皮处理，得到如图所示的效果。

9 使用工具条中的“仿制图章工具”，按住【Alt】键在人物脸部有瑕疵的皮肤周围单击一下进行取样，然后在瑕疵上进行涂抹，将瑕疵修除。

10 打开通道面板，选择“绿”通道，按住【Ctrl】键，在“绿”通道的缩览图上方单击，载入选区。

11 按快捷键【Ctrl+Shift+I】，执行“反选选区”命令，按【Ctrl+C】快捷键，复制选区中的内容。

12 回到图层面板，新建图层，生成“图层2”图层，按【Ctrl+V】快捷键，粘贴选区内容到新的图层。按快捷键【Ctrl+D】键，取消选区。

13 隐藏除“图层2”和“背景”图层以外的所有图层，得可以看到“图层2”现在的状态。

14 单击“添加图层蒙版”按钮，为“图层2”添加图层蒙版。设置前景色为黑色，使用“画笔工具”设置适当的画笔大小和透明度后，在人物的边缘涂抹，其蒙版状态和图层面板如图所示。

15 单击图层调板底部的“添加图层样式”按钮，在弹出的下拉菜单中选择“渐变叠加”命令，进行如图所示的设置。

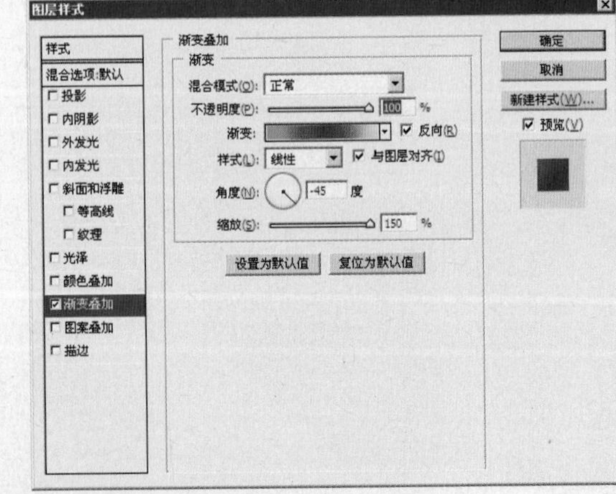

16 设置完“渐变叠加”面板后，单击【确定】按钮，即可为“图层2”图层中的图形添加渐变叠加的效果，如图所示。

17 新建文档。执行菜单“文件”→“新建”命令(或按【Ctrl+N】快捷键)，设置弹出的“新建”命令对话框，如图所示，单击【确定】按钮即可创建一个新的空白文档。

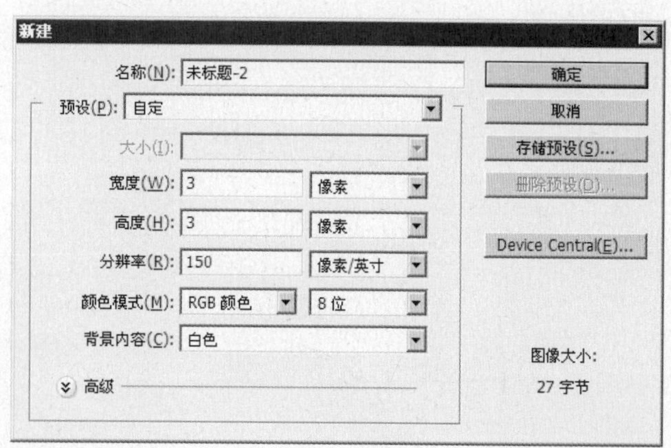

18 新建图层，生成“图层1”图层，删除“背景”图层。设置前景色为黑色，使用“铅笔工具”，设置1像素的画笔大小，在画面中点3个像素点。

19 执行菜单栏中的“编辑”→“定义图案”命令，设置弹出的对话框中的参数后，单击【确定】按钮。新建图层，生成“图层3”图层。使用“油漆桶工具”，在工具栏选择“图案”填充，选择刚才定义的图案，在画面中单击进行填充。

20 在图层面板的顶部，设置图层的不透明度为“56%”，得到如图所示的效果。

21 单击工具条的“渐变工具”，再单击操作面板左上角的“渐变工具条”，弹出“渐变编辑器”，设置弹出的对话框。

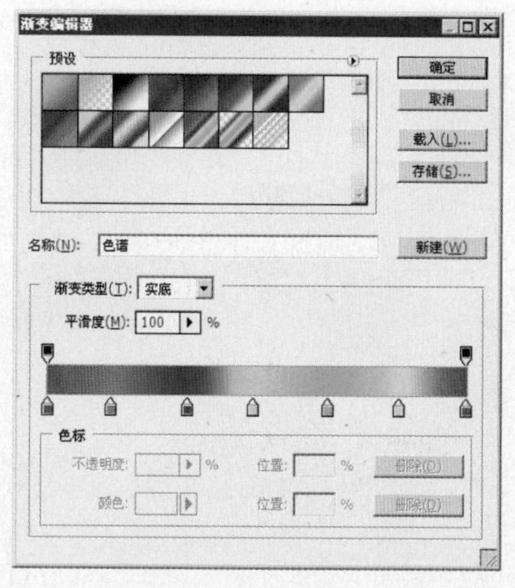

22 设置完对话框后，单击【确定】按钮。新建图层，生成“图层4”图层。选择“线性渐变”，在“图层1”图层中从左上角到右下角拖动鼠标，得到如图所示的效果。

23 执行菜单栏中的“滤镜”→“模糊”→“高斯模糊”命令，设置弹出的对话框中的参数后，单击【确定】按钮，设置后的效果如图所示。

24 单击“添加图层蒙版”按钮，为“图层4”添加图层蒙版。设置前景色为黑色，使用“画笔工具”设置适当的画笔大小和透明度后，在中间的位置涂抹，其蒙版状态和图层面板如图所示。

25 设置前景色为白色，选择“矩形工具”，在工具选项条中单击“形状图层”按钮，在画面绘制一个长条形，得到“形状1”图层。

26 按住【Alt】键，拖动白条图形进行复制，并调整合适的位置和大小，然后进行多次操作，得到如图所示的效果。

27 选中“形状1 副本5”，按住【Shift】键单击“形状1”图层，以将其中间的图层都选中，按【Ctrl+E】快捷键执行“合并图层”的操作，得到“形状1 副本5（合并）”图层，然后隐藏下面的所有形状图形，其图层面板的状态如图所示。

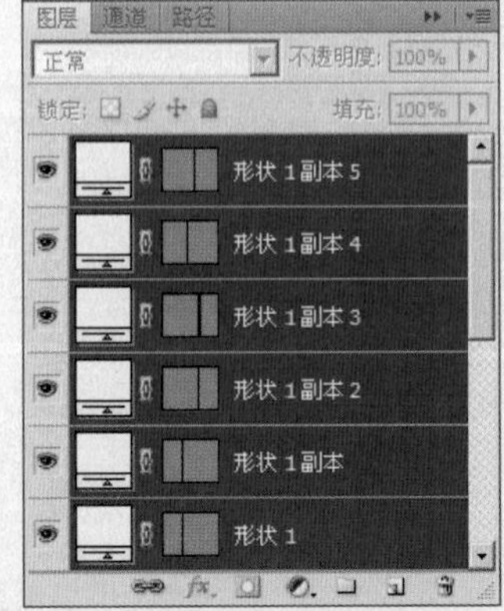

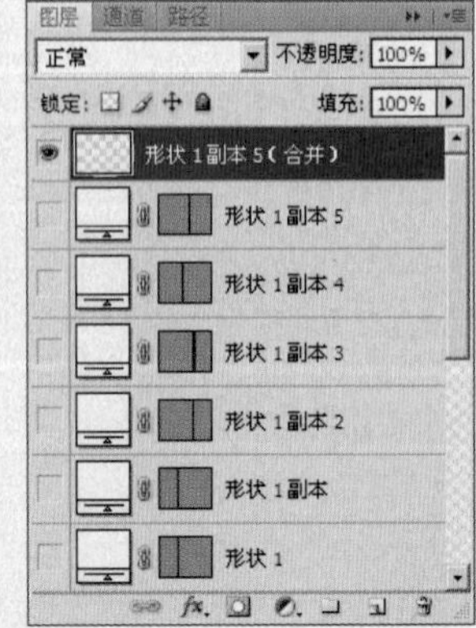

28 按快捷键【Ctrl+T】，调出自由变换控制框，调整选框的角度到如图所示的状态后，按【Enter】键确认操作。

29 单击“添加图层蒙版”按钮，为“形状1 副本5（合并）”添加图层蒙版。设置前景色为黑色，使用“画笔工具”设置适当的画笔大小和透明度后，在线条的边缘涂抹，其蒙版状态和图层面板如图所示。

30 单击“创建新的填充或调整图层”按钮，在弹出的菜单中选择“色阶”命令，设置弹出的对话框。设置完“色阶”命令后，得到“色阶2”图层，可以看到图像调整后的效果。

31 使用工具条中的“横排文字工具”，设置适当的字体和字号，在画面下方输入文字即可。

10.7

PART 10
炫酷插画艺术

难易度

给人物照片加上绚丽的高光光束

本案例讲解的是如何为人物照片添加上绚丽的高光光束的效果。我们使用色阶命令、曲线器命令等调整人物，然后再使用形状工具绘制出一些光束，并用蒙版涂抹出炫光的效果，然后再加上一些好看的颜色，最终得到绚丽的人物插画。

1 执行“文件”→“打开”命令，在弹出的“打开”对话框中选择随书光盘中的“素材 1”文件，此时的图像效果和图层调板如图所示。

2 单击“创建新的填充或调整图层”按钮，在弹出的菜单中选择“曲线”命令，设置弹出的对话框如图所示。

3 设置完“曲线”命令后，得到“曲线 1”图层，可以看到图像调整后的效果如图所示。

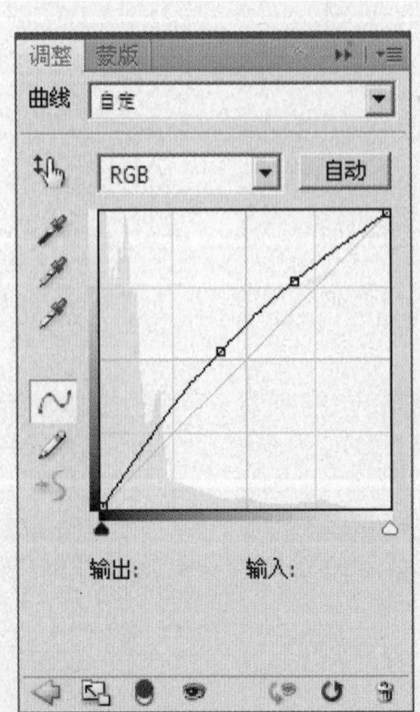

4 单击“曲线1”的图层蒙版缩览图，设置前景色为黑色，使用“画笔工具” 设置适当的画笔大小和透明度后，在皮肤的位置涂抹，其蒙版状态和图层面板如图所示。

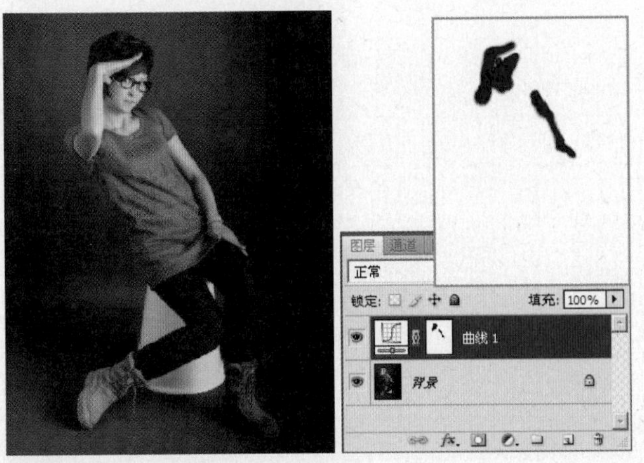

5 单击“创建新的填充或调整图层”按钮 ，在弹出的菜单中选择“色阶”命令，设置弹出的对话框如图所示。

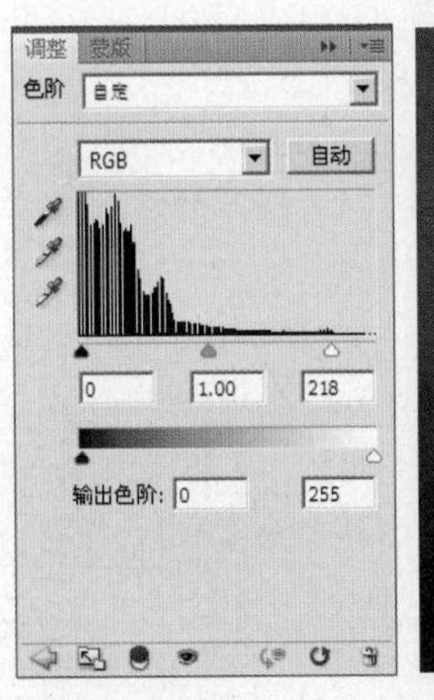

6 设置完“色阶”命令后，得到“色阶1”图层，可以看到图像调整后的效果如图所示。

7 按快捷键【Ctrl+Alt+Shift+E】，执行“盖印图层”命令，得到“图层1”图层。

8 使用工具条中的“仿制图章工具” ，按住【Alt】键在人物脸部有瑕疵的皮肤周围单击一下进行取样，然后在瑕疵上进行涂抹，将瑕疵修除。

9 复制“图层1”，得到“图层1 副本”图层。设置图层的混合模式为“叠加”，不透明度为“27%”，得到如图所示的效果。

10 按快捷键【Ctrl+Alt+Shift+E】，执行“盖印图层”命令，得到“图层2”图层。

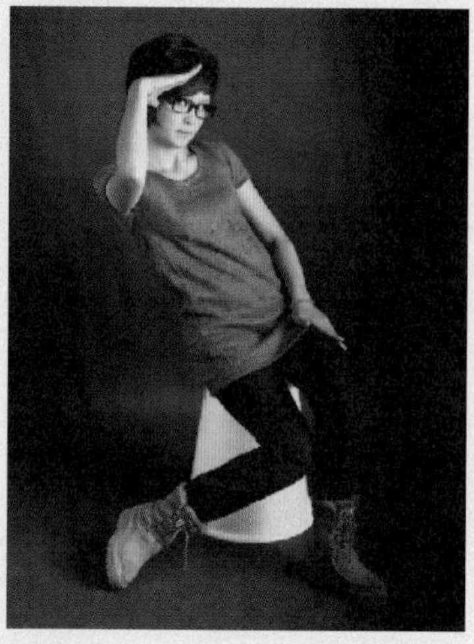

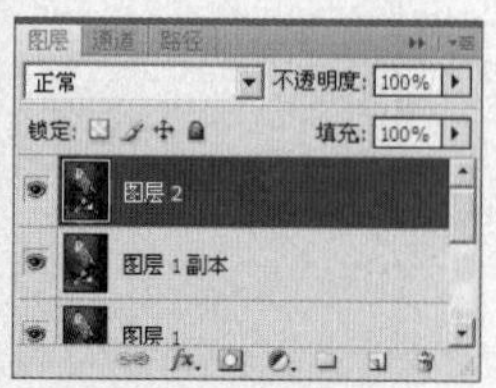

11 使用工具条中的“减淡工具”，设置曝光度为“27%”，然后在人物的裤子上适当涂抹，使裤子的明暗调子更加清晰。

12 单击“创建新的填充或调整图层”按钮，在弹出的菜单中选择“色相/饱和度”命令，设置弹出的对话框如图所示。

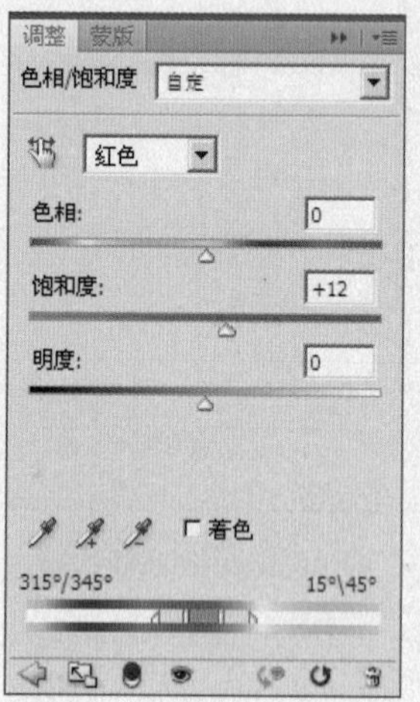

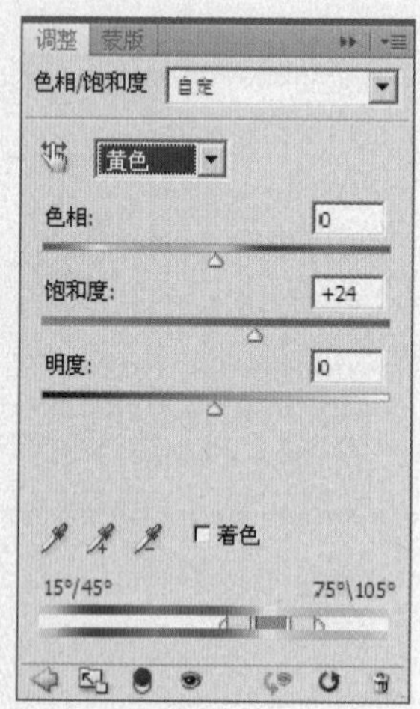

13 设置完“色相/饱和度”命令后，得到“色相/饱和度1”图层，可以看到图像调整后的效果如图所示。

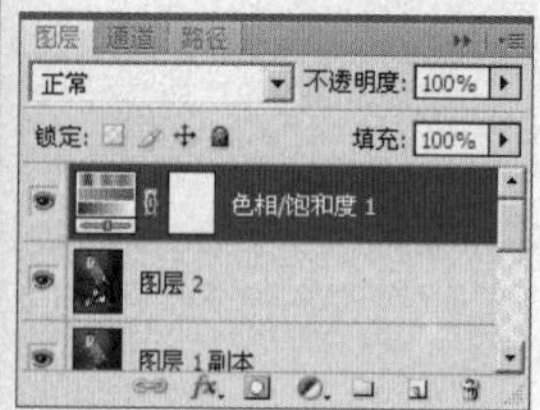

14 单击“色相/饱和度1”的图层蒙版缩览图，设置前景色为黑色，使用“画笔工具”设置适当的画笔大小和透明度后，在鞋子的位置涂抹，其蒙版状态和图层面板如图所示。

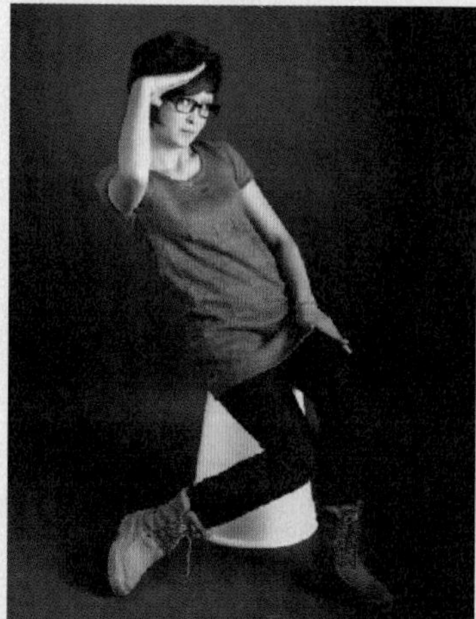

15 新建图层，生成“图层3”图层。设置前景色为白色，使用“画笔工具”，选择柔性笔头，设置适当的画笔大小，在画面中点涂。

16 单击“添加图层蒙版”按钮，为“图层3”添加图层蒙版。设置前景色为黑色，使用“画笔工具”设置适当的画笔大小和透明度后，在画面中涂抹，其蒙版状态和图层面板如图所示。

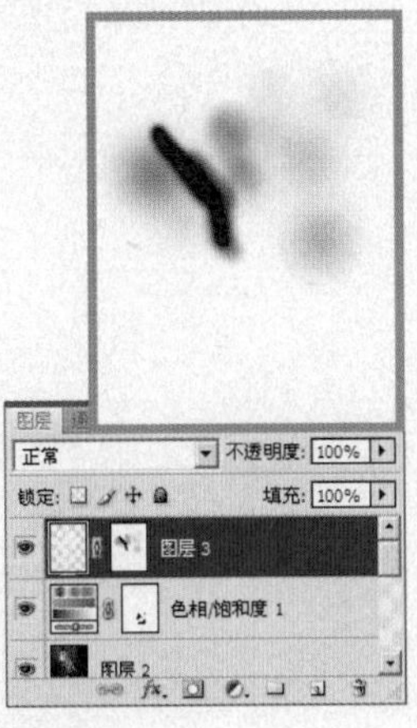

18 在图层面板的顶部，设置图层的填充度为“20%”，得到如图所示的效果。

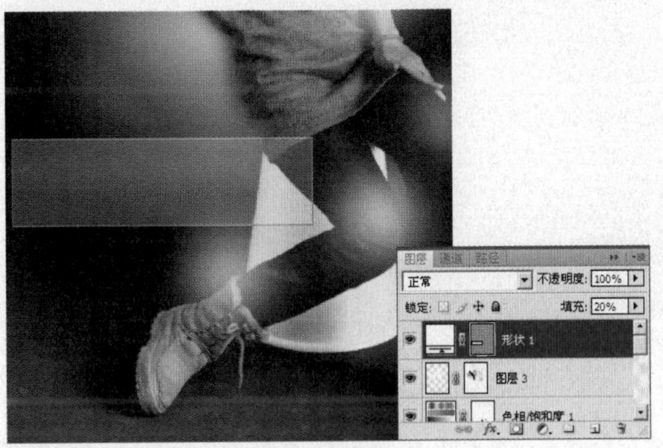

20 使用以上同样的方法，继续在画面中绘制半透明长方形，得到如图所示的效果。

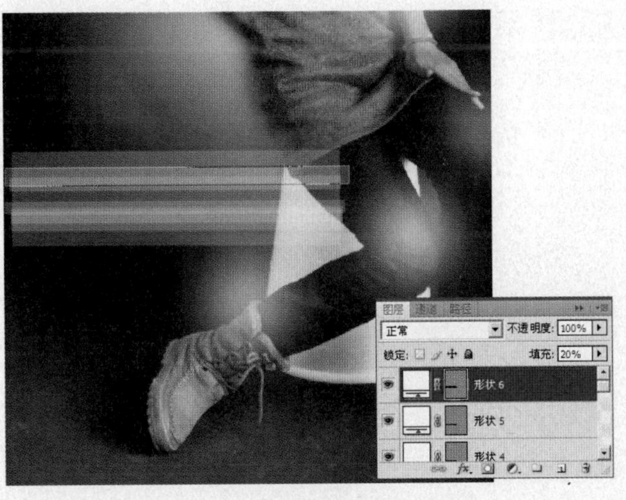

17 设置前景色为白色，选择“矩形工具”，在工具选项条中单击“形状图层”按钮，在画面中绘制白色长方形，得到“形状1”图层。

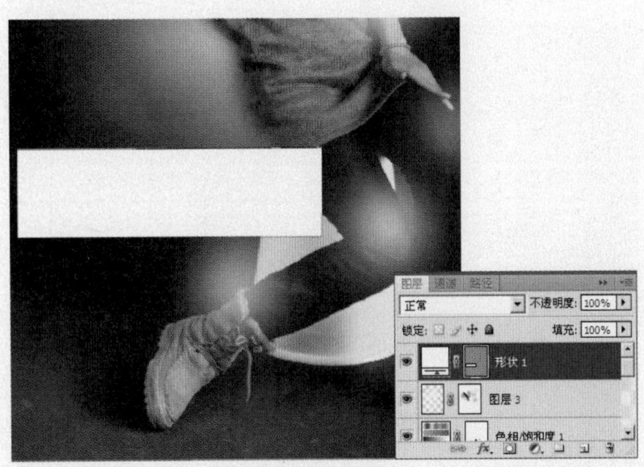

19 继续使用“矩形工具”，在画面中绘制白色长方形，得到“形状2”图层。

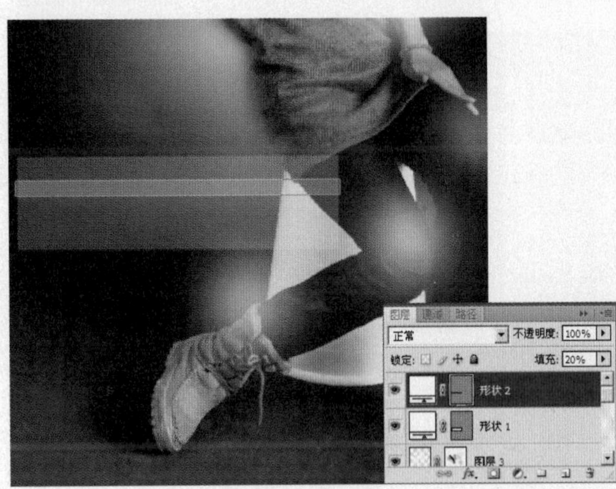

21 选择“形状6”，按住【Shift】键单击“形状1”图层，以将其中间的图层都选中，按【Ctrl+E】键执行“合并图层“的操作，得到“形状6”图层，其图层面板的状态如图所示。

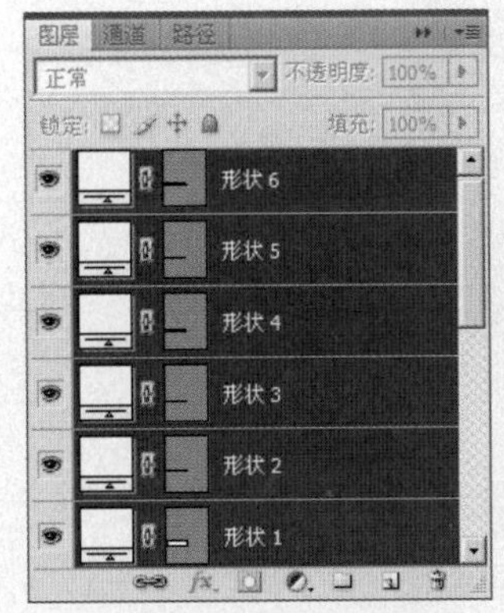

22 按快捷键【Ctrl+T】，调出自由变换控制框，调整选框到如图所示的状态，按【Enter】键确认操作。

23 单击"添加图层蒙版"按钮，为"图层2"添加图层蒙版。设置前景色为黑色，使用"画笔工具"设置适当的画笔大小和透明度后，在形状的边缘涂抹，其蒙版状态和图层面板如图所示。

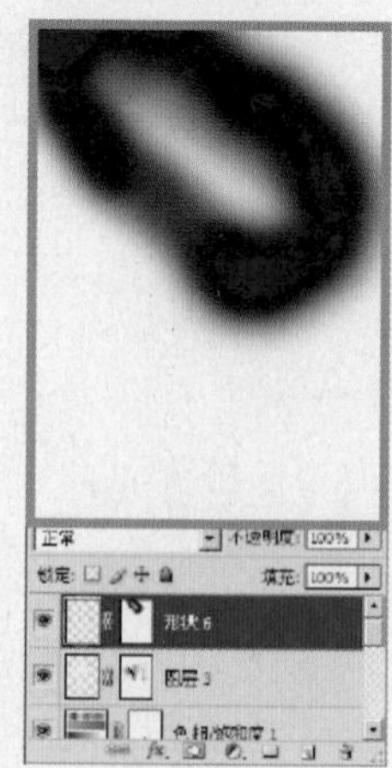

24 使用"移动工具"，按住【Alt】键拖动鼠标到如图的位置，复制一个相同的图形，得到"形状6 副本"图层。

25 继续再用同样的方法复制6个光束图形，便会得到如图所示的效果。

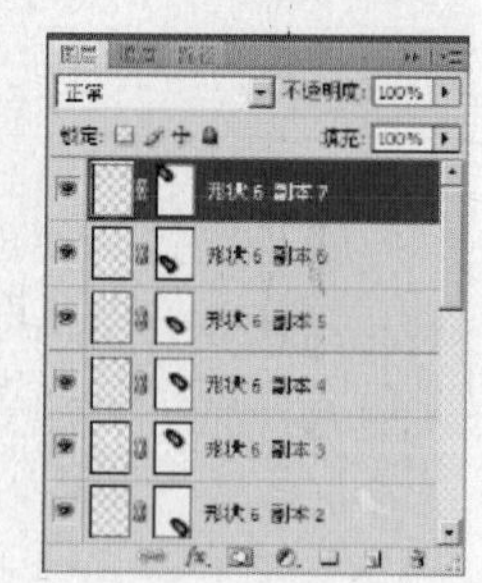

26 单击"形状6 副本6"的图层蒙版缩览图，设置前景色为黑色，使用"画笔工具"设置适当的画笔大小和透明度后，对图层蒙版进行修改，其蒙版状态和图层面板。

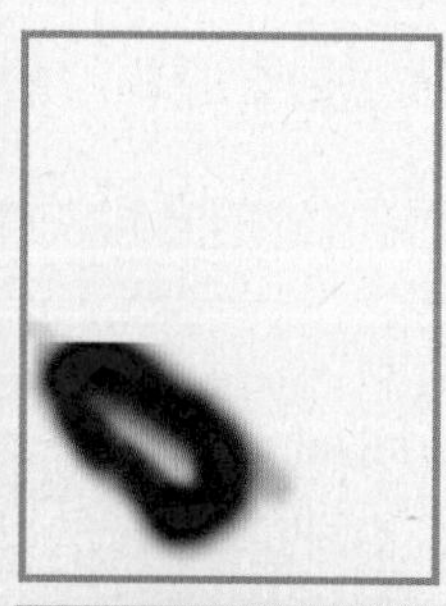

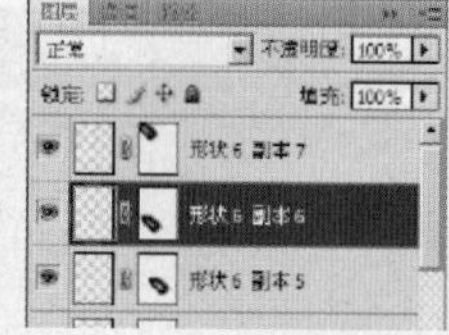

27 使"形状6 副本7"图层操作状态，新建图层，生成"图层4"图层。使用"多边形套索工具"，在图中绘制如图的选区，其状态如图所示。

28 单击工具条的“渐变工具”，再单击操作面板左上角的“渐变工具条”，弹出“渐变编辑器”，设置弹出的对话框如图所示。

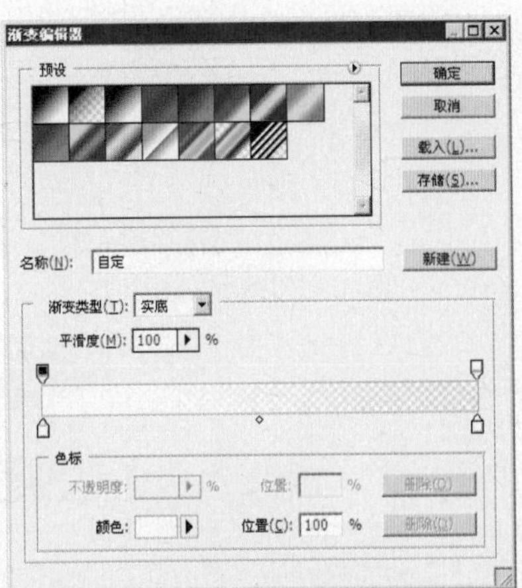

29 设置完对话框后，单击【确定】按钮。选择“线性渐变”，在选区中从右上角到左下角拖动鼠标，按快捷键【Ctrl+D】键，取消选区，得到如图所示的效果。

30 单击“添加图层蒙版”按钮，为“图层4”添加图层蒙版。设置前景色为黑色，使用“画笔工具”设置适当的画笔大小和透明度后，在图形两边涂抹，其蒙版状态和图层面板。

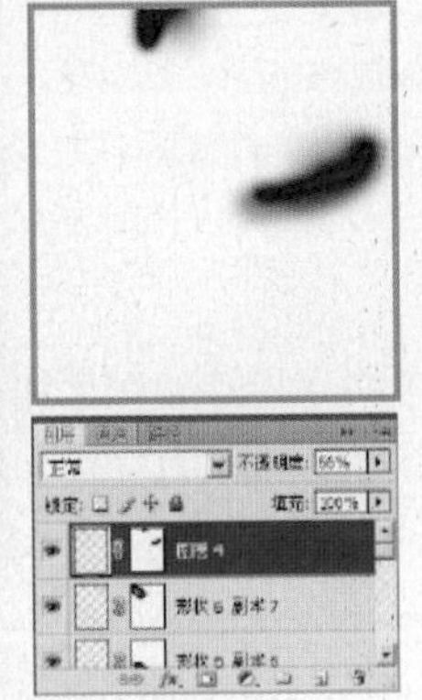

31 使用“移动工具”，按住【Alt】键向上拖动鼠标，复制一个相同的图形，得到“图层4 副本”图层。

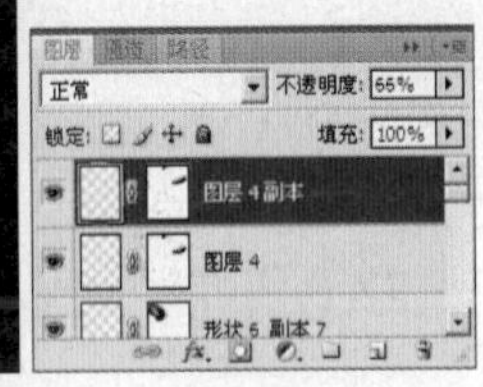

32 按【Ctrl】键选择“图层4”和“图层4 副本”图层，使用“移动工具”，按住【Alt】键向下拖动鼠标，复制图形，得到“图层4 副本2”和“图层4 副本3”图层。

33 新建图层，生成“图层5”图层。设置前景色为（R:212 G:32 B:255），使用“画笔工具”，选择柔性笔头，设置适当的画笔大小，在画面中点涂。

34 在图层面板的顶部，设置图层的混合模式为“线性减淡（添加）”，得到如图所示的效果。

35 新建图层，生成“图层6”图层。设置前景色为（R：238 G：32 B：255），使用“画笔工具”，选择柔性笔头，设置适当的画笔大小，在画面中点涂。

36 在图层面板的顶部，设置图层的混合模式为“叠加”，图层的不透明度为“63%”，得到如图所示的效果。

37 新建图层，生成“图层7”图层。设置前景色为（R：255 G：233 B：64），使用“画笔工具”，选择柔性笔头，设置适当的画笔大小，在画面中点涂。

38 在图层面板的顶部，设置图层的混合模式为“亮光”，图层的不透明度为“61%”，得到如图所示的效果。

39 单击图层调板底部的“添加图层样式”按钮，在弹出的下拉菜单中选择“外发光”复选框，在弹出的对话框中进行如图所示的设置。

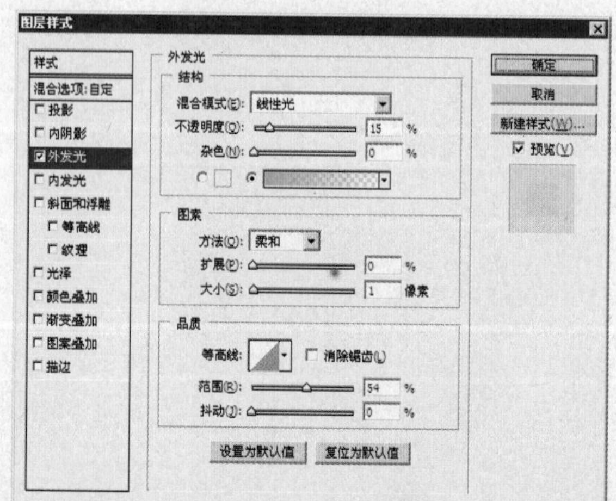

40 设置完“外发光”面板后，单击【确定】按钮，即可为“图层7”中的图形添加外发光的效果。

41 新建图层，生成“图层8”图层。设置前景色为（R:32 G:255 B:187），使用“画笔工具”，选择柔性笔头，设置适当的画笔大小，在画面中点涂。

42 在图层面板的顶部，设置图层的混合模式为“亮光”，得到如图所示的效果。

43 经过以上步骤的操作，最终完成了这幅炫彩的人物艺术插画的制作。

笔记